高 等 学 校 规 划 教 材

难降解有机废水处理
高级氧化理论与技术

屈广周　编著

化学工业出版社
·北京·

内容简介

《难降解有机废水处理高级氧化理论与技术》针对难降解有机废水，全面系统地介绍了当前主要的几种高级氧化技术，重点论述了各种高级氧化技术处理难降解有机废水的原理、影响因素、动力学模型、主要工艺与设备以及存在的问题和发展方向。本书内容力求学以致用，体现了理论性和实用性的高度统一。

《难降解有机废水处理高级氧化理论与技术》可作为高等学校环境工程、环境科学、市政工程等专业本科生、研究生教材，也可供相关专业工程技术人员、科研人员以及环保管理人员参考。

图书在版编目（CIP）数据

难降解有机废水处理高级氧化理论与技术/ 屈广周编著. —北京：化学工业出版社，2021.11（2022.9重印）
高等学校规划教材
ISBN 978-7-122-39838-3

Ⅰ．①难… Ⅱ．①屈… Ⅲ．①难降解有机物-有机废水处理-氧化降解-高等学校-教材 Ⅳ．①X703

中国版本图书馆 CIP 数据核字（2021）第 175094 号

责任编辑：满悦芝	文字编辑：王 琪
责任校对：宋 夏	装帧设计：张 辉

出版发行：化学工业出版社（北京市东城区青年湖南街 13 号　邮政编码 100011）
印　　装：北京捷迅佳彩印刷有限公司
787mm×1092mm　1/16　印张 16　字数 392 千字　2022 年 9 月北京第 1 版第 2 次印刷

购书咨询：010-64518888　　　　　　售后服务：010-64518899
网　　址：http://www.cip.com.cn
凡购买本书，如有缺损质量问题，本社销售中心负责调换。

定　　价：98.00 元

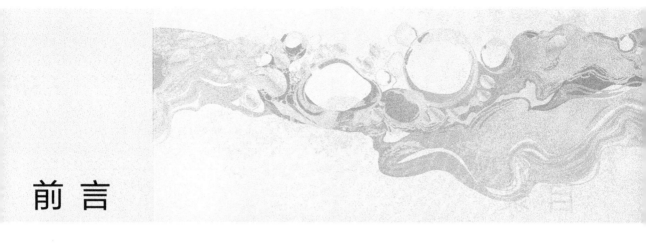

前　言

随着经济的飞速发展和工业化进程的加快，通过各种途径进入水体中的有机物数量和种类急剧增加，对水环境造成了严重的污染，直接威胁着人体的健康。我国的水污染经过长期治理，部分地区已经有所改善，然而对于那些化学性质稳定、表现出难以被微生物降解的难降解有机污染物，要将其彻底无害化，仍然存在工艺技术和经济可行性方面的难题。由于难降解有机污染物的危害性和持久性，探究有效处理废水中难降解有机物的理论与技术已成为国内外学术界关注与研究的热点。

自 20 世纪 80 年代，"高级氧化"的概念被提出以来，高级氧化技术以其自身独有的特点日趋成为处理难降解有机废水的重要技术之一。而且随着不断的发展和演化，目前已经形成了数十种高级氧化水处理技术。作者根据多年来的科研经验，结合工程实践，参考国内外文献资料总结归纳了目前研究较多的几种高级氧化理论与技术，编写了《难降解有机废水处理高级氧化理论与技术》一书。全书共 9 章，第 1 章概述了难降解有机废水及其治理方法与预（深度）处理技术，阐述了高级氧化技术的概况以及在难降解有机废水处理中的应用前景与发展趋势；第 2～9 章分别详细论述了芬顿氧化、臭氧氧化、光化学氧化、电化学氧化、湿式氧化、超声波氧化、放电低温等离子体氧化和活化过硫酸盐氧化处理难降解有机废水的原理、影响因素、动力学模型、主要工艺与设备及其存在的问题和发展方向。本书内容全面，重点突出，层次分明，理论与实践紧密结合，是水处理工程技术领域一本实用性较强的参考书。

本书在编写过程中，参考了国内外许多学者的文献、研究成果，特此向这些学者们表示衷心的感谢。

由于目前高级氧化水处理理论与技术发展非常迅速，加之作者理论水平有限和实践经验不足，书中难免有疏漏和不妥之处，敬请同行专家和广大读者批评指正，以便不断完善提高。

编著者
2021 年 11 月于杨凌

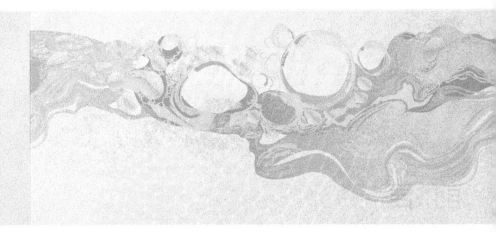

目 录

第3章 臭氧氧化技术

第8章 放电低温等离子体氧化技术

第9章　活化过硫酸盐氧化技术

第1章 绪 论

　　废水处理技术发展至今，一些成分简单、生物降解性能好、浓度较低的废水可通过传统工艺组合而得以处理。但是由于现代工业生产特别是化工工业的发展，使工业废水的成分日益复杂，尤其是化工合成的有机物，往往难以用传统的生化处理方法去除，如何处理这类难生物降解的有机物已经成为水处理领域的难题。近几十年来，针对难降解有机废水处理问题，科技工作者探索了各种解决方法，并对其处理机制进行较为深入的研究，取得了一定的进展，某些技术已展现出广阔的应用前景。随着我国污染物排放标准越来越严苛以及难降解有机废水处理需求紧迫性的加剧，高级氧化技术将成为我国难降解有机废水处理工艺中不可或缺的方法。本章围绕难降解有机废水，概述其治理方法与预（深度）处理技术，重点介绍高级氧化技术的概况及其在难降解有机废水处理中的应用前景与发展趋势。

1.1　难降解有机废水的概述

1.1.1　难降解有机物的概念及种类

　　难降解有机物是指被微生物分解时速度很慢、分解不彻底的有机物（也包括某些有机物的代谢产物），或在任何环境条件下不能以足够的速度降解以阻止其在环境中积累的有机物，其所处的废水称为难降解有机废水。所谓难降解是相对于生物降解而言，"难""易"是针对所在的体系而确定的。对于自然生态环境系统，如果一种化合物滞留可达几个月或几年之久，可被认为是难于生物降解；对于人工生物处理系统，如果一种化合物经过一定的处理，在几小时或几天之内还未能被分解或消除，则同样被认为是难于生物降解。

　　按照难降解有机物的化学结构，一般将其分为多环芳烃类化合物、杂环类化合物、氯代芳香族化合物、有机氰化物等。按照难降解有机物的用途，一般将其分为合成洗涤剂类、增塑剂类、合成农药类、合成染料类等。

1.1.2　难降解有机废水的产生及其特征

（1）难降解有机废水的产生　难降解有机废水的产生方式多种多样，其主要产生途径有：

① 化工原料在开采和运输过程中，排出的废水或污染物流失，在雨水冲刷下形成废水；

② 化学反应不完全所产生的废料形成的废水；

③ 副反应所产生的废料废水；

④ 生产过程中排出的废水；

⑤ 设备和管道的泄漏形成的废水；

⑥ 设备和容器的清洗废水；

⑦ 设备开停车或操作不正常情况下排出的废水；

⑧ 农业活动过程中形成的废水；

⑨ 生活垃圾在堆放、运输、填埋、处理等过程中产生的渗滤液废水。

（2）难降解有机废水的特征　难降解有机废水难于生物处理的原因主要有两方面：一是化合物本身的化学组成和结构，使其具有抗降解性；二是其存在的环境因素，包括物理因素（如温度、化合物的可接近性等）、化学因素（如 pH 值、化合物浓度、氧化还原电位、协同或拮抗效应等）、生物因素（如适合微生物生存的条件、足够的适应时间等）阻止其降解。一般来说，此类废水在水质、水量等方面具有以下共同特性：

① 组成复杂，有机污染物浓度高。含有各种有机酸、醛、醇、酮、酯、醚、表面活性剂及有机溶媒等，其 COD 很高，甚至高达几万或者几十万毫克每升，难降解有机废水常常包括较多氮、磷等化合物，甚至排放废水还含有石油类物质，进一步增加了废水的处理难度和复杂性。

② 难生物降解物质含量较多，毒性大，可生化性低。废水中含有有机氯、有机汞，以及多环芳烃、芳香胺、萘、蒽、苯并芘等多环类化合物等致癌物质，以及氰化物、硫化物、硫氰化物等，其可生化性较低（BOD/COD$_{Cr}$≤0.3），一般 BOD/COD$_{Cr}$≤0.2，但往往都在 0.1 以下，难以生物降解。

③ 水质、水量不稳定。工业生产很多是间歇性的，排放的废水随时间变化很大，特别是水质负荷对处理系统的冲击很大。

④ 废水中含盐量较高，成为生物处理法的抑制因素。

⑤ 随着企业的节水意识越来越强烈，使得废水的含污浓度进一步加大，水质成分复杂的趋势也越来越明显。

1.1.3　难降解有机废水的危害

难降解有机物废水总体来说难以降解或者根本不能降解，在环境中逐渐富集，具有长期残留性和生物积累性以及致癌、致畸、致突变作用或毒性等特点。表 1-1 列出了几种常见难降解有机污染物的来源和危害。

表 1-1　主要难降解有机物来源及危害

种　类		来　源	危　害
按结构分类	多环芳烃类化合物	焦化及石油化工、现代交通工具、垃圾渗滤液、家庭及生活炉灶等	环境致癌物
	杂环类化合物	印染废水、橡胶废水、制药废水、垃圾渗滤液等	生物富集，具有致突变、致癌作用
	氯代芳香族化合物	印染废水、造纸废水、电镀废水等	毒性大
	有机氰化物	石油化工及人造纤维、焦化工业等	剧毒物质

种 类		来 源	危 害
按用途分类	合成洗涤剂类	家庭生活、纺织纤维工业、食品制造等	妨碍生物处理净化效果
	增塑剂类	合成塑料	中毒性肾炎、中枢神经麻醉
	合成农药类	生产企业及农田	急性、亚急性和慢性中毒
	合成染料类	纺织、印染、造纸、食品加工等	色度高、毒性大

难降解有机废水对人体健康以及动植物的危害主要表现为：

① 急性中毒。难降解有机废水排入自然水体以及土壤中后会迅速造成水体和土壤等自然元素的污染，对周边的人、动物以及微生物等生物造成明显的不良影响，其所导致的急性中毒现象危害极大。例如农药厂、印染厂等化工厂将生产所产生的废水不经严格的处理而排放到自然水体环境中，就会将其中存在的有毒物质直接排放到生活生产水体中，进而造成了整个水体受到有毒物质的污染，从而导致水域范围内的人类、牲畜、微生物、水生生物甚至是植物的中毒死亡。

② 慢性中毒。难降解有机废水会使人、动植物出现慢性中毒。废水排放到自然环境中，其本身的有毒物质在长期的自然环境放置下会逐渐扩散，有毒物质与周边生物体的长期接触会使得生物体体内有机毒物的浓度逐渐积聚，在达到阈值之后会显现出有毒特征。生物体一旦显现出有毒特征，就表示生物的机体代谢能力已经受到了干扰，其免疫系统功能也遭到了一定的破坏，生物体自身的细胞组织机构也受到了很大程度的损伤，干扰了整个机体酶体系，导致了整个生物机体无法实现氧气的吸收、利用以及运行，同时也对整个机体产生了无法恢复的化学损伤。

③ 潜在中毒。有些人工合成的有机物质本身的毒性不够明显，但是如果排放到外界与空气长期接触，随着空气的传播会对人体细胞产生不可逆转的伤害。人体在与有毒物质的长期接触中会发生机体细胞破坏现象，而这种受到破坏的细胞会出现不可逆转的损害，进而产生癌症、畸形等生物损害，这种损害对人体的危害十分严重。

1.2 难降解有机废水的治理方法

为了消除难降解有机废水对人类健康、水资源和生态环境等各方面的危害，促进人类与社会的和谐发展，对难降解有机废水的快速有效的处理显得尤为重要。处理难降解有机废水主要是降低有机物的浓度、消除色度、去除或者降低其生物毒性至生态环境可接纳的水平，使其安全达标排放。综合治理难降解有机物首先要从控制污染物的来源入手，通过改革生产工艺、更换生产原料等手段来减少难降解有机物质的使用和排放，甚至实现零排放。此外还应该考虑工业用水的循环使用，以最大限度地减少难降解有机物质排放至环境。

目前，难降解有机废水的通用处理方法是生物处理工艺，但是由于难降解有机物质的存在，往往导致常规的生物处理效果不甚理想，难降解有机物不能得到有效降解。针对当前难降解有机废水处理面临的问题，国内外科技工作者开展了大量工作，寻求各种解决之道，这其中包括分类处理、强化常规生化处理以及加强预（深度）处理等方法。

1.2.1 分类处理

一个生产企业所排放的废水中往往包括以下几部分：第一部分是可回收利用的水，如循环冷却水等，这类废水可以经过简单处理直接回用；第二部分是可生化降解废水，这部分废水往往有机物浓度较低，污染负荷占全厂废水的比率也较低，通过生化处理净化装置可以达标排放；第三部分是难降解废水，这部分废水往往浓度较高，但是水量不会很大，但污染物负荷占极大的比率，难降解废水一旦与其他两部分废水混合，会造成整个企业排水可生化性下降。针对这类情况，应将难降解废水分离出来，单独处理，而可生化降解废水进入生物处理构筑物进行处理。

1.2.2 强化常规生物处理

常规生物处理工艺中的微生物对废水中难降解有机物质的适应性和抗冲击能力较差，为了有效提升微生物的降解能力，向常规生化处理系统中投加吸附剂或各类微生物生长素可强化常规处理构筑物内的吸附或生化氧化过程，改善处理系统的稳定性，并可缓解和解除有毒有害物质对好氧微生物的抑制作用。另外，难降解有机物在常规生化处理工艺中去除效率低的重要原因在于处理系统内缺少可利用微生物，或分解和转化这种有机物的微生物菌群增殖速度慢、世代周期长，难以在常规生物处理系统内积累到足以使这些污染物产生明显降解的浓度。利用固定化细胞的特点来选择性地筛选一些优势菌种，并加以固定，投至现有生物处理装置内，增加优势菌种微生物的浓度，以提高难降解有机物处理的效率。但强化过程很难使常规生物处理过程彻底地消除难降解有机物。

1.2.3 加强预（深度）处理

进行预处理的目的在于改变难生物降解有机物的化学结构，解除生物毒性，提高生物降解性能，以使后续的生物处理工艺能发挥充分的效用；对经过生化处理后的废水进行深度处理可以使生化法无法降解或部分降解而残留的有机物彻底地去除，确保排水达到国家或地方标准，这也是目前难降解有机废水治理的主要手段。

1.3 难降解有机废水的预（深度）处理技术

由于难降解废水的高有机物浓度、难生物降解、水质条件复杂等特点，在进行生化处理之前，降低有机物浓度，特别是难降解有机物的浓度，去除或者降低难降解有机废水的毒性，改变水质条件成为难降解有机废水处理的关键性和限制性步骤；而对经过生化处理后的残留难降解有机物进行深度处理使其达标排放则是决定性环节。因此，强化预（深度）处理步骤，深入开展预（深度）处理技术的研究显得非常必要和必须。目前，关于难降解有机废水的预（深度）处理方法，主要有物理化学法、常规化学氧化法和高级氧化法等。

1.3.1 物理化学法

物理化学方法是通过物理化学相结合的过程除去难降解有机污染物质的方法。此类方法在工业运用上比较广泛，其主要包括混凝、吸附、气浮、萃取、膜分离等。

（1）混凝法　混凝法是向废水中加入一定量的混凝剂，通过快速混合，使药剂均匀分散在污水中，经过脱稳、架桥等反应过程，使水中的难降解有机物凝聚并沉降。混凝包括凝聚与絮凝两个过程，凝聚是胶体被压缩双电层而脱稳的过程，絮凝则是胶体脱稳后聚结为大颗粒絮体的过程。混凝过程的影响因素很多，如水中杂质成分、浓度、温度、pH 值、碱度以及混凝剂的性质和混凝条件等。而混凝剂的种类和投加量是影响混凝效果的重要因素，常用的混凝剂主要有无机多价金属盐类（如铝盐和铁盐）和高分子聚合物（如聚丙烯酰胺）两大类。

在实际应用中，混凝法常作为预（深度）处理手段，具有投资小、占地少、处理量大等特点，但对难降解有机物的处理效果有限，而且工艺运行较复杂、操作较麻烦，投料条件等较难控制和掌握。

（2）吸附法　吸附法是利用多孔性固体物质作为吸附剂，如活性炭、硅藻土、活性氧化铝、交换树脂、磺化煤等，用吸附剂的表面（固相）吸附废水中难降解有机物的方法，吸附法广泛应用于难降解有机废水的处理。根据吸附剂与难降解有机物之间的作用力不同，可分为物理吸附、化学吸附和交换吸附。在难降解有机物废水处理过程中，主要是物理吸附，但也有时是几种吸附形式的综合作用。

吸附法的最大优点是设备简单、操作方便、净化效率高、吸附量大及吸附选择性高等，但只适用于低浓度难降解有机废水的处理，而且吸附剂饱和后还需再生，更值得注意的是：吸附法只是一个污染物的物理转移过程，而非真正的降解，所吸附的污染物还需要额外的处理，增加处理成本，如果不及时处理，则会造成二次污染，因而其使用逐渐不为人们看好。

（3）气浮法　气浮法是通过各种装置通入或产生大量的微气泡，使其与难降解有机废水中密度接近于水的固体或液体黏附，形成密度较小的气浮体，最终形成浮渣而实现固液分离。为了获得更好的效果，常常同时添加混合剂或浮选剂，使废水中的小颗粒形成的絮体与微气泡黏附。气浮法的使用范围有限，主要用于去除难降解有机废水中比重小于水的悬浮物、油类和脂肪等。

（4）萃取法　萃取法主要是利用难溶于水的萃取剂与废水接触，使废水中的难降解有机物从水相转移到溶剂相中，从而达到难降解有机物与水分离的目的。萃取法处理难降解有机废水有两种途径：一种是选用高分配系数的萃取法，采用特定的萃取工艺及装置，利用有机化合物在有机相和水相中不同的溶解度及两相互不溶的原理，达到分离有机物的目的；另一种是根据配位反应原理，经单一萃取操作使废水中的有机物含量低于国家排放标准。近年来为了避免有机溶剂对环境的污染，又开发了超临界 CO_2 萃取。

萃取法简单易行，适用于处理有回收价值的有机物，但只能用于非极性有机物，被萃取的有机物和萃取后的废水需要进一步处理，有机溶剂还可能造成二次污染，与吸附法相似，萃取法只是将污染物进行了分离，而非彻底降解。

（5）膜分离法　膜分离是借助于流体中不同组分对膜的渗透速率差异，在一定的推动力（压差、浓度差、温差等）作用下，实现组分分离的过程，主要包括微滤、超滤、电渗析、纳滤和反渗透等。膜分离法因其简单、易行、效果好等特点在难降解有机废水处理上得到了越来越广泛的应用。

目前限制膜技术在难降解有机废水处理的主要问题是膜的造价高、寿命较短，而且膜易受污染造成膜的结垢堵塞，此外，纳滤、反渗透等会产生更难处理的浓缩液。

1.3.2 常规化学氧化法

物理化学法一般只能通过吸附、截留等技术手段使污染物从废水中分离出来，但要使其降解，甚至彻底矿化为无毒的 CO_2 和 H_2O，就必须采用化学氧化法来实现。通过直接加入 O_2、Cl_2、H_2O_2、$KMnO_4$ 等化学氧化剂来实现污染物氧化降解的方法，称为常规氧化法。常规氧化法应用较早，使用范围广泛，处理量大，易于实现工业化。缺点在于常规的氧化剂具有选择性，很难彻底矿化难降解有机污染物，处理效率低，而且处理成本较高，加入的化学试剂可能会造成二次污染，此外，还需要妥善处理伴随产生的废气、废渣等问题。

1.3.3 高级氧化法

高级氧化法（又称深度氧化法）是相对于常规氧化而言的，一般是指以产生具有强氧化能力的·OH 为特点，在高温、高压、电、声、光辐照、催化剂等反应条件下，使难降解有机污染物开环、断键、加成、取代、电子转移等，大分子难降解有机物转变成易生物降解小分子物质，甚至直接生成 CO_2 和 H_2O，达到无害化目的。与其他传统的预（深度）处理方法相比，高级氧化法具有明显的优势，如反应速率快、设备简单、对废水中的有机物有很强的降解能力等，已经成为难降解有机废水预（深度）处理过程中优先考虑的方法之一。

1.4 高级氧化技术的概况

1.4.1 高级氧化技术的由来

1894 年科学家 Fenton 发现 Fe^{2+} 和 H_2O_2 可以在酸性条件下具有极强的氧化性，Fenton 的这个发现为高级氧化谱写了序言。1935 年 Weiss 提出，臭氧在水溶液中可与氢氧根（OH^-）反应生成·OH。1948 年 Taube 和 Bray 在实验中发现 H_2O_2 在水溶液中可离解成过氧氢根（HO_2^-）并诱发产生·OH，随后臭氧和 H_2O_2 组合的氧化过程被发现。20 世纪 70 年代，Prengle 和 Cary 等率先发现光催化可产生·OH，从而开始了光催化氧化的应用研究。1987 年 Gaze 等人正式提出了高级氧化的概念，并将水处理过程中以·OH 为主要氧化剂的氧化过程称为高级氧化过程（advanced oxidation process，AOPs）。20 世纪 90 年代，Hoigné 较早并系统地提出高级氧化技术（advanced oxidation technologies，AOTs），他认为高级氧化技术是通过不同途径产生·OH 的过程，一旦·OH 形成，会诱发一系列的自由基链式反应，攻击水体中的各种污染物直至降解为 CO_2、H_2O 和其他矿物盐。

1.4.2 高级氧化技术的特点

·OH 的标准电极电位与其他强氧化剂的比较见表 1-2。表中数据表明：·OH 的氧化电极电位明显高于其他一些常用的强氧化剂，仅次于氟，因此，·OH 具有很强的氧化性。

表 1-2 ·OH 与其他氧化剂的标准氧化电位

氧化剂	条件	标准电极电位($E^\ominus$)/V
F_2	—	3.06
·OH	—	2.80
$SO_4^-·$	—	2.50～3.10

氧化剂	条件	标准电极电位($E^{\ominus}$)/V
O_3	酸性	2.07
	碱性	1.24
H_2O_2	酸性	1.78
	碱性	0.85
MnO_4^-	酸性	1.58
	碱性	0.58
Cl_2	酸性	1.36
	碱性	0.90
O_2	酸性	1.23
	碱性	0.40

高级氧化技术有别于其他氧化技术主要体现在以下几个方面：

① 高级氧化技术是在不断提高·OH 的产生效率的基础上发展起来的。·OH 氧化能力极强，又具有无二次污染的优势，在处理难降解有机污染物时能实现零环境污染、零废物排放的目标。

② ·OH 是一种无选择进攻性最强的物质，具有广谱性、无选择性，几乎可以与水中任何物质发生反应，也很容易产生自聚反应，2 个·OH 结合产生 1 个 H_2O_2。

③ 由于·OH 属于游离基，·OH 所发生的化学反应速率极快（表 1-3），比臭氧的化学反应速率常数高出数个数量级。因·OH 形成时间极短，约为 10^{-14}s（表 1-4），反应时间约为 1s，所以可在 10s 内完成整个反应，这样大大缩减了废水处理的工艺时间，提高了处理效率。

④ 可诱发链式反应。由于·OH 的电子亲和能为 569.3kJ，可将饱和烃中的氢原子拉出来，形成有机物的自身氧化，从而使难降解有机物得以降解。

⑤ 可单独使用也可与其他处理技术联用。特别是可作为生物处理过程的预（深度）处理手段，难降解有机物在经高级氧化技术处理后，其可生化性大多可以提高，从而有利于生物法的进一步降解。

⑥ 高级氧化过程大多是物理化学过程，反应条件温和，比较容易控制和应用。

表 1-3 ·OH 反应的二级速率常数

化合物	pH 值	反应速率常数/[L/(mol·s)]	化合物	pH 值	反应速率常数/[L/(mol·s)]
Fe^{2+}	2.1	2.5×10^8	鸟嘌呤	—	1.0×10^{10}
H_2O_2	7.0	4.5×10^7	血红蛋白	—	3.6×10^{10}
腺嘌呤	7.4	3.0×10^9	组氨酸	6.0~7.0	3.0×10^9
苯	7.0	3.2×10^9	卵磷脂	—	5.0×10^8
苯甲酸	3.0	4.3×10^9	甲醇	7.0	4.7×10^8
过氧化氢酶	—	2.6×10^{11}	酚	7.0	4.2×10^9
胞嘧啶核苷	2.0	3.2×10^9	正丙醇	2.0	3.2×10^9
胞嘧啶	7.0	2.9×10^9	核糖核酸酶	—	1.9×10^{10}
脱氧鸟苷酸	7.0	4.1×10^9	核糖	7.0	1.2×10^9
脱氧核糖	—	1.9×10^9	血清白蛋白	—	2.3×10^{10}
乙酸	7.0	7.2×10^8	胸腺嘧啶	7.0	3.1×10^9
葡萄糖	7.0	1.0×10^8	尿嘧啶	7.0	3.1×10^9
甘氨酰甘氨酸	2.0	4.8×10^7			

表1-4　强电场放电反应时间

反应时间/s		反应过程
物理阶段	$10^{-17} \sim 10^{-16}$	电离：$O_2 \longrightarrow O_2^+ + e^-$，$H_2O \longrightarrow H_2O^+ + e^-$
	10^{-15}	激发：$H_2O \longrightarrow H_2O^*$，$O \longrightarrow O^*$
	10^{-14}	离子-分子反应：$H_2O^+ + H_2O \longrightarrow H_3O^+ + \cdot OH$
	10^{-14}	激发分解：$H_2O^* \longrightarrow \cdot H + \cdot OH$
	10^{-12}	水合电子形成：$H_2O + e^- \longrightarrow e_{aq}^-$
化学阶段	$10^{-10} \sim 10^{-3}$	$\cdot OH$、$\cdot H$、e_{aq}^- 与生物分子、有机物进行的反应
	10^{-7}	水合电子解离时间：$e_{aq}^- \longrightarrow \cdot H + OH^-$
	10^{-7}	自由基扩散和均匀分布时间
	1.0	自由基及其参与的化学反应完全结束
	$1.0 \sim 10$	生物化学反应过程

1.4.3　高级氧化技术的基本理论

（1）高级氧化技术的反应机制　高级氧化技术反应机制的一般特征是难降解有机物与体系中产生的·OH 反应生成有机自由基；当有氧气存在时，有机自由基与氧气反应生成有机过氧自由基；有机过氧自由基相互反应产生有机过氧化物或暂态的四氧化物，暂态四氧化物能够通过多种途径进一步分解。

·OH 的反应主要有三种类型，即加成反应、夺氢反应和电子转移反应，如图 1-1 所示。具体是哪个反应途径为主，取决于自由基与之反应的物质。一般来说，加成反应较夺氢反应快，很多加成反应都接近于扩散控制。当此反应路径不可用时，·OH 也可能发生夺氢反应。电子转移反应则比较罕见，通常发生在·OH 与无机物之间。·OH 的高还原电位（pH=7时为 2.3V）并不能用来衡量其高反应活性。当有机物浓度很低时，水中常见的 HCO_3^- 和 CO_3^{2-} 与·OH 的竞争反应会起很大作用，从而影响处理效果。与许多其他反应一样，·OH 的反应往往是由动力学控制，而不是由热力学控制，因而当利用热力学讨论反应途径的可能性时，应该注意这一点。

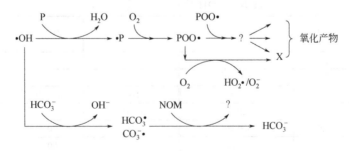

图 1-1　·OH 基本反应途径

① 加成反应　·OH 容易加成到 C=C、C=N 和 S=O（四价硫）上，但不会加成到 C=O 上。

$$\cdot OH + CH_2{=}CH_2 \longrightarrow \cdot CH_2{-}CH_2OH \qquad (1\text{-}1)$$

$$\cdot OH + (CH_3)_2S{=}O \longrightarrow (CH_3)_2S(OH)O\cdot \qquad (1\text{-}2)$$

尽管如此，亲电的·OH 和携带不同供电子或吸电子取代基的 C══C 双键的反应具有高的区域选择性。在高温度时，·OH 与苯反应，该反应的第一中间产物应该是 π-络合物。该 π-络合物与苯和·OH 存在着平衡，见式（1-3），随后分解成 σ-络合物（·OH 加合物），见式（1-4）。在该 σ-络合物中，·OH 被引导到其最终位置，而 C══C 双键上的取代基则具有很强的定向效应。

$$\text{（1-3）}$$

π-络合物

$$\text{（1-4）}$$

加成的位置取决于反应的动力学，而不是热力学，即·OH 加成的倾向可能不会是生成热力学上倾向的自由基。一个典型的例子是·OH 与甲苯的反应。·OH 与甲苯先形成 π-络合物，随后再分解成 σ-络合物，导致反应倾向于环加成（92%），见式（1-5），只有 8% 的概率是发生甲基的夺氢反应，生成热力学上倾向的苄基自由基，见式（1-6）。经质子催化作用，可以经自由基阳离子将·OH 加合物转化为苄基自由基，并达到热力学平衡，见式（1-7）和式（1-8）。

$$\text{（1-5）}$$

$$\text{（1-6）}$$

$$\text{（1-7）}$$

$$\text{（1-8）}$$

加成反应也可以发生在富电子杂原子（如胺、硫化物、二硫化物、卤化物和假卤化物离子）的孤电子对上。在这种情况下，会形成三电子中间体，如式（1-9）和式（1-10）。这些三电子键合的中间体已经在脉冲辐解的实验中得到证实，但在某些情况下，三电子键合中间体因寿命过短而难以检测，只能通过类比进行推断。

$$\cdot OH + (CH_3)_2S \longrightarrow (CH_3)_2S \therefore OH \qquad \text{（1-9）}$$

$$2 \cdot OH + 2Cl^- \Longleftrightarrow HO \therefore Cl^- (HOCl \cdot) \qquad \text{（1-10）}$$

过渡金属离子的许多氧化反应实际上也是加成反应，如式（1-11）：

$$\cdot OH + Tl^+ \longrightarrow TlOH^+ \qquad \text{（1-11）}$$

电子转移反应预期的产物通常只有在酸性溶液中才能观察到，如式（1-12）和式（1-13）：

$$HOCl^- \cdot + H^+ \longrightarrow Cl \cdot + H_2O \qquad \text{（1-12）}$$

$$TlOH^+ + H^+ \longrightarrow Tl^{2+} + H_2O \qquad \text{（1-13）}$$

式（1-10）和式（1-12）在含 Cl^- 的水中是很重要的，并且这些数据可以用来评估在给定的 pH 下·OH 和 Cl· 起作用的程度。注意：在这样的水体中，·OH 会与其反应活性物质发生反应而被移出平衡，见式（1-10），而不是因为水中 Cl⁻ 的作用。

在其他的反应体系还观察到了·OH 加成的可逆性，如酸性溶液中的 Cu^{2+}。

$$\cdot OH + Cu^{2+} \rightleftharpoons Cu(OH)^{2+} \tag{1-14}$$

② 夺氢反应　夺氢反应通常比加成反应慢一些，此时，R—H 键解离能起主要作用。当·OH 与弱的 RS—H 键反应时，反应速率受扩散控制（事实上，夺氢反应可能发生在硫加成之前），但·OH 与处在不同位置上 C—H 键的反应速率存在着差异，依次为叔氢>仲氢>伯氢。以 2-丙醇为例，夺氢反应倾向于叔氢（86%），见式（1-15），而不是六个伯氢中的某一个（14%），见式（1-16）。

$$\cdot OH + (CH_3)_2C(OH)H \longrightarrow \cdot C(CH_3)_2OH + H_2O \tag{1-15}$$

$$\cdot OH + (CH_3)_2C(OH)H \longrightarrow \cdot CH_2CH(CH_3)OH + H_2O \tag{1-16}$$

由于—OH 基团高的键解离能，发生在它上面的夺氢反应，如式（1-17），通常可以忽略不计（此处为 3%），这是因为氧基自由基可以发生快速的 1,2-H 转移，转换为热力学上稳定的碳中心自由基，见式（1-18）。

$$\cdot OH + HC(CH_3)_2OH \longrightarrow HC(CH_3)_2O \cdot + H_2O \tag{1-17}$$

$$HC(CH_3)_2O \cdot \longrightarrow \cdot C(CH_3)_2OH \tag{1-18}$$

加成和夺氢反应可以用于相同的中间产物研究。一个典型的例子是·C(O)NH₂ 自由基，它可以通过甲酰胺的夺氢反应和氰化物的加成反应以及随后的·OH 加合物自由基的重排而形成。同样地，有两种方法可以生成 α-羟烷基自由基：一种是通过夺氢反应，如式（1-15）；另一种是通过相应的羰基化合物与溶剂化电子反应以及由此形成的自由基阴离子的质子化。在氧不存在的情况下，碳中心自由基衰变通过二聚化和歧化进行，后者通常发生氢转移反应，但也有一些产生 CO_2^- 和 CHO⁻ 更复杂反应的报道。

③ 电子转移反应　在 pH=7 时，·OH 的单电子还原电位是 2.3V。因此，原则上它可以很容易地发生单电子氧化反应。然而，该反应通常在动力学上是不利的，会被加成反应所替代，典型的例子是式（1-11）；另一个例子是与苯酚及其卤代衍生物反应，苯酚在 pH=7 时的还原电位是 0.86V，然而，苯氧自由基（苯酚自由基阳离子去质子化的产物）的生成比例很低。即使是酚盐与·OH 的反应也是如此，加成反应在反应中占主导地位，除非优先加成位点（邻位和对位）被一个大体积的取代基所阻碍。

④ 其他反应　除了上述的直接氧化反应外，·OH 反应的另一个重要途径是通过形成过氧自由基（ROO·）和过氧化氢（H_2O_2）等次生氧化剂对水中难降解有机物进行氧化，这些次生氧化剂的氧化能力虽然低于·OH，但由于它们的浓度可能远远超过·OH，因此在高级氧化中占据重要地位。

（2）·OH 反应的影响因素　由于·OH 是光谱氧化剂，水中的各种杂质都能与其发生反应而消耗·OH，从而降低水中目标污染物与·OH 的反应概率；而·OH 不能积累，即使在高级氧化过程中其浓度也很低，通常在 10^{-10}mol/L。

在高级氧化反应体系中通常同时存在目标污染物与自由基清除剂，所谓自由基清除剂是指可以与目标物高效竞争自由基的物质。水中最常见的·OH 清除剂就是碳酸根（CO_3^{2-}）和碳酸氢根（HCO_3^-），当目标污染物是单个有害物质时，水体中广泛存在的天然有机物也称为清除剂。例如，当用·OH 处理水体中的对氯硝基苯时，水体中除对氯硝基苯以外的能与·OH 发生反应的物质就是自由基清除剂。也就是说水中任何物质都可以成为自由基清除剂，取决于其是否为目标污染物，如果不是，那么它就是自由基清除剂。

各种水源中均存在不同浓度的碳酸盐，其中，CO_3^{2-} 和 HCO_3^- 的比例由水体的 pH 值决定。而 CO_3^{2-} 和 HCO_3^- 对·OH 的清除作用相差很大，见式（1-19）和式（1-20），因此相同总碳酸盐量，不同 pH 值下对·OH 反应的影响完全不同。

$$\cdot OH + CO_3^{2-} \longrightarrow HCO_4^{2-}\cdot \qquad k=3.9\times10^8 L/(mol\cdot s) \qquad (1\text{-}19)$$

$$2\cdot OH + HCO_3^- \longrightarrow HCO_4^-\cdot + H_2O \qquad k=8.5\times10^6 L/(mol\cdot s) \qquad (1\text{-}20)$$

pH 值影响·OH 反应的另一途径是改变反应物的存在状态，例如氯酚在高 pH 值（pH>10）的水中主要以离子形式存在，而在酸性条件下主要以分子状态存在，而·OH 与氯酚分子和氯酚离子的氧化反应速率是不同的。

（3）·OH 反应速率常数的测定　大部分已知的·OH 反应速率常数都是通过脉冲辐解法确定的。即在饱和 N_2O 水溶液中，对低浓度待测化合物进行几纳秒到 1μs 的脉冲辐射。在这种情况下，电子束的能量（1～10MeV）被溶剂吸收，从而造成离子化和激发：

$$H_2O + 离子辐射 \longrightarrow H_2O\cdot^+ + e^- \qquad (1\text{-}21)$$

$$H_2O + 离子辐射 \longrightarrow H_2O^* \qquad (1\text{-}22)$$

水自由基阳离子（$H_2O\cdot^+$）是一种非常强的酸性物质，并会迅速（在脉冲持续辐照期间）去质子化，生成 1 个·OH。此外，水分子可以被直接激发分解成·H 和·OH。在式（1-21）中形成的电子在水中发生溶剂化，在 N_2O 存在下，溶剂化电子进一步转化成·OH，具体反应如下：

$$H_2O\cdot^+ \longrightarrow \cdot OH + H^+ \qquad (1\text{-}23)$$

$$H_2O^* \longrightarrow \cdot OH + \cdot H \qquad (1\text{-}24)$$

$$e^- + nH_2O \longrightarrow e_{aq}^- \qquad (1\text{-}25)$$

$$e_{aq}^- + N_2O + H_2O \longrightarrow \cdot OH + N_2 + OH^- \qquad (1\text{-}26)$$

两种自由基中，·OH（90%）比·H（10%）更占主导地位。此外，·OH 的反应活性比·H 高很多，·OH 与目标物（N_2O 不和·OH 反应）反应积累的暂态动力学通常可以和贡献小的·H 的暂态动力学区分开。·OH 只吸收远紫外线，必须依靠这一点来测定形成的产物（通常是寿命短暂的暂态）。在这种情况下，产物累积的 $k_{表观}$ 对目标物浓度作图，根据这个曲线的斜率可以计算·OH 的反应速率常数 k（$k=k_{表观}/[目标物]$）。当·OH 与目标物反应生成的产物在可测量波长附近没有明显的吸收时，可以通过与能产生很强的信号并且已知其反应速率常数的反应物的竞争反应来测定·OH 的反应速率常数。

在竞争反应动力学中，固定·OH 和竞争反应物（C）浓度，测定浓度恒定的竞争反应物（C）的产物（P）随目标物（S）浓度的变化情况。由于已知竞争反应物与·OH 反应的速率常数（k_C），可以基于下式来确定目标物的反应速率常数（k_S）：

$$S + \cdot OH \longrightarrow X （不检测） \qquad (1\text{-}27)$$

$$C + \cdot OH \longrightarrow P （检测） \qquad (1\text{-}28)$$

$$[P] = [\cdot OH] \times k_C \times [C]/(k_C \times [C] + k_S \times [S]) \qquad (1\text{-}29)$$

在·OH 浓度恒定（在这些实验中保持恒定）和没有目标物（S）的情况下，产物浓度是 $[P]_0$。可以得到：

$$[P] = [P]_0 \times k_C \times [C]/(k_C \times [C] + k_S \times [S]) \qquad (1\text{-}30)$$

式（1-30）可以变形成：

$$[P]_0/[P] = 1 + k_S \times [S]/(k_C \times [C]) \qquad (1\text{-}31)$$

对（$[P]_0/[P]-1$）与 $[S]/[C]$ 进行作图可以得到一条直线，其斜率为 k_S/k_C。

另一种竞争动力学方法是基于测定两种化合物的减少，参考化合物（R）的二级反应速率常数已知，而目标化合物（X）的二级反应速率常数未知。·OH 与目标化合物 X 反应的速率常数可以由下式来确定：

$$R+·OH \longrightarrow P_1（未检测） \tag{1-32}$$

$$X+·OH \longrightarrow P_2（未检测） \tag{1-33}$$

在一个高级氧化反应中，R 和 X 随反应时间延长浓度逐渐降低的情况可以写成：

$$\ln([R]_t/[R]_0)=k_R×[·OH]×t \tag{1-34}$$

$$\ln([X]_t/[X]_0)=k_X×[·OH]×t \tag{1-35}$$

重排式（1-34）和式（1-35）得：

$$\ln([X]_t/[X]_0)=k_X/k_R×\ln([R]_t/[R]_0) \tag{1-36}$$

X 相对减少的对数与 R 相对减少的对数之间作图得到一条直线，其斜率对应的是 k_X/k_R。由于 k_R 已知，k_X 便可以计算出来。

原则上在任何高级氧化过程中均可以用上述方法来确定有机物与·OH 的反应速率常数，但仍然有些事项需要注意。例如，当通过 Fe^{2+}/H_2O_2、O_3/H_2O_2 或者 UV/H_2O_2 工艺产生·OH 时，必须考虑到 H_2O_2 也与·OH 反应 [$k=2.7×10^7 L/(mol·s)$]，尽管该反应速率比较缓慢，但在给出上述类似的反应式时，仍需考虑这个额外的·OH 捕获能力。显然，这样得到的反应速率常数的误差较大。当 UV 存在时，还必须确保反应涉及的 S、C、P、R 和 X 在该反应条件下不会发生光解。此外，还必须确保 H_2O_2 暴露的光子通量是恒定的，即所有实验中无吸收紫外的化合物累积或者是该吸收紫外效应保持恒定。在 O_3/H_2O_2 体系中，还有额外的问题，即 O_3 与 S、C、P、R 或 X 的反应速率必须较低。在含有超声的高级氧化过程中，以第一种竞争反应动力学方式测定·OH 的反应速率常数是不可行的，这是因为目标物在空化气泡表面的集聚（此处为 C 和 S）强度取决于它们的亲脂性/亲水性。

（4）水中·OH 的检测　目前，高级氧化技术已经成为难降解有机废水处理中一个重要的方法，对于其机理的研究成为其发展的关键。而·OH 的定量、在线、准确检测是研究高级氧化反应机理的重要手段与工具。由于·OH 的寿命很短（大约 10^{-9} s），它的检测方法主要以间接方法为主。大多是利用·OH 的强氧化性质与标记物反应。通过测量标记物或生成物来间接确定·OH 的量。目前在环境研究领域可以应用的方法主要有自旋捕获-电子自旋共振波谱、高效液相色谱（HPLC）、分光光度计和化学发光法。

① 自旋捕获-电子自旋共振波谱法　电子自旋共振（ESR）法或电子顺磁共振（EPR）法是 1945 年发展起来的，其主要研究对象为具有未成对电子的自由基和过渡金属离子及其化合物，而自旋捕获技术是 20 世纪 60 年代发展起来的，这一技术的建立为自由基的 ESR 检测技术开辟了新的途径，它在电化学、光化学、生物学和高聚物等领域中得到了广泛的应用。其原理是用某种反磁性化合物与不稳定的自由基发生反应，产生另外一种稳定的、可以用 ESR 波谱法检测的新自由基。这种反磁性物质就称为自旋捕获剂，而生成的稳定自由基则称为自旋加合物。可以利用自旋加合物的数量来计算原来自由基的多少。

由于 ESR 技术相对成熟稳定，对不同的自由基选择合适的自旋捕获剂就变得非常重要。典型的自旋捕获剂是亚硝基化合物或氮氧化合物，常用的主要包括 5,5-二甲基-1-吡咯啉 N-氧化物（DMPO）、2-甲基-2-硝基丙烷（MNP 或 tNB）、苯基叔丁基氮氧化合物（PBN）和 α-(1-氧基-4-吡啶基-N-叔丁基氮氧化合物）（4-POBN）。

DMPO 作自由基捕获剂对自由基结构变化相当敏感，可以提供自由基结构的详细信息。它与·OH 产生的自旋加合物的 ESR 谱表现出特别容易识别的特征谱线。在溶液中容易形成的自我捕获产物二聚体自由基一般也不会干扰实验结果。而 PBN 的优点是它作为一个固体时对光、氧气或水蒸气都不敏感。同时它可溶于多种溶剂，而且可以制成高浓度溶液，定量分析准确。主要缺点是从 ESR 波谱难以得到自由基结构的信息。如只有对波谱参数做相当准确的测量，才能区分一个 β 质子所产生的二级分裂。PBN 和·OH 反应如下：

$$\text{\textcircled{} —CH=N}^+\text{—O}^- \overset{\text{CMe}_3}{\underset{}{}} + \cdot\text{OH} \longrightarrow \text{\textcircled{} —CH—N—O}\cdot \overset{\text{OH CMe}_3}{\underset{}{}} \tag{1-37}$$

上述两种自旋捕获剂都可以应用到·OH 的 ESR 检测中。自旋捕获技术能直接把目标·OH 捕获，简单易行。运用自由基捕获剂-ESR 方法进行·OH 的检测虽然简单有效，但是它的仪器成本较高，灵敏很低，因为自旋加合物大都不稳定，其寿命仍然很短，只有几分钟或几十分钟，必须在捕获自由基后立即进行 ESR 测量，所以其定量分析不很精确，限制了实验研究及工业应用。虽然近年来有研究人员提出采用液氮保存自旋加合物的方法来延长自旋加合物的寿命，但是这种方法也不适用于日常的应用和测量。

② 高效液相色谱法　HPLC 是一种高效、快速的分离技术，它具有高压、高速、高效和高灵敏度的特点，只需要微升数量级的样品就可以进行全面分析，检测器最小检测量可以达到 $10^{-9} \sim 10^{-11}$g。由于·OH 寿命很短，无法直接测量，所以 HPLC 的应用也是以·OH 捕获剂将活泼的·OH 转化为较稳定的形式为前提的。一般的·OH 捕获剂是安息香酸或水杨酸。·OH 和苯基发生羟基化作用，产物通过 HPLC 分离，然后运用 UV 或电化学的方法来分析。

以水杨酸作为捕获剂，·OH 攻击水杨酸生成 2,3-二羟基苯甲酸（2,3-DHBA）和 2,5-二羟基苯甲酸（2,5-DHBA），利用 HPLC 可直接检测 2,3-DHBA 和 2,5-DHBA，从而间接推测·OH 的含量。另外，近年来二甲基亚砜作为捕获剂也引起了人们的关注。·OH 与二甲基亚砜反应生成甲磺酸，可以通过 HPLC 来测定其含量，从而推测·OH 的含量。此外，该反应还可以通过分光光度计来测量生成的量，所以该种方法有一定的应用前景。总体上来讲，这种方法具有测量方便、简单、准确等优点，但是，又因为它的反应过程比较复杂，有很多的中间产物与支线产物，所以在自由基的准确定量检测上仍显不足。

③ 分光光度计法　分光光度计利用某些物质的分子吸收光谱区（200～800 nm）的辐射发生分子轨道上电子能级间的跃迁，从而产生分子吸收光谱来进行物质的分析测定。由于·OH 有强氧化性，可以使一些物质产生结构、性质和颜色的改变，从而可以改变待测液的光谱吸收，利用这一原理可以进行·OH 的间接测定。目前，应用于·OH 测定的反应底物主要有亚甲基蓝（MB）、溴邻苯三酚红（BPR）、茜素紫、邻二氮菲-Fe^{2+}、Fe^{2+}-菲咯啉络合物和 N-N-（5-硝基-1,3-亚苯基）-二戊二酰胺（NPG）。

与 ESR 和 HPLC 相比，分光光度计法仪器廉价，分析高效、迅速，有相对高的分辨力、精度与·OH 捕获效率，非常适合发展中国家以及经济不发达地区应用。相信随着研究的不断深入，会有更多更好的指示剂来满足不同反应物种、反应条件的需求。

④ 化学发光法　化学发光法已经广泛应用于生物系统内的自由基和活泼代谢物的检测。它是利用待测物和某些底物反应，产生发光生成物或诱导底物发光，通过测量发光强度来间接测量待测物的方法。发光光强可以利用氨基苯二酰一肼来大大加强。化学发光法检测的精度可以通过与 HPLC 联用的方法来提高。这种不同分析手段相结合来提高分析效果的方法是

目前普遍看好的分析手段之一。

1.4.4 高级氧化技术的类型

目前，高级氧化技术主要有芬顿氧化、臭氧氧化、光化学氧化、电化学氧化、湿式氧化、超声波氧化、放电低温等离子体氧化等，但随着高级氧化技术的发展，某些新型的氧化技术，如基于硫酸根自由基（$SO_4^-\cdot$）的活化过硫酸盐氧化也被纳入高级氧化技术的范畴。

（1）芬顿氧化 芬顿氧化是 pH 值在酸性条件下利用 Fe^{2+} 催化分解 H_2O_2 产生的·OH 降解污染物，且生成的 Fe^{3+} 发生混凝沉淀去除有机物，可见，芬顿氧化在难降解有机废水处理中具有氧化和混凝两种作用。由于 H_2O_2 价格昂贵，芬顿氧化单独使用成本高，通常是与其他生物、混凝、吸附等处理技术联用，将其作为生化处理的预处理或深度处理，以提高处理效果和降低成本。此外，芬顿试剂中的催化剂难以分离和重复使用，反应 pH 值低，会生成大量含铁污泥，出水中含有大量 Fe^{2+} 会造成二次污染，增加了后续处理的难度和成本。近年来，人们开始考虑使用光、电、超声、微波等协同芬顿氧化处理制药废水、垃圾渗滤液等难降解有机废水，以提高芬顿试剂的氧化活性，减少芬顿试剂用量和 Fe^{2+} 污染，这类技术被统称为类芬顿氧化。与此同时，国内外学者也开始研究将 Fe^{2+} 固定在离子交换膜、离子交换树脂、氧化铝、分子筛、膨润土、黏土等载体上，或以铁的氧化物、复合物代替 Fe^{2+}，以减少 Fe^{2+} 的溶出，提高催化剂的回收利用率，扩宽 pH 值适宜范围。芬顿氧化已经成为目前应用最为广泛的高级氧化技术之一。

（2）臭氧氧化 臭氧是一种强氧化剂（酸性条件下的氧化电位为 2.0V），在污水消毒、除色、除臭、去除有机物和 COD 方面有很好的效果，且条件温和，不产生二次污染，在水处理中应用广泛。

由于臭氧单独氧化运行成本高，氧化反应具有很强的选择性，近年来发展出了臭氧的组合技术，其反应速率和处理效果都优于臭氧单独氧化，且能氧化臭氧单独难以氧化的有机物，扩大了臭氧单独氧化的应用范围，但这些组合技术仍然存在运行费用高的问题。因此，催化臭氧氧化技术日渐受到国内外学者的关注。

催化臭氧氧化技术是利用催化剂加速·OH 产生，以达到有效、快速降解难降解有机物的目的。催化臭氧氧化技术按催化剂在水中的存在状态分为均相催化臭氧氧化和非均相催化臭氧氧化。均相催化臭氧氧化具有反应时间短、效果明显的优点，但是，溶液中的金属离子会造成二次污染。非均相催化臭氧氧化中的催化剂以固态存在，容易回收，不会造成二次污染，已经成为臭氧氧化技术中主要的研究方向。

（3）光化学氧化 光化学氧化法就是在光的照射作用下，氧化剂产生较正常情况下更多的·OH，从而迅速降解有机物的方法，主要有光激发氧化和光催化氧化。光激发氧化是利用紫外线的照射提高氧化剂的氧化能力，使氧化剂产生具有更强氧化能力的物质，而光催化氧化是在光激发氧化基础上发展起来的。与光激发氧化相比，光催化氧化是以半导体作为催化剂的氧化过程，在紫外或可见光的照射作用下，使得价带上的电子能大于半导体禁带宽度，这样表面的价带电子跃迁至导带，价带上就会产生相应的空穴，这些空穴具有很强的得电子能力，可将表面吸附的 OH^- 和 H_2O 氧化成·OH，被激发的电子与 O_2 生成·O_2^-、·OH 和·O_2^- 等自由基，从而将难降解有机物氧化成 CO_2、H_2O 以及小分子有机物。

光化学氧化法具有反应条件温和、运行成本低而且易于与其他高级氧化技术联用等优点，但在应用中也存在一些不足，比如催化剂的制备成本高，光利用效率不高，且有可能产生毒性更大的中间产物，催化剂回收存在很大的难度等，所以还需要继续深入的研究，才能够推动其在实际难降解有机废水处理中的应用。

（4）电化学氧化　自 20 世纪 80 年代初，人们开始重视用电化学氧化处理难降解有机废水，并对其进行了广泛的研究。一般地，用电化学氧化降解废水中的有机物，可分为在阳极表面及附近的直接氧化和远离电极表面的间接氧化两种，处理过程和效果受阳极材料的影响很大。目前所用阳极材料有活性材料和非活性材料两类，活性材料电极在电化学反应过程中直接参与氧化反应，材料的成分发生很大的变化；非活性材料电极在电解过程中只作为电子的"接收体"，而其成分在处理过程中不发生变化。

用电化学氧化处理有机废水，具有不需要加入大量的化学物质，可在常温、常压下操作等优点，正在逐步成为处理难降解有机废水的希望。但用电化学氧化处理难降解有机废水，无论在实际应用的技术方面，还是基础理论的研究方面都还比较薄弱。因此，一方面，需要开发具有更高催化活性、高的析氧过电位和高稳定性的阳极材料，设计高效率的电化学反应器；另一方面，要从微观的角度研究污染物降解过程的机理，发展具有可操作性的数学模型，为优化反应条件提供理论依据。这两方面互相促进，共同发展，才有可能实现电化学氧化技术在实际难降解有机废水处理中的应用。

（5）湿式氧化　湿式氧化是目前研究较为活跃的高级氧化技术之一。它是在高温、高压条件下，以空气中的氧气作为氧化剂将废水中有机物降解的技术。目前在全球大约有 300 多套湿式氧化工艺用于处理石油废水、化工废水、城市污泥和垃圾渗滤液等难降解有机废水。

由于传统湿式氧化工艺温度高、压力大、停留时间长，对某些难降解有机物的反应苛刻，所以 20 世纪 70 年代提出了湿式催化氧化法，它是在湿式氧化工艺基础上添加了适宜的催化剂，降低了反应温度和压力，缩短了反应时间，提高了氧化效率，降低了处理成本。根据催化剂状态分为均相型和非均相型。早期对均相催化剂研究较多，已经有多种均相催化剂应用于实际废水处理中。均相催化剂虽然活性高、反应速率快，但后续处理流程较复杂，易引起二次污染，而非均相催化剂是以固体形式存在，具有易分离、稳定性好等优点，目前受到广泛青睐。

超临界水氧化是湿式氧化的强化和改进，是美国学者 Modell 提出的，原理是利用超临界水作为介质来氧化分解有机物。超临界水具有气态和液态水的性质，可以与非极性有机物、O_2、N_2、空气等以任意比例互溶。由于超临界水气液相界面消失，成为均一相体系，所以反应速率极快，有机物在很短时间内被氧化成小分子化合物。

超临界水氧化必须在较高温度和压力下进行，因而对反应设备有很高的要求。为此，催化剂被引入超临界水氧化中，称为催化超临界水氧化。催化剂可以加快反应速率，提高反应效率，在相同处理效果下，温度和压力就可以降低，从而降低对设备的要求。尽管催化超临界水氧化经过近几十年的发展已经有了很大改进，但仍存在诸多问题，如设备及工艺要求高，一次性投资大；设备的防腐和盐沉积问题并未完全解决；反应机理上还需进一步探讨。这些问题都阻碍了催化超临界水氧化的发展。不过，催化超临界水氧化已经在工业废水处理上显示出勃勃生机，相信随着科学技术的不断进步，该方法会得到广泛应用。

（6）超声波氧化　超声波氧化法是利用频率范围为 16kHz～1MHz 的超声波辐射溶液，使溶液产生超声空化，在溶液中形成局部高温、高压和生成局部高浓度·OH 和 H_2O_2，并可形成超临界水，快速降解有机污染物。超声波氧化集合了自由基氧化、焚烧、超临界水氧化等多种水处理技术的特点，并且降解条件温和、效率高、适用范围广、无二次污染，是一种很有发展潜力和应用前景的清洁水处理技术。

单独超声波氧化技术能够去除水中的某些有机污染物，但其单独处理成本高，且对亲水性、难降解有机物处理效果较差，对 TOC 的去除不彻底，因此常与其他高级氧化技术联用，以降低处理成本、改善处理效果。而且，与其他催化技术联用，超声波引起的剧烈湍动可强化污染物与固态催化剂之间的固液传质，持续清洗催化剂表面，保持催化剂活性。

超声波氧化技术在处理难降解污水尤其是有毒废水方面有很大的发展前景，但还存在一些问题制约其在实际工程中的应用，例如，经济适用性问题和工程放大问题等。在以后的研究中可以针对难降解物系和实际多组分物系开展研究，拓宽超声波降解污染物的适用性，并且可以通过优化工艺参数和改进反应器结构，进一步提高降解效率，降低成本。此外，还应在降解机理、物质平衡、反应动力学、反应器的设计和放大等方面做深入研究，制定出定量化放大准则，使其在实际工程中得到应用。

（7）放电低温等离子体氧化　放电低温等离子体氧化是利用高压放电过程中产生的一系列物理和化学效应，如放电形成的强氧化性自由基（如·H、·O、·OH）和分子（如 H_2O_2 和 O_3）以及同时伴随的高能电子轰击、UV 等共同作用于污染物，从而实现污染物的降解。可见，放电低温等离子体氧化是一种集多种效应于一身的高级氧化技术。

尽管国内外已有不少关于放电低温等离子体技术用于水处理方面的研究报道，但大多数的研究仍处于实验室阶段，缺乏实际应用，且实验过程中所用废水大多为实验室配置的单一成分废水，而实际废水往往成分复杂、性质不一，影响因素较多，该方面的研究还不够。此外放电等离子体的产生需要消耗大量的电能，且系统中的能量利用效率较低，存在处理费用高昂的问题。因此，对于放电低温等离子体技术用于水处理研究的重点应当集中在如何提高反应系统的能量利用效率、寻找最佳操作参数以及将其与其他技术的结合上，例如与光催化剂相结合，同时，着力于研究可实现工业化大规模应用的反应器。

（8）活化过硫酸盐氧化　近年来，基于 $SO_4^-·$ 氧化原理的活化过硫酸盐氧化因其经济、高效、环境友好、安全稳定等优点，在降解有机污染物方面得到了越来越多的研究和应用，被认为是新型高级氧化技术。过硫酸盐最早是作为聚合物的引发剂而被人们所熟知的，由于其在催化条件下产生的强氧化能力而被发掘，进而应用于有机污染物的降解。

$SO_4^-·$ 是一种亲电子试剂，具有很高的化学反应活性，与·OH 一样可氧化一些难降解的有机物，且 $SO_4^-·$ 比·OH 更为稳定，具有更长的半衰期。因此，在难降解有机废水处理领域具有广阔的应用前景。尽管如此，活化过硫酸盐氧化作为一门新兴的高级氧化技术，但大多数研究都停留在实验研究阶段，处理对象单一，评价指标参差不齐，许多研究的考察指标只是对目标物的去除，并未考虑降解产物是否有害或是否完全矿化，对实际应用的贡献不大；同时，对氧化机理的研究虽多但不够系统，甚至常常存在截然相反的结论。因此，活化过硫酸盐高级氧化技术在未来还需在许多方面进行深入系统的研究。比如开发简单易得、高效、可重复利用的催化剂以及更经济、高效的活化方法，降低该技术的使用成本；研究新的高级原位表征技术和理论计算组合的方法来探索自由基的产生和反应路径，对活化、氧化机理系统性的研究，对于不同污染物种类、污染体系，给出针对性的活化、氧化方法理论指导；探索并建立根据污染物分子复杂程度、抗氧化能力强弱、完全矿化的反应路径等条件确定氧化剂/污染物比例的理论体系，用以指导实验研究与实际应用；进行混合体系或实际废水处理研究，考虑多种影响因素对氧化处理的影响，并开发配套处理工艺，推进活化过硫酸盐高级氧化技术的工业化。

1.5　高级氧化技术在难降解有机废水处理中的应用前景与发展趋势

　　综上所述，高级氧化技术对难降解有机废水的处理具有高效性、普遍性和彻底性，有些已经开始应用于多种工业废水的处理，其应用前景广阔，但各类高级氧化技术在实际应用中都存在一些问题（表 1-5）。从处理工艺上看，单个的高级氧化工艺产生的·OH 数量有限，氧化能力不如组合工艺好，难以取得理想的效果，因此两种或者多种高级氧化技术联合使用来进行难降解有机废水的处理是今后主要研究方向之一。从处理对象上看，高级氧化技术目前已扩展到处理水中内分泌干扰物、消毒副产物及个人护理用品等难降解有机物，由于难降解有机物复杂多样，氧化降解机理也就千差万别，因此探讨不同有机物的氧化机理成为当前研究的趋势。从去除效能上看，高级氧化技术去除难降解有机污染物的过程中，在何种条件下产生何种中间产物，如何更快速彻底地氧化有机污染物，从而获得有机物降解最快的条件，这是今后值得考虑的问题，此外，催化剂在难降解有机物的降解过程中起着至关重要的作用，开发催化活性好、稳定性强、适用范围广、成本低廉的催化剂对推广应用高级氧化技术具有重要意义。从处理能耗上看，要理解有机物在反应器内的反应与传质机理，设计开发稳定、廉价、高效的反应器，同时考虑高级氧化技术与生化工艺结合，进一步降低处理成本，是高级氧化技术发展的必经之路。除此之外，开发高效、低耗的新型高级氧化工艺也是高级氧化技术发展的一种选择。

表 1-5　各类高级氧化技术比较

技术工艺	优点	缺点	适用范围	发展方向
芬顿氧化	反应条件温和，设备及操作简单，处理费用相对较低，适用范围较广	氧化能力相对较弱，出水中含大量 Fe^{2+}，产生大量含铁污泥，反应 pH 值低	技术成熟，已成功运用于多种工业废水的处理，适用于低浓度难降解有机废水的处理	发展铁离子的固定化技术和芬顿氧化与其他技术的联用工艺
臭氧氧化	氧化能力强，反应速率快，反应条件温和，操作简单，无二次污染	臭氧制备设备复杂，臭氧产率和利用率低，处理成本高，氧化反应选择性强，降解不彻底	常用于含氰和酚废水、印染废水、造纸废水、农药废水的处理	降低臭氧的制备成本，提高臭氧的利用率，发展与臭氧相关的组合技术和催化臭氧氧化技术
光化学氧化	反应条件温和，氧化能力强，适用范围广	氧化不彻底，对光源利用率低，能耗较大，投资费用较高，催化剂易失活	适合于有机物浓度较低、浊度较小的难降解废水的处理	开发催化活性和稳定性好的催化剂，提高对光源，尤其是太阳光的利用率，改进催化剂的固定化技术，研发高效反应器
电化学氧化	反应条件温和，氧化能力强，适用范围广，反应可控性强，无二次污染，设备简单	氧化不彻底，电流效率低，电极价格贵，处理能耗较大	适用于制革废水、印染废水、垃圾渗滤液等多种难降解有机废水	开发具有更高催化活性、高效、高稳定性、低廉的电极，设计高效率的电化学反应器，解决传质问题
湿式氧化	适用范围广，处理效果好，反应速率快，无二次污染，可回收能量及有用物料	反应温度和压力高，对设备材料要求高，投资和运行成本高	适用于各种高浓度、小流量工业废水的处理	研制高效稳定的催化剂和反应器，发展催化剂固载技术以实现催化剂的持续利用

续表

技术工艺	优点	缺点	适用范围	发展方向
超声波氧化	反应条件温和，效率高，适用范围广，对设备要求低，操作简单，无二次污染	能耗大，处理成本高，降解不彻底	适合处理憎水性、易挥发的有机物，目前只限于实验室单一组分、小水量的处理	优化超声波反应器的设计，增大超声空化效果，研究低频率低功率的反应装置，与其他高级氧化技术联用
放电低温等离子体氧化	效率高，适用范围广，无二次污染	对电源要求高、能耗大、处理成本高、投资和运行成本高、目前仅限于实验室小流量的处理	适合用各种低浓度、小流量难降解有机废水的处理	开发高效节能电源，设计高效反应器，开发低成本耐用电极，优化与其他工艺的组合
活化过硫酸盐氧化	反应条件温和，效率高	需要合适的活化条件，处理成本高，投资和运行成本高，目前仅限于实验室小流量的处理	局限在成分单一的废水或者某一特定的污染物	开发新型高效活化方法，探究与其他水处理技术的耦合

参考文献

[1] 汤鸿霄，钱易，文湘华，等. 水体颗粒物和难降解有机物的特性与控制技术原理[M]. 北京：中国环境科学出版社，2000.

[2] 雷乐成，汪大翠. 水处理高级氧化技术[M]. 北京：化学工业出版社，2001.

[3] 马承愚，彭英利. 高浓度难降解有机废水的治理与控制[M]. 北京：化学工业出版社，2006.

[4] 孙德智，于秀娟，冯玉杰. 环境工程中的高级氧化技术[M]. 北京：化学工业出版社，2006.

[5] 张光明，张盼月，张信芳. 水处理高级氧化技术[M]. 哈尔滨：哈尔滨工业大学出版社，2007.

[6] 刘玥，彭赵旭，闫怡新，等. 水处理高级氧化技术及工程应用[M]. 郑州：郑州大学出版社，2014.

[7] Clemens von Sonntag，Urs von Gunten. 水和污水处理的臭氧化学——基本原理与应用[M]. 刘正乾译. 北京：中国建筑工业出版社，2016.

[8] 全学军，徐云兰，程治良. 难降解废水高级氧化技术[M]. 北京：化学工业出版社，2018.

[9] Gil A，Luis A V，Miguel Á V. Applications of advanced oxidation processes(AOPs) in drinking water treatment[M]. The Handbook of Environmental Chemistry，Switzerland：Springer International Publishing AG，2019.

[10] Hoigné J. Inter-calibration of ·OH radical sources and water quality parameters[J]. Water Science and Technology，1997，35（4）：1-8.

[11] Oturan M A，Aaron J J. Advanced oxidation processes in water/wastewater treatment：principles and applications. a review[J]. Critical Reviews in Environmental Science and Technology，2014，44（23）：2577-2641.

[12] Miklos D B，Remy C，Jekel M，et al. Evaluation of advanced oxidation processes for water and wastewater treatment—a critical review[J]. Water Research，2018，139：118-131.

[13] Anbar M，Meyerstein D，Neta P. The reactivity of aromatic compounds toward hydroxyl radicals[J]. Journal of Physical Chemistry，1966，70（8）：2660-2662.

[14] Ashton L，Buxton G V，Stuart C R. Temperature dependence of the rate of reaction of OH with some aromatic compounds in aqueous solution. Evidence for the formation of a π-complex intermediate？[J]. Journal of the Chemical Society，Faraday Transactions，1995，91（11）：1631-1633.

[15] Asmus K D，Moeckel H，Henglein A. Pulse radiolytic study of the site of hydroxyl radical attack on aliphatic alcohols in aqueous solution[J]. Journal of Physical Chemistry，1973，77（10）：1218-1221.

[16] Buxton G V，Greenstock C L，Helman W P，et al. Critical review of rate constants for reactions of hydrated electrons，hydrogen atoms and hydroxyl radicals（·OH/·O$^-$）in aqueous solution[J]. Journal of Physical and

Chemical Reference Data，1988，17：513-886.

[17] Fang X W，Schuchmann H P，von Sonntag C. The reaction of the OH radical with pentafluoro-，pentachloro-，pentabromo-and 2,4,6-triiodophenol in water：electron transfer vs. addition to the ring[J]. Journal of the Chemical Society，Perkin Transactions 2，2000，7：1391-1398.

[18] Henglein A，Kormann C. Scavenging of OH radicals produced in the sonolysis of water[J]. International Journal of Radiation Biology，1985，48（2）：251-258.

[19] Huber M M，Canonica S，Park G Y，et al. Oxidation of pharmaceuticals during ozonation and advanced oxidation processes[J]. Environmental Science & Technology，2003，37（5）：1016-1024.

[20] Muñoz F，Schuchmann M N，Olbrich G，et al. Common intermediates in the OH-radical-induced oxidation of cyanide and formamide[J]. Journal of the Chemical Society，Perkin Transactions 2，2000，4：655-659.

[21] Leitner N K V，Roshani B. Kinetic of benzotriazole oxidation by ozone and hydroxyl radical[J]. Water Research，2010，44（6）：2058-2066.

[22] 邓淑芳，白敏冬，白希尧，等. 羟基自由基特性及其化学反应[J]. 大连海事大学学报，2004，30（3）：62-64.

[23] 张良金. 铁炭微电解处理高浓度难降解有机废水实验研究[D]. 重庆：重庆大学，2007.

[24] 杨春维，王栋，郭建博，等. 水中有机物高级氧化过程中的羟基自由基检测方法比较[J]. 环境污染治理技术与设备，2006，7（1）：136-141.

[25] 孙晓君，冯玉杰，蔡伟民，等. 废水中难降解有机物的高级氧化技术[J]. 化工环保，2001，21（5）：264-269.

[26] 程聪. 高级氧化法处理难降解有机废水的研究[D]. 武汉：武汉纺织大学，2013.

[27] 钟理，詹怀宇. 高级氧化技术在废水处理中的应用研究进展[J]. 上海环境科学，2000，19（12）：568-571.

[28] 吴支备，刘飞. 高级氧化技术在水处理中的研究进展[J]. 山西建筑，2006，42（8）：156-157.

[29] 刘晶冰，燕磊，白文荣，等. 高级氧化技术在水处理的研究进展[J]. 水处理技术，2011，37（3）：11-17.

[30] 江传春，肖蓉蓉，杨平. 高级氧化技术在水处理中的研究进展[J]. 水处理技术，2011，37（7）：12-33.

[31] 李花，沈耀良. 废水高级氧化技术现状与研究进展[J]. 水处理技术，2011，37（6）：6-14.

[32] 吴晴，刘金泉，王凯，等. 高级氧化技术在难降解工业废水中的研究进展[J]. 水处理技术，2015，41（11）：25-29.

[33] 陶汶铭. 难降解有机废水的催化氧化研究[D]. 太原：中北大学，2015.

[34] 郑展望. 非均相 UV/Fenton 处理高难降解有机废水研究[D]. 杭州：浙江大学，2004.

[35] Pignatello J J，Oliveros E，MacKay A，et al. Advanced oxidation processes for organic contaminant destruction based on the Fenton reaction and related chemistry[J]. Critical Reviews in Environmental Science and Technology，2006，36(1)：1-84.

[36] Bokare A D，Choi W. Review of iron-free Fenton-like systems for activating H_2O_2 in advanced oxidation processes[J]. Journal of Hazardous Materials，2014，275：121-135.

[37] Ventura A，Jacquet G，Bermond A，et al. Electrochemical generation of the Fenton's reagent：application to atrazine degradation[J]. Water Research，2002，36（14）：3517-3522.

[38] Nakamura H，Oya M，Hanamoto T，et al. Reviewing the 20 years of operation of ozonation facilities in hanshin water supply authority with respect to water quality improvements[J]. Ozone-Science & Engineering，2017，39（6）：397-406.

[39] Nawrocki J，Kasprzyk-Hordern B. The efficiency and mechanisms of catalytic ozonation[J]. Applied Catalysis B：Environmental，2010，99（1-2）：27-42.

[40] Chong M N，Jin B，Chow C W K，et al. Recent developments in photocatalytic water treatment technology：a review[J]. Water Research，2010，44（10）：2997-3027.

[41] Anglada Á，Urtiaga A，Ortiz I. Contributions of electrochemical oxidation to waste-water treatment：

fundamentals and review of applications[J]. Journal of Chemical Technology and Biotechnology，2009，84
（12）：1747-1755.

[42] Mandal P，Dubey B K，Gupta A K. Review on landfill leachate treatment by electrochemical oxidation：drawbacks，challenges and future scope[J]. Waste Management，2017，69：250-273.

[43] Luck F. Wet air oxidation：past present and future[J]. Catalysis Today，1999，53（1）：81-91.

[44] Suresh K B，James T，Jaidev P，et al. Wet oxidation and catalytic wet oxidation[J]. Industrial & Engineering Chemistry Research，2006，45（4）：1221-1258.

[45] Mahamuni N N，Adewuyi Y G. Advanced oxidation processes(AOPs)involving ultrasound for waste water treatment：a review with emphasis on cost estimation[J]. Ultrasonics Sonochemistry，2010，17(6)：990-1003.

[46] Jiang B，Zheng J T，Qiu S，et al. Review on electrical discharge plasma technology for wastewater remediation[J]. Chemical Engineering Journal，2014，236：348-368.

[47] 王兵，李娟，莫正平，等. 基于硫酸自由基的高级氧化技术研究及应用进展[J]. 环境工程，2012，30（4）：53-57.

[48] 黄智辉，纪志永，陈希，等. 过硫酸盐高级氧化降解水体中有机污染物研究进展[J]. 化工进展，2019，38（5）：2461-2470.

[49] 王萍. 过硫酸盐高级氧化技术活化方法研究[D]. 青岛：中国海洋大学，2010.

[50] 孙怡，于利亮，黄浩斌，等. 高级氧化技术处理难降解有机废水的研发趋势及实用化进展[J]. 化工学报，2017，68（5）：1743-1756.

[51] 赵丽红，聂飞. 水处理高级氧化技术研究进展[J]. 科学技术与工程，2019，19（10）：1-9.

[52] 范艳辉. 微波诱导氧化工艺在难降解有机废水中应用研究[D]. 武汉：武汉科技大学，2009.

[53] Ollera I，Malato S，Sánchez-Pérez J A. Combination of advanced oxidation processes and biological treatments for wastewater decontamination—a review[J]. Science of the Total Environment，2011，409(20)：4141-4166.

[54] Rodriguez-Narvaez O M，Peralta-Hernandez J M，Goonetilleke A，et al. Treatment technologies for emerging contaminants in water：a review[J]. Chemical Engineering Journal，2017，323：361-380.

第2章 芬顿氧化技术

科学家 Fenton 发现 Fe^{2+} 和 H_2O_2 可以将酒石酸氧化，为人们分析还原性有机物和选择性氧化物提供了一种新的方法，后人为纪念这位伟大的科学家将亚铁盐和 H_2O_2 的组合命名为芬顿试剂，使用这种试剂的反应称为芬顿反应。芬顿试剂中 Fe^{2+} 作为同质催化剂，而 H_2O_2 具有强烈的氧化能力。在早期的研究中人们将这项氧化反应用于有机分析化学和有机合成反应。1964 年 Eisenhouser 首次使用芬顿氧化处理苯酚及烷基苯废水，开创了芬顿氧化在废水处理领域的先河。芬顿氧化技术经过半个多世纪的发展，已经广泛应用于难降解有机废水的处理中，为了进一步提高对有机物的氧化性能，以传统的芬顿试剂为基础，发展出一系列机理相似的类芬顿氧化技术，如光-芬顿氧化、电-芬顿氧化、超声-芬顿氧化、微波-芬顿氧化、非均相芬顿氧化等。本章主要阐述传统芬顿氧化及类芬顿氧化技术的反应机制、影响因素以及存在问题与发展方向。

2.1 传统芬顿氧化的机理

对于传统芬顿反应过程中活性氧化物种产生的机理或路径目前仍然存在争议。可能的形成机理包括 Fe^{2+} 与 H_2O_2 间非直接键合作用的外层电子转移机理以及 Fe^{2+} 与 H_2O_2 间直接键合作用的内层电子转移机理，后者形成金属过氧络合物 $Fe(OOH)^{2+}$，可能会进一步反应生成·OH（单电子氧化剂）或 $[Fe^{4+}=O]^{2+}$（双电子氧化剂），如图 2-1（a）所示。相应地，有学者提出了两种主要的反应途径：一种是·OH 形成途径，Fe^{2+} 催化 H_2O_2 分解产生·OH，被认为是最传统，也是普遍被认可的一种机制；另一种是非·OH 形成途径，H_2O_2 和 Fe^{2+} 反应形成 $[Fe^{4+}=O]^{2+}$，如图 2-1（b）所示。$[Fe^{4+}=O]^{2+}$ 的本质是什么？是·OH、$[Fe^{4+}=O]^{2+}$，还是其他的活性氧化物种使有机污染物降解？这些都还不是很明确，因为对寿命极短的中间体进行精确的实验分析非常困难。有研究运用密度泛函理论对芬顿试剂形成 Fe^{4+} 的含氧络合物进行计算，并证实水化高价铁离子 $[(H_2O)_5Fe^{4+}=O]^{2+}$ 确实具有很高的反应活性，可以在真空条件下将甲烷氧化为甲醇。然而，有些人认为：在酸性和中性水溶液中，芬顿试剂的关键中间产物绝不是 $[(H_2O)_5Fe^{4+}=O]^{2+}$。还有一些人则认为：芬顿反应过程中形成了一种受束缚的"神秘"

自由基作为活性反应物种。从动力学的角度来看，即便能够形成 $[Fe^{4+}\!\!=\!\!O]^{2+}$ 活性物种，它在芬顿反应过程中的作用可能也是次要的，因为 $[Fe^{4+}\!\!=\!\!O]^{2+}$ 氧化有机物的速率常数比·OH 小几个数量级。

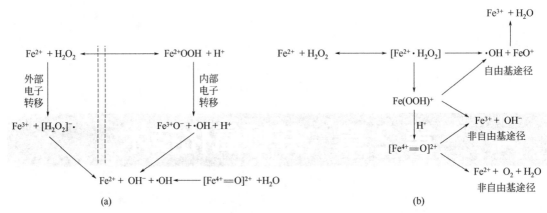

图 2-1 传统芬顿反应过程中可能涉及的活性氧化物种形成机理与途径

争论仍在继续，明确地阐明芬顿反应机理是非常复杂的，芬顿反应机理与反应条件紧密相关，如金属离子的束缚、溶剂、pH 值、有机基质等。在芬顿反应过程中，可能是·OH 和 $[Fe^{4+}\!\!=\!\!O]^{2+}$ 共存，其中哪一个将占主导地位，这取决于环境条件或实验参数。目前，虽然·OH 机理在大多数的研究中被接受和应用，未来的研究工作还将会聚焦于探寻芬顿反应机理。

2.1.1 经典的·OH 形成理论

1934 年 Harber 和 Weiss 提出：在芬顿体系中，催化产生的·OH 进攻有机物分子并使其氧化为 CO_2、H_2O 等无机物质。

$$Fe^{2+} + H_2O_2 + H^+ \longrightarrow Fe^{3+} + H_2O + ·OH \tag{2-1}$$

实际上，·OH 是反应中间体，芬顿体系中产生的·OH 会引发一系列复杂的链式反应。

链的开始：

$$Fe^{2+} + ·OH \longrightarrow Fe^{3+} + OH^- \tag{2-2}$$

$$H_2O_2 + ·OH \longrightarrow HO_2· + H_2O \tag{2-3}$$

$$Fe^{3+} + H_2O_2 \longrightarrow Fe^{2+} + HO_2· + H^+ \tag{2-4}$$

$$Fe^{3+} + HO_2· \longrightarrow Fe^{2+} + ·O_2 + H^+ \tag{2-5}$$

$$HO_2· \longrightarrow H^+ + ·O_2^- \tag{2-6}$$

$$·OH + R\!-\!H \longrightarrow ·R + H_2O \tag{2-7}$$

$$·OH + R\!-\!H \longrightarrow ·[R\!-\!H]^+ + OH^- \tag{2-8}$$

链的终止：

$$·OH + ·OH \longrightarrow H_2O_2 \tag{2-9}$$

$$HO_2· + HO_2· \longrightarrow H_2O_2 + O_2 \tag{2-10}$$

$$Fe^{3+} + HO_2· \longrightarrow Fe^{2+} + O_2 + H^+ \tag{2-11}$$

$$Fe^{3+} + ·O_2^- \longrightarrow Fe^{2+} + O_2 \tag{2-12}$$

$$Fe^{2+} + HO_2 \cdot + H^+ \longrightarrow Fe^{3+} + H_2O_2 \tag{2-13}$$

$$HO_2 \cdot + \cdot O_2^- + H^+ \longrightarrow O_2 + H_2O_2 \tag{2-14}$$

$$Fe^{2+} + \cdot O_2^- + 2H^+ \longrightarrow Fe^{3+} + H_2O_2 \tag{2-15}$$

$$\cdot OH + \cdot R \longrightarrow ROH \tag{2-16}$$

$$\cdot OH + R^1 - CH = CH - R^2 \longrightarrow R^1 - C(OH)H = CH - R^2 \tag{2-17}$$

可见，整个体系的反应十分复杂，其关键是通过 Fe^{2+} 在反应中起激发和传递作用，使链反应能持续进行直至 H_2O_2 耗尽。

有研究人员使用顺磁共振的方法以 DMPO 作为自由基捕获剂研究了芬顿反应中的氧化剂碎片，成功地捕获到了 $\cdot OH$ 的信号，提出了可能的自由基和氧化剂碎片的机制。这一理论提出的同时，也验证了 $\cdot OH$ 作为反应中间体的存在。由于芬顿试剂在许多体系中确有羟基化作用，所以 Harber 和 Weiss 机制得到了普遍承认。

根据该机制，芬顿氧化降解有机污染物的实质就是 $\cdot OH$ 与有机物的反应。归纳起来这些反应主要有以下几种类型：

① 对于多元醇（乙二醇、甘油）以及淀粉、蔗糖、葡萄糖之类的糖类，在 $\cdot OH$ 作用下，分子结构中各处发生脱氢反应，随后发生 C—C 键的开裂，最后被完全氧化成为 CO_2，其 COD 可得到大幅度降低。

② 对于水溶性高分子（聚乙烯醇、聚丙烯酸钠、聚丙烯酰胺）和水溶性乙烯化合物（丙烯腈、丙烯酸、丙烯醇、丙烯酸甲酯、醋酸乙酯），$\cdot OH$ 加成到 C=C 键上，使双键断裂然后将其氧化为 CO_2，COD 去除率较高。

③ 对于饱和脂肪族一元醇（乙醇、异丙醇）和饱和脂肪族羧基化合物（醋酸、醋酸乙基丙酮、乙醛），主链为稳定的化合物，$\cdot OH$ 只能将其氧化为羧酸，COD 去除率较低，但可以提高废水的生化性，有利于进行后续生化处理。

④ 对于酚类有机物，低剂量的芬顿试剂可使其发生聚合反应生成酚的聚合物，利于用混凝法对其进行去除；大剂量的芬顿试剂可使酚的聚合物进一步转化成 CO_2，从而达到净化废水的目的。

⑤ 对于芳香族化合物来说，$\cdot OH$ 可以破坏芳香环，形成脂肪族化合物，从而消除芳香族化合物的生物毒性，改善废水的生物降解性能。

⑥ 对于染料，$\cdot OH$ 可以直接攻击发色基团，打开染料发色官能团的不饱和度，使染料氧化分解，同时达到对废水进行脱色和降低 COD 的目的；此外，对于某些水溶性有机物（如带磺酸基团的萘系有机物），$\cdot OH$ 可与其发生反应，改变其电子云密度和结构，降低其水溶性，有利于采用混凝或者吸附的方法对其进行去除。

2.1.2 非 $\cdot OH$ 形成理论

$\cdot OH$ 机制被提出的同时，其他非 $\cdot OH$ 作为中间体的反应机制也被提出。在实际应用中，经典的 $\cdot OH$ 形成理论对一些实际废水处理所存在的现象却难以解释，于是，有人提出芬顿试剂在处理有机废水时会发生反应产生铁水络合物，其主要反应式如下：

$$Fe^{2+} + H_2O_2 \Longleftrightarrow Fe^{2+} \cdot H_2O_2 \tag{2-18}$$

$$Fe^{2+} \cdot H_2O_2 \longrightarrow [Fe(OOH)]^+ + H^+ \tag{2-19}$$

$$[Fe(OOH)]^+ + H^+ \longrightarrow [Fe^{4+} = O]^{2+} + H_2O \tag{2-20}$$

$$[Fe^{4+}\!\!=\!\!O]^{2+} + H_2O_2 \longrightarrow Fe^{2+} + O_2 + H_2O \qquad (2\text{-}21)$$

$$[Fe^{4+}\!\!=\!\!O]^{2+} + Fe^{2+} \longrightarrow 2Fe^{3+} + O^{2-} \qquad (2\text{-}22)$$

$$[Fe(OOH)]^{+} + Fe^{2+} \longrightarrow 2Fe^{3+} + O^{2-} + OH^{-} \qquad (2\text{-}23)$$

此外，有研究表明：Fe^{3+} 还会与 H_2O 形成铁水络合物。

$$Fe^{3+} + 6H_2O \longrightarrow [Fe(H_2O)_6]^{3+} \qquad (2\text{-}24)$$

$$[Fe(H_2O)_6]^{3+} \longrightarrow [Fe(H_2O)_5OH]^{2+} + H^{+} \qquad (2\text{-}25)$$

$$[Fe(H_2O)_5OH]^{2+} \longrightarrow [Fe(H_2O)_4(OH)_2]^{+} + H^{+} \qquad (2\text{-}26)$$

以上反应式表达了芬顿试剂所具有的絮凝功能。研究表明：芬顿试剂所具有的这种絮凝和沉降功能是芬顿试剂降解有机物的重要组成部分。可以看出：利用芬顿试剂处理废水所取得的较好的处理效果，并不是单纯因为·OH 的作用，这种絮凝和沉降功能同样起到了重要的作用。

2.2　传统芬顿氧化的特点

不管芬顿反应的机理是什么，一个毋庸置疑的事实是：芬顿反应能有效地降解有机污染物。利用芬顿反应进行环境修复具有普遍适用性，与有机污染物的性质和官能团无关。因此，它可以用于污染水体的治理和修复，也可以去除不可生物降解的化学物质。目前，传统芬顿反应被广泛接受的机理是在酸性介质中生成·OH 的一系列循环反应，这些循环反应称为哈伯-韦斯（Haber-Weiss）循环。

传统芬顿氧化的主要优势是能够彻底分解有机污染物形成无害的产物，如 CO_2、H_2O 和小分子有机酸，与其他氧化剂相比，H_2O_2 便宜、安全、易于处理，而且对环境没有持久的危害，因为它很容易分解为 H_2O 和 O_2。此外，传统芬顿反应引人关注的原因是没有传质限制，反应是在均相条件下进行的，然而，尽管传统芬顿反应的效率很高，但是仍存在许多缺点，使其在实际工业中的应用不尽如人意。式（2-1）表明：H^{+} 对 H_2O_2 的分解是必需的，这表明在酸性环境下才能产生最大量的·OH。当 pH 值过高时，Fe^{2+} 和 Fe^{3+} 开始形成络合物或沉淀物，导致 Fe^{2+} 和 Fe^{3+} 的浓度减小，芬顿反应效能随之降低。依据式（2-4）和（2-5），更酸的环境将会抑制 Fe^{2+} 的再生反应。另外，在芬顿链式反应中，式（2-1）的速率常数比式（2-4）的速率常数高几个数量级，这意味着 Fe^{2+} 的消耗速率比它的再生速率快得多，因此，在反应过程中必须维持过量的 Fe^{2+} 以保证生成·OH。后续去除 Fe^{2+} 和 Fe^{3+} 时，在中和阶段会产生大量的 $Fe(OH)_3$ 污泥。由于以上的两个主要缺点，在均相芬顿反应工艺中，必须使用耐酸材料以满足反应的酸性条件要求，同时需要额外的设备对处理后的废水进行中和甚至絮凝反应以达到排放标准，这些无疑会增加总成本。除了这些，液相中的 Fe^{2+} 和 Fe^{3+} 还可能失活，原因是它与氧化过程所产生的中间产物（如草酸）发生络合反应。实际上，可以使用非均相芬顿催化材料克服这些限制，替代均相的 Fe^{2+} 和 Fe^{3+}。关于非均相芬顿氧化将在后文详细论述。

2.3　传统芬顿氧化的主要影响因素

根据传统芬顿氧化反应的机制可知：·OH 是氧化有机物的主要活性物种，而 Fe^{2+}、H_2O_2、OH^{-} 决定·OH 的产量，因而决定了与有机物反应的程度。因此，影响芬顿氧化的主要因素有

pH 值、芬顿试剂的投加量及配比、H_2O_2 的投加方式、反应时间和反应温度等，每个因素之间又相互影响，不同种类的有机物各因素的影响程度及其相互间作用也有所不同。

2.3.1 pH 值的影响

芬顿试剂是在酸性条件下发生作用的，中性和碱性环境中，Fe^{2+} 不能催化 H_2O_2 产生·OH。按照经典的芬顿试剂反应理论，pH 值升高不仅抑制了·OH 的产生，而且使溶液中的 Fe^{2+} 以氢氧化物的形式沉淀而失去催化能力。当 pH 值过低时，溶液中的 H^+ 浓度过高，式（2-4）和式（2-11）受到抑制，Fe^{3+} 不能顺利地被还原为 Fe^{2+}，催化反应受阻。所以，pH 值的变化直接影响到 Fe^{2+}、Fe^{3+} 的络合平衡体系，从而影响芬顿试剂的氧化能力。一般废水 pH 值在 2～6 时，COD 去除率较高，但针对不同的难降解有机废水，其适宜的 pH 值范围不尽相同。大量的实验和工程经验都表明：pH 值是影响芬顿氧化效果的最重要因素之一，对于不同的废水其最佳 pH 值差别很大，必须通过实验确定其最佳 pH 值。

2.3.2 芬顿试剂投加量及配比的影响

在芬顿反应中 Fe^{2+} 起到催化 H_2O_2 产生自由基的作用。在无 Fe^{2+} 条件下，H_2O_2 难于自分解产生自由基。由式（2-1）可知，当 H_2O_2 和 Fe^{2+} 投加量较低时，·OH 产生的数量相对较少，同时 H_2O_2 又是·OH 的清除剂，H_2O_2 投加量过高会引发式（2-3）的出现，使初始产生的·OH 减少。当 Fe^{2+} 浓度很低时，反应速率很慢，自由基的产生量小，使整个过程受到限制；当 Fe^{2+} 浓度过高时，H_2O_2 将会被还原，Fe^{2+} 氧化成 Fe^{3+} 造成色度增加。有研究显示：在 $Fe^{2+}/H_2O_2=2$ 的环境中，当有机物不存在时，Fe^{2+} 在几秒内消耗完；当有机物存在时，Fe^{2+} 的消耗大大受到限制。但不管有机物存在与否，H_2O_2 都在反应开始的几秒内被完全消耗，这表明在高 Fe^{2+}/H_2O_2 条件下，消耗 H_2O_2 产生·OH 的过程在几秒内进行完毕；在 $Fe^{2+}/H_2O_2=1$ 的环境中，当有机物不存在时，H_2O_2 的消耗在反应刚开始时迅速，随后速度缓慢；有机物存在时，H_2O_2 的消耗在反应刚开始时非常迅速，随后完全停止。但不管有机物存在与否，Fe^{2+} 在反应刚开始后不久就被完全消耗。因此，反应开始时加入的 Fe^{2+} 在较长时间内不能使 H_2O_2 消耗完。在 $Fe^{2+}/H_2O_2<1$ 条件下与 $Fe^{2+}/H_2O_2=1$ 时一样，Fe^{2+} 在反应刚开始后不久就被完全消耗，但 H_2O_2 被完全消耗的时间更长。

2.3.3 H_2O_2 投加方式的影响

保持 H_2O_2 的投加量不变，将 H_2O_2 均匀地分批投加，可提高废水的处理效率，其原因在于：H_2O_2 分批投加时，H_2O_2/Fe^{2+} 相对较低，即催化剂浓度相对提高，从而使 H_2O_2 的·OH 产率增大，提高了 H_2O_2 利用率，从而提高了总的氧化效果。

2.3.4 反应温度的影响

对于一般的化学反应，随反应温度的升高反应物分子平均动能增大，反应速率加快。而像芬顿试剂这样的复杂反应体系，温度升高不仅加速正反应的进行，也加速副反应的发生。因此，温度对芬顿氧化处理废水的影响较为复杂。适当的温度可以激活·OH，温度过高会使 H_2O_2 分解成 H_2O 和 O_2。研究显示：芬顿氧化处理不同的废水，最佳反应温度也各不相同。所以，在选择芬顿氧化的最佳反应温度时还需考虑废水成分。

2.3.5　催化剂种类的影响

事实上，能催化 H_2O_2 分解生成·OH 的催化剂除了 Fe^{2+} 外，Fe^{3+}、Fe^0、Cu^+、Cu^{2+}、Mn^{2+}、Ag^+、TiO_2、活性炭等均有一定的催化能力，不同催化剂存在下，H_2O_2 对难降解有机物的氧化效果不同，不同催化剂同时使用时，能产生良好的协同催化作用，当前用得最多的仍是 Fe^{2+}。按照芬顿氧化非·OH 机制，即 Fe^{2+} 的络合物内层电子转移反应理论，在体系中引入适当的配体可以改变催化反应和自由基的产生机制，提高反应效率和改善反应条件。

2.3.6　反应时间的影响

芬顿氧化处理难降解废水，一个重要的特点就是反应速率快。一般来说，在反应的开始阶段，COD 的去除率随时间的延长而增大，一定时间后 COD 的去除率接近最大值，而后基本维持稳定。芬顿氧化处理有机物的实质就是·OH 与有机物发生反应，·OH 的产生速率以及·OH 与有机物的反应速率的大小直接决定了芬顿氧化处理难降解废水所需时间的长短。溶液 pH 值、催化剂种类、催化剂浓度是影响 H_2O_2 催化分解生成·OH 反应速率的主要因素。所以，芬顿氧化处理难降解废水的反应时间主要与催化剂种类、催化剂浓度、废水 pH 值及其所含有机物的种类有关。芬顿氧化作用时间的长短对于其在实际中的应用非常重要，作用时间太短，反应不充分，浪费大量的试剂；反应时间太长则会增加运行成本，不利于实际应用。而对于不同的废水，作用时间差异也较大，必须通过实验来确定最佳反应时间。

2.4　类芬顿氧化

传统芬顿反应（溶解的 Fe^{2+} 和 H_2O_2 反应）能产生强氧化性的·OH，可以降解大量难降解有机物。但传统的芬顿反应存在诸多问题：一是不能充分矿化有机物，初始物质部分转化为某些中间产物，这些中间产物或与 Fe^{3+} 形成络合物，或与·OH 的生成路线发生竞争，并可能对环境造成更大危害；二是亚铁盐不能保留在降解过程中，必须将亚铁盐连续加入反应体系中以达到有机物的完全降解，导致铁污泥积聚；三是 H_2O_2 的利用率不高，致使处理成本很高；四是 pH 值的适用范围很窄，通常在 2.5～3.5，实际工业中，产生的废水一般呈中性或者碱性，因此，废水必须通过额外且昂贵的酸化过程。

为了克服传统芬顿氧化过程中的不足，20 世纪末，人们尝试通过光、电、超声波、微波等与芬顿试剂协同，促使 H_2O_2 更高效地产生·OH，于是出现了光-芬顿、电-芬顿、超声-芬顿、微波-芬顿等类芬顿氧化体系，此外，有些学者以铁矿物［如针铁矿（α-FeOOH）、四方纤铁矿（β-FeOOH）、纤铁矿（γ-FeOOH）］等为催化剂，与 H_2O_2 构成非均相型类芬顿氧化体系。研究发现：类芬顿氧化可以一定程度地解决传统芬顿存在的问题，在宽泛的 pH 范围内表现出良好的氧化降解能力，特别是在非均相型类芬顿氧化体系中，催化剂可以重复利用，不会产生二次污染。

2.4.1　光-芬顿氧化

自 20 世纪 90 年代以来，光-芬顿反应已被用于有机化合物的降解。当有光（如 UV）辐射芬顿试剂时，其氧化性能有所改善（尤其是对污染物质浓度较高的水溶液）。若在该体系中加入某些络合剂，如 C_2O_4、EDTA、柠檬酸盐等，可增加有机物的去除效果。光-芬顿氧化大致经历了从传统芬顿氧化到 UV-芬顿氧化，再到紫外-可见吸收（UV-Vis）/H_2O_2/草酸铁络合物氧化三个历程。

（1）UV-芬顿氧化　在 UV 条件下，除了发生式（2-27）的反应，H_2O_2 在 UV 下也会分解。

$$Fe^{3+} + H_2O + h\nu \longrightarrow Fe^{2+} + \cdot OH + H^+ \tag{2-27}$$

$$H_2O_2 + h\nu \longrightarrow 2 \cdot OH \tag{2-28}$$

由于式（2-28）反应的发生，降低了 Fe^{2+} 用量，减少了 Fe^{2+} 的二次污染，同时也保持了 H_2O_2 较高的利用率。另外，在 pH=3 左右，Fe^{3+} 主要以 $Fe(OH)^{2+}$ 的形式存在，Fe^{3+} 的羟基络离子可以与 UV 反应生成 $\cdot OH$ 和 Fe^{2+}，前者可直接氧化有机物，后者又可作为催化剂重新参与反应，其反应式如下：

$$Fe(OH)^{2+} + h\nu \longrightarrow Fe^{2+} + \cdot OH \tag{2-29}$$

该反应的发生提高了 Fe^{2+} 的利用率，对加速 H_2O_2 的分解是有利的。另外，Fe^{3+} 还可以与羧酸根离子形成络合物，形成的络合物与 $Fe(OH)^{2+}$ 一样是光化学活性物质，在光照下产生 Fe^{2+}，其反应式如下：

$$Fe(ROO)^{2+} + h\nu \longrightarrow Fe^{2+} + O_2 + \cdot R \tag{2-30}$$

自由基 $\cdot R$ 与 O_2 进一步反应降解，Fe^{2+} 则参加新一轮的芬顿反应，羧酸根离子是有机物降解过程中的主要中间产物，可以认为光脱羧作用在有机物降解过程中起主要作用。

UV-芬顿氧化可以看成是 Fe^{2+}/H_2O_2 与 UV/H_2O_2 两种体系的结合，该体系的优点在于：①可降低 Fe^{2+} 的用量，保持 H_2O_2 较高的利用率；②UV 和 Fe^{2+} 对 H_2O_2 催化分解存在协同效应，即 H_2O_2 的分解速率大于 Fe^{2+} 或 UV 催化 H_2O_2 分解速率的简单加和；③有机物在 UV 作用下可部分降解。

UV-芬顿氧化具有很强的氧化能力，能有效地分解有机物且矿化程度较好，但其利用太阳能的能力不强，处理设备费用也较高，能耗大。UV-芬顿氧化下一步的发展方向应是加强对聚光式反应器的研制，以便提高照射到体系中的 UV 总量，达到降低运行成本的目的。

（2）UV-Vis/H_2O_2/草酸铁络合物氧化　UV-芬顿氧化降低了 Fe^{2+} 和 H_2O_2 的用量，保持了 H_2O_2 较高的利用率，使芬顿试剂的氧化能力大大增强。但是，UV-芬顿氧化只适用于处理低浓度的有机废水。这是因为有机物浓度高时，Fe^{3+} 络合物和 H_2O_2 吸收光量子数降低，需要增加加入 H_2O_2 的量，而 $\cdot OH$ 易被高浓度的 H_2O_2 所清除。

$$H_2O_2 + \cdot OH \longrightarrow HO_2 \cdot + H_2O \tag{2-31}$$

为了改善这种状况，人们将草酸盐和柠檬酸盐引入 UV-Fenton 体系。水中 Fe^{3+} 的草酸盐和柠檬酸盐络合物具有较高的光化学活性。其中，Fe^{3+} 和 $C_2O_4^{2-}$ 可形成三种草酸铁络合物，以 $[Fe(C_2O_4)_3]^{3-}$ 的光化学活性最强，它具有特殊的光谱特性，对高于 200nm 的光具有较高摩尔吸收系数，甚至可以吸收 500 nm 的可见光并产生 $\cdot OH$，反应式为：

$$[Fe(C_2O_4)_3]^{3-} \longrightarrow Fe^{2+} + 2C_2O_4^{2-} + C_2O_4^- \cdot \tag{2-32}$$

$$[Fe(C_2O_4)_3]^{3-} + C_2O_4^- \cdot \longrightarrow Fe^{2+} + 3C_2O_4^{2-} + 2CO_2 \tag{2-33}$$

$$C_2O_4^- \cdot \longrightarrow CO_2 + CO_2^- \cdot \tag{2-34}$$

$$C_2O_4^- \cdot / CO_2^- \cdot + O_2 \longrightarrow \cdot O_2^- + 2CO_2/CO_2 \tag{2-35}$$

$$2 \cdot O_2^- + 2H^+ \longrightarrow H_2O_2 + O_2 \tag{2-36}$$

由上述反应式可以看出：草酸铁络合物光解产生 Fe^{2+} 和 H_2O_2，为芬顿试剂提供了持续的来源。$C_2O_4^{2-}$ 的加入降低了 H_2O_2 用量，加速了 Fe^{3+} 向 Fe^{2+} 的转化，并保证了体系对光能和 H_2O_2 较高的利用率，这就为高浓度有机物降解奠定了基础。UV-Vis/H_2O_2/草酸铁络合物氧化与 UV-芬顿氧化相比，优越性表现在：①具有较强的利用 UV 和可见光的能力；②·OH 的产率高，草酸铁络合物可在一定程度上循环利用。所以采用 UV-Vis/H_2O_2/草酸铁络合物氧化可进一步提高有机物矿化程度，又使废水处理成本降低。但该法存在自动产生 H_2O_2 机制不完善，可见光的穿透力不强且利用率低。

（3）UV-TiO_2/芬顿氧化　据文献报道，往 UV-芬顿氧化体系中引入光敏性半导体材料 TiO_2，构成 UV-TiO_2/芬顿氧化体系，这可以看成是 UV-芬顿氧化体系与 UV-TiO_2 氧化体系的耦合，它对有机物的光解速率大于 UV-TiO_2 氧化体系和 UV-芬顿氧化体系的简单加和。由于 TiO_2 对 UV-芬顿氧化反应具有催化作用，TiO_2 被引入到 UV-芬顿体系后使得该体系表现出很强的光氧化能力。其中，TiO_2 在 UV 照射下降解有机物具有以下优势：①废水中很多溶解的或分散的有机物能被降解；②废水的处理效率高。

根据目前的研究成果，影响光-芬顿氧化的因素既有相似于传统芬顿反应的因素，诸如 pH 值、芬顿试剂投加量、温度、时间等，也有影响 UV 辐射效果的因素，如光源、光照强度等。

2.4.2　电-芬顿氧化

光-芬顿氧化虽然可提高有机物的矿化程度，但还存在光量子效率低和自动产生 H_2O_2 的机制不完善的缺点，而电-芬顿氧化的实质是把用电化学法产生的 Fe^{2+} 与 H_2O_2 作为芬顿试剂的持续来源，解决了传统芬顿试剂在工程应用中消耗 H_2O_2 和产生大量化学污泥等实际问题，节约了成本。它与光-芬顿氧化相比有以下优点：①自动产生 H_2O_2 的机制较完善；②系统中除·OH 的氧化作用外，还有阳极氧化、电吸附等作用。

自20世纪80年代中期，国内外已广泛开展了用电-芬顿技术处理难降解有机废水的研究，如法国的 Bermond 等研究将氧气喷到电解池的阴极上，将氧气还原为 H_2O_2，产生的 H_2O_2 与加入的 Fe^{2+} 发生芬顿反应，从而分解难降解有机物。台湾的 Chou 等进一步将传统芬顿氧化和电解反应器相结合，电解反应器可将 $Fe_2(SO_4)_3$ 或者 $Fe(OH)_3$ 淤泥转化为 Fe^{2+}，实现了 Fe^{2+} 的重复循环利用，大大节约了成本。此法处理效率高于传统芬顿氧化和直接电解法。目前，电-芬顿氧化主要有以下几类：

（1）阴极电-芬顿氧化　阴极电-芬顿氧化即把氧气喷到电解池的阴极上使其先还原为 H_2O_2，然后与加入的 Fe^{2+} 发生反应。该法不用加 H_2O_2，有机物降解彻底，不易产生中间毒害物。但由于目前所用的阴极材料多是石墨、玻碳棒和活性碳纤维，这些材料电流效率低、H_2O_2 产量不高。

（2）牺牲阳极电-芬顿氧化　所谓牺牲阳极电-芬顿氧化是在电解情况下与阳极并联的铁将被氧化成 Fe^{2+}，这时 Fe^{2+} 与加入的 H_2O_2 发生芬顿反应。在牺牲阳极电-芬顿氧化中导致有机物降解的因素除·OH 外还有 $Fe(OH)_2$ 和 $Fe(OH)_3$ 的絮凝作用，即阳极溶解出的活性 Fe^{2+} 和 Fe^{3+} 可水解成对有机物有络合吸附作用的 $Fe(OH)_2$ 和 $Fe(OH)_3$。该法对有机物的去除效果高于阴极电-芬顿氧化，但需加 H_2O_2 且耗电能，故成本比传统芬顿氧化高。

（3）FSR 氧化　FSR 氧化系统包括一个芬顿反应器和一个将 $Fe(OH)_3$ 还原为 Fe^{2+} 的电解装置。芬顿反应进行过程中必然有 Fe^{2+} 生成，Fe^{3+} 与 H_2O_2 反应生成活性不强的 HO_2·，从而

降低 H_2O_2 的有效利用率和·OH 产率。FSR 系统可加速 Fe^{3+} 向 Fe^{2+} 的转化,提高了·OH 产率。该法的缺点是 pH 值操作范围窄,pH 值必须小于 1。

（4）EF-Fere 氧化　EF-Fere 氧化与 FSR 氧化的原理基本相同,不同之处在于 EF-Fere 系统没有芬顿反应器,芬顿反应直接在电解装置中进行。该法的 pH 操作范围较 FSR 氧化大,要求 pH<2.5,电流效率高于 FSR 氧化。

总体而言,目前对电-芬顿氧化的研究正处于试验开发阶段,与其他电解水处理技术一样,电-芬顿氧化的电流效率较低,这就限制了它的广泛应用。同时由于 H_2O_2 的成本远高于 Fe^{2+},所以研究把自动产生 H_2O_2 的机制引入电-芬顿氧化体系更具有实际应用意义。因此,电-芬顿氧化的发展方向:一是合理设计电解池结构加强对三维电极的研究以利于提高电流效率,降低能耗;二是加强对阴极电-芬顿氧化中阴极材料的研制,新阴极材料应具有与氧气接触面积大、对氧气生成 H_2O_2 的反应起催化作用等特点;三是加强对牺牲阳极电-芬顿氧化的研究,可以考虑将工业电解制取 H_2O_2 的方法引入到电-芬顿体系。

2.4.3　超声-芬顿氧化

超声波降解水体中的化学污染物是近年兴起的一个研究领域,目前尚处于探索阶段,但它已显示出良好的前景。对于快速降解水体中的污染物,尤其是难降解有机污染物的深度处理,超声波降解是一种很有效的方法。通过超声波降解水体中一系列有毒有机物的研究表明:超声波降解在技术上可行,但要使其走向工业化,仍存在能耗大、费用高、降解不彻底等问题。为此,近些年的研究热点纷纷转向超声波与其他水处理技术联用的方向上来,以产生高浓度的·OH 来加速有机污染物的分解反应。

超声波处理时加入芬顿试剂,水体液相中会有较多的自由基或单电子氧化剂,使有机物继续在此相中降解。在超声波处理过程中,进入空化泡中的水蒸气在高温和高压下发生分裂及链式反应,·OH 又可结合生成 H_2O_2,反应式如下:

$$H_2O \xrightarrow{\text{超声波}} \cdot OH + \cdot H \tag{2-37}$$

$$\cdot OH + \cdot OH \longrightarrow H_2O_2 \tag{2-38}$$

同时,空化泡崩溃产生冲击波和射流,使·OH 和 H_2O_2 进入整个溶液中。对于溶液中的有机物,超声化学反应包含两种类型:一类是疏水性、易挥发的有机物可进入空化泡内进行类似燃烧化学反应的热解反应;另一类是亲水性、难挥发的有机物在空化泡气液界面上或进入本体溶液中与空化产生的 H_2O_2 和·OH 进行的氧化反应。

超声-芬顿氧化具有操作过程简单、反应物易得等优点,在去除有毒有害及难降解有机废水方面具有极大潜力。但由于能量转化效率低、能耗高等缺点,还未在实际中大规模应用。

2.4.4　微波-芬顿氧化

自从微波作为一种新能源问世以来,在社会生产及生活各领域得到广泛应用。同样,它与化学相互渗透,开辟了化学反应的新通道。它不但可以改善反应条件,加快反应速率,提高反应产率,而且还可以促进一些难以进行反应的发生,已在有机合成、高分子化合物降解和聚合、环境工程等领域得到了广泛的研究与应用。微波辐射与传统的加热方式不同,它是对物体内外同时加热,具有加热速度快、无温度梯度、无滞后效应等特点。目前,微波消除污染物的研究正处于试验阶段,国内外报道较少。有些学者将微波与芬顿试剂相结合,实验结果表明：微波辐射下芬顿氧化是降解水中有机污染物的一种有效方法，与传统的芬顿氧化相比，能够显著缩短反应时间，提高降解产率，具有较大的工业应用潜力。

微波-芬顿氧化处理难降解有机废水具有处理效率高、反应时间短、操作简单、易控制、无二次污染等优点，但至今微波-芬顿氧化的研究尚处于探索阶段。

2.4.5 非均相芬顿氧化

传统芬顿反应中的铁废渣使整个过程复杂而且不经济。为了解决这些问题，研究者们开始越来越多地探究非均相芬顿氧化，开发了多种负载材料，如含铁矿物、黏土载体铁、铁固定碳材料、分子筛、介孔材料等。将含铁化合物负载在这些载体上，在载体表面发生芬顿反应，芬顿氧化主要发生在固-液界面，其中铁存在于固相或吸附离子中，催化剂可以重复使用多次，同时通过这些功能性载体，也能使芬顿反应在中性甚至碱性条件下发生。

2.4.5.1 非均相芬顿氧化催化剂

非均相芬顿氧化催化剂主要包括载铁型和含铁型两大类。

（1）载铁型催化剂　一些无机固体具有特殊的晶体和物理化学性质，可以作为 Fe^{2+}、Fe^{3+} 和其他过渡金属离子催化剂的载体，通过离子交换、浸渍、柱撑、同晶取代，或通过水热法、沉淀法和化学气相沉积法等合成负载型催化剂，作为 H_2O_2 分解的催化剂。目前常用的载铁材料有黏土、沸石、介孔 SiO_2、Al_2O_3 以及碳材料等。

① 黏土　黏土天然材料具有实用性、环境稳定性、高吸附性、离子交换性以及低成本等特点，最适合作为载体。此外，黏土材料可以通过各种化学或物理方法进行改性，以获得所需的表面性能，从而更好地固定特定的化合物。天然黏土矿物广泛存在于世界各地的地质沉积物和土壤中，这些矿物的粒度一般在微米量级，具有层状结构，单层的厚度为纳米量级。层状黏土结构的层空间具有可进入性，半径适合的阳离子可进入片层之间，这个过程称为柱撑。将金属聚合阳离子嵌入溶胀的黏土矿物（特别是蒙脱土）中，形成柱撑黏土。在高温（约500℃）下加热，通过脱水和脱羟基作用，将插入的聚合物转变为相应的金属氧化物团簇，这些氧化物起到了支柱的作用，将黏土结构层分开，在层间形成中微孔。因此，与初始黏土矿物相比，柱撑具有更大的层间距和表面积。黏土负载的铁或其他过渡金属经常作为具有高活性和稳定性的芬顿催化材料。

对于黏土非均相芬顿体系，影响有机污染物降解或矿化的主要因素包括 H_2O_2 浓度、催化材料浓度、有机污染物初始浓度、温度和初始 pH 值，以及黏土的类型、合成条件和粒径。这些因素的影响作用均已被证实。值得注意的是：黏土非均相芬顿反应在较大的 pH 范围内都具有较高的催化活性。

② 沸石　沸石也是一种重要的载体材料，广泛用于负载过渡金属离子。它具有众多优越的性能，如较大的比表面积、均匀且可调控的微孔、可剪裁的化学组分、高的吸附容量和阳离子交换能力、优异的热稳定性、高的机械强度、孔径尺寸明确且形状可选择，使用沸石通常不会造成环境污染。

均相光-芬顿氧化的一个主要缺点是 pH 值范围窄，有研究表明：使用 Fe-ZSM-5 沸石作为非均相光-芬顿氧化催化剂，即使在中性 pH 值下也能保证反应过程的高效性。但需要注意的是制备方法和煅烧温度对 Fe-沸石催化材料的催化活性和稳定性有显著影响。

③ 介孔 SiO_2　20 世纪 90 年代初，有学者首次报道了使用表面活性剂作为结构导向剂，

制备具有均匀孔径和长程有序结构的介孔 SiO_2 粒子。目前，有序介孔 SiO_2 的合成及其在催化、吸附、分离、传感、药物传递等方面的应用已取得重要进展。最常见的介孔 SiO_2 材料包括 MCM-41、CM-48 和 SBA-15，它们具有不同的孔径（2～10nm）和结构特征（二维六边形和三维立方体）。可控的合成工艺、优异的介孔结构和表面硅烷醇基团使介孔 SiO_2 材料具有独特的性能，如表面积大、孔容高、孔径均匀可调（通过改变表面活性剂容易实现）、密度低、无毒性、表面易于改性、生物相容性良好。介孔 SiO_2 的化学稳定性、水热稳定性和机械稳定性不如孔径在 1.5nm 左右的沸石，但是，介孔 SiO_2 的孔径足够大，可以容纳各种大分子，并且孔壁上的高密度硅烷醇基团有利于引入具有高覆盖度的官能团。所有这些性质表明：具有适当设计的孔形态的介孔 SiO_2 不仅保持了有序的介孔结构，还是固定活性位点的合适载体。因此，介孔 SiO_2 材料被认为是铁或其他过渡金属离子的主要载体，被广泛地用于非均相芬顿反应体系中。

④ Al_2O_3　由于表面的电子不足，Al_2O_3 对目标阴离子具有很强的亲和力，可以用作去除有害、有毒金属含氧阴离子的吸附剂，它也是非均相芬顿氧化中得到广泛使用的催化剂载体。Al_2O_3 具有高比表面积、区域选择性和表面酸度，其多孔结构和形态可以通过多种模板可控地合成。研究显示：负载铁的 Al_2O_3 比相应的均相铁离子催化活性高，例如，室温下分别使用硫酸铁和负载在 Al_2O_3 上的铁去除 2,4-二硝基苯酚，比较研究发现：非均相体系中负载铁的催化活性高于均相体系中硫酸铁。负载铁具有较高的去除率的原因是产生了更多的·OH。Al_2O_3 是一种路易斯酸，对催化氧化过程起重要的促进作用。在与 H_2O_2 的反应中，表面铁的价态在二价和三价之间相互转化。Fe^{2+} 被 H_2O_2 氧化会产生·OH，这个反应比 H_2O_2 还原 Fe^{3+} 快得多。因此，只有加快 H_2O_2 还原 Fe^{3+} 才能增强这种氧化还原反应的循环。路易斯酸从铁中心获取电子促进 H_2O_2 还原 Fe^{3+}，从而 Fe^{3+} 的价态降低，这可能是 Al_2O_3 载铁非均相催化比均相催化效率更高的原因。

⑤ 碳材料　纳米碳材料具有许多独特的性能，并且能以碳纳米管、碳纤维、纳米多孔碳、活性炭、石墨、金刚石等多种形式存在。碳纳米管的外径为 4～30nm，长度可达 1mm，由于具有较大的比表面积，碳纳米管作为一种新型的吸附剂引起了研究者的广泛兴趣。碳纤维、纳米多孔碳、活性炭、石墨等单位质量的比表面积也比较大，具有许多优于传统材料的优点。因此，碳材料各自独特的性能可作铁或其他过渡金属的载体用于非均相芬顿氧化。

事实上，对于负载型非均相芬顿催化材料，影响其非均相芬顿催化活性的因素很多，如固体载体的结构和表面性质、制备方法和热处理工艺、载体上铁物质的负载形式和位置、有机污染物的物理化学性质、固体载体与有机分子的相互作用等。因此，很难说哪种材料最适合用作高效非均相芬顿反应中铁的载体。不可否认，黏土负载铁非均相芬顿催化反应是有效的，但黏土在水溶液中具有溶胀和絮凝作用，使用后很难分离，将产生一种新的泥状污染。在所有铁的载体中，多孔材料由于其高表面积、高孔容和可调孔径等优点，具有广阔的研究和应用前景。多孔材料的这些优点可以促进吸附与催化的耦合作用，从而提高芬顿反应效能。此外，骨架金属离子的可取代性、孔体积和尺寸的可调性以及通过引入异质结构物质的功能化和固定有机官能团都可以使多孔材料在非均相芬顿催化领域得到广泛的应用。同时，应该注意的是：当铁物质负载到某些多孔材料上时，最好不要堵塞骨架结构中的孔隙。否则，表面积的减小会降低非均相芬顿反应的催化活性。因此，在制备过程中，精细的控制是必不可少的，这在许多研究中经常被忽略。从成本的角度来看，人们更倾向于将储量丰富的本地天然材料作为非均相芬顿催化材料的载体用于实际废水处理，这是最佳的选择。然后，根据所选用材料和待处理废水的特点，筛选适宜的制备方法以使催化材料具有较高芬顿反应活性。

与单相载体材料相比，多相复合物作为铁的载体似乎能更好地通过优化调控非均相芬顿催化材料的结构、表面性质和组装方案来提高其反应活性。除了已报道的由异质结构介孔固体组成的复合载体外，其他碳素材料（如纳米多孔碳、活性炭、碳纳米管、碳纤维或石墨烯）适当组装或修饰的多孔复合材料作为芬顿催化材料载体可能更吸引人，目前还没有太多人对其进行详细深入的研究，其可能会成为未来非均相芬顿催化材料研究的热点。

综上所述，以载铁材料作为非均相芬顿氧化的催化材料降解各种有机污染的效率都比较高。可供选择的无机固体材料种类多、固体结构和表面性质可调可控，以及固体载体和铁物质之间的多能耦合，使非均相催化芬顿氧化更加高效。但是，载铁型非均相芬顿催化材料的制备成本较高，主体、客体间的键合较松，催化稳定性相对较差，这些使得该类催化材料黯然失色。因此，自身含铁的固体材料，尤其是天然含铁矿物受到了越来越多的关注。

（2）含铁型催化剂 具有多种功能的铁元素可以构成不同氧化态和结构的固态物质，如方铁矿（FeO）、磁铁矿（Fe_3O_4）、磁赤铁矿（γ-Fe_2O_3）、赤铁矿（α-Fe_2O_3）、针铁矿（α-FeOOH）、四方纤铁矿（β-FeOOH）、纤铁矿（γ-FeOOH）、六方纤铁矿（δ-FeOOH）、水合氧化铁（$Fe_5HO_8 \cdot 4H_2O$）、黄铁矿（FeS_2）、褐铁矿等。铁元素作为地壳第四大最常见元素也存在于其他主要矿物中，广泛分布于土壤环境中的铁矿物在 H_2O_2 存在的情况下可以通过非均相芬顿反应对地下水进行原位修复。尤其是铁（羟基）氧化物，可以在纳米量级合成并且在自然界中广泛存在。这些事实使得许多铁（羟基）氧化物成为一种合适的非均相芬顿催化材料。除了与其他载体复合外，纯铁（羟基）氧化物或掺杂了其他阳离子/阴离子的铁（羟基）氧化物也可作为非均相芬顿催化材料。天然的或合成的铁（羟基）氧化物作为芬顿催化材料在水溶液中几乎不溶解，因此可以多次回收再利用，并仍然保持较高的催化活性。除了这些优点之外，应用于非均相芬顿催化氧化的铁质矿物/固体还具有较长的使用寿命，不需要再生或替换。此外，一些铁（羟基）氧化物（如 Fe_3O_4、γ-Fe_2O_3 和 γ-FeOOH）具有顺磁性，可以通过外加磁场快速地从水溶液中分离出来，在芬顿体系中有广阔的应用前景。

目前，关于铁（羟基）氧化物催化非均相芬顿反应的机理知之甚少，而且已有的几种反应机理也不能达成一致。有人提出·OH 是由 H_2O_2 通过铁的表面组分生成的，这一论点类似于哈伯-韦斯循环的均相芬顿氧化的反应机理，其反应式如下：

$$\equiv Fe^{3+} + H_2O_2 \longrightarrow \ \equiv Fe^{3+} \cdot H_2O_2 \tag{2-39}$$

$$\equiv Fe^{3+} \cdot H_2O_2 \longrightarrow \ \equiv Fe^{2+} + \cdot OOH + H^+ \tag{2-40}$$

$$\equiv Fe^{2+} + H_2O_2 \longrightarrow \ \equiv Fe^{3+} + \cdot OH + OH^- \tag{2-41}$$

近些年，铁（羟基）氧化物作为非均相芬顿氧化催化材料得到了充分的研究。在此，主要介绍二价铁、三价铁、混合价态铁以及改性含铁矿物非均相芬顿氧化材料。

① 含二价铁固体催化材料 对于二价铁矿物，最具有代表性的就是 FeS_2。FeS_2 不仅可以催化 H_2O_2 产生·OH，还可以在较宽的 pH 范围内使水中的溶解分子氧生成 H_2O_2，H_2O_2 是电子从 FeS_2 向分子氧转移的重要中间体。研究表明：酸洗 FeS_2 在空气饱和的水中产生大量的 H_2O_2 和·OH，而用部分氧化 FeS_2 制成的悬浮液中 H_2O_2 产量明显减少。Fe^{3+}-氧化物或 Fe^{3+}-氢氧化物确实促进了 H_2O_2 向 O_2 和 H_2O 的转化。因此，FeS_2 表面被 Fe^{3+}-氧化物或 Fe^{3+}-氢氧化物覆盖的程度是控制溶液中 H_2O_2 浓度的重要因素。

在溶解分子氧时，FeS_2 中 $\equiv Fe^{2+}$ 可与之反应形成 $\cdot O_2^-$，$\cdot O_2^-$ 再与 $\equiv Fe^{2+}$ 反应生成 H_2O_2，

最终形成·OH。FeS_2 表面的 $\equiv Fe^{3+}$ 位点也可以与 H_2O 反应生成·OH，其具体反应如下：

$$\equiv Fe^{2+} + O_2 \longrightarrow \equiv Fe^{3+} + \cdot O_2^- \tag{2-42}$$

$$\equiv Fe^{2+} + \cdot O_2^- + 2H^+ \longrightarrow \equiv Fe^{3+} + H_2O_2 \tag{2-43}$$

$$\equiv Fe^{2+} + H_2O_2 \longrightarrow \equiv Fe^{3+} + \cdot OH + OH^- \tag{2-44}$$

$$\equiv Fe^{3+} + H_2O \longrightarrow \equiv Fe^{2+} + \cdot OH + H^+ \tag{2-45}$$

尽管 H_2O_2 和·OH 在 FeS_2 悬浮液中可以自发产生，但只存在黄铁矿时，降解有机物是一个缓慢的过程，完全降解有机物需要几天或更长时间，从环境的角度限制了其大规模的应用。

② 含三价铁固体催化材料　通常被用作非均相芬顿氧化催化材料的含三价铁的矿物有 α-Fe_2O_3、α-FeOOH、β-FeOOH、γ-FeOOH、δ-FeOOH、γ-Fe_2O_3、$Fe_5HO_8 \cdot 4H_2O$ 以及褐铁矿，其中 α-Fe_2O_3 和 α-FeOOH 研究较多。

大量的实验研究表明：含三价铁固体催化的非均相芬顿反应可以有效地去除或降解有机化合物。与其他非均相芬顿反应一样，在含三价铁固体/H_2O_2 体系中，初始有机化合物浓度、催化材料和 H_2O_2 用量、溶液 pH 值、反应时间是影响芬顿反应效能的主要因素。此外，反应效能也与含铁固体的颗粒尺寸和比表面积密切相关。一般来说，芬顿反应效能随着颗粒尺寸的减小和比表面积的增加而增加，根本原因在于固体表面铁活性位点增加。

③ 含混合价铁固体催化材料　Fe_3O_4 是非均相芬顿催化材料中最重要的含混合价铁固体材料。因为其结构中存在 Fe^{2+}，所以 Fe_3O_4 在非均相芬顿体系中的催化作用被认为是特别有效的。根据哈伯-韦斯循环，Fe^{2+} 作为电子供体在激发芬顿反应的过程中发挥着重要的作用。Fe_3O_4 结构中的八面体位置可以同时容纳 Fe^{2+} 和 Fe^{3+}，在发生可逆的氧化还原反应时，不会改变其结构。因此，Fe_3O_4 结构中同时存在 Fe^{2+} 和 Fe^{3+} 有利于 H_2O_2 的分解，从而促进有机污染物降解。另外，Fe_3O_4 具有独特的磁性能，这也使得它在反应完成后能够更容易地通过外界磁场实现分离。因此，Fe_3O_4 被广泛地用作非均相芬顿反应催化材料。

利用 Fe_3O_4 作为非均相芬顿催化材料存在的主要问题是结构中 Fe^{2+} 向 Fe^{3+} 的氧化转变。这种氧化作用在 Fe_3O_4 表面产生 Fe^{3+} 的氧化层，使其表面钝化，从而抑制 Fe_3O_4 催化分解 H_2O_2 的效率。如果 Fe^{2+} 完全被氧化，Fe_3O_4 将转变成具有尖晶石结构的 γ-Fe_2O_3。此外。由于 Fe_3O_4 纳米粒子具有较大的表面能以及固有的磁性，粒子团聚现象特别严重，导致催化反应活性明显降低。除 Fe_3O_4 外，其他的非均相催化材料也有同样的问题，这是所有非均相芬顿反应将要面对的一个重点和难点。

④ 改性的含铁固体催化材料　为了使非均相芬顿反应具有更高的活性,研究者采用了许多方法对含铁固体催化材料进行改性，包括不同离子或不同过渡金属氧化物的类质同象取代和掺杂。研究显示：经过改性后的含铁固体催化材料在非均相芬顿体系中都表现出了较高活性。除了改变固体的物理化学性质，如表面积、粒径和表面电荷，也可以在固体催化材料中替换或掺杂其他变价金属离子，其中一些变价金属离子可以像铁离子一样催化芬顿反应，同时可以形成 Fe^{2+}/Fe^{3+} 与 M^{n+}/$M^{(n+1)+}$ 氧化还原对之间的耦合，从而通过电子转移更有效地再生具有芬顿催化活性的 Fe^{2+}。

对于非均相芬顿催化材料，较高的表面积可能导致更多的铁活性位点暴露于 H_2O_2，同时可增强对有机物分子的吸附能力进而提高反应效率。一般来说，外来离子掺入含铁固体中可以增加其表面积，但并非所有的非均相芬顿反应效能都随外来离子或固体表面积的增加而增加，这主要取决于外来离子和固体基体的性质。在磁铁矿结构中掺入 Co、Mn 可显著提高反应活性，而 Ni 则抑制 H_2O_2 的催化分解。在芬顿试剂中只有 Ni 被认为是稳定的，因此不能引发自由基反应。由于 Fe_3O_4 中的 Fe^{2+} 是激发芬顿反应的活性物质，当 Ni^{2+} 取代 Fe_3O_4 结构中的 Fe^{2+} 时，芬顿反应将受到抑制。另外，Co 和 Mn 具有 Co^{2+}/Co^{3+} 和 Mn^{2+}/Mn^{3+} 氧化还原对，根据下式可以产生·OH。

$$\equiv Mn^{2+} + H_2O_2 \longrightarrow \equiv Mn^{3+} + \cdot OH + OH^- \tag{2-46}$$

$$\equiv Co^{2+} + H_2O_2 \longrightarrow \equiv Co^{3+} + \cdot OH + OH^- \tag{2-47}$$

Fe_3O_4 是一种禁带宽度很窄的半导体（$E_g=0.1eV$），具有几乎接近金属的高导电性，这种性质对电子转移是非常有利的。通过这一过程，固体表面 Co^{2+} 和 Mn^{2+} 能够有效再生，从而显著提高这些固体催化 H_2O_2 的分解和有机物的氧化。由此可以推断：电子转移对 Fe^{2+} 的快速再生以及·OH 的生成起着至关重要的作用。此外，因为存在 Cu^+/Cu^{2+} 氧化还原对，掺 Cu 的 α-FeOOH 对 H_2O_2 的催化分解具有强烈的促进作用。

大量的对比实验为筛选适宜的催化材料提供了参考。例如，以颗粒状 $Fe_5HO_8 \cdot 4H_2O$、α-FeOOH 和 α-Fe$_2$O$_3$ 作为非均相催化材料去除 2-氯苯酚。三种催化材料以质量和表面积为基准评价的催化分解 H_2O_2 的活性依次为：$Fe_5HO_8 \cdot 4H_2O > \alpha$-FeOOH$> \alpha$-Fe$_2O_3$，颗粒聚集程度对 H_2O_2 的分解动力学有很大影响。此外，含铁固体的芬顿催化活性随着固体结构中 Fe^{2+} 的增加而增加，这主要因为 Fe^{2+} 比 Fe^{3+} 能够更有效地激发哈伯-韦斯循环。值得注意的是：研究芬顿反应效能时必须考虑有机化合物的性质，即使在相同的芬顿体系中，不同有机物的降解速率也是不同的。此外，铁（羟基）氧化物非均相催化芬顿反应还与催化材料的粒径、表面积、形貌、同构取代以及反应体系的 pH 值和温度等因素密切相关。因此，有必要严格调控这些因素，以最大限度地提高铁（羟基）氧化物的催化活性。对合成样品来说，这不是一个主要问题，因为可以调控制备工艺获得具有明确特性的铁（羟基）氧化物催化材料。然而，在自然环境中控制这些因素并非易事。

2.4.5.2 非均相芬顿氧化催化剂的稳定性评估

毫无疑问，非均相芬顿氧化体系对水中有机物的降解具有广谱性和高效性。因此，催化材料的长期稳定性是其工业应用的关键。如上所述，非均相芬顿催化材料可以在几个连续循环中回收和再利用。然而，从工程的角度来看，实际应用的循环次数相当有限。此外，由于可重复使用性取决于有机污染物与催化材料的比率，若干循环的可重复使用性不是催化材料稳定性的最佳标准。催化材料的失活主要源于两种因素：固体表面金属物质的损失和固体表面有机污染物或其分解的中间体的吸附。因此，固体催化材料的失活无处不在，且不可避免。铁离子从固体表面浸出到溶液是影响非均相催化材料稳定性的重要因素，这与所采用的操作条件，特别是溶液 pH 值密切相关。pH 值的增加可以延缓铁离子的浸出，同时降低催化活性。因此，在工程应用中应考虑在接近中性 pH 值下的高活性非均相芬顿体系。另外，设计出更不易失活的、效率更高的非均相芬顿催化材料是一个永恒的议题。有机物分子对活性表面或活性位点的占据也可使催化材料失活。煅烧和提高反应温度似乎是解决因有机物吸附而使催化材料失活问题的好方法。但是，这样会使运营成本增加。简单的再生法是延长固体催化材料工作寿命的有效选择。该方法特别适用于在铁溶液中完成离子交换或浸渍的铁负载型固体催化材料。然而，从水溶液中分离黏土基催化材料相当困难。简单过滤无法有效分离悬浮在反应溶液中的微细黏土颗粒。因此，多孔材料更适合作为催化和再生中可重复使用的铁载体材料。

另一个催化材料工程应用需要关注的问题是 H_2O_2 的寿命，它是决定非均相芬顿体系能否工程应用的重要因素。有研究表明：H_2O_2 在非均相芬顿反应中的稳定性比在传统均相芬顿反应中更好。H_2O_2 的寿命也易受溶液 pH 值影响,酸性条件下其稳定性更佳。然而,酸性条件可促使铁离子从催化材料表面浸出,导致固体催化材料失活。因此,在实际应用时,向反应体系中脉冲式加入 H_2O_2 既可避免 H_2O_2 分解为 H_2O 和 O_2,也可防止 H_2O_2 过量而消耗·OH,从而提高非均相芬顿反应效能。

2.4.5.3 非均相芬顿氧化的主要影响因素

同均相芬顿反应一样,多相体系也受各种条件的影响,主要有溶液 pH 值、试剂投加量、溶出铁离子以及其他外加条件(如光照、波辐射、高温等)。

(1)pH 值的影响 非均相体系中,pH 值的影响比较复杂,研究人员对此进行了探讨并发现:不同的污染物,pH 值有个最佳值,过高过低的 pH 值都会减少自由基的数量,使体系的氧化能力下降。不同的底物对 pH 值变化的反应不同,这主要是由起催化作用的活性位点的结构以及不同条件下载体的特性决定的。

(2)试剂投加量的影响 试剂投加量包括氧化剂投加量、催化剂投加量和底物投加量(也就是底物浓度),它们的作用方式与均相芬顿体系类似,试剂投加量的多少直接关系到反应中起催化或者氧化作用的活性物种的多少。

(3)溶出铁离子的影响 非均相催化剂在使用的过程中存在铁离子的溶出问题,溶出的铁离子所起的均相催化作用对非均相体系也有一定的促进作用,但大量的铁离子溶出也会造成反应后铁污泥的形成。尽管研究人员观察到了铁离子溶出现象,并对其行为进行了研究,但不同铁离子的溶出规律还有待进一步的研究。

(4)其他条件的影响 除了溶液自身性质外,诸如光照、高温、波辐射等外界条件对体系的降解性能也有影响。研究表明:大多数非均相体系在光辐射的作用下才能表现出更强的催化活性。

2.4.5.4 非均相芬顿氧化存在的问题及发展方向

非均相芬顿氧化优于均相芬顿氧化之处在于提高了催化剂的回收率,拓宽了 pH 值范围。但非均相芬顿反应底物能否有效吸附到催化剂表面是此技术的关键问题,也就是说要增强底物降解的选择性。目前非均相芬顿氧化仍存在诸多问题,如能将这些问题解决,将极大地加速非均相芬顿氧化工业化应用的进程。

① 部分非均相芬顿反应还有微量铁的溶解,需要在方法、设备、管理和运行中找到更契合的方式解决。

② 为了实现更大规模的工业化,寻找和制备高效、经济、价廉易得的催化剂载体已成为非均相芬顿氧化的重中之重。

③ 虽然非均相芬顿氧化在降解污染物的同时减少了化学药剂的使用量,但非均相芬顿氧化的催化剂载体在制备方法中也有能量和试剂的消耗,应探寻更好的制备方法,以减少能量和试剂的消耗。

2.5 芬顿氧化反应的动力学模型

由于涉及大量步骤,芬顿氧化反应的动力学过程非常复杂。目标物(RH)反应的基本速率方程可写成：

$$-\frac{d[RH]}{dt}=k_{\mathrm{gOH}}[\cdot OH][RH]+\sum_i k_{\mathrm{OX}_i}[OX_i][RH]\qquad(2\text{-}48)$$

式中，k_{gOH} 为·OH 与目标物的反应速率常数；k_{OX_i} 为除·OH 以外的氧化剂（如高价铁离子 $[Fe^{4+}\!=\!O]^{2+}$）与目标物的反应速率常数；$[\cdot OH]$ 为·OH 的浓度；$[RH]$ 为目标物的浓度；$[OX_i]$ 为除·OH 以外的氧化剂的浓度。

上式假设 RH 的光解（对于光-芬顿反应）及其与有机物自由基如·R、RO·和 ROO·的反应忽略不计。根据现有文献资料，大多数均相芬顿反应遵循一级或准二级动力学方程。而有些反应过程的动力学方程分为两个阶段，它们具有相同的动力学反应级数，但两个阶段的反应速率常数不同。针对特定的体系，需要构建不同的动力学模型。下面介绍五种主要的芬顿反应动力学模型。

2.5.1　Behnajady-Modirshahla-Ghanbery 动力学模型

该模型是由 Behnajady、Modirshahla 和 Ghanbery 三人推导出的数学模型（简称 BMG 模型），用来模拟传统均相芬顿反应中酸性黄 23 染料脱色过程的反应动力学，形式如下：

$$\frac{C_t}{C_0}=1-\frac{t}{m+bt}\qquad(2\text{-}49)$$

式中，C_t 为 t 时间染料浓度；C_0 为染料初始浓度。m、b 分别为与反应动力学和氧化能力相关的两个特征常数。

为确定这两个常数，可将式（2-49）线性化，形式如下：

$$\frac{t}{1-\dfrac{C_t}{C_0}}=m+bt\qquad(2\text{-}50)$$

以 $t/(1-C_t/C_0)$ 对 t 作图，得到一条直线，截距为 m、斜率为 b。该动力学模型不仅适用于均相芬顿体系，而且适用于非均相芬顿体系。

2.5.2　Langmuir-Hinshelwood 动力学模型

该模型广泛用于多相催化，特别是光催化，描述了有机化合物的光催化降解速率。它还可以用来描述有机物在光-芬顿反应中的降解动力学过程。Langmuir-Hinshelwood 动力学模型（简称 L-H 模型）如下：

$$r=\frac{dC}{dt}=\frac{k_r K_{\mathrm{ads}}C}{1+K_{\mathrm{ads}}C}\qquad(2\text{-}51)$$

式中，k_r 为溶液中的反应速率常数；K_{ads} 为溶液中的表观吸附系数。

对于初始浓度，速率公式可线性化为：

$$\frac{1}{r_0}=\frac{1}{k_r K_{\mathrm{ads}}}\times\frac{1}{C_0}+\frac{1}{k_r}\qquad(2\text{-}52)$$

式中，C_0 为有机物初始浓度；r_0 为初始降解速率；k_r 和 K_{ads} 分别由 $1/r_0$ 对 $1/C_0$ 作图的截距和斜率求得。

此外，研究发现：L-H 模型同样适用于描述没有光照的非均相芬顿反应动力学过程。

2.5.3　费米函数动力学模型

费米函数是逻辑函数的镜像，通常用于描述封闭环境中微生物因暴露于致死因素（如高温、辐射或臭氧）下而发生的衰变，形式如下：

$$R(t) = \frac{1}{1+\exp\left[k_1(t-t_{c1})\right]} \tag{2-53}$$

式中，$R(t)$ 为微生物存活率；k_1 为衰变或致死速率常数；t_{c1} 为达到 50% 存活率的时间。k_1 和 t_{c1} 取决于介质或环境的物理化学条件。

对于非均相芬顿反应，费米函数可写成如下形式：

$$\frac{C_t}{C_0} = \frac{1}{1+\exp\left[k(t-t^*)\right]} \tag{2-54}$$

式中，k 为等效表观一级速率常数；t^* 为过渡时间（浓度曲线拐点决定的位置）。

在上式描述的模型中，染料浓度比（C_t/C_0）拟合归一化后，利用 Marquardt-Levenberg 算法回归分析确定系数（k 和 t^*），找出可使方程与实验数据具有良好拟合关系的独立变量参数。该算法力图使独立变量的观测值与预测值的平方差的总和最小。

此外，基于费米函数建立的半经验动力学模型成功地描述了染料橙黄 Ⅱ 在非均相芬顿氧化体系中的降解动力学过程，该体系以铁离子柱撑皂石为催化材料。通过动力学模型建立预测 TOC 随时间变化的数学模型，对该函数进行扩展，且与实验数据具有很好的一致性。

2.5.4　表面动力学模型

Sun 和 Lemley 研究了不同初始浓度对硝基苯酚（p-NP）在 Fe_3O_4 纳米颗粒催化非均相芬顿反应中的降解动力学。由于 $\cdot$OH 在扩散到溶液之前就已在纳米 Fe_3O_4 表面完全消耗，可以认为 p-NP 的降解属于表面反应。根据 p-NP 在 Fe_3O_4 纳米颗粒非均相芬顿体系中可能涉及的降解反应，其降解速率可由下式确定。

$$\frac{d[p\text{-NP}]}{dt} = -k_1[p\text{-NP}][Fe_3O_4] + k_{1,R}[p\text{-NP}]_s \tag{2-55}$$

式中，k_1 和 $k_{1,R}$ 分别为 p-NP 在 Fe_3O_4 纳米颗粒表面的吸附速率常数和解吸速率常数。p-NP 表面浓度的动力学方程如下：

$$\frac{d[p\text{-NP}]_s}{dt} = k_1[p\text{-NP}][Fe_3O_4] - k_{1,R}[p\text{-NP}]_s - k_{gOH,p\text{-NP}}[p\text{-NP}]_s[gOH]_s \tag{2-56}$$

假设 p-NP 稳态表面浓度，即 $d[p\text{-NP}]/dt=0$，可得：

$$[p\text{-NP}]_s = \frac{k_1[p\text{-NP}][Fe_3O_4]}{\dfrac{k_{1,R}}{[\cdot OH]_s} + k_{gOH,p\text{-NP}}} \tag{2-57}$$

将式（2-57）代入式（2-55），整理得：

$$\frac{\mathrm{d}[p\text{-NP}]}{\mathrm{d}t}=\frac{k_1 k_{\mathrm{gOH},p\text{-NP}}[p\text{-NP}][\mathrm{Fe_3O_4}]}{\dfrac{k_{1,\mathrm{R}}}{[\cdot\mathrm{OH}]_\mathrm{s}}+k_{\mathrm{gOH},p\text{-NP}}}\tag{2-58}$$

由式（2-58）可知：水溶液中 p-NP 的降解速率与水溶液中 p-NP 浓度、$\mathrm{Fe_3O_4}$ 纳米颗粒浓度、表面·OH 浓度、二级反应速率常数 $k_{\cdot\mathrm{OH},p\text{-NP}}$ 以及 p-NP 在 $\mathrm{Fe_3O_4}$ 纳米颗粒表面的吸附速率常数 k_1 成正比，而与 p-NP 在 $\mathrm{Fe_3O_4}$ 纳米颗粒表面的解吸速率常数 $k_{1,\mathrm{R}}$ 成反比。当 $\mathrm{Fe_3O_4}$ 纳米颗粒和表面·OH 浓度恒定时，水溶液中 p-NP 的降解速率遵循准一级动力学方程。水溶液中 p-NP 降解速率不变时，随着 p-NP 浓度的降低，表面·OH 浓度增加。

2.5.5　自催化非均相动力学模型

Bayat 等建立了 Fe/斜方沸石催化非均相芬顿反应降解苯酚的动力学模型。该反应有一个诱导期，在此期间苯酚的降解速率较低。随后，苯酚的降解速率呈指数型增长。这一行为属于自催化自由基形成过程，动力学方程如下：

$$x=\frac{1-\exp\left[-\left(A_0+C_0\right)kt\right]}{1+\dfrac{A_0}{C_0}\exp\left[-\left(A_0+C_0\right)kt\right]}\tag{2-59}$$

式中，x 为苯酚的转化率；k 为表观速率系数；A_0，C_0 分别为苯酚和测定的自由基的初始物质的量浓度。k 和 C_0 可以采用最小二乘法获得。实验数据与预测数据之间的相关性很好，表明苯酚降解具有自催化的非均相反应机理。

除此之外，还有其他一些描述非均相芬顿氧化的动力学模型，如基于实验数据用来描述 Cu-Fe-ZSM-5 非均相催化芬顿反应脱色罗丹明 6G 的动力学过程经验模型；基于光-芬顿催化/浸渍膜分离集成体系脱色酸性橙黄Ⅱ的多步动力学模型；部分学者还研究了非均相芬顿反应的传质过程和热力学过程。感兴趣的读者可以查阅相关资料。由于非均相芬顿反应过程涉及的步骤多，微观机理复杂，不容易确定各步骤的速率常数，这对工业应用反应器的设计和放大提出了挑战。

参考文献

[1] 雷乐成，汪大翚. 水处理高级氧化技术[M]. 北京：化学工业出版社，2001.

[2] 孙德智，于秀娟，冯玉杰. 环境工程中的高级氧化技术[M]. 北京：化学工业出版社，2006.

[3] 刘玥，彭赵旭，闫怡新，等. 水处理高级氧化技术及工程应用[M]. 郑州：郑州大学出版社，2014.

[4] 胥焕岩. 非均相 Fenton 催化新材料[M]. 北京：科学出版社，2020.

[5] Gil A，Luis A V，Miguel Á V. Applications of advanced oxidation processes（AOPs） in drinking water treatment[M]. The Handbook of Environmental Chemistry，Switzerland：Springer International Publishing AG，2019.

[6] Pignatello J J，Oliveros E，Mackay A，et al. Advanced oxidation processes for organic contaminant destruction based on the Fenton reaction and related chemistry[J]. Critical Reviews in Environmental Science and Technology，2006，36(1): 1-84.

[7] Barbusiński K. Fenton reaction-controversy concerning the chemistry[J]. Ecological Chemistry and Engineering S，2009，16（3）：347-358.

[8] Ensing B，Buda F，Blochl P，et al. Chemical involvement of solvent water molecules in elementary steps of the Fenton oxidation reaction[J]. Angewandte Chemie-International Edition，2001，40（15）：2893-2895.

[9]　Ensing B，Buda F，Gribnau M C M，et al. Methane-to-methanol oxidation by the hydrated iron(IV) oxo species in aqueous solution：a combined DFT and car-parrinello molecular dynamics study[J]. Journal of the American Chemical Society，2004，126（13）：4355-4365.

[10]　Pestovsky O，Stoian S，Bominaar E L，et al. Aqueous $Fe^{IV}=O$：spectroscopic identification and oxo-group exchange[J]. Angewandte Chemie-International Edition，2005，45（3）：340-341.

[11]　Dunford H B. Oxidations of iron(II)/(III) by hydrogen peroxide：from aquo to enzyme[J]. Coordination Chemistry Reviews，2002，233：311-318.

[12]　Freinbichler W，Colivicchi M A，Stefanini C，et al. Highly reactive oxygen species：detection，formation，and possible functions[J]. Cellular and Molecular Life Sciences，2011，12（68）：2067-2079.

[13]　Puthiya V N，Rajan G，Srikrishnaperumal T R，et al. Degradation of dyes from aqueous solution by Fenton processes：a review[J]. Environomental Science and Pollution Resserch，2013，20：2099-2132.

[14]　Zhang M H，Dong H，Zhao L，et al. A review on Fenton process for organic wastewater treatment based on optimization perspective[J]. Science of the Total Environment，2019，670：110-121.

[15]　Zhang Y，Zhou M H. A critical review of the application of chelating agents to enable Fenton and Fenton-like reactions at high pH values[J]. Journal of Hazardous Materials，2019，362：436-450.

[16]　陈传好，谢波，任源. Fenton 试剂处理废水中各影响因子的作用机制[J]. 环境科学，2000，21（3）：93-96.

[17]　胡德皓，孙亮，毛慧敏，等. 芬顿氧化技术处理废水中难降解有机物的应用进展[J]. 山东化工，2019，48（7）：60-62.

[18]　赵昌爽，张建昆. 芬顿氧化技术在废水处理中的进展研究[J]. 环境科学与管理，2014，39（5）：83-87.

[19]　Bokare A D，Choi W. Review of iron-free Fenton-like systems for activating H_2O_2 in advanced oxidation processes[J]. Journal of Hazardous Materials，2014，275：121-135.

[20]　Ventura A，Jacquet G，Bermond A，et al. Electrochemical generation of the Fenton's reagent：application to atrazine degradation[J]. Water Research，2002，36（14）：3517-3522.

[21]　Chou S S，Huang Y H，Lee S N，et al. Treatment of high strength hexamine-containing wastewater by electro-Fenton method[J]. Water Research，1999，33（3）：751-759.

[22]　李春娟. 芬顿法和类芬顿法对水中污染物的去除研究[D]. 哈尔滨：哈尔滨工业大学，2009.

[23]　邱珊，柴一荻，古振澳，等. 电芬顿反应原理研究进展[J]. 环境科学与管理，2014，39（9）：55-58.

[24]　刘晓成，魏建宏，周耀渝，等. 电芬顿与光芬顿环境应用研究进展[J]. 当代化工，2018，47（1）：128-131.

[25]　张乃东，郑威，彭永臻. 电 Fenton 法处理难降解有机物的研究进展[J]. 上海环境科学，2002，21（7）：440-441.

[26]　周蕾，周明华. 电芬顿技术的研究进展[J]. 水处理技术，2013，39（10）：6-11.

[27]　Semanur G C，Mehmet H M，Sümeyye A，et al. Comparison of classic Fenton with ultrasound Fenton processes on industrial textile wastewater[J]. Sustainable Environment Research，2018，28（4）：165-170.

[28]　崔红梅，周静，郭丽娜，等. 微波-Fenton 法水处理技术的研究进展[J]. 当代化工，2016，45（8）：2011-2013.

[29]　刘青松. 微波强化 Fenton 体系对水中硝基苯氧化降解的研究[D]. 哈尔滨：哈尔滨工业大学，2006.

[30]　沈晨，程松，姜笔存，等. 非均相电芬顿技术中阴极碳基复合材料的研究进展[J]. 环境科学与技术，2020，43（4）：25-31.

[31]　陶洋，张璨，孙永军. 非均相类 Fenton 技术研究进展[J]. 山东化工，2020，49（9）：66-68.

[32]　Herney-Ramirez J，Costa C A，Madeira L M，et al. Fenton-like oxidation of Orange II solutions using heterogeneous catalysts based on saponite clay[J]. Applied Catalysis B：Environmental，2007，71（1-2）：44-56.

[33]　Gonzalez-Olmos R，Holzer F，Kopinke F D，et al. Indications of the reactive species in a heterogeneous Fenton-like reaction using Fe-containing zeolites[J]. Applied Catalysis A：General，2011，398：44-53.

[34]　Garrido-Ramirez E G，Theng B K G，Mora M L. Clays and oxide minerals as catalysts and nanocatalysts in Fenton-like reactions-a review[J]. Applied Clay Science，2010，47（3-4）：182-192.

[35]　Pereira M C，Oliveira L C A，Murad E. Iron oxide catalysts：Fenton and Fenton-like reactions—a review[J]. Clay Minerals，2012，47（3）：285-302.

[36]　Behnajady M A，Modirshahla N，Ghanbary F. A kinetic model for the decolorization of CI Acid Yellow 23 by Fenton process[J]. Journal of Hazardous Materials，2007，148（1-2）：98-102.

[37]　Zhao Y P，Huang M S，Ge M，et al. Influence factor of 17β-estradiol photodegradation by heterogeneous Fenton reaction[J]. Journal of Environmental Monitoring，2010，12（1）：271-279.

[38]　Herney-Ramirez J，Silva A M T，Vicente M A，et al. Degradation of Acid Orange 7 using a saponite-based catalyst in wet hydrogen peroxide oxidation：kinetic study with the Fermi's equation[J]. Applied Catalysis B：Environmental，2011，101（3-4）：197-205.

[39]　Silva A M T，Herney-Ramirez J，Umut S，et al. A lumped kinetic model based on the Fermi's equation applied to the catalytic wet hydrogen peroxide oxidation of Acid Orange 7[J]. Applied Catalysis B：Environmental，2012，121：10-19.

[40]　Sun S P，Lemley A T. p-Nitrophenol degradation by a heterogeneous Fenton-like reaction on nano-magnetite：process optimization，kinetics，and degradation pathways[J]. Journal of Molecular Catalysis A：Chemical，2011，349（1-2）：71-79.

[41]　Bayat M，Sohrabi M，Royaee S J. Degradation of phenol by heterogeneous Fenton reaction using Fe/clinoptilolite[J]. Journal of Industrial and Engineering Chemistry，2012，18（3）：957-962.

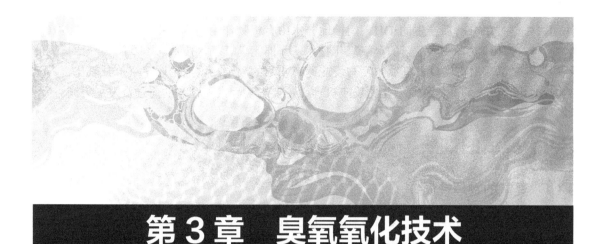

第 3 章　臭氧氧化技术

　　臭氧的英文名称为 ozone，是由德国科学家 Schönbein 于 1840 年发现并命名的，取自希腊语 ozein 一词，意为难闻。臭氧在地球上广泛存在，大气层中的臭氧使得地球上的生物免受紫外线的伤害，微量的臭氧也会伴随着雷电在低空产生。臭氧具有很强的氧化能力，在酸性条件下，其标准氧化还原电位为 2.07V，高于 Cl_2、H_2O_2 等常见的氧化剂。

　　臭氧氧化技术是既古老又崭新的技术。早在 1856 年臭氧就被用于手术室消毒，1860 年臭氧用于城市供水的净化，1886 年臭氧开始用于对污水进行消毒，1903 年欧洲的一些自来水厂用臭氧代替 Cl_2 处理自来水，但规模有限、发展很慢。此后，法国、德国、苏联、美国等国家相继建成了臭氧消毒的自来水厂，至 1936 年，这类水厂的数量已接近 140 座，其中约有 100 座水厂在法国。虽然臭氧首先作为一种消毒剂出现在水处理领域，但人们很快发现了臭氧去除臭味以及氧化金属（如铁、锰等）的能力。第一次世界大战期间，由于 Cl_2 价格低廉、生产和使用方便，因此开始大量用于饮用水的消毒，使臭氧的应用受到了限制。第二次世界大战后，臭氧发生器的研制取得了很大进展，规模和效率也有大幅度提高，臭氧的应用除消毒之外又开拓了一些新的领域。20 世纪 60 年代初期人们开始将臭氧应用于水处理工艺的前段，提出了"预臭氧化"的概念，臭氧氧化铁、锰等金属去除水中色度的作用得到应用。20世纪 60 年代中期，人们在臭氧接触池内发现了絮凝现象，臭氧的助絮凝作用被发现，应用这一原理可以达到强化颗粒去除的效果。与此同时，在德国及瑞士开始用臭氧氧化某些微污染物，如酚类化合物、有机农药等。20 世纪 70 年代后期，法国用臭氧控制水中藻类的生长。自从 1973 年氯化反应的副产物三卤甲烷类物质发现以来，臭氧在水处理中的研究与应用重新引起了人们的兴趣，仅 1990 年的一年间，美国就有 40 座水处理厂安装了臭氧氧化设备，并且美国的水处理业普遍接受了臭氧氧化技术，开始大规模应用。欧洲是臭氧氧化技术的起源地，近年来不仅新建的臭氧氧化水处理厂不断出现，而且一些臭氧设备老化的水处理厂开始了设备的更新换代。亚洲、非洲、拉丁美洲及太平洋地区采用臭氧氧化技术相对较晚，但许多国家也建立了臭氧氧化水处理厂。

　　臭氧作为一种选择性强的氧化剂，对不饱和键和苯环上电子云密度大的位置具有较强的氧化能力。臭氧主要通过两种途径与有机物作用：一是臭氧分子与有机污染物间的直接氧化作用；二是臭氧分解后产生的·OH，间接地与水中有机物作用，为了提高臭氧分解产生·OH的量，国内外研究者发展了新的臭氧氧化技术——催化臭氧氧化技术。本章简要介绍臭氧的性质、臭氧的制取方法以及臭氧浓度与反应速率常数的测定，重点论述臭氧单独氧化、臭氧与 H_2O_2 组合氧化和催化臭氧氧化的反应机理、主要影响因素和存在的问题及发展方向。

3.1 臭氧的性质

3.1.1 臭氧的物理性质

臭氧是氧的同素异形体，又名富氧或三原子氧，分子量为 47.998，其分子式为 O_3，分子结构如图 3-1 所示。

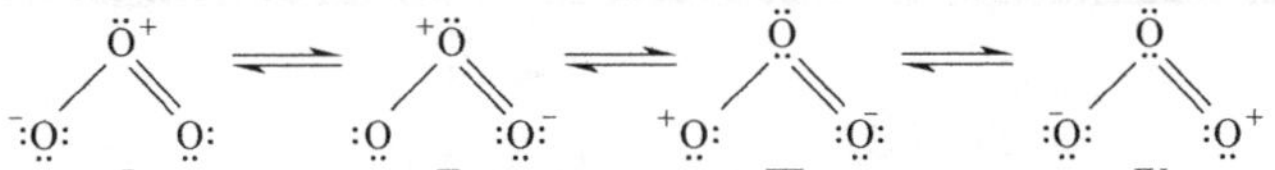

图 3-1 臭氧分子的四种共振分子结构

在常压下，较低浓度的臭氧是无色气体，当浓度达到 15%时，臭氧是淡紫色具有鱼腥味的气体，密度为 2.144g/cm³，约为氧气的 1.6 倍。臭氧的主要物理性质详见表 3-1。

表 3-1 臭氧的主要物理性质

项目		物理性质	项目	物理性质
分子式		O_3	分子量/Da	47.998
气味		鱼腥味	颜色	浅蓝色
偶极矩（D）		0.537	键长/Å①	1.28
键角/(°)		117	20℃亨利系数/[（MPa·L）/mol]	10
熔点/℃		−192.7	密度 气态（0℃，0.1MPa）/(g/L)	2.144
沸点/℃		−111.9	液态（90K）/(g/cm³)	1.571
临界状态	温度/℃	−12.1	固态（77.4K）/(g/cm³)	1.728
	压力/MPa	5.46	介电常数（液态，90.2K）/(F/m)	4.79
	摩尔体积/(cm³/mol)	147.1	摩尔生热量/(kJ/mol)	−144
	密度/(g/cm³)	0.437	爆炸阈值	10%

① 1Å=0.1nm。

臭氧可溶于水，在常温常压下，臭氧在水中的溶解度比氧气高约 13 倍，比空气高 25 倍，温度、气压、臭氧浓度以及水质是影响臭氧在水中溶解度的主要因素。常压不同温度下臭氧在水中的溶解度见表 3-2。

表 3-2 常压不同温度下臭氧在水中的溶解度

温度/℃	溶解度/(g/L)	温度/℃	溶解度/(g/L)
0	1.13	40	0.28
10	0.78	50	0.19
20	0.57	60	0.16
30	0.41		

与其他大多数气体一样，臭氧在水中的溶解度符合亨利定律。

$$C=K_H P \qquad (3-1)$$

式中，C 为臭氧在水中的溶解度，mg/L；P 为臭氧化空气（含有臭氧的空气）中臭氧的分压力，kPa；K_H 为亨利常数，mg/（L·kPa）。

从式（3-1）可以看出，臭氧的溶解度与臭氧化空气中臭氧的分压力成正比。由于实际生产中采用的多是臭氧化空气，其臭氧的分压很小，故臭氧在水中的溶解度也很小。例如，用空气作气源的臭氧发生器生产的臭氧化空气，臭氧只占 0.6%～1.2%（体积分数）。根据气态方程道尔顿分压定律可知：臭氧的分压也只有臭氧化空气压力的 0.6%～1.2%，因此，在水温为 2℃时，将这种臭氧化空气加入水中，臭氧的溶解度只有 3～7mg/L。

3.1.2 臭氧的化学性质

（1）气态臭氧的化学性质 气态臭氧很不稳定，在常温常压下即可分解为氧气，其反应式为：

$$2O_3 \longrightarrow 3O_2 + 144.45kJ \qquad (3-2)$$

浓度为 1%（体积分数）以下的臭氧，在空气中的半衰期为 16h。臭氧在水中分解的半衰期与温度及 pH 值有关。臭氧的分解速度随着温度的升高而加快，温度达到 100℃时，分解非常剧烈；达到 270℃时，可立即转化为氧气。常温下的半衰期为 15～30min，同时 pH 值越高，分解也越快。不同温度下臭氧在去离子水中的分解半衰期见图 3-2。臭氧在水溶液中的分解速度比在气相中的分解速度快得多。所以气态臭氧不易贮存，必须在使用现场制备。

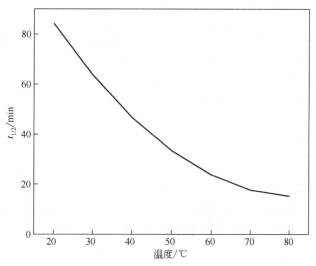

图 3-2 不同温度下臭氧在去离子水中的分解半衰期

在元素周期表的所有元素中，除铂、金、铱、氟以外，臭氧几乎可与其中的所有元素发生化学反应。例如，臭氧可与钾、钠反应生成氧化物或过氧化物。臭氧可以将过渡金属元素氧化成较高或最高氧化态，形成更难溶的氧化物。臭氧的氧化作用导致不饱和有机分子的破裂，使臭氧分子结合在有机分子的双键上，生成臭氧化物。臭氧化物的自发性分裂产生一个羧基化合物和带有酸性基和碱性基的两性离子，后者是不稳定的，可分解成酸和醛。此外，可燃物在臭氧中燃烧比在氧气中更加剧烈，并可获得更高的温度。

（2）臭氧溶液的化学性质

臭氧具有极强的氧化性，其氧化还原电位与 pH 值有关。在酸性溶液中，臭氧的氧化还原电位为 2.07V；在碱性溶液中，其氧化还原电位为 1.24V。由此可见，在常用的水处理氧化剂中，臭氧是氧化能力最强的一种，水中的无机物、有机物易被臭氧氧化。造成臭氧溶液不稳定的因素有很多，但并非所有的因素都已弄清楚。臭氧在碱性溶液中尤其不稳定，这是因为 OH^- 会引发生成 $\cdot OH$ 的反应，而 $\cdot OH$ 会与臭氧反应，此反应即使在中性溶液中也会进行，尽管此时 $\cdot OH$ 的浓度非常低（1×10^{-7} mol/L）。酸化和加入 $\cdot OH$ 捕获剂（如重碳酸盐）都会提高臭氧在水溶液中的稳定性。在 31℃ 的酸性溶液中，臭氧分解速率常数为 3×10^{-6} s^{-1} ［E_a=(82.5±8.0)kJ/mol］，有关臭氧"自分解"的机理目前尚未完全弄清楚。

在天然水体中，溶解性有机物能显著提高臭氧的分解，臭氧在溶解性有机物浓度低和重碳酸盐含量高的水体中具有比较高的稳定性，这会影响臭氧的消毒。

在微污染物的降解中，微污染物的反应活性决定了它的去除率。即使是同一类的化合物，它们的臭氧反应速率常数也可能会相差 8～10 个数量级。一般来说，臭氧反应速率常数与温度有关，但详细研究结果报道很少，其二级反应速率常数与温度的关系，可以用阿伦尼乌斯方程表示：

$$k = A \exp(E_a/RT) \tag{3-3}$$

式中，A 为指前因子；E_a 为活化能；R 为通用气体常数；T 为热力学温度。

为了求得参数 A 和 E_a，可以将式（3-3）取对数：

$$\lg k = \lg A - [(1/2.3)E_a/RT] \tag{3-4}$$

将 $\lg k$ 对 $1/T$ 作图，求得 $\lg A$ 和 E_a。目前已有的数据见表 3-3。

表 3-3　臭氧在水溶液中与不同化合物的反应参数（20℃时的速率常数）

化学物	$k/[L/(mol \cdot s)]$	$\lg A$	$E_a/(kJ/mol)$
Cl^-	0.0014	10.3	74
Br^-	160	8.8	37
ClO^-	35	12.2	59.8
BrO^-	505	13.4	60
$(CH_3)_2SO$	1.8	11.5	63.1
H_2O_2	0.036	11.5	73.5
$HC(O)O^-$	82	10.9	50.3
$HC(CH_3)_2OH$	0.83	12.5	70.7
$(CH_3)_3COH$	0.0011	9.3	68.7

所有这些化合物与臭氧的反应都很缓慢，反应活性较强的化合物，预计其活化能会更低，因而，其反应速率常数对温度的依赖性将会降低。当臭氧反应的活性位点发生去质子化/质子化时，pH 值的影响可能会非常显著。

3.2　臭氧的制取方法

由于臭氧不稳定，在短时间内分解为氧气并释放出热量，故臭氧不能像其他工业气体一样用瓶贮存、运输，只能现用现制。目前产生臭氧的方法主要有化学法、UV 照射法、电解法和介质阻挡放电法等。

3.2.1　化学法

化学法是利用浓 H_2SO_4 与 BaO_2 发生化学反应来产生臭氧，这种方法制得的臭氧浓度非常低且不易收集，很少用这种方法制备臭氧。

3.2.2　UV 照射法

UV 照射法是最早使用制备臭氧的方法，通过 UV 照射干燥的氧气，使一部分氧分子分解成氧原子，然后氧原子再同氧分子发生反应形成臭氧，其实质是一种效仿大气层上空的 UV 促使氧分子分解并聚合成臭氧的方法，其反应过程如下：

$$O_2 + h\nu \longrightarrow 2O \tag{3-5}$$
$$O + O_2 + M \longrightarrow O_3 + M \tag{3-6}$$

式中，M 为气体中的其他气体分子，同时还会发生副反应：

$$O_3 + O \longrightarrow 2O_2 \tag{3-7}$$

由于 UV 中包含多种波长的光波，因此在同一条件下，不同波长的光波照射氧气所产生的臭氧量不同。从上述反应式中可以看出：除了有 UV 照射氧气合成臭氧的反应，还有臭氧分解为氧气的副反应，这主要是由臭氧的自身性质所决定的，并且该副反应极易受温度影响。通过 UV 照射法制备臭氧，其合成反应过程不受温度影响，但是臭氧一旦被生成，其分解的速率会随温度的升高而加速。

UV 照射法的优点是重现性好，对温度、湿度不敏感，但是该方法用来产生臭氧的 UV 灯管能耗较高，并且需要经常更换，这就增加了 UV 灯的更换与 UV 放射防护上的成本。此外，UV 照射法制备的臭氧浓度、纯度均较低，不适用于大批量生产臭氧，但对于实验室等小环境用来空气消毒、杀菌、除臭还是比较适用的。

3.2.3　电解法

电解法制备臭氧是利用低压直流电源电解含氧电解质，其装置主要由电源、阴阳电极、电解质构成。臭氧由阳极析出，阴极可分为两种，分别为析氢阴极和氧还原阴极。

（1）阳极材料　电解法制备臭氧技术所需要的阳极材料必须具有良好的稳定性、导电性以及较高的析氧电位，以保证其能够在电解液中保持稳定并产生较高浓度的臭氧。另外，阳极材料还需具有强抗腐蚀性、使用寿命长、价格低廉、材料易得等特点。目前使用的阳极材料主要有 Pt、PbO_2、SnO_2、硼掺杂金刚石和玻碳等。

（2）阴极材料　不同于阳极材料，阴极材料的选择范围更加广泛，只要具备较低的析氢电位并且不被电解液腐蚀，就可以作为阴极制备臭氧，如 Pt、C、镀 Pt 金属、Ni 或不锈钢等。另外，空气也可作为阴极使用，在反应过程中以空气中的氧气作为原料，减少电解质（或水）的消耗，降低反应能耗。

（3）电解质　电解法是将酸、盐类液体电解质（如 H_2SO_4、HBF_4、Na_2SO_4 等）加入电解槽中进行离子交换。但是电解质的性质制约着臭氧的产生，酸性电解质存在强烈的腐蚀性，严重影响电极使用寿命，增加了更换电极的成本；若使用弱酸或中性的电解质，则会因酸浓度不够而导致臭氧产率低；当电解质为碱性时，会因某些阴极液中含有的 BO_2^-、HPO_4^{2-}、

OH⁻等离子或硅酸盐，而使得臭氧产率下降。

3.2.4 介质阻挡放电法

1857 年，西门子公司发明了介质阻挡放电产生臭氧，这是臭氧的主要制备方法。现在无论从臭氧发生器设备的生产技术、臭氧的产生效率，还是形成臭氧的理论研究上，都有了非常大地发展。

介质阻挡放电法是一种典型的交流高气压低温非平衡的气体放电过程。在放置有绝缘介质的两电极间施加足够高的交流电压形成放电电场，由于绝缘介质的阻碍，只有极小的电流通过电场，即在绝缘介质表面的凸点上发生局部放电。因不能形成电弧，只能形成电晕，因此，又称为电晕放电法或无声放电法。当氧气或空气通过放电间隙时，在高速电子流的轰击下，一部分氧分子变为臭氧，同时，原子氧和电子也与臭氧反应生成氧气。

研究表明：氧分子被电子激励后发生跃迁，而被加速的电子与氧分子碰撞的激励时间极短，几乎是垂直激励过程，在此过程中，所有能级的电子均激励氧分子，但只有当激励能量达到 8.4eV 以上时，氧分子才能跃迁到高能态，也只有此时的氧分子才有可能分解、分解电离、分解附着成为臭氧，其他被激励的氧分子只是能量提高了一部分，对臭氧的形成没有任何作用，同时作为一种消极的储备能，还对形成的臭氧起分解作用。因为臭氧分子的分解，电离能为 2eV，所以具有 2～8.4eV 之间能量的电子对产生臭氧没有一点用处。

电子从外加电场取得能量的大小将决定氧分子的分解、分解电离、分解附着的强度，也决定臭氧产生浓度的大小。这就要求外加电场强度要大，即在放电间隙中，把基态氧分子激励到高能态氧分子的电子数要多，同时这部分能量的电子所占比例要高。这就要求外加电场强度要大，即电压峰值要高。放电间隙的电场强度不仅与外加电压峰值有关，也与电介质的介电常数、放电间隙的大小和电介质厚度有关。尽可能减小放电间隙和电介质厚度，增大电介质的介电常数，才有可能得到强的电场强度。通常电介质的材质一般采用石英玻璃、云母、玻璃、陶瓷、树脂类等。

介质阻挡放电法产生臭氧的反应是放热反应，同时高压高频下放电本身也将产生大量的热量，因此在放电间隙将产生大量的热量，促使臭氧加速分解。臭氧分子与杂质、电子等的碰撞，会使生成的臭氧再分解。温度越高，分解越快。采用适当的冷却方式及时排除这些热量，有效地抑制臭氧的再分解，才有可能获得高效率、高浓度的臭氧。

介质阻挡放电法是工业上普遍使用的臭氧制备方法，具有效率高、能耗相对较低的特点。但此法所用的原料气必须是经过严格干燥的空气或氧气，这就需要配备性能优良的干燥装置和冷却系统，在增加投资费用的同时导致设备体积过大而不易移动和维修。此外，当原料气为空气时，空气中的氮气会在放电离子的作用下生成具有致癌作用的氮氧化物，这不仅会造成环境污染，还会导致臭氧的产率降低。

3.3 臭氧浓度与反应速率常数的测定

3.3.1 臭氧浓度的测定

测定水溶液中和气相中臭氧浓度最直接的方法是测量其在 260nm 处的吸收值，由于最大值附近的光谱有一定的宽度，也有文献测定的最大吸收值是在 258nm。在实际操作中无论是在 260nm 还是在 258nm 处得到的结果都是很理想的。在 260nm 处测定时,其吸收系数采用 $\varepsilon_{260nm}=3200L/(mol\cdot cm)$。它非常适合用于测定贮备液中的臭氧和弱紫外吸收水溶液中的臭氧。然而,这种测定臭氧浓度的方法需要满足一个条件,即溶液中没有任何其他的物质(溶解性有机物质、浊度和铁)会在该波长处有紫外吸收。对于有其他物质干扰情况下臭氧浓度测定的问题,目前也已经研究出了一些方法,这将在下文中进行介绍。

(1)碘量法 碘量法可以用于测量气相或液相中的臭氧。测量在液体中进行,所以当测量气体中的臭氧时,必须先把气体通进含有 KI 溶液的烧瓶中。测量液体中的臭氧浓度时,也要把含臭氧水样与 KI 溶液混合,I⁻被臭氧氧化,氧化产物 I₂ 立即用 Na₂S₂O₃ 滴定至浅黄色。用淀粉作指示剂滴定终点颜色变化会更明显(深蓝色)。臭氧的浓度可以通过 Na₂S₂O₃ 的消耗量来计算。

$$2I^- + O_3 + H_2O \longrightarrow I_2 + O_2 + 2OH^- \tag{3-8}$$

$$3I_2 + 6S_2O_3^{2-} \longrightarrow 6I^- + 3S_4O_6^{2-} \tag{3-9}$$

该方法测量费用非常低,缺点在于 I⁻可以被化学电位大于 0.54eV 的物质氧化,这就意味着它对于大于这个电位的物质(如 Cl₂、Br⁻、H₂O₂、Mn 化合物和有机过氧化物)几乎没有选择性,测试时间较长。

(2)靛蓝法 为了定量测定臭氧浓度,Schönbein 发明了靛蓝法,他在 1854 年的书中写道:“为了测定一定体积的空气中单位质量臭氧化氧气的含量,我已使用靛蓝溶液很多年,而很多次的试验使我确信靛蓝溶液可以迅速实现这一目标;在它的帮助下,几分钟内就可以测定出即使浓度只有零点几毫克的臭氧化氧气含量,这些都可从随后的描述中看出来”。

Schönbein 用的靛蓝溶液是磺化过的。现在是通过测定靛蓝三磺酸脱色的程度来确定水中臭氧的浓度。由于测定的是减少(基于 100%)而不是增加(基于 0%),因而存在着固有的分析不确定性。市面上销售的靛蓝三磺酸是一个纯度未知的产品(可能在 85% 左右)。这种物质与臭氧的反应非常快,$k=9.4\times10^7 L/(mol\cdot s)$。反应的详细情况尚有待研究,但是如果与臭氧反应的部位是中心的 C═C 双键,磺化靛红和对应的 α-羟基氢过氧化物应该是主要产物。与臭氧和 N,N-二乙基对苯二胺(DPD)的反应相反,臭氧氧化靛蓝的反应中没有·OH 的生成。

靛蓝法现在是一种标准方法,但不是一种主要的方法,而且其脱色程度一直是基于臭氧的摩尔吸收系数。因而靛蓝样品的纯度、臭氧的吸收系数和反应的效率决定了靛蓝法所取的 ε_{600nm} 值,该值接近 20000L/(mol·cm)。

臭氧与水中的杂质[如 Mn(Ⅱ)]反应可能会生成一些产物,这些产物也容易将靛蓝三磺酸氧化。靛蓝与二氧化锰胶体反应的速率常数大于 $10^7 L/(mol\cdot s)$,靛蓝与高锰酸盐[臭氧与 Mn(Ⅱ)反应会生成一些高锰酸盐]反应的速率常数为 $1.3\times10^3 L/(mol\cdot s)$。Mn 在酸性溶液中主要以 Mn(Ⅲ)的形式存在,其反应速率常数为 $2\times10^4 L/(mol\cdot s)$。HOBr 可能也会与靛蓝反应,然而其干扰程度目前尚未完全弄清楚。

对靛蓝测定饮用水厂剩余臭氧浓度的方法进行的评估结果表明:靛蓝贮备液并不稳定,并且如果使用的是已经放置了几个星期的靛蓝溶液,则测得的剩余的臭氧浓度值将会比实际值低很多。

(3)N,N-二乙基对苯二胺法 最早通过对苯二胺来测定臭氧浓度的研究是采用邻联甲苯胺作为反应物的,邻联甲苯胺的化学结构式如图 3-3 所示。

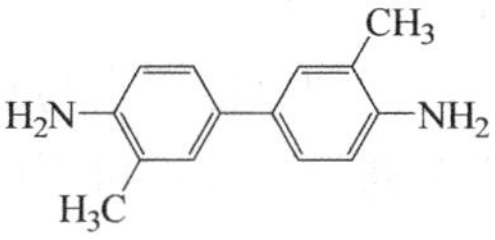

图 3-3 邻联甲苯胺的化学结构式

反应所形成的黄色可在 440mm 处测定，但该黄色消逝得很快。也可以先用硫酸溶液中的 Mn^{2+} 来捕获臭氧，该反应会生成 MnO_2 溶液，随后再加入邻联甲苯胺，可以得到更稳定的颜色。对苯二胺及其 N-烷基衍生物的还原电位较低，母体化合物——对苯二胺和 N,N,N',N'-四甲基-对苯二胺（TMPD，俗称伍斯特蓝）的还原电位分别为+309mV 和+266mV。DPD 的值必定介于两者之间。DPD 与单电子氧化剂反应后会生成稳定的自由基阳离子，见反应式（3-10）。DPD 自由基阳离子为红色，在 551mm 处有强吸收。DPD 广泛用于饮用水中游离氯和结合氯的测定。

$$H_2N-\!\!\!\!\bigcirc\!\!\!\!-N \xrightarrow{\text{单电子氧化}} H_2N-\!\!\!\!\bigcirc\!\!\!\!-N^{+\cdot}$$

N,N-二乙基对苯二胺
(DPD)　　　　　　　　　　　　DPD$^{+}\cdot$　　　　　　（3-10）

DPD 也被提议用作测定臭氧的试剂。基于臭氧的 $\varepsilon_{\text{表观, }260nm}=2950$L/（mol·cm），推导出其吸收系数 $\varepsilon_{260nm}=(19900\pm400)$L/（mol·cm）。此值不同于 H_2O_2 文献中的值：$\varepsilon_{\text{表观, }551nm}=(21000\pm500)$L/（mol·cm）。这种差异可能是由于臭氧吸收系数的误差和/或因为一个更复杂的反应所致。

在 TMPD 与臭氧的反应中，·OH（通过·O_3^-）的产率接近 70%。

$$TMPD + O_3 \longrightarrow TMPD^{+}\cdot + \cdot O_3^{-} \qquad （3-11）$$

基于二甲基亚砜测定·OH 生成的数据，臭氧与 DPD 反应生成·OH 的产率只有 23%，这意味着·OH 的前体物·O_3^- 和初产物 DPD 也只有 23%。是否有其他可能产生 $TMPD^+$·的反应仍有待展开详细的研究。从辐射化学研究中得知：·OH 与强还原剂 TMPD 反应生成 $TMPD^+$·（部分通过加合物），TMPD 的还原电位很低，即使是过氧自由基也可与之发生反应。根据取代基的类型，其反应速率常数的范围是 $1.1\times10^6 \sim 1.9\times10^9$L/（mol·s）。对于还原性更低的 DPD，上述反应对它的影响程度目前尚未可知。如果上述反应没有影响，则水基质对·OH 的捕获可能会降低 DPD^+·的产量。

含 Mn(Ⅱ) 的水中，臭氧氧化形成的 MnO_2 胶体也很容易氧化 DPD。当用 DPD 方法评价这些水体时，测定的剩余臭氧浓度会高于实际值。有研究显示：如果浓度高达 8.5mg/L（154μmol/L）的 Mn(Ⅱ) 全部转化成 MnO_2，其氧化性相当于 1.01mg/L 的臭氧（21μmol/L）。当 Mn(Ⅱ) 的浓度小于 1mg/L 时，干扰会小很多，但依然存在。此外，如果有 Br^- 存在，臭氧会把它氧化生成 HOBr，而 HOBr 与 DPD 反应会导致剩余臭氧浓度的结果呈现假阳性。采用靛蓝法测定臭氧时也会遇到类似的干扰。

（4）化学发光法　化学发光法只适用于液体中臭氧浓度的测定。该方法是通过测定化学反应的发光强度来确定臭氧浓度。化学发光法和光吸收法的区别在于：化学发光法是测量反应中由待测化合物产生的光强度，这个强度对应着这种物质的浓度，而光吸收是测量由于待测物质吸收造成的光强度的减少量。化学发光法通常与流动注射分析法联合使用。把臭氧氧化后的水样注射到纯水载体中，在进入光电探测器之前与染料试剂混合。染料试剂具有很强的选择性，只与臭氧反应而不与其他氧化剂反应，它与水中的臭氧快速反应，产生化学发光现象。光强度正比于臭氧浓度。表 3-4 列出了几种可用的染料试剂，表中化合物与臭氧反应产生的光强度依次增大。

表 3-4　可用于化学发光法测臭氧的试剂

序号	试剂	序号	试剂
1	苯并黄素	5	曙红 Y
2	吖啶黄	6	若丹明 B
3	靛蓝三磺酸盐	7	铬变酸
4	二氢荧光素		

（5）膜臭氧电极法　膜臭氧电极法可以在现场连续自动测量液体中臭氧浓度。膜电极通常由阴极（Au）、阳极（Ag）、电解液（如 $AgBr$、K_2SO_4 或 KBr）和聚四氟乙烯膜构成，该方法的适用范围和测量精度取决于电极的种类。

当液体中有臭氧时，臭氧通过膜扩散到反应室中，扩散速度取决于臭氧的分压。为了防止臭氧在膜表面消耗，应该将电极浸入连续流动的液体中。

在阳极（Au）电极，臭氧被还原为氧气：

$$O_3 + 2H^+ + 2e^- \longrightarrow O_2 + H_2O \tag{3-12}$$

阳极（Ag）产生电子：

$$Ag \longrightarrow Ag^+ + e^- \tag{3-13}$$

液体的电导率正比于臭氧的浓度，测定液体的电导率即可获得液体中臭氧的浓度。该方法的优点在于可连续测定，但由于电极是贵重金属，所以价格昂贵。

3.3.2　臭氧反应速率常数的测定

要测定目标物与臭氧的一级反应速率常数，可以在臭氧过量或目标物过量的条件下进行反应。通常来说是在臭氧浓度过量（如 10 倍）的情况下确定目标物浓度，测定臭氧浓度随反应时间的变化情况。由于臭氧与目标物之间反应的化学计量比可能偏离 1.0，1mol 反应物降解消耗的臭氧可能会超过 1mol。因此，在一级反应条件下，基于臭氧或目标物的减少测得的反应速率常数的偏差可能会超过 2 倍。在实际水处理中，相对于目标物而言臭氧通常明显过量，因而需要考虑这些偏差的影响。因此，应根据目标物减少获得的二级速率常数来估计目标物的降解情况。

有几种方法可以用来确定臭氧与某一化合物的反应速率常数，其中最可靠的方法是直接法。由于竞争反应物本身的速率常数存在着不确定性（尽管这种不确定性通常很小），用竞争反应动力学来测会引起较大误差。然而，直接法也可能有一些问题，只是问题不容易被发现。无论采用什么方法，测定臭氧反应速率常数都需要格外小心，必须避免臭氧氧化过程中可能产生的·OH 反应的干扰。因此，动力学测定应在低 pH 值（此时臭氧更稳定）和/或存在·OH 捕获剂的情况下进行。由于活性臭氧吸收的方法不容易操作，而且获得的一些结果与更直接的方法测得的结果并不一致，因而应尽量避免采用这种方法。

（1）臭氧分解法　测定臭氧分解随时间的变化是直接法，这个方法大概也是最可信的。此时，反应速率常数待定的化合物浓度通常远远超过（如 10 倍）臭氧浓度。反过来，臭氧浓度远远超过待测目标物浓度也是可行的，但通常不是很方便。此时，反应的动力学级数是（准）一级。当目标物（M）过量时，反应方程如下：

$$O_3 + M \longrightarrow P \tag{3-14}$$

$$-d[O_3]/dt = k_1[O_3][M] \tag{3-15}$$

由于目标物 M 的浓度在反应过程中不会明显改变，[M] 变成了一个常数，则可以将式（3-15）整合为：

$$\ln([O_3]/[O_3]_0) = -k_1[M]t = -k_{\text{表观}}t \tag{3-16}$$

以 $\ln([O_3]/[O_3]_0)$ 对时间 t 作图可以得到一条直线，其斜率即为 $k_{\text{表观}}$，除以 [M] 即可得到双分子反应速率常数 k_1[L/(mol·s)]。可以用分光光度法在 260nm 处检测臭氧衰减的情况。臭氧在此波长下的吸收系数较大 [3200L/(mol·cm)]，此时只需要知道吸收比的相对值，而并不需要得到其绝对值。如果 M 在臭氧的吸收波长下也有吸收，采用本方法通常也不会影响反应速率常数的测定，即使 M 发生脱色或累积生成的产物 P 在此波长下也有吸收，它仍会遵循相同的反应动力学。但 M 的强吸收可能对这种测定有所干扰，而采用间歇捕获的方法可以避免这类情况的发生。

如果反应速率常数低，可以在固定波长的条件下，直接用紫外分光光度计测量吸光度随反应时间的变化来确定其反应动力学。间歇捕获法是直接测定臭氧反应速率常数法的变异。此时，在不同的反应时间点加入靛蓝三磺酸溶液，根据靛蓝三磺酸溶液的褪色情况可以确定臭氧的剩余浓度或者将反应溶液加入含有靛蓝三磺酸的样品管中，剩余的臭氧会被捕获，臭氧与靛蓝的反应非常快 [$k=9.4\times10^7$L/(mol·s)]，几乎是在瞬间发生。

停流技术在高反应速率常数的测定中占有优势。此时，依据其可用的时间范围，可以测定的速率常数接近 10^6L/(mol·s)，或者可以采用淬灭流技术，在不同的预设反应时间点用靛蓝捕获臭氧终止反应来测定臭氧的消耗。对于采用靛蓝法测量臭氧剩余浓度来说，可以用分光光度法离线测定靛蓝的颜色变化。用该方法与停流技术测得的速率常数的范围是相似的——均为 $10^5\sim10^6$L/(mol·s)。对于更高的反应速率常数，需要采用竞争反应动力学的测量方法。

对于离解的化合物，阴离子与臭氧反应的速度太快而难以检测，可在比较强的酸性环境下进行动力学的研究。当溶液 pH 值离 pK_a 值足够远时，pH 值每减少 1 个单位，其反应速率常数 $k_{\text{表观}}$ 会下降 1 个数量级，处于平衡状态的活性基的浓度也会下降 1 个数量级，这可以让我们有充足的时间来测反应速率。考虑到反应物的 pK_a，我们能够计算外推到高 pH 值时高的反应活性基的速率常数。典型的例子是胺和酚类化合物，其速率常数相差几个数量级。当 pH 值低时，溶液中低活性的共轭酸（BH$^+$）是过量的，但反应速率取决于碱（B）的含量。此时 pH 的特定速率常数（$k_{\text{表观}}$）可以方便地由式（3-17）来确定。

$$k_{\text{表观}} = k[BH^+] + k[B] \times 10^{(pH-pK_a)} \tag{3-17}$$

（2）丁烯-3-醇捕获臭氧法　某些条件下，由于吸收干扰的存在，可能无法测量 260nm 处吸光度随时间的变化，同时由于臭氧氧化过程中生成的氧化物种的累积，也无法用靛蓝法测臭氧浓度，在这种情况下，可以用丁烯-3-醇来捕获臭氧，由式（3-18）可知甲醛产率为 100%，根据检测的甲醛浓度（如用分光光度法）可以计算出臭氧浓度。

$$CH_2 = CH_2CH(OH)CH_3 + O_3 \longrightarrow CH_2O + \frac{1}{2}H_2O_2 + CH_3CH(OH)CHO \tag{3-18}$$

（3）活性吸收法　还可以利用活性吸收实验来确定臭氧反应速率常数。在典型装置中，将 0.5mL 含有待测化合物的溶液置于聚苯乙烯管中（内径 12mm）。臭氧/氧气以 1.25mL/s 的速度从溶液上方 1.2cm 高处流过。测定气体入口和出口的臭氧浓度之差，将 2min 后的臭氧吸收量对目标物浓度的对数进行作图，并基于活性吸收理论对该数据进行评价。关于活性吸收理论的详细描述可以参见相关的文献。此外，还有其他活性吸收测试的方法，在此处不再赘述。在某些情况下，利用活性吸收实验可以获得可靠的（用更加直接的测定方法验证过的）速率常数。该方法被扩展应用到测定搅拌鼓泡塔中臭氧和目标物的变化情况。只要满足臭氧消耗和目标物降解比例为 1:1，这种方法有时也可以得到令人满意的速率常数结果。但是，如果这个前提条件不满足，该方法通常是不可行的，得到的值可能会过低。例如，通过该方法测得双氯芬酸的速率常数值为 $1.8×10^4$L/(mol·s)，而由更可靠的竞争动力学方法测得的结果是 $6.8×10^5$L/(mol·s)。因此，应尽可能地采用更直接的方法（包括竞争动力学）来测定反应速率常数。接下来将对竞争动力学方法进行详细的论述。

（4）竞争反应动力学法　当需要测定某化合物 M 与臭氧的反应速率常数时，需要非常准确地知道竞争反应物 C 的臭氧反应速率常数，也就是说，该数值应该是通过一个可靠而直接的方法获得的。

在竞争反应动力学中，M 和竞争者 C 这两个反应物与臭氧反应的速率常数分别为 k_M 和 k_C。

$$M + O_3 \longrightarrow M \text{ 的氧化产物} \tag{3-19}$$

$$C + O_3 \longrightarrow C \text{ 的氧化产物} \tag{3-20}$$

在不同的臭氧投加量下 M 和 C 降解的相对值的关系式：

$$\ln([M]/[M]_0)=\ln([C]/[C]_0)×k_M/k_C \tag{3-21}$$

采用这种方法的前提条件是每摩尔的 M 和 C 与臭氧反应所消耗臭氧的摩尔数相同。这一前提条件在很多情况下是可以满足的，例如，臭氧与烯烃的反应。但是，在臭氧与一些芳族化合物的反应中，速率常数存在显著偏差，例如，苯酚（约 0.42）、三氯生（约 0.41）以及双氯芬酸（约 0.4）。目前尚未完全弄清楚造成这种偏差的原因，但显然该体系存在着与反应物竞争的快速副反应。因而，只要采用竞争动力学，偏差就会存在。这样的偏差将会导致根据式（3-21）得出的速率常数的低估或高估。不过偏差通常不超过 1～2 倍，这样的偏差通常可以接受。

第二种方法是仅测定竞争者 C。臭氧与 C 反应的产物可以检测，而不用考虑臭氧与 M 的反应。该方法可以通过对 C 的脱色、吸光度的增加或生成的特定产物 C^* 的检测来实现。

$$C + O_3 \longrightarrow C^* \text{（检测）} \tag{3-22}$$

$$M + O \longrightarrow P \text{（不检测）} \tag{3-23}$$

在一定的臭氧浓度下 （$[O_3]$<<[M] 和 [C]），有：

$$[C^*]/[C^*]_0=k_C[C]/(k_C[C]+k_M[M]) \tag{3-24}$$

式中，$[C^*]_0$ 是没有 M 时的 $[C^*]$；$[C^*]$ 是有 M 时的 $[C^*]$。

重新排列式（3-24）后得：

$$[C^*]_0/[C^*]=1+k_M[M]/(k_C[C]) \tag{3-25}$$

对($[C^*]_0/[C^*]$−1)和[M]/[C]作图，可得到斜率为 k_M/k_C 的一条直线。由于 k_C 已知，可以计算出 k_M。

有研究者讨论了各种可能的竞争反应物。丁烯-3-醇是最方便使用的竞争反应物。不仅因为它在水溶液中的溶解度高，而且还和它与臭氧反应的速率常数 [k=$7.9×10^4$L/(mol·s)] 有关，臭氧氧化它生成的一种产物（甲醛）也很容易检测。使用该方法要注意的是：应避免使用速率常数随溶液 pH 值变化的竞争反应物（如苯酚或烯烃酸），因为 pH 值的小波动会引起其速率常数的显著改变。

3.4 臭氧单独氧化

3.4.1 臭氧单独氧化的机理

臭氧一旦溶解到水里，就会与水体中的有机物发生反应，产生的氧化产物的种类取决于起始化合物与臭氧反应的活性程度及臭氧氧化的效率。臭氧在水体中有两个主要反应途径：一是直接反应，二是间接反应。直接反应就是臭氧分子直接进攻有机物，间接反应则是通过形成·OH再与化合物发生反应而进行的自由基氧化。图3-4 显示了臭氧的直接反应和间接反应途径及其相互关系。

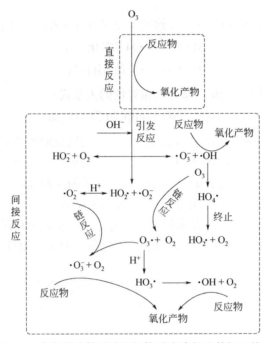

图 3-4　臭氧的直接反应和间接反应途径及其相互关系

（1）直接反应　臭氧对有机物的直接氧化是一个反应速率常数很低的选择性反应，一般反应速率常数范围为 $1\sim10^3 L/(mol\cdot s)$。由于臭氧的偶极结构决定了臭氧分子具有偶极性、亲核性和亲电性，这三种性质可在其与有机物的反应中表现出来。

① 加成反应　臭氧与无机物的反应中，直接电子转移反应是十分少见的，这与其他氧化剂（如 ClO_2 与碳酸根自由基的反应就是简单的电子转移反应）的氧化过程是相反的。在有机化学反应中，也只有在一些特殊情况下是电子转移反应。由于臭氧的偶极性，常导致偶极加成到不饱和键上，形成短寿命的中间体，后者释放氧分子，其直接结果是氧原子转移反应。臭氧加成随机重排是有机烯烃化合物臭氧氧化的典型反应。这一反应步骤在有机化学中得到广泛的研究和应用。在水溶液中，初级加成产物会进一步分解为羰基、羰基化合物（醛、酮等）和两性离子，羰基氧化水解形成羧酸，两性离子又可快速转化为羟基过氧基态，并最终分解为羰基化合物和 H_2O_2。臭氧与其他有机基团反应的初始臭氧加成产物常常重排释放 O_2 或 CO_2，进而发生氧原子的转移。图3-5 和图3-6 为臭氧与烯烃的加成反应。

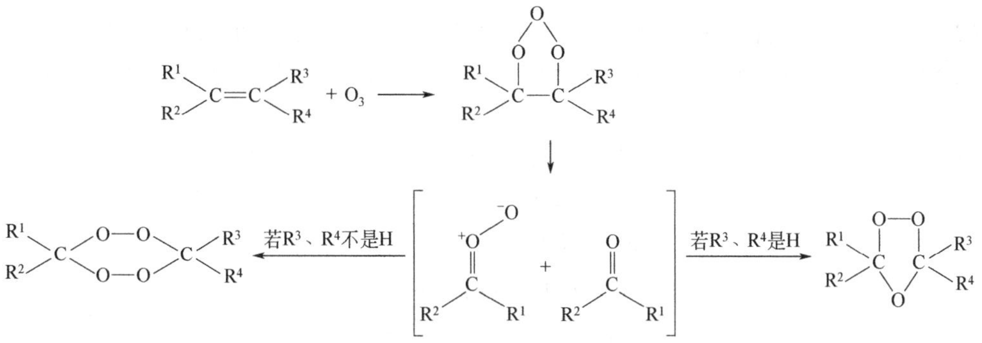

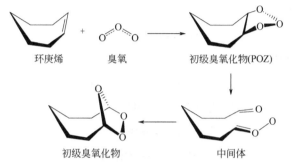

图 3-5　臭氧与直链烯烃的加成反应过程

图 3-6　臭氧与环烯烃的加成反应过程

② 亲电反应　亲电反应主要发生在一些芳香化合物电子云密度较高的位置上,在给电子基(如—OH、—NH$_2$ 等)的芳香取代物的邻位及对位碳原子上有很高的电子云密度,与臭氧反应速率较快;相反,带吸电子基(如—COOH、—NO$_3$ 等)的芳香取代物与臭氧的反应速率较慢,此时臭氧主要攻击间位。臭氧攻击形成邻位或对位羟基和羰基的脂肪族化合物,这些产物极易被臭氧氧化,形成醌型化合物,并形成带羰基和羧基的脂肪族化合物。给电子基(如酚、苯胺)的芳香化合物与臭氧很容易发生亲电反应,反应见式(3-26):

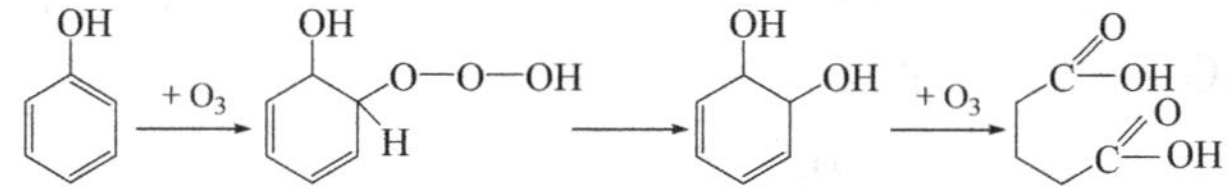

$$（3-26）$$

③ 亲核反应　亲核反应发生在缺电子位上,尤其是在带吸电子基的碳位上更容易发生。也可以通过氧原子的转移来实现。

综上所述,臭氧的反应是有选择性的,主要局限在不饱和芳香化合物、不饱和脂肪族化合物及一些特殊的官能团上。臭氧与许多水溶液组分(如脂肪族化合物)反应缓慢;与某些带供电子基的芳香族化合物(如带有羟基的酚类)反应就会快得多。通常情况下,臭氧与电离或离解有机化合物的反应比没有离解有机化合物的反应快得多,与同样的取代基反应,烯烃比芳香族化合物更容易些。

关于臭氧氧化有机物速度的规律如下。

对于不饱和、未被取代的芳香族化合物的臭氧氧化速度大小次序为:简单烯烃＞蒽＞菲＞萘＞苯。

对于苯系物的臭氧氧化速度大小次序为:六甲基苯＞1,3,5-三甲基苯＞二甲苯＞甲苯＞苯＞卤代苯、苯甲醚＞苯＞乙基苯＞二甲苯＞苄基氯＞苯亚甲基氯＞三氯甲苯。

（2）间接反应　臭氧在水溶液中，容易受到诱导发生自分解，通过链反应生成强氧化剂。所以臭氧间接氧化污染物一般分为两个步骤：第一步臭氧自分解产生·OH；第二步·OH 氧化污染物。

臭氧在纯水中的自分解机制是相当复杂的链式分解反应。链反应一般分为链引发、链增长和链终止三个阶段，具体见图 3-4。OH^- 在引发臭氧分解过程中扮演基本角色，它与水中臭氧有三种可能反应，生成 $\cdot O_2^-$、$HO_2\cdot$、HO_2^-、$\cdot OH$ 和 $\cdot O_3^-$ 等，具体见式（3-27）～式（3-29）：

$$O_3 + OH^- \longrightarrow HO_2\cdot + \cdot O_2^- \tag{3-27}$$

$$O_3 + OH^- \longrightarrow HO_2^- + O_2 \tag{3-28}$$

$$O_3 + OH^- \longrightarrow \cdot OH + \cdot O_3^- \tag{3-29}$$

$HO_2\cdot$ 处于酸碱平衡状态：

$$HO_2\cdot \rightleftharpoons \cdot O_2^- + H^+ \tag{3-30}$$

$\cdot O_2^-$ 又能与臭氧发生反应生成 $\cdot O_3^-$：

$$O_3 + \cdot O_2^- \longrightarrow \cdot O_3^- + O_2 \tag{3-31}$$

$\cdot O_3^-$ 与水中 H^+ 结合后能够很快分解生成 $\cdot OH$：

$$\cdot O_3^- + H^+ \rightleftharpoons HO_3\cdot \tag{3-32}$$

$$HO_3\cdot \longrightarrow \cdot OH + O_2 \tag{3-33}$$

$\cdot OH$ 可以通过以下方式与臭氧反应：

$$\cdot OH + O_3 \longrightarrow HO_4\cdot \tag{3-34}$$

$$HO_4\cdot \longrightarrow HO_2\cdot + O_2 \tag{3-35}$$

随着 $HO_4\cdot$ 分解为 $HO_2\cdot$ 和 O_2，臭氧在水中的链式反应可以重新开始，具体见式（3-30）。从上述的反应式中可以看出：由 OH^- 引发的臭氧分解可以引起臭氧的链式反应，并能生成反应速率快、非选择性的 $\cdot OH$。

通过式（3-34）和式（3-35）可知：能将 $\cdot OH$ 转化成为 $\cdot O_2^-/HO_2\cdot$ 的物质可以促进臭氧的链式分解，这些物质通常充当链式反应的载体，我们通常称之为促进剂。H_2O_2 是一种常见的臭氧氧化引发剂。H_2O_2 在水体中能发生如下的反应：

$$H_2O_2 \rightleftharpoons HO_2^- + H^+ \tag{3-36}$$

上述反应生成的 HO_2^- 是 $\cdot OH$ 产生的引发剂。

$$HO_2^- + O_3 \longrightarrow HO_2\cdot + \cdot O_3^- \tag{3-37}$$

还有一些有机分子，也可以起到促进剂的作用，它们含有的某些官能团可以与 $\cdot OH$ 反应：

$$H_2R + \cdot OH \longrightarrow HR\cdot + H_2O \tag{3-38}$$

如果在式（3-38）的反应中存在有氧气，氧气也可以参与反应生成 $ROO\cdot$，该自由基能够进一步发生反应消耗 $\cdot O_2^-/HO_2\cdot$，并再次进入以下链反应：

$$HR\cdot + O_2 \longrightarrow HRO_2\cdot \tag{3-39}$$

$$HRO_2\cdot \longrightarrow R + HO_2\cdot \tag{3-40}$$

$$HRO_2\cdot \longrightarrow RO + \cdot OH \tag{3-41}$$

还有一些有机物质和无机物质与 $\cdot OH$ 反应不产生 $\cdot O_2^-/HO_2\cdot$ 的次级自由基，从而会终止臭氧的链式分解反应，我们称之为抑制剂或者终止剂。天然水体中存在着大量的无机离子和有机物，其中某些物质与 $\cdot OH$ 有较高的反应活性并且其浓度通常比要去除的痕量有机物浓度高很多。这些物质的存在在一定程度上能够抑制·OH 对水体中高稳定性有机物的氧化去除效果。天然水体中的无机碳离子在水中主要以 HCO_3^-/CO_3^{2-} 的形式存在。HCO_3^-/CO_3^{2-} 是天然水体中含量最高的阴离子，通常地表水和地下水中 HCO_3^-/CO_3^{2-} 的浓度在 $50\sim200mg/L$。CO_3^{2-} 和 HCO_3^- 与·OH 的二级反应速率常数分别约为 $4.27\times10^8L/(mol\cdot s)$ 和 $1.5\times10^7L/(mol\cdot s)$。$HCO_3^-/CO_3^{2-}$ 与·OH 反应生成的产物不能与臭氧进一步发生反应。通过向臭氧氧化的水中加入 HCO_3^-/CO_3^{2-}，可以延长臭氧的半衰期。

叔丁醇是一种常见自由基的抑制剂，与·OH 的反应常数约为 $5.0\times10^8L/(mol\cdot s)$。它能与·OH 反应生成惰性中间物质，终止臭氧的链式分解反应。

由 Hoigné 等所提出的自由基引发剂、促进剂和抑制剂见表 3-5。

表 3-5　臭氧在水体中分解的典型引发剂、促进剂和抑制剂

引发剂	促进剂	终止剂
OH^-	腐殖酸	HCO_3^-/CO_3^{2-}
H_2O_2/HO_2^-	芳香族化合物	PO_4^{3-}
Fe^{2+}	伯醇和仲伯醇	腐殖酸、芳香族化合物、异丙醇等

一般而言，如果自由基反应被抑制，臭氧直接反应就变得很重要。当水中没有引发剂或者有很高浓度的抑制剂时，臭氧间接反应就显得更重要了。增大抑制剂的浓度会使反应更趋向臭氧直接反应。所以无机碳和有机物对反应的影响是很大的。通常，在臭氧氧化有机物的过程中，在酸性条件下（pH<4）以直接反应为主；在碱性条件下（pH>10）以间接反应为主。在中性条件下，这两种反应途径都很重要。

3.4.2　臭氧单独氧化反应器及其运行模式

3.4.2.1　臭氧单独氧化反应器

由于臭氧发生器制备的臭氧通常是气态的，所以在有机废水处理应用时必须实现气液混合。如果臭氧在与被氧化的废水接触之前就已经被吸收在水中，那么这样的反应器首先应该是接触器或者吸收器，然后才是反应器。如果吸收的同时还伴随着瞬间化学反应，这种装置就应该称为反应器。据此，可将臭氧氧化的反应器分为直接供气反应器、间接供气反应器以及不供气反应器。在直接供气反应器中吸收和反应同时进行；而在间接供气反应器中，则是在臭氧进入反应器之前加一个接触器来吸收臭氧气体。在这两种反应器中都要使用一个合适的气体扩散器。使用过程中还要选择合适的运行模式。本节重点介绍实验室臭氧氧化的反应器而不是实际应用中的臭氧氧化装置。

每一种反应器都有特定的流体力学特性，所以，了解装置的流体力学特性和传质性质对于评价实验结果是非常重要的。表 3-6 列出了五种主要反应器的特征。

表 3-6　几种气液接触反应器的特征

反应器类型	流体力学特性	传质系数/s^{-1}	单位能耗/(kW/m^3)
鼓泡塔式反应器	气体推流，液体非推流	0.005~0.01	0.01~0.1
填料塔反应器	液体推流，气体非推流	0.005~0.02	0.01~0.2
板式塔反应器	液体分散流，气体非推流	0.01~0.05	0.01~0.2
管式反应器	液体推流，气体推流	0.01~2.0	10~500
罐式搅拌反应器	液体完全混合，气体非推流	0.02~2.0	0.5~10

最常用的两种反应器是鼓泡塔式反应器和罐式搅拌反应器。如果塔高度与直径的比值小于10，鼓泡塔式反应器可以看作是一个液相完全混合反应器。在罐式搅拌反应器中，可以认为气相完全混合，而在鼓泡塔式反应器和填料塔式反应器中，气相是推流状态和完全混合流状态。

（1）直接供气反应器　废水臭氧氧化反应中，无论装置规模大小一般都采用直接供气方式，通过臭氧发生器制备出含有臭氧的混合气体通过气体分散器进入反应器与液体反应。氧化反应中有气相和液相两相参加，称为非均相体系。

① 鼓泡塔式反应器　鼓泡塔式反应器和其改进型反应器，如气提反应器、射流反应器、下流式鼓泡塔等是实验研究中常用的反应器，单个鼓泡塔的传质系数值居中，一般在 0.005～0.01s^{-1}（表3-6）。它们通常以较为简单的同向流模式运行。异向流模式，即气向上流、水向下流，很少在实验研究中报道，但是也很容易实现，只要将反应器底部的液体用泵抽到顶部即可，也就是在反应器内部将液体循环。异向流模式的优点是可以增加反应器内部溶解态氧的浓度，尤其是在污染物浓度较低，反应速率较慢的情况下，这种模式更有优势。

实验研究用的鼓泡塔，液相容积通常为2～10L，高度和直径的比值通常为5～10。臭氧和氧气（臭氧和空气）的混合气体通常是通过陶瓷或者不锈钢多孔板式气体分散器（孔径为10～40μm）进入鼓泡塔。PTFE膜是一种可以实现臭氧气液传递的装置。

② 罐式搅拌反应器　由于比较容易模拟完全混合状态，所以实验室中经常使用罐式搅拌反应器，但罐式搅拌反应器在实际应用中很少使用。研究者在气体分散方式和搅拌桨构造上做了很多改进，通常使用较为粗略的气体分散装置，例如用开孔的环形管。反应的传质系数在0.02～2.0，一般高于鼓泡塔式反应器的传质系数。从传质效果上看，罐式搅拌反应器的优势在于其搅拌速度可以调节，所以可以控制传质速度，传质系数也不受气体流量影响。

（2）间接供气反应器与不供气反应器　相对于多相反应体系，均相反应体系中的物质只有一种状态，对于废水处理体系来说就是只有一种状态——液态。臭氧在另外一个独立容器中进行液相吸收，这就是间接供气反应器，推流式管式反应器就是典型代表。当然，如果使用电化学方法在反应器内部制备臭氧，这样的反应器是不供气反应器。在这两种反应器中都是富含臭氧的液体与待处理的废水进行混合。

推流式管式反应器与完全混合罐式搅拌反应器相比，具有较高的反应速率，但是很难实现在反应器中直接供气。不供气反应器系统则要求使用电解式臭氧发生器，还要求大量的高纯水作为反应器内部臭氧的载体，这都将增加处理费用。有一种方法只要使用放电式臭氧发生器，就可以实现反应器中的流态为推流式，那就是使用间接供气系统。在管程很长的反应器中，由于臭氧的消耗量很大，必须沿着管程补充臭氧或者含臭氧的水。

（3）气体分散器　通过各种用抗氧化材料制成的气体分散器可以实现臭氧气体和废水的混合，环形管、多孔分散器和多孔膜、喷射器喷头、静态混合器都可以使用。各种分散器的性能由产生气泡的直径决定。

① 环形管　孔径为0.1～1.0mm的环形管在实验室罐式搅拌反应器中是很常见的分散器。多孔板分散器（孔径为10～50μm）也经常在罐式搅拌反应器和鼓泡塔式反应器中使用。

在大型的饮用水处理装置中经常使用的是孔径更大的多孔盘（50～100μm）。但是这些分散器都很少用于工业废水的处理中，因为微孔很容易被工业废水中的化学沉淀物堵塞，例如碳酸盐、氧化铝、氧化铁、氧化锰、草酸钙或者有机聚合物。

② PTFE膜　PTFE膜的孔径可以很小，而且抗压能力强，因而它是一种高效的气体分

散器。微孔管外部是覆盖层，液体从一束 PTEF 制成的微孔管中流入。与液体流向相反，气体流过微孔管的覆盖层，所以气体可以通过微孔管分散到液相中。液体中臭氧的浓度是气相臭氧浓度、压力和气液相对流速的函数。

③ 气/液两相喷头　气/液两相喷头是中试和实际应用中鼓泡塔式反应器和一些新型反应器中较为常用的一种分散设备。例如在浸没式反应器中，就是采用气/液两相喷头，可以达到很高的传质效率。只有在很高气体流速下，才能达到很高的传质速率。然而放电式臭氧发生器的特性决定了提高气体流速就会降低臭氧浓度，因此，上述这种反应器对于实验室研究毫无意义。

④ 静态混合器　静态混合器也可以用于气液混合。混合器由管道中顺序排列的混合元件组成。这种装置小巧而且容易操作，更重要的是混合器安装在管线中，尺寸小，没有可动的部件，在不发生腐蚀的情况下，维护要求较低，其主要运行特点是气液两相都呈推流状态，径向强烈混合。这种流体力学条件使得溶解臭氧分配均匀，同时保持整个流道断面上都有小气泡，这样提高了气液接触面积，也就使传质速率增大。为了达到较高的传质速率，单位能耗就会增加，因为在混合器中需要大量的能量来推动液体的流动。静态混合器的压差较大，只有高流速下才能高效运行。因此，静态混合器不是用于实验室研究，而是更多地用于实际工程。

3.4.2.2　反应器的运行模式

臭氧单独氧化反应器可以是间歇式的，也可以是连续式的。将两种模式结合起来，让液体间歇进料，气体连续进料，这种模式称作半歇式。半歇式反应器和间歇式反应器的差别很小，可以忽略，常常也将这种模式称为间歇式。文献报道的多数实验通常都采用半间歇式非均相体系，而实际应用中通常采用两相都是连续式的体系。

反应器运行模式和流体力学性质的差异会导致反应速率和反应产物的不同。必须在考虑连续式反应器的优点的同时，也看到其缺点，例如它可以减少反应中的控制过程，还可以减少贮存设备，但是它同时有反应速率低和臭氧氧化效率不高的缺点。从反应工程学的观点来看，间歇式反应器（甚至理想混合反应器）和连续式反应器的反应方式是相似的，间歇式反应器与连续式完全混合体系（连续式完全混合反应器）相比，可以达到更高的反应速率。在大多数连续式的实验室反应器体系中，都要求达到很高的污染物去除率，也就是出水中污染物的浓度要低，这样液相就要完全混合。如果反应中气液混合充分，但反应速率相对较低，可以用相对大流量的气体处理少量的液体。在这种情况下，间歇式反应器的臭氧单位消耗量比连续式要少。

多级阶梯罐式搅拌反应器和推流式反应器不仅具有连续式反应器的优点，还具有较高的反应速率。实验室中很少使用上述两种反应器，然而通常这两种运行模式对提高臭氧反应速率和降低臭氧单位消耗量都有显著效果。从实际的角度出发，多级反应体系的设备和运行都要比一级反应体系复杂。因此要根据实验目的来确定反应器类型、运行模式以及反应体系的级数。

3.4.3　臭氧单独氧化的主要影响因素

在臭氧单独氧化过程中，臭氧投加量与反应时间、溶液的 pH 值、反应温度、污染物的性质和浓度、臭氧的投加方式、溴酸盐的含量以及自由基抑制剂等都极大地影响着臭氧单独氧化系统的运行效率。

（1）臭氧投加量与反应时间的影响 Hoigné 对臭氧氧化形成中间产物的机制和选择性进行了详细的论述，并认为臭氧氧化反应会形成最终产物的累积。在大多数情况下，只有持续的臭氧氧化才会通过一系列的连续氧化导致有机物的"完全矿化"，即氧化成 CO_2 和 H_2O；但实际上，臭氧氧化过程在达到这种矿化效果之前就被停止了。由此可知：在臭氧氧化反应过程中，随着臭氧投加量和反应时间的增加，臭氧对有机物的氧化不可能达到完全矿化。采用臭氧处理有机物时，应根据实际情况确定臭氧投加量和反应时间。

（2）pH 值的影响 根据前面有关臭氧的反应机制论述可知：臭氧在不同的 pH 值的条件下具有不同的反应机制，在碱性条件下，具有较快的反应速率，并能破坏臭氧分子难以氧化的物质。研究表明：在酸性条件下，臭氧分解慢，臭氧的直接氧化反应起主要作用；在碱性条件下，臭氧分解快，·OH 氧化作用加快，为此，随着溶液 pH 值的提高，臭氧对 COD 去除增加，氧化效率提高。由此可知：在碱性条件下，臭氧对废水中有机物的去除效果要好于酸性和中性条件，这与臭氧氧化的反应机制相一致。

（3）反应温度的影响 臭氧氧化水处理过程是气液两相反应，温度在此过程是一个矛盾的影响因素。一方面，升高温度有利于降低化学反应的活化能，从而提高氧化反应的表观反应速率；另一方面却也使亨利常数增大，减小了臭氧从气相向液相的推动力。有人在考察不同反应温度下臭氧降解苯酚时发现：溶液温度为 10℃时，苯酚降解的效率最高；而温度为 25℃与 35℃时，却没有太大差别。这表明臭氧氧化苯酚的反应是臭氧传质控制的过程，温度提高促进反应速率加快对整个过程速度的影响不及温度降低促进传质对整体过程的影响。由此可见：水温对臭氧氧化的影响不是很大，应根据实际情况确定反应温度。

（4）污染物性质及浓度的影响 由于臭氧分子具有共振结构，所以能以加成反应、亲电反应和亲核反应三种反应方式与有机物进行反应，此三种机制说明直接反应的高度选择性和专一性，特别是对芳香族、不饱和脂肪族及某些特定官能团有非常高的反应性，并还能与具有这些结构的物质迅速发生反应。在中性及碱性条件下，臭氧在水中则以分解产生·OH 的反应为主，容易进攻高电子云密度点，能广泛地与水中的有机物和无机物发生反应。研究表明：在酸性条件下，臭氧的直接氧化产物不是 CO_2 和 H_2O，而是一些中间产物，主要是一元醛、二元醛、醛酸、一元羧酸、二元羧酸类有机小分子；在碱性条件下，自由基能无选择性地与有机物发生反应，但是在一定反应时间内，反应产物并非 CO_2 和 H_2O，而是碳酸盐类的累积，碳酸盐和碳酸氢盐作为自由基的终止剂，能够终止链反应的进行。因此，采用臭氧氧化时，必须分析污染物的成分，并采取适当的处理措施，选取适当的工艺，才能发挥臭氧的强氧化剂的作用。

（5）臭氧投加方式的影响 臭氧与废水中有机物的反应不仅受反应速率的限制，而且也受传质速率控制，因此，在利用臭氧处理有机废水的过程中，臭氧由气相向液相的传递便显得相当重要，是臭氧氧化过程中最棘手的问题。臭氧的投加方式通常在接触反应器中进行。接触反应器一方面促进气、液混合；另一方面使气、液充分接触、迅速反应。反应器的选择根据臭氧氧化反应的控制步骤来确定。当反应速率为控制步骤时，反应器应选择微孔扩散式鼓泡塔，属于这一类污染物的有烷基磺酸钠、焦油、COD、BOD、污泥等；当扩散速度为控制步骤时，可采用塔或管式反应器，属于这一类污染物的有还原性金属氰、酚、亲水性染料和细菌等。

（6）溴离子的影响 在臭氧氧化的过程中，除了链式反应外，臭氧还与某些离子发生反应生成氧化物，代表性的反应是 Br⁻ 与臭氧作用生成次溴酸，具体见式（3-42）和式（3-43）：

$$Br^- + O_3 \longrightarrow O_2 + BrO^- \tag{3-42}$$

$$BrO^- + H^+ \rightleftharpoons HBrO \tag{3-43}$$

次溴酸在臭氧氧化过程中起着重要的作用。因此，实际的臭氧氧化过程中，有机物的氧化反应除了与臭氧分子的直接反应和由 OH⁻ 引起的·OH 链式反应外，还包括次溴酸这样的二次氧化物引起的反应。

次溴酸是弱酸，在水体中存在离解平衡。次溴酸能够继续被氧化生成溴酸盐，与有机化合物反应则生成含溴有机化合物。次溴酸在水中的作用与次氯酸相类似。

$$BrO^- + O_3 \longrightarrow \cdot O_2 + BrO_2^- \tag{3-44}$$

$$BrO_2^- + O_3 \longrightarrow \cdot O_2 + BrO_3^- \tag{3-45}$$

$$有机化合物 + HBrO \longrightarrow 含溴有机化合物 \tag{3-46}$$

溴酸盐被国际癌症研究机构列为有可能对人体致癌的疑似致癌物，试管试验发现其有致突变性。WHO 饮用水水质指标规定的溴酸盐的浓度暂定为 25μg/L。欧盟规定的新标准是 10μg/L。该浓度是溴酸盐定量检测的下限值，相应的致癌危险率为 7×10^{-5}。溴酸盐的生成量与原水中溴离子浓度、臭氧浓度和 pH 值有关。大量的文献报道表明：在臭氧氧化反应体系中，随着溴含量的减少，HBrO/BrO⁻ 含量逐渐增加，并且 HBrO/BrO⁻ 是溴被氧化生成 BrO_3^- 的控制步骤，·OH 对 HBrO/BrO⁻ 的形成有明显的抑制作用，从而可以阻碍 BrO_3^- 的产生。因此对于水体中含溴浓度较高的水体，在使用臭氧氧化工艺时，可以考虑增加一些引发剂，加速臭氧的分解，产生较高浓度的·OH，从而抑制 BrO_3^- 的生成。

（7）自由基抑制剂的影响　由臭氧分解产生·OH 的链式反应机制中可以知道：·O_2^-/HO₂·是臭氧发生链式反应生成·OH 的重要引发物质。自由基抑制剂是指能够消耗·OH 但最终并不产生·O_2^- 的化合物，当废水中存在抑制剂时，它能够与·OH 迅速反应生成惰性中间产物，从而使臭氧的自由基链式反应迅速终止。研究表明：HCO_3^-/CO_3^{2-}、PO_4^{3-}、腐殖酸、芳香族化合物、异丙醇等是常见的自由基抑制剂。因此在臭氧氧化体系时，要注意自由基抑制剂的存在对整个氧化反应的影响。

3.5　O₃/H₂O₂ 组合氧化

虽然单独臭氧氧化技术已被广泛应用于污水处理过程中，但仍存在诸多问题，如臭氧传质效率低且在水中极不稳定，造成臭氧的利用率不高，加上臭氧的生产成本较高，导致臭氧氧化工艺价格昂贵；臭氧对有机物的降解具有较强的选择性，与一些有机污染物（如不活泼的芳香烃）的反应速率很低；单独臭氧氧化对难降解有机物的矿化度很低，水体中的难降解有机物只能被氧化成羧酸、酮、醛类小分子物质，有些中间产物的毒性甚至大于源物质。针对单独臭氧氧化存在反应速率低的问题，结合臭氧的特性，国内外研究者提出了 O₃/H₂O₂ 组合氧化体系。

3.5.1　O₃/H₂O₂ 组合氧化的机理

20 世纪 70 年代末日本就开始研究 O₃/H₂O₂ 组合氧化体系处理高浓度有机废水。O₃/H₂O₂

组合氧化体系是在常规的臭氧氧化过程中加入 H_2O_2，通过臭氧与 H_2O_2 相互作用产生·OH 来降解有机物。与单独臭氧氧化过程相比，O_3/H_2O_2 组合氧化对有机物的降解速率有明显提高，反应条件温和。

臭氧与 H_2O_2 相互作用产生·OH 的反应见式（3-47），可以看成是由式（3-27）～式（3-37）中的方程式合并而来。从反应式中可以看出：2 个臭氧分子能够产生 2 个·OH。

$$2O_3+H_2O_2 \longrightarrow 2\cdot OH+3O_2 \qquad (3\text{-}47)$$

在 O_3/H_2O_2 组合氧化过程中，H_2O_2 以阴离子 HO_2^- 的形式与臭氧反应。O_3/H_2O_2 组合体系的反应速率取决于两种氧化剂的初始浓度。对比臭氧与 HO_2^- 和 OH^- 的引发反应可以发现：在 O_3/H_2O_2 组合氧化体系中，OH^- 的引发步骤可以忽略不计。当 H_2O_2 浓度高于 10^{-7} mol/L，且 pH<12 时，HO_2^- 对水中臭氧分解速率的影响要大于 OH^-。有研究显示：在 O_3/H_2O_2 组合氧化体系中，·OH 与臭氧都是重要的氧化剂，尽管·OH 比臭氧的氧化能力高数个数量级，但臭氧还是起主要作用的氧化剂。

3.5.2 O_3/H_2O_2 组合氧化的主要影响因素

对于 O_3/H_2O_2 组合氧化体系，除了前面臭氧单独氧化中所谈到的影响因素外，H_2O_2 的投加量也会影响该体系的降解效果。H_2O_2 的投加量过低不能起到提高体系中·OH 的作用，H_2O_2 的投加量过高，H_2O_2 会捕获·OH 而降低该体系的氧化能力。

3.5.3 O_3/H_2O_2 组合氧化存在的问题及发展方向

从目前的研究来看，O_3/H_2O_2 组合氧化工艺还停留在研究阶段，难以大规模工程化应用。大多数关于 O_3/H_2O_2 组合工艺的研究都是针对某个特殊废水中的某种或某类特殊物质，而实际废水中不可能只存在单一污染物，仅仅为去除某种物质而使用该工艺，工程上难以实现。实际废水所含各类阴阳离子或基团复杂多变，一些未知链式反应的引发剂、猝灭剂等会影响反应的进程，这给工程化应用带来了很大的困扰。从反应条件来看，O_3/H_2O_2 组合氧化在弱碱性或碱性条件下效果更好，废水大多数属于中性，其氧化效能受到一定的影响。针对复杂污染物开展 O_3/H_2O_2 反应体系的氧化性能和动力学的研究，探讨待处理水的其他离子或基团对自由基的形成或促进，对链式反应的影响机制以及研制和开发无二次污染的·OH 的引发剂和促进剂加速反应进程，扩展该工艺的应用范围，将是本工艺未来研究和应用的主要方向。

3.6 催化臭氧氧化

催化臭氧氧化技术通过催化途径，加速臭氧链式反应产生·OH，达到提高臭氧氧化能力的目的。目前，催化臭氧氧化技术主要分为两大类：一类是以金属离子为催化剂的均相催化臭氧技术；另一类是以固体物质为催化剂的非均相催化臭氧氧化技术。

3.6.1 均相催化臭氧氧化

将液体催化剂（一般为过渡金属离子）加入臭氧氧化系统中，即为均相催化臭氧氧化过程。均相催化臭氧氧化研究较多的是金属离子催化臭氧氧化，常用的金属离子有 Fe^{2+}、Mn^{2+}、

Ni^{2+}、Co^{2+}、Cd^{2+}、Cu^{2+}、Ag^+、Cr^{2+}、Zn^{2+}等。

金属离子均相催化臭氧氧化选用具有轨道特性的过渡金属离子作为催化剂。过渡金属本身的性质不仅决定了体系的反应速率,而且决定了反应的选择性和臭氧的消耗量。均相金属离子催化臭氧氧化的反应机制主要遵循自由基反应。溶液中加入的金属离子引发臭氧分解产生 $\cdot O_2^-$,$\cdot O_2^-$ 与臭氧分子继续反应,使自由基链式反应得以进行。

除了前面谈到的臭氧分解和自由基的生成,均相金属离子催化臭氧氧化反应机制有时候还涉及反应络合物的生成。Andreozzi 对 Mn^{2+} 催化臭氧氧化草酸的研究发现:在酸性条件下,草酸和 Mn^{2+} 络合生成更容易被臭氧分子氧化的络合物,臭氧与该络合物的反应速率可能比分子内电子转移作用引起的草酸分解更快,其反应式见式(3-48)~式(3-51):

$$MnOH_2^+ + C_2O_4^{2-} \longrightarrow MnC_2O_4 + H_2O \tag{3-48}$$

$$MnC_2O_4^- \longrightarrow Mn + CO_2^{-}\cdot + CO_2 \tag{3-49}$$

$$Mn \longrightarrow Mn(aq) \tag{3-50}$$

$$MnC_2O_4^- + O_3 \longrightarrow MnO^+ + 2CO_2 + O_2 \tag{3-51}$$

有人认为:Co^{2+} 催化臭氧氧化水体中草酸的反应机制是 Co^{2+} 与草酸络合生成 Co^{2+}-草酸络合物,该络合物与臭氧反应生成 Co^{3+}-草酸络合物分解形成草酸自由基,并释放出 Co^{2+}。

金属离子催化臭氧氧化过程具有良好的传质性能和较高的催化活性。但是,该过程存在金属离子催化剂流失与分离问题,因此大大限制了它的实际应用。并且被处理水中最终引入了金属离子,带来了对后续金属离子的处理问题,这本身又是臭氧氧化水处理过程中的一大难题。

3.6.2 非均相催化臭氧氧化

相比均相催化臭氧氧化技术,非均相催化臭氧氧化的催化剂具有易于回收处理、成本较低、活性更高以及有机物矿化率高等优点,因而受到广泛关注。

(1)非均相臭氧催化氧化理论 非均相催化臭氧氧化的机理与均相催化臭氧氧化相比更为复杂,通常认为有三种可能,即臭氧吸附在催化剂表面,并进一步生成活性物质,与未吸附在催化剂表面的有机分子发生反应;有机分子吸附在催化剂表面,与气相或液相臭氧分子发生反应;臭氧与有机分子均吸附于催化剂表面,并进一步发生反应。基于不同的反应体系,有自由基理论、氧空位理论、表面氧原子理论、表面络合理论、表面羟基基团理论等。

① 自由基理论 自由基机理主要在特殊的催化剂表面上,将臭氧分解为氧化能力更强的 $\cdot OH$,如图 3-7 所示。臭氧的分解反应在半导体催化剂上均可发生,臭氧通过它的一个末端氧原子吸附在催化剂上。在很多情况下,臭氧并不是保持分子形式,而是离解成原子或双原子氧物种。有人提出,臭氧在 n 型氧化物表面吸附会产生表面结合氧原子,臭氧与 p 型氧化物表面作用会使臭氧分解,生成具有半过氧化物半超氧化物特征的离子中间体($\cdot O_2^- \Longleftrightarrow O_2^{2-}$),引发自由基反应过程。臭氧与 $\equiv Me-OH$(Me 指金属元素)作用产生了 $\cdot O_2^-$ 和 $HO_2\cdot$。$HO_2\cdot$ 在溶液中存在动态平衡($HO_2\cdot \longrightarrow O_2^-\cdot + H^+$),平衡常数 k 达到了 $7.9 \times 10^5 L/(mol \cdot s)$。$\cdot O_2^-$ 与另一个臭氧分子通过电子转移生成 $\cdot O_3^-$,可以作为链反应促进剂,与溶液中 H^+ 生成 $HO_3\cdot$。$HO_3\cdot$ 迅速分解产生大量 $\cdot OH$。由于催化剂制备方法及处理目标污染物的不同,催化剂的反应机理不会完全符合金属氧化物反应机理。例如,CeO_2 是一种典型的 n 型氧

化物，但 CeO_2 和活性炭-Ce-O 的催化臭氧化机理却都遵循自由基机理。在研究 Al_2O_3、Fe-Cu-O、FeOOH、碱性活性炭、蜂窝陶瓷催化臭氧氧化降解有机物时，同样认为都是基于自由基反应的动力学模型。

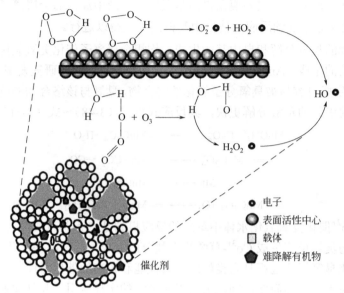

图 3-7　臭氧分子分解产生羟基自由基的机理

② 氧空位理论　氧空位理论属于自由基理论中的特例。氧化物的表面常存在大量的晶格缺陷，这些缺陷对催化剂上臭氧的分解途径产生了很大的影响。例如 CeO_2，它具有较高的储氧能力和释放氧的能力，Ce 很容易在 Ce^{4+}/Ce^{3+} 之间转换，经高温还原后，形成氧缺位，氧气不足时，部分 Ce^{4+} 转变为 Ce^{3+}，氧气过剩时，部分 Ce^{3+} 转变为 Ce^{4+}。CeO_2 表面上的 Ce^{3+}/Ce^{4+} 值增大时，催化臭氧降解有机物具有更好的效果，其中催化剂表面氧空位起了关键作用。近年来以金属氧化物为主要成分的天然矿物受到了越来越多的关注，磁性多孔尖晶石结构 $MeFe_2O_4$（Me=Mn、Co、Ni、Cu、Mg 等）具有大量的氧空位。有人研究 $NiFe_2O_4$ 催化臭氧降解邻苯二甲酸二丁酯时发现遵循自由基反应，但与一般·OH 生成机理有所不同，铁离子没有起关键作用，而是 Ni^{3+}/Ni^{2+} 和 O_2^-/O_2 之间相互转换的平衡反应促进了·OH 的生成。反应的活性位点为 Ni^{2+}，晶格氧失去电子被氧化成氧气，原晶格氧位置形成了空穴，在富氧状态下空穴导电迅速还原成晶格氧，从而确保了氧的连续供应及催化活性。如图 3-8 所示，晶格氧与氧空位的循环转变过程是整个反应的关键步骤。类似地，锐钛矿和金红矿骨架的 TiO_2 晶格中都存在氧空位和低价态的钛离子，在催化臭氧氧化过程中也发现相似的规律。

③ 表面氧原子理论　非均相反应中，大部分文献中催化臭氧氧化过程都是基于·OH 理论。然而，最近的研究表明：催化臭氧氧化过程还存在表面氧原子理论（图 3-9）。关于表面氧原子，存在不同的说法，有研究者称之为氧基自由基（·O）。·O 的氧化能力（2.42V）介于臭氧和·OH 之间，具有比臭氧更强的氧化能力。早在 1995 年 Bulanin 就提出臭氧在 n 型氧化物表面的吸附会产生表面结合的氧原子。在研究用 PdO/CeO_2 催化剂催化分解臭氧的行为时发现：臭氧吸附在 PdO 上分解为·O、·O_2 和 O_2，而催化氧化中最大有效臭氧消耗物质的量比在 1 左右，反应遵循表面氧原子机理。

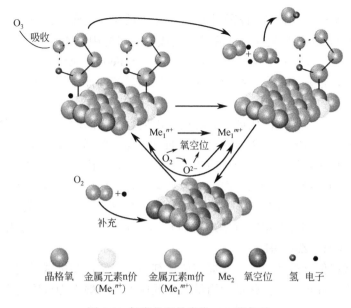

图 3-8　氧空位理论产生·OH 的机理

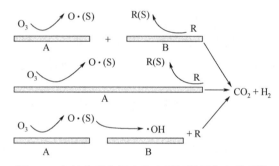

图 3-9　臭氧分子分解产生表面氧原子自由基理论

④ 表面络合理论　金属氧化物主要通过两种方式起到催化臭氧氧化有机物的作用：一种方式是催化臭氧分解生成·OH；另一种方式是在酸性或偏酸性条件下小分子有机酸与金属氧化物表面络合，络合态的有机物分子易于被臭氧分子直接氧化。对于非均相催化剂，络合物理论类似于均相金属离子催化臭氧反应的机理，即过渡金属离子具有空的 d 轨道，同时大多数有机污染物具有不饱和键、芳香环等电子云密度很大的官能团，两者之间容易形成金属有机配合物。

⑤ 表面羟基基团理论　臭氧在催化剂表面的分解是催化剂活性的一个决定性因素。催化剂的催化活性中心一般为其表面碱性含氧基团，如金属氧化物表面的羟基基团。路易斯酸位和路易斯碱位分别位于金属氧化物上金属离子和配位不饱和的结合氧位点上。由于表面电荷并未平衡，当催化剂被加入溶液中，水分子强烈地吸附在金属氧化物的表面，催化剂上的路易斯酸位与表面化学吸附的水分子发生配位，从而使水离解产生表面羟基。因此所有氧化物表面（包括金属氧化物和金属负载氧化物）上一般都存在羟基基团。由于臭氧分子结构中有一个氧原子具有更高的电子密度，导致对金属氧化物表面的路易斯酸性位点有更强的亲和力。因此，催化臭氧反应中催化剂表面羟基是重要的活性基团，在溶液中能够影响催化剂在固液界面的电性，具有重要作用。

表面羟基容易与吸附在催化剂表面上的臭氧发生反应，生成·OH氧化降解有机污染物。例如在Al_2O_3负载MnO_x催化臭氧氧化降解药物废水的研究中，MnO_x表面大量的新生态羟基基团是反应的重要活性位点；在磷酸盐存在条件下，$NiFe_2O_4$、Al_2O_3催化臭氧去除污染物的研究表明：H_2PO_4羟基基团能发生络合反应，可以明显抑制催化剂的效果，从而间接证明了表面羟基基团的作用机制。

（2）非均相催化臭氧氧化催化剂　非均相催化臭氧氧化催化剂一般为过渡金属Fe、Mn、Ni、Co、Cd、Cu、Zn、Cr、Ag以及稀土元素的氧化物、羟基化合物等。在非均相催化臭氧氧化体系中，通常将催化剂负载在一定的载体上，常用的催化载体有γ-Al_2O_3、活性炭、多孔陶瓷等。金属氧化物、羟基化合物表面上的羟基集团是催化反应的活性位点，通过离子交换反应吸附水中的阴阳离子，形成路易斯酸位，该位点通常被认为是金属类催化剂的催化中心。常用的金属氧化物催化剂有MnO_2、CeO_2、SnO_2、CoO及一些金属复合氧化物，常用的羟基金属化合物有$FeOOH$、$ZnOOH$等。

将催化剂负载在催化载体上，可以提高催化剂的热稳定性和机械强度，增大活性组分与反应物接触的面积，并可节省催化剂的用量，降低成本。一般作为载体的都是具有丰富多孔结构、比表面积较大的物质，载体通常也具有一定的催化功能。

（3）非均相催化臭氧氧化的影响因素

① 催化剂投加量的影响　随催化剂的添加量增多，反应中的活性反应位点更多，臭氧受催化剂激发生成的·OH量也会增多，有利于氧化反应的进行。但投加催化剂过量时，会使底部曝气不均匀，气液传质效率低下，不利于反应的进行。同时，使用过多的催化剂也会增加运行成本。

② 臭氧浓度的影响　臭氧是催化臭氧氧化技术的核心，臭氧浓度的提高有助于反应体系中·OH的生成。但实际运行中对臭氧的利用率有限，过高浓度的臭氧不仅会造成臭氧的浪费、生产成本的增高，也会带来一定的安全隐患。所以最佳的臭氧浓度还要根据实际情况最终确定。

③ pH值的影响　一般来说，酸性条件下的催化臭氧氧化效果不如碱性条件下的。这是因为碱性条件下会促进臭氧生成·OH，氧化能力得到提高。但并不意味着反应时pH值越高越好，高碱性时反应体系中·OH含量相对过多，相互之间发生碰撞猝灭，使得最终投入反应中的·OH反而较少，降解效果下降。不同活性组分最适宜的反应pH值也不尽相同，反应的最优pH值还应根据催化剂材料的变化而适时调整。

④ 反应温度的影响　温度的适当提高可以使催化剂更易吸附水中的有机物，活性组分与待降解底物接触更加充分，从而促进氧化反应的进行。但温度过高时会抑制·OH的活性，氧化效果反而降低。

此外，由于非均相催化臭氧氧化普遍遵循自由基氧化的反应机制，因此，水体中的自由基抑制剂、目标污染物的初始浓度以及水中无机离子等都会对臭氧氧化过程产生影响。

3.6.3　催化臭氧氧化存在的问题及发展方向

从1906年第一座以臭氧氧化作为饮用水处理工艺的水厂在法国尼斯投入运行以来，臭氧氧化技术应用于水处理已有100多年历史，但是直到现在臭氧应用领域仍然存在很多问题。

在催化臭氧氧化去除水体中有机污染物的研究过程中，可利用的催化剂种类繁多、结构复杂，所去除的目标物种类单一。大多数金属氧化物催化臭氧氧化工艺仍处于实验室研究阶段，主要是以小分子的有机酸为去除的目标污染物，且均为静态模拟配水。受检测条件的限制，目标物浓度远远高于其在天然水体中的存在极限，通常在较高的去除率情况下，水体中目标物的残余仍高于天然水体中的限值。

对于催化剂催化臭氧氧化去除水体中有机污染物的机制，不同的研究者对于不同的催化剂、不同的目标污染物和不同的水质背景往往有不同的推测结论。所以，如果能够获得催化剂催化臭氧氧化降解水体中有机物机制的一些规律性认识，催化剂的筛选就会有一个比较明确的方向。并且，目前对于催化剂的催化性能和催化剂的表面结构关系的研究甚少，在催化剂的表面性质、催化剂的催化活性和目标物的化学性质之间寻找规律性的认识对于筛选高催化活性的催化剂具有重要的意义。

目前，对于金属氧化物催化臭氧氧化工艺所使用催化剂的研究大部分停留在纳米级催化剂的使用效能上。这些催化剂虽然具有较高的催化活性，但是固液分离比较困难，很难在实际水处理工艺中加以推广。而对于负载型的催化剂，虽然解决了固液分离问题，但是该类催化剂的催化活性明显降低，并且制备成本较高。选择高效、稳定、易与水分离、经济实用的催化剂是催化臭氧氧化工艺普遍推广的前提。

综上所述，针对催化臭氧氧化存在的问题，为了推动这一技术的可持续发展，以下几个方面有待深入研究：

① 深入研究催化臭氧氧化的反应机理，尤其是非均相催化臭氧氧化的反应机理，明确催化剂与目标污染物降解之间的关系，从而指导高效、长寿命催化剂的设计和制备。

② 深入研究催化剂的合成机理，开发新型催化剂及催化剂载体，丰富催化剂种类，并提升催化剂的制备工艺，实现催化剂大规模工业化生产，降低催化剂成本。

③ 深入研究催化臭氧氧化催化剂分离技术，特别是均相催化臭氧氧化催化剂与水体的分离，拓展催化臭氧氧化技术的应用范围。

参考文献

[1] 雷乐成，汪大翚. 水处理高级氧化技术[M]. 北京：化学工业出版社，2001.

[2] 孙德智，于秀娟，冯玉杰. 环境工程中的高级氧化技术[M]. 北京：化学工业出版社，2006.

[3] 张光明，张盼月，张信芳. 水处理高级氧化技术[M]. 哈尔滨：哈尔滨工业大学出版社，2007.

[4] 刘玥，彭赵旭，闫怡新，等. 水处理高级氧化技术及工程应用[M]. 郑州：郑州大学出版社，2014.

[5] Clemens von Sonntag，Urs von Gunten. 水和污水处理的臭氧化学——基本原理与应用[M]. 刘正乾译. 北京：中国建筑工业出版社，2016.

[6] Nakamura H，Oya M，Hanamoto T，et al. Reviewing the 20 years of operation of ozonation facilities in hanshin water supply authority with respect to water quality improvements[J]. Ozone-Science & Engineering，2017，39（6）：397-406.

[7] 谭桂霞，陈烨璞，徐晓萍. 臭氧在气态和水溶液中的分解规律[J]. 上海大学学报（自然科学版），2005，11（5）：510-512.

[8] 黄艳娥，贾俊芳. 臭氧的制备及其在水处理中的应用研究进展[J]. 河北化工，2006，2：6-9.

[9] 刘永霞，邓宇，邓橙，等. 臭氧制备技术研究进展[J]. 应用化工，2020，49（4）：1010-1014.

[10] 杨晓璐，陈建华，邓建国，等. 烯烃臭氧化反应机制的研究进展[J]. 环境化学，2013，32（11）：2050-2058.

[11] Gottschalk C，Libra J A，Saupe A. Ozonation of water and wastewater. A practical guide to understanding ozone and its application[M]. Wiley-VCH，Weinheim，2010.

[12] Ramseier M K，Peter A，Traber J，et al. Formation of assimilable organic carbon during oxidation of natural waters with ozone，chlorine dioxide，chlorine，permanganate，and ferrate[J]. Water Research，2011，45

（5）：2002-2010.

[13] Hoigné J，Bader H. Characterization of water quality criteria for ozonation processes. Part II：lifetime of added ozone[J]. Ozone-Science & Engineering，1994，16（2）：121-134.

[14] Muñoz F，von Sonntag C. Determination of fast ozone reactions in aqueous solution by competition kinetics[J]. Journal of the Chemical Society，Perkin Transactions 2，2000，4：661-664.

[15] Bader H，Hoigné J. Determination of ozone in water by the indigo method[J]. Water Research，1981，15（4）：449-456.

[16] Bader H，Hoigné J. Determination of ozone in water by the indigo method：a submitted standard method[J]. Ozone-Science & Engineering，1982，4（4）：169-176.

[17] Rakness K L，Wert E C，Elovitz M，et al. Operator-friendly technique and quality control considerations for indigo colorimetric measurement of ozone residual[J]. Ozone-Science & Engineering，2010，32（1）：33-42.

[18] Hoigné J，Bader H. Rate constants of reactions of ozone with organic and inorganic compounds in water— I：non-dissociating organic compounds[J]. Water Research，1983，17（2）：173-183.

[19] Hoigné J，Bader H. Rate constants of reactions of ozone with organic and inorganic compounds in water— II：Dissociating organic compounds[J]. Water Research，1983，17（2）：185-194.

[20] Dowideit P，von Sonntag C. Reaction of ozone with ethene and its methyl- and chlorine-substituted derivatives in aqueous solution[J]. Environmental Science & Technology，1998，32（8）：1112-1119.

[21] Nash T. The colorimetric estimation of formaldehyde by means of the Hantzsch reaction[J]. Biochemical Journal，1953，55（3）：416-421.

[22] Kanofsky J R，Sima P D. Reactive absorption of ozone by aqueous biomolecule solutions - implications for the role of sulfhydryl compounds as targets for ozone[J]. Archives of Biochemistry and Biophysics，1995，316（1）：52-62.

[23] Utter R G，Burkholder J B，Howard C J，et al. Measurement of the mass accommodation coefficient of ozone on aqueous surfaces[J]. Journal of Physical Chemistry，1992，96（12）：4973-4979.

[24] Vogna D，Marotta R，Napolitano A，et al. Advanced oxidation of the pharmaceutical drug diclofenac with UV/H_2O_2 and ozone[J]. Water Research，2004，38（2）：414-422.

[25] Sein M M，Zedda M，Tuerk J，et al. Oxidation of diclofenac with ozone in aqueous solution[J]. Environmental Science & Technology，2008，42（17）：6656-6662.

[26] Dodd M.C.，Zuleeg S.，Von Gunten U.，et al. Ozonation of source-separated urine for resource recovery and waste minimization：Process modeling，reaction chemistry，and operational considerations[J]. Environmental Science & Technology，2008，24（42）：9329-9337.

[27] Mvula E，von Sonntag C. Ozonolysis of phenols in aqueous solution[J]. Organic & Biomolecular Chemistry，2003，1（10）：1749-1756.

[28] Suarez S，Dodd M C，Omil F，et al. Kinetics of triclosan oxidation by aqueous ozone and consequent loss of antibacterial activity：Relevance to municipal wastewater ozonation[J]. Water Research，2007，41（12）：2481-2490.

[29] Hoigné J. Inter-calibration of ·OH radical sources and water quality parameters[J]. Water Science and Technology，1997，35（4）：1-8.

[30] Urs von Gunten. Ozonation of drinking water：Part I. Oxidation kinetics and product formation[J]. Water Research，2003，37（7）：1443-1467.

[31] Urs von Gunten. Ozonation of drinking water：Part II. Oxidation kinetics and product formation[J]. Water Research，2003，37（7）：1469-1487.

[32] Ikehata K，El-Din M G. Aqueous pesticide degradation by ozonation and ozone-based advanced oxidation processes：a review[J]. Ozone-Science & Engineering，2005，27（2）：83-114.

[33] Ikehata K，Naghashkar N J，Ei-Din M G. Degradation of aqueous pharmaceuticals by ozonation and advanced oxidation processes：a review[J]. Ozone Science & Engineering，2006，28（6）：353-414.

[34] Huber M M，Canonica S，Park G Y，et al. Oxidation of pharmaceuticals during ozonation and advanced oxidation processes[J]. Environmental Science & Technology，2003，37（5）：1016-1024.

[35] Malik S N，Ghosh P C，Vaidya A N，et al. Hybrid ozonation process for industrial wastewater treatment：Principles and applications：a review[J]. Journal of Water Process Engineering，2020，35：1-21.

[36] Rosenfeldt E J，Linden K G，Canonica S，et al. Comparison of the efficiency of center dot ·OH radical formation during ozonation and the advanced oxidation processes O_3/H_2O_2 and UV/H_2O_2[J]. Water Research，2006，40（20）：3695-3704.

[37] Legube B，Leitner N K V. Catalytic ozonation：a promising advanced oxidation technology for water treatment[J]. Catalysis Today，1999，53（1）：61-72.

[38] 强璐. 催化臭氧氧化技术的研究进展与展望[J]. 上海电气技术，2017，10（2）：68-71.

[39] 朱秋实，陈进富，姜海洋，等. 臭氧催化氧化机理及其技术研究进展[J]. 化工进展，2014，33（4）：1010-1034.

[40] 程雯. 催化臭氧氧化处理难降解有机废水及其机理研究[D]. 重庆：重庆大学，2019.

[41] 郭剑浩，金政伟，杨帅，等. 臭氧催化氧化技术在煤化工含盐废水深度处理中的应用[J]. 煤炭与化工，2020，43（2）：136-139.

[42] Naydenov A，Stoyanova R，Mehandjiev D. Ozone decomposition and CO oxidation on CeO_2[J]. Journal of Molecular Catalysis A：Chemical，1995，98（1）：9-14.

[43] Li W，Gibbs G V，Oyama S T. Mechanism of ozone decomposition on a manganese oxide catalyst. I. In situ Raman spectroscopy and Ab initio molecular orbital calculations[J]. Journal of the American Chemical Society，1998，120（35）：9041-9046.

[44] Bulanin K M，Lavalley J C，Tsyganenko A A. Infrared study of ozone adsorption on TiO_2(anatase)[J]. Journal of Physical Chemistry，1995，99（25）：10294-10298.

[45] Dhandapani B，Oyama S T. Gas phase ozone decomposition catalysts[J]. Applied Catalysis B：Environmental，1997，11（2）：129-166.

[46] Faria P C C，Órfão J J M，Pereira M F R. A novel ceria-activated carbon composite for the catalytic ozonation of carboxylic acids[J]. Catalysis Communications，2008，9（11-12）：2121-2126.

[47] Orge C A，Órfão J J M，Pereira M F R，et al. Ozonation of model organic compounds catalysed by nanostructured cerium oxides[J]. Applied Catalysis B：Environmental，2011，103（1-2）：190-199.

[48] Orge C A，Órfão J J M，Pereira M F R，et al. Ceria and cerium-based mixed oxides as ozonation catalysts[J]. Chemical Engineering Journal，2012，200：499-505.

[49] Mathew D S，Juang R S. An overview of the structure and magnetism of spinel ferrite nanoparticles and their synthesis in microemulsions[J]. Chemical Engineering Journal，2007，129（1-3）：51-65.

[50] Liu C，Zou B，Rondinone A J，et al. Reverse micelle synthesis and characterization of superparamagnetic $MnFe_2O_4$ spinel ferrite nanocrystallites[J]. The Journal of Physical Chemistry B，2000，104（6）：1141-1145.

[51] Bonapasta A A，Filippone F，Mattioli G，et al. Oxygen vacancies and OH species in rutile and anatase TiO_2 polymorphs[J]. Catalysis Today，2009，144（1-2）：177-182.

[52] Song S，Liu Z W，He Z Q，et al. Impacts of morphology and crystallite phases of titanium oxide on the catalytic ozonation of phenol[J]. Environmental Science & Technology，2010，44（10）：3913-3918.

[53] Zhang T，Li W W，Croue J P. Catalytic ozonation of oxalate with a cerium supported palladium oxide：an efficient degradation not relying on hydroxyl radical oxidation[J]. Environmental Science & Technology，2011，45（21）：9339-9346.

[54] Bing J S，Hu C，Nie Y L，et al. Mechanism of catalytic ozonation in Fe_2O_3/Al_2O_3@SBA-15 aqueous

suspension for destruction of Ibuprofen[J]. Environmental Science & Technology，2015，49（3）：1690-1697.

[55]　Rodríguez J L，Poznyak T，Valenzuela M A，et al. Surface interactions and mechanistic studies of 2,4-dichlorophenoxyacetic acid degradation by catalytic ozonation in presence of Ni/TiO₂[J]. Chemical Engineering Journal，2013，222：426-434.

[56]　Liu Z Q，Ma J，Cui Y H，et al. Effect of ozonation pretreatment on the surface properties and catalytic activity of multi-walled carbon nanotube[J]. Applied Catalysis B：Environmental，2009，92（3-4）：301-306.

[57]　Nawrocki J，Kasprzyk-Horden B. The efficiency and mechanisms of catalytic ozonation[J]. Applied Catalysis B：Environmental，2010，99（1-2）：27-42.

[58]　Kasprzyk-Hordern B，Ziólek M，Nawrocki J. Catalytic ozonation and methods of enhancing molecular ozone reactions in water treatment[J]. Applied Catalysis B：Environmental，2003，46（4）：639-669.

[59]　Beltrán F J，Rivas F J，Montero-de-Espinosa R. Iron type catalysts for the ozonation of oxalic acid in water[J]. Water Research，2005，39（15）：3553-3564.

[60]　Park J S，Choi H C，Cho J W. Kinetic decomposition of ozone and para-chlorobenzoic acid(pCBA) during catalytic ozonation[J]. Water Research，2004，38（9）：2285-2292.

[61]　Tong S P，Liu W P，Leng W H，et al. Characteristics of MnO₂ catalytic ozonation of sulfosalicylic acid and propionic acid in water[J]. Chemosphere，2003，50（10）：1359-1364.

[62]　Faria P C C，Órfão J J M，Pereira M F R. Catalytic ozonation of sulfonated aromatic compounds in the presence of activated carbon[J]. Applied Catalysis B：Environmental，2008，83（1-2）：150-159.

[63]　Zhang T，Li W W，Croue J P. A non-acid-assisted and non-hydroxyl-radical-related catalytic ozonation with ceria supported copper oxide in efficient oxalate degradation in water[J]. Applied Catalysis B：Environmental，2012，121：88-94.

[64]　Dong Y M，He K，Zhao B，et al. Catalytic ozonation of azo dye active brilliant red X-3B in water with natural mineral brucite[J]. Catalysis Communications，2007，8（11）：1599-1603.

[65]　Joseph Y，Ranke W，Weiss W. Water on FeO（111）and Fe₃O₄（111）：adsorption behavior on different surface terminations[J]. Journal of Physical Chemistry B，2000，104（14）：3224-3236.

[66]　Ernst M，Lurot F，Schrotter J C. Catalytic ozonation of refractory organic model compounds in aqueous solution by aluminum oxide[J]. Applied Catalysis B：Environmental，2004，47（1）：15-25.

[67]　Sui M，Sheng L，Lu K，et al. FeOOH catalytic ozonation of oxalic acid and the effect of phosphate binding on its catalytic activity[J]. Applied Catalysis B：Environmental，2010，96（1-2）：94-100.

[68]　Andreozzi R，Insola A，Caprio V，et al. The kinetics of Mn(Ⅱ)-catalyzed ozonation of oxalic-acid in aqueous-solution[J]. Water Research，1992，26（7）：917-921.

[69]　Volker J，Stapf M，Miehe U，et al. Systematic review of toxicity removal by advanced wastewater treatment technologies via ozonation and activated carbon[J]. Environmental Science & Technology，2019，53（13）：7215-7233.

[70]　Bulanin K M，Lavalley J C，Tsyganenko A A. Infrared study of ozone adsorption on TiO₂（anatase）[J]. Journal of Physical Chemistry，1995，99（25）：10294-10298.

[71]　Pines D S，Reckhow D A. Effect of dissolved cobalt(Ⅱ)on the ozonation of oxalic acid[J]. Environmental Science & Technology，2002，36（19）：4046-4051.

[72]　Agustina T E，Ang H M，Vareek V K. A review of synergistic effect of photocatalysis and ozonation on wastewater treatment[J]. Journal of Photochemistry and Photobiology C-Photochemistry Reviews，2005，6（4）：264-273.

[73]　Mecha A C，Chollom M N. Photocatalytic ozonation of wastewater: a review[J]. Environmental Chemistry Letters，2020，18（5）：1491-1507.

第 4 章　光化学氧化技术

光化学的研究始于植物的光化学反应。18 世纪末，Hales 通过研究光与物质相互作用引发的一系列物理及化学变化，首次报道了植物的光合作用。19 世纪中期，Draper 通过研究 H_2 与 Cl_2 在气相中发生的光化学反应，提出了光化学反应第一定律。20 世纪初，Einstein 把量子产率的概念应用到光化学中，使光化学反应的研究进入到崭新阶段。直到 20 世纪 70 年代，光化学氧化才被应用到废水处理领域。

废水中的难降解有机物常含有 C═C、C═O 和苯环等，在有臭氧、H_2O_2 等氧化剂存在的条件下，这些活性较强的化学键极易因紫外线（UV）或可见光照射而引发强烈的光化学反应，产生具有强氧化性的·OH，最终有机物被降解成 CO_2、H_2O 和无机离子。按照光化学反应中是否有催化剂参与，可分为没有催化剂参与的光激发反应和有催化剂参与的光催化反应。本章通过阐述光化学基本理论，分别探讨光激发氧化和光催化氧化的反应过程、影响因素以及存在的问题与发展方向，并对非均相光催化氧化的系统组成、催化剂制备与表征方法以及动力学模型进行介绍。

4.1　光化学基本理论

4.1.1　光化学反应的概念

光化学反应通常是指物质在可见光或紫外线的照射下而产生的化学反应，是由物质的分子吸收了特定波长的光子后所引发的反应。所吸收的光子的能量被用于克服进行光化学反应需要跨越的活化能。处于基态的分子受到光子的激发，转化到激发态，之后发生化学反应变化到一个稳定的状态，或者变化成引发热化学反应的中间产物。这种处于激发态的分子有以下五种变化途径：

① 发射光子，重新回到基态。

② 不发射光子，重新回到基态。此时被吸收光子的能量通过内部转换变成振动能，基态分子具有过量的振动能。随后通过与其他分子间的碰撞将过量的能量释放，变成正常的基态

分子。

③ 激发态分子发生猝灭，通过与其他分子间的碰撞而释放能量，或者激发其他分子发生光敏作用。

④ 激发态分子通过系统间窜跃，电子进行重排形成分子的另一种激发态。

⑤ 激发态分子通过降解转化成光化学产品。

4.1.2 光化学反应的基本定律

早在 1817 年，Grotthuss 就曾经提出，某些化学反应只有在光照的情况下才能进行，并且指明所观测到的颜色与物质吸收的颜色互为补色。一直到 1830 年，Graper 通过大量深入研究，才更清楚地将这个规律总结为：只有被物体吸收的光才能有效地引起化学变化，这就是光化学第一定律。1904 年，Van't Hoff 在研究光化学反应动力学的过程中，将这个规律进一步量化。提出在光化学反应中，发生反应的物质的量与所吸收的光能成正比。具体来讲，对一个厚度为 d 的液态反应系统，在某一波长光的照射下进行光化学反应，如果在 $\mathrm{d}t$ 时间内反应物浓度减少了 $\mathrm{d}C$，则该反应可以表示为：

$$-\mathrm{d}C = \beta I_\mathrm{a}\mathrm{d}t \tag{4-1}$$

式中，I_a 为吸收光的强度，与单位时间内单位体积反应系统吸收的能量成正比；β 为比例常数。

根据朗伯-比尔吸收定律：

$$I = I_0 \exp(-2.303\varepsilon Cd) \tag{4-2}$$

式中，I 为透射光的强度；I_0 为入射光的强度；ε 为消光系数或吸收率，它是物质的特性常数；C 为反应物的浓度；d 为液态反应系统的厚度。

式（4-1）中的 I_a 可表示为：

$$I_\mathrm{a} = I_0 - I = I_0 \left[1 - \exp(-2.303\varepsilon Cd)\right] \tag{4-3}$$

将式（4-3）带入式（4-1）中，得到：

$$-\mathrm{d}C/\mathrm{d}t = \beta I_0 \left[1 - \exp(-2.303\varepsilon Cd)\right] \tag{4-4}$$

式（4-4）可以看作是 van't Hoff 对光化学第一定律的定量表示。当液体很薄时，式（4-4）可以表示为：

$$-\mathrm{d}C/\mathrm{d}t = 2.303\beta I_0 \varepsilon Cd = kC \tag{4-5}$$

反应速率（k）与反应物浓度的一次方成正比，为一级反应，当液体很厚或者吸收率很大时，式（4-4）可以表示为：

$$-\mathrm{d}C/\mathrm{d}t = \beta I_0 \tag{4-6}$$

此时反应速率与反应物浓度无关，与入射光的强度成正比，这正是光化学反应的主要特征之一。

1912 年，Einstein 利用他所建立的光子学说为基础，与 Stark 一起提出"光化学的初级过程是一个分子吸收一个光量子而变成激发态分子"，这就是光化学第二定律，又称为光化学当量定律。如果把一个光子的能量记为 $h\nu$，那么激发 1mol 物质所吸收的能量（U_m）可以表示为：

$$U_\mathrm{m} = Lh\nu = Lhc/\lambda \tag{4-7}$$

式中，h 为 Planck 常数；c 为光在真空中的速度；L 为阿伏伽德罗常数；ν 为频率；λ 为波长。

对于光化学反应发生的紫外光区和可见光区来说，U_m 值为 150～600kJ/mol，足以导致一般强度的化学键断裂而发生化学反应。光化学第二定律在推测反应机制方面具有十分重要的意义和作用。

4.1.3 光辐射的吸收与电子激发态

光化学反应的初始步骤是分子吸收光辐射，导致分子由基态提升到激发态。由于分子中的电子状态、转动与振动的状态都是量子化的，所以处于激发态的分子，如果其初始状态和终止状态不相同时，那么激发所需要的光子的能量也是不同的，要求终止状态与初始状态的能量差值尽量与光子的能量相匹配。由于光子的能量与其波长有关，因此能量匹配体现在与辐射光波长的匹配。

在一般条件下，分子处在能量较低的稳定状态，称为基态。当基态分子受到光照辐射后，如果能够吸收光子的能量，那么就可以提升至能量较高的状态，称为激发态。如果分子能够吸收不同波长的光照辐射，那么就可以达到不同的激发态。按照其能量的高低，从基态往上依次称为第一激发态、第二激发态、第三激发态等，把能量高于第一激发态的所有激发态统称为高激发态。处于激发态的分子并不稳定，其寿命一般较短，且能量越高寿命越短，甚至来不及发生化学反应就不存在了，因此光化学反应主要与处于低激发态的分子有关。激发态分子所吸收的光照辐射能主要有两条耗散途径：一条是与光化学反应的热效应合并；另一条是通过光物理过程转变成其他形式的能量。

当分子中的电子自旋方向相反时，这种状态在光谱学上称为单重（线）态，记作 S，依照能量由低到高分别用 S0、S1、S2 等表示。当分子中的电子自旋方向平行时，这种状态在光谱学上称为三重（线）态，根据能量由低到高分别用 T1、T2 等表示。处于激发态的单重态分子寿命很短，一般在 10^{-9}～10^{-8}s 的量级。当分子的基态为单重态时，其激发三重态的寿命一般较长，可以达到 10^{-3}～10^2s 的量级，因此有机化合物的光化学大都是三重态分子的光化学。

当分子处在激发态时，由于电子的激发可以引起分子中价键结合方式的改变，比如电子从成键的π轨道跃迁到反键的$π^*$轨道（π，$π^*$），或者从非键的 n 轨道跃迁到反键的$π^*$轨道（n，$π^*$）等，导致激发态分子在酸度、颜色、几何构型、反应活性以及反应机制等方面都与基态分子有较大的差别，所以光化学（激发态）比热化学（基态）更加丰富多彩。

4.1.4 量子产率

光化学反应发生的根本原因是反应物对光子的吸收，那么被吸收的光子数与反应物的转化率之间应该存在着某种联系，为了定量描述两者之间的关系，引入了量子产率（Φ）这个非常重要的概念，其具体定义为：

$$\Phi=反应物消耗的分子数（或产物生成的分子数)/吸收的光子数 \qquad (4\text{-}8)$$

有了这个定义，根据光化学第二定律，光化学反应初级过程的量子产率应该等于 1。但是，大量的实验表明：一般光化学反应过程的量子产率大多不等于 1。这说明光化学反应过程和热化学反应过程一样，也有其内在的机制。在初级过程之后，接着是次级过程，由于次级过程比较复杂，导致量子产率偏离 1，因此确定量子产率的大小对于研究光化学反应过程的机制具有非常重要的意义。在实验操作中，只需测定反应物消耗或者生成物产生的量和吸收光的强度，就可以计算得到量子产率。需要注意的是：当光化学反应方程式中反应物和产物的化学计量数不同时，根据反应物的消耗量和生成物的产生量所算得的量子产率在数值上是不同的。为了消除化学计量数的影响，式（4-8）所示的量子产率的定义可修正为：

$$\Phi = r/I_a \tag{4-9}$$

式中，r 为光化学反应速率，$r = (1/\nu_B)\ \mathrm{d}C/\mathrm{d}t$，其中 ν_B 是光化学反应方程式中的化学计量数；I_a 为单位时间单位体积反应系统吸收的光量子的物质的量，即光量子的吸收速率或吸收光的强度。

需要指出的是：光化学反应与热化学反应的机制并不相同，热化学反应是通过分子之间的碰撞来克服活化能，故反应速率随温度的升高而大幅度上升。一般来说，温度每升高 10℃，反应速率会增加 2～4 倍。光化学反应是通过吸收光子的能量来克服活化能的，反应速率受温度影响较小。一般温度每升高 10℃，反应速率增加 10%～100%。因此，当确定光化学反应的机制时，除了导出的反应速率方程必须与实验得到的相同外，根据式（4-9）计算得到的量子产率中也必须与实验测得的相同。

4.1.5　次级步骤与分子重排

如果一个处于激发态的分子不是直接回到基态，它有可能经历以下三种途径：①通过发生解离反应，产生原子、自由电子、自由基或者分子碎片；②与相邻的同种或者不同种的分子发生反应；③过渡到一个新的激发态上。以上三种途径可以只发生其中一种或者几种，也可以平行地发生，都属于光化学反应的初级过程，之后发生的任何步骤都称为次级步骤。以臭氧的产生过程为例，氧分子光解后生成 2 个氧原子的过程是初级过程，而产生的氧原子与氧分子结合生成臭氧的反应则属于次级步骤。生成的臭氧在大气中又可以和烃类化合物发生一系列复杂的光化学反应，这些都属于次级步骤。

分子中的原子从一处移到他处的反应称为分子重排，许多分子在激发态发生的重排反应过程都属于次级步骤。很多时候，初级光化学反应的过程可以作为研究次级反应步骤的有效工具，常见的光敏化反应就属于这种情况。另外，如果初级光化学步骤是分子光解生成 2 个自由基（具有未配对电子或者单个电子的分子碎片）的反应，那么一般情况下，它的次级步骤为链反应。在链反应过程中，每个量子可以产生多个产物分子，所以这类反应的总量子产率不但可能大于 1，在有些情况下甚至可达成百上千。

探索一个完整光化学反应过程的具体机制，往往需要建立若干个不同的假想模型，构架各模型体系与光照强度、反应物浓度以及其他有关参数之间的动力学方程，然后考察哪种模型与试验结果的符合程度最高，进而决定出最可能的反应机制。在研究光化学反应机制的过程中，除了常用的示踪原子标记法之外，很早就使用的猝灭法仍然是一种非常有效的方法。猝灭法是先让被激发分子发射荧光，之后让其他分子与该荧光发生猝灭反应，通过测定以上反应过程的动力学参数，来研究光化学反应的机制。猝灭法可以用来测定分子处于电子激发态时的酸性、能量的长程传递速率以及分子双聚化的反应速率等。

4.2　光激发氧化

作为高级氧化技术的重要组成部分，光激发氧化主要是通过氧化剂在 UV（或可见光）的照射下产生·OH 来实现对有机物的降解，常见光激发氧化体系有 UV/H_2O_2、UV/O_3 和

UV/O$_3$/H$_2$O$_2$ 等。本节主要探讨 UV/H$_2$O$_2$、UV/O$_3$ 和 UV/O$_3$/H$_2$O$_2$ 三种光激发氧化体系的机制、特点和主要影响因素，并对比分析三种光激发氧化过程存在的问题及发展方向。

4.2.1　光激发氧化的反应机制

（1）UV/H$_2$O$_2$ 氧化体系的反应机制和特点　UV/H$_2$O$_2$ 氧化是将 H$_2$O$_2$ 与 UV 辐射结合的一种高级氧化体系，该方法并不是利用 H$_2$O$_2$ 来降解有机物，而是利用 H$_2$O$_2$ 在 UV 照射下产生的·OH 等活泼次生氧化剂来降解有机物。

一般认为，UV/H$_2$O$_2$ 氧化的反应机制主要涉及三个方面：①通过有效光子直接激发有机物分子键解离进行光降解；②H$_2$O$_2$ 直接氧化降解；③·OH 间接氧化降解，即 1mol 的 H$_2$O$_2$ 首先在 UV 照射下产生 2mol 的·OH，然后·OH 与污染物发生氧化还原反应，·OH 一般占主导作用，其基本反应步骤如下：

① UV 直接光解

$$R—R + h\nu \longrightarrow 2R· \tag{4-10}$$

$$RH + h\nu \longrightarrow R·+H· \tag{4-11}$$

② H$_2$O$_2$ 直接氧化

$$R + 2H_2O_2 \longrightarrow R^* + 2H_2O + O_2 \tag{4-12}$$

③ ·OH 间接氧化

$$H_2O_2 + h\nu \longrightarrow 2·OH \tag{4-13}$$

$$H_2O_2 + ·OH \longrightarrow HO_2· + H_2O \tag{4-14}$$

$$·OH + HO_2· \longrightarrow H_2O + O_2 \tag{4-15}$$

$$·OH+·OH \longrightarrow H_2O_2 \tag{4-16}$$

$$·OH + RH \longrightarrow R·+ H_2O \tag{4-17}$$

UV/H$_2$O$_2$ 作为最常见的一种光激发高级氧化技术，其具有氧化能力强、降解有机物彻底、不产生二次污染等特点，在处理水中有机污染物方面取得了较好的效果，对于含毒物质和难降解物质的废水处理很适合，但是仍然存在一些缺点，如 UV/H$_2$O$_2$ 光激发氧化工艺适用于低浓度污水处理，对于有色与高混浊废水，由于 UV 光的穿透率降低，其处理效率会降低。因此，需要采用一些有效的联用工艺来提高处理效率。

（2）UV/O$_3$ 氧化体系的反应机制和特点　UV/O$_3$ 氧化是将臭氧与 UV 相结合的一种高级氧化过程。这一方法不是利用臭氧与有机物直接反应，而是利用臭氧在 UV 的照射下分解产生的活泼的次生氧化剂来降解有机物。

目前对 UV/O$_3$ 氧化体系中·OH 的产生过程以及·OH 与有机物的作用机制存在一些争议。一些人认为：·OH 是由 O$_3$ 在 UV 作用下分解出的 O·与 H$_2$O 反应所形成，如式（4-18）和式（4-19）所示，产生的·OH 与底物反应生成有机自由基（HR·），HR·可以与臭氧分子进行有效地结合产生 RHO$_2$·，这个基团可能被认为是链反应真正的传播者。

$$O_3 + h\nu（\lambda<310nm）\longrightarrow O·+O_2 \tag{4-18}$$

$$O·+ H_2O \longrightarrow 2·OH \tag{4-19}$$

另一些人认为：UV/O$_3$ 氧化过程首先生成 H$_2$O$_2$，H$_2$O$_2$ 在 UV 的诱导下产生·OH，如式（4-20）和式（4-21）所示，·OH 与有机物的一系列反应是由臭氧与 OH$^-$ 或 HO$_2^-$ 的反应或者 H$_2$O$_2$ 的光分解反应引发。

$$O_3 + 3H_2O \xrightarrow{\quad UV \quad} 3H_2O_2 \qquad\qquad (4\text{-}20)$$

$$H_2O_2 \xrightarrow{\quad UV \quad} 2 \cdot OH \qquad\qquad (4\text{-}21)$$

尽管现在还不能完全确定哪种机制正确或在产生·OH过程中占主导地位，但从两种机制的反应式中都能得出1mol臭氧在UV辐射下产生2mol·OH这一结论。

UV/O$_3$氧化工艺虽然在水处理方面有着降解速率快、去除效率高等优点，但是仍然存在着诸如工艺设备比较复杂、初期投资大以及后续运行成本很高等不利方面，尤其是对于那些小型的净水装置，除了需要配置紫外辐射光源之外，还需要配置臭氧反应发生器，导致设备复杂化且造价成本很高，所以在实际应用的推广上受到一定程度的限制。另外，很多紫外辐射光源的辐射强度偏小，使用寿命偏短，且缺少自动清洗的装置，极大地影响了装置的使用效率。这些都是需要以后进一步改进的地方。

（3）UV/O$_3$/H$_2$O$_2$氧化体系的反应机制和特点 UV/O$_3$/H$_2$O$_2$氧化是采用UV辐射，联合应用臭氧和H$_2$O$_2$的高级氧化技术，其对有机物的降解利用了UV/H$_2$O$_2$系统的氧化、UV/O$_3$系统的氧化、光解等许多作用机制，能够快速地产生大量的·OH。在UV/O$_3$/H$_2$O$_2$系统中，·OH的产生途径很多，一般概括为如下的反应过程：

$$H_2O_2 \longrightarrow H^+ + HO_2^- \qquad\qquad (4\text{-}22)$$

$$O_3 + H_2O_2 \longrightarrow \cdot OH + HO_2 \cdot + O_2 \qquad\qquad (4\text{-}23)$$

$$O_3 + HO_2 \cdot \longrightarrow \cdot OH + O_2^- + O_2 \qquad\qquad (4\text{-}24)$$

$$O_3 + O_2^- \longrightarrow O_2 + O_3^- \qquad\qquad (4\text{-}25)$$

$$O_3^- + H_2O \longrightarrow \cdot OH + OH^- + O_2 \qquad\qquad (4\text{-}26)$$

相较于UV/O$_3$氧化和UV/H$_2$O$_2$氧化，UV/O$_3$/H$_2$O$_2$氧化更充分地发挥了光化学氧化处理难降解有机物过程中的高效性，对于处理多种类有机污染物的废水有着良好的效果。但是目前阶段，UV/O$_3$/H$_2$O$_2$氧化工艺还很难用于实际的生产实践中，其主要存在的问题是处理成本太高，反应器复杂、反应条件苛刻。因此能否简化反应器的结构和操作条件是今后UV/O$_3$/H$_2$O$_2$氧化工艺能否在实际工程中推广的关键所在。

4.2.2 光激发氧化的主要影响因素

UV/O$_3$、UV/H$_2$O$_2$和UV/O$_3$/H$_2$O$_2$三种光激发氧化体系对有机污染物的降解过程受多种因素的影响，除了UV灯参数、反应介质条件、光化学反应器以及溶液性质等外，还需要考虑氧化剂的投加量和投加方式。

（1）UV强度的影响 光化学第二定律指出："光化学反应进行的程度（即所得到的产量）与被吸收的光能的数量成正比，亦即与被吸收光的强度成正比"。因此，通常情况下，提高UV照射强度有利于光化学反应的进行。式（4-13）表明：光强度的提高，增加了单位溶液的能量密度，有利于产生更多的有效光子，进而促使体系产生更多的·OH，但当UV强度达到一定值后，继续提高光强度则会使经济性降低，对光源的要求也会大大提高，因此UV强度存在一个最佳值。

（2）UV波长的影响 UV是波长在100～380nm的电磁波，根据其波长及功能的不同，又分为4个波段，即UV-A（长波，315～380nm）、UV-B（中波，280～315nm）、UV-C（短波，200～280nm）和 UV-V（真空 UV，100～200nm）。由能量方程可知，光子的激发能（E）可由下式定量计算求得：

$$E=h\nu=hc/\lambda \tag{4-27}$$

式中，h 为普朗克常数，6.6256×10^{-34}J·s；c 为光速，2.9979×10^{8}m/s；λ 为波长，m；ν 为辐射光频率，s^{-1}。

由式（4-27）可知：波长较短的 UV 具有更强的激发能，能够更加有效地激发分子键解离释放出自由基，因此，在杀菌消毒和污染物处理研究领域，低压 UV-C（253.7nm）应用较为广泛；UV-V 虽然具有更强的能量，但穿透力很差，只能在真空中传播，因而无法广泛应用；UV-A 与 UV-B 具有穿透力强以及功率大等优势，常被用在半导体光催化领域。研究表明：UV-A 与 UV-B 对自然水体污染物的降解产物中不含有毒成分，但 UV-C 氧化在反应完成后，溶液中却产生了有毒中间体。由此表明：不同波长 UV 引发的光化学反应机理可能有较大差异。

（3）溶液温度的影响　温度对光激发反应的影响与热反应大不相同。热反应的温度系数较大，温度升高 10℃，反应速率增加 2～4 倍。而对于光激发反应而言，提高相同的温度，对反应速率产生很小的影响，大多数光激发反应的温度系数接近于 1.0。

（4）pH 值的影响　在不同 pH 值的溶液中，一般即使是同一种氧化还原剂，其表现出的氧化还原电位也会有较大差异。对于 UV/H_2O_2 和 UV/O_3/H_2O_2 光激发氧化体系，在碱性条件下容易发生如下反应：

$$H_2O_2 \longrightarrow HO_2^- + H^+ \tag{4-28}$$

$$H_2O_2 + HO_2^- \longrightarrow H_2O + O_2 + OH^- \tag{4-29}$$

$$\cdot OH + HO_2^- \longrightarrow OH^- + \cdot HO_2 \tag{4-30}$$

$$\cdot OH + HO_2^- \longrightarrow H_2O + \cdot O_2^- \tag{4-31}$$

由此可见：一方面，水解产生的 HO_2^- 能够强烈促进 H_2O_2 分解为 H_2O 和 O_2，大大降低了 H_2O_2 的利用效率；另一方面，$\cdot OH$ 与 HO_2^- 的反应速率远远大于 $\cdot OH$ 与 H_2O_2 的反应速率（约 100 倍以上），是一种极为有效的自由基捕获剂，从而显著降低了自由基的浓度。而 pH 值过低产生的负面影响则可能与物质类型及其在酸性条件下的存在形态密切相关。

（5）污染物初始浓度的影响　对于一般的化学反应体系，单从反应速率理论角度讲，加大反应物的浓度一般能够有效提高反应速率，但对于光激发氧化反应而言，污染物浓度提高带来的影响可能更加复杂。关于高浓度污染物对光激发氧化反应的影响，许多研究人员所得结论具有较高的一致性，即降解效率一般随着污染物初始浓度的增加而下降。

根据朗伯-比尔吸收定律可知：UV 的透过光强度随着反应介质的浓度以及光吸收系数的增加呈现指数下降，对于绝大多数有机污染物，污染物浓度增加的同时也会使溶液的色度大大增加，一般会增大光吸收系数，使得 UV 的穿透能力急剧下降，此时光化学反应一般仅能聚集在靠近光/液交界面的单薄液层内进行，这严重限制了整个反应体系的处理能力，从而使得整个效率显著下降。

（6）无机阴离子的影响　无机阴离子，如 HCO_3^-、CO_3^{2-}、Cl^-、NO_3^-、SO_4^{2-} 广泛存在于自然水体中，在一般的有机废水中，无机阴离子含量较大，不少有机物在降解过程中也会释放出大量的无机阴离子。研究结果显示：无机阴离子的存在对降解反应均显示出不同程度的抑制作用，其中 CO_3^{2-} 和 HCO_3^- 的抑制作用较为明显，而 SO_4^{2-}、NO_3^-、Cl^- 则相对较弱。在自由基链反应中，由于 CO_3^{2-} 和 HCO_3^- 与 $\cdot OH$ 之间具有很高的反应速率而常常被认为是一种有效的·OH 捕获剂，生成的 CO_3^{2-}· 具有很低的氧化还原电位，显著降低了光化学反应过程。

$$·OH + CO_3^{2-} \longrightarrow OH^- + CO_3^{2-}· \tag{4-32}$$

$$·OH + HCO_3^- \longrightarrow H_2O + CO_3^{2-}· \tag{4-33}$$

Cl^- 与·OH 虽然具有更高的反应速率常数，但反应生成的中间体很不稳定，绝大部分又通过逆向反应分解成自由基，因此对反应的整体影响并不显著。

$$·OH + Cl^- \longrightarrow HClO^-· \tag{4-34}$$

$$HClO^-· + H^+ \longrightarrow Cl^- + H_2O \tag{4-35}$$

SO_4^{2-} 与 NO_3^- 引发的机理可表示如下：

$$SO_4^{2-} + ·OH \longrightarrow SO_4^-· + OH^- \tag{4-36}$$

$$SO_4^-· + H_2O \longrightarrow SO_4^{2-} + ·OH + H^+ \tag{4-37}$$

$$NO_3^- + ·OH \longrightarrow NO_3^-· + OH^- \tag{4-38}$$

$$NO_3^- + H^+ + h\nu \longrightarrow ·OH + NO_2 \tag{4-39}$$

SO_4^{2-} 与·OH 反应生成 $SO_4^-·$，其氧化还原电位高达 2.5eV，能够从 H_2O 中直接夺取 H 重新产生·OH，因而总体影响也较小，而 NO_3^- 在 UV 作用下能直接产生·OH，并且对 UV 具有惰性滤层作用，这种双重作用使得 NO_3^- 对光化学反应影响也不大。

（7）H_2O_2 或臭氧投加量的影响　H_2O_2 作为·OH 的诱发剂，在光化学反应中起到关键作用。H_2O_2 投加量的影响一般可通过以下机理过程进行解释：

① 当 H_2O_2 浓度较低时，溶液中主要发生式（4-13）反应，因此，一定范围内，H_2O_2 浓度增加有利于促进·OH 的生成率，进而提高污染物的矿化效率与降解效率。

② 当 H_2O_2 浓度继续增加并超过极大值后，溶液中开始发生式（4-14）～式（4-16）等副反应。

由此可见，H_2O_2 在作为自由基诱发剂的同时还是一种自由基捕获剂，产生的 $HO_2·$ 的氧化能力远远小于·OH，抑制了反应过程。因此，科研或生产实践过程中，H_2O_2 投加量需要根据实际反应体系进行设计优化，以达到经济效益最佳化。臭氧的投加量并非越多越好，同样的，也要考虑经济成本。

4.2.3　UV/O_3、UV/H_2O_2 和 $UV/O_3/H_2O_2$ 三种光激发氧化体系比较

作为三种不同的光激发氧化体系，UV/O_3、UV/H_2O_2 和 $UV/O_3/H_2O_2$ 在工程实践中都已进行了尝试。大量实践证明：与 UV/O_3 氧化相比，由于 $UV/O_3/H_2O_2$ 氧化在加入 H_2O_2 后对·OH 的产生具有协同作用，导致其对有机污染物的降解效率和速率也更快。与 UV/H_2O_2 氧化相比，$UV/O_3/H_2O_2$ 氧化适用的 pH 值范围更加广泛。由于臭氧光降解产生·OH 的速率比 H_2O_2 光降解产生·OH 的速率快，因此通常情况下，UV/O_3 氧化体系比 UV/H_2O_2 氧化体系对有机物的氧化降解效率更高。

4.3　光催化氧化

1972 年，Fujishima 和 Honda 报道了在光电池中光辐射 TiO_2 可持续发生水的氧化还原反

应，标志着光催化氧化水处理时代的开始。1976 年，Carey 等在光催化降解水中污染物方面进行了开拓性的工作。此后，光催化氧化技术得到迅速发展。光催化氧化技术是基于半导体光催化原理在水处理领域中应用所形成的专门技术。光催化氧化技术具有反应条件温和、能耗低、操作简便、能矿化绝大多数有机物、可减少二次污染及可以用太阳光作为反应光源等突出优点，在难降解有机物、水体微污染等的处理中具有其他传统水处理工艺无法比拟的优势，是一种极具发展前途的高级氧化水处理技术。

根据光催化反应体系中光催化剂、反应物以及产物的相态是否相同，光催化氧化分为均相光催化氧化和非均相光催化氧化。均相光催化氧化较常见的是以芬顿试剂或类芬顿试剂为基质，通过 UV 照射增加体系中·OH 产量，从而提高污染物降解效率的一种高级氧化技术，此内容在第 2 章的光-芬顿部分已介绍，在此将不再赘述。本节主要围绕非均相光催化氧化展开论述。

4.3.1　半导体光催化的基本原理

虽然解释光催化氧化机制的理论有很多，但是目前来看，光催化机制大多是以电子型半导体的能带理论作为基础。作为光催化氧化技术的核心主体，半导体光催化剂本身所具有的独特的电子能带结构决定了其具有光激催化活性的可能。光催化剂在吸收光线的情况下，使得反应成分发生化学转化，其激发态能重复地与反应成分相互作用形成反应中间产物，并且自身能够在每一次相互作用后自行复原。

从能带理论来看，半导体晶体能带结构的基本特征是：由一个充满电子的低能级价带（VB）和一个未填满电子的高能级导带（CB）构成。价带与导带之间的区域内不存在任何电子能级，这一能态密度为零的能量空隙区域称为禁带。导带与价带之间的能量差值常用禁带的宽度（也称为带隙，E_g）表示。对于半导体材料来说，价带上的电子不能够导电，只有当价带电子跃迁到导带而产生自由电子和自由空穴后才能够导电。因此禁带宽度的大小实际上反映了价带电子被束缚的强弱程度，也就是产生激发所需要的最小能量。

半导体光激发后，导带上的自由空穴具有氧化性，而价带上的电子具有还原性，由于禁带宽度的不同，不同半导体表面光激发产生的电子和空穴表现出不同的氧化还原电势。研究人员通过光电测试方法对常用半导体的禁带宽度进行了测定，并采用相对于标准氢电极内能的方法来表示其禁带宽度的大小。表 4-1 列出了常见半导体的禁带宽度。研究人员也发现：根据能斯特方程，半导体的禁带宽度相对于标准氢电极的位置受电解质溶液酸度的影响而改变，pH 值越高其价带和导带能级位置上移，使空穴的氧化能力下降，不利于光催化氧化反应的进行。

表 4-1　常见半导体禁带宽度

半导体	E_g/eV	E_{CB}（vs. NHE）/V	E_{VB}（vs. NHE）/V
Ag₂O	1.2	0.19	1.39
BaTiO₃	3.3	0.08	3.38
CdO	2.2	0.11	2.31
Ce₂O₃	2.4	−0.5	1.9
CoTiO₃	2.25	0.14	2.39
CuO	1.7	0.46	2.16
CuTiO₃	2.99	−0.18	2.81

续表

半导体	E_g/eV	E_{CB}（vs. NHE）/V	E_{VB}（vs. NHE）/V
Fe$_2$O$_3$	2.2	0.28	1.48
FeOOH	2.6	0.58	3.18
In$_2$O$_3$	2.8	−0.62	2.18
TiO$_2$	3.2	−0.29	2.91
V$_2$O$_5$	2.8	0.2	3.0
ZnO	3.2	−0.31	2.89
ZnS$_2$	2.7	−0.29	2.41
SnS$_2$	3.1	−0.06	2.04
PbS	0.37	0.24	0.61

对于具有特殊能带结构的半导体来说，吸收光子能量产生光激发过程才能使光催化技术产生氧化还原的性能。只有当到达催化剂表面的光子能量大于或等于半导体光催化剂材料的禁带宽度时，价带中的电子才可能受到所吸收光子的激发跃迁至导带，在价带上留下一个自由空穴，同时光子湮没。

在半导体材料特性理论中，本征吸收是一个重要的光吸收过程，每一个半导体材料，均有一个本征吸收的长波限（λ_0）：

$$\lambda_0 = 1240/E_g \tag{4-40}$$

式中，λ_0 的单位为 nm；E_g 的单位为 eV。

由式（4-40）可知：半导体光催化剂禁带宽度与本征吸收长波限成反比关系，禁带宽度越大，所需要的激发光线波长越小。根据限定太阳辐射照度的国际标准草案，100～400nm 的紫外区间（覆盖短波紫外至长波紫外）光子能量的对应范围为 12.4～3.10eV。由于紫外辐射仅占到地球表面太阳辐射总量的 4%左右，因此通过改性手段减小光催化剂的禁带宽度成为提高自然光利用率的重要手段。

半导体光催化剂的催化能力来自光生载流子，即光诱导产生的电子-空穴对。这种载流子在产生后，经分离、迁移至半导体表面，再转移至表面吸收的捕获剂，在这些过程中均会发生载流子的复合，与激发过程相对应的复合过程大致可分为：①直接复合，导带电子跃迁到价带与价带空穴直接复合；②间接复合，电子和空穴通过禁带中的能级（复合中心）进行复合。载流子复合时，一定要释放出多余的能量，释放的方法有三种，即发射光子，伴随着复合特有的发光现象，称为辐射复合；发射声子，载流子将多余的能量传给晶格，加强晶格的振动；将能量给予其他载流子，增加其动能，称这种形式的复合过程为俄歇复合。还有可能先形成激子后，再通过激子复合。

迁移到表面的光生电子与空穴发生界面电子转移的反应，将吸收的光能转换为化学能，参与还原和氧化吸附在表面上的物质。驱动力是半导体导带或价带电位与受体或供体的氧化还原电极电位之间的能级差。除了电位满足光催化氧化或还原反应要求之外，半导体光催化反应至少还需要满足三个条件：一是电子或空穴与受体或给体的反应速率要大于电子与空穴的复合速率；二是催化剂的电子结构与被吸收的光子能级匹配，即诱导反应发生的光的能量要等于或大于半导体的带隙；三是半导体表面对反应物有良好的吸附性能。

4.3.2 光催化氧化的反应过程

作为光诱导化学过程的一般步骤，光催化氧化的反应过程也主要是催化剂受光激发的过程。光催化剂表面的吸附分子受到光激发与基态的光催化剂基底发生相互作用，通过表面电荷、能量的传递和表面反应的进行，吸附在催化剂表面的水分子、有机物分子等发生分解等化学反应，最终完成光照条件下液相环境中的光催化反应。

以非均相光催化氧化技术中最常用的催化剂 TiO_2 为例进行说明。一般情况下，半导体催化剂的外层电子存在于价带中，由于化合价的束缚，其只能在特定的分子轨道上运动。当能量大于禁带宽度的光照射半导体时，价带上的电子（e^-）会发生跃迁现象，跃过禁带进入导带，同时在价带上产生相应的空穴（h^+），即：

$$TiO_2 + h\nu \longrightarrow e^-_{CB} + h^+_{VB} \tag{4-41}$$

由于禁带的存在，光生电子-空穴对并不会立即复合而消失，而是迁移到催化剂表面的其他位置。此时价带空穴将是很好的氧化剂，而导带电子则是很好的还原剂，它们可以分别氧化和还原吸附在催化剂表面的物质。其中空穴有很强的得电子能力，可夺取溶剂本身或粒子表面有机物的电子，使这些物质被氧化；同时光生电子也可还原吸附于粒子表面的物质。

当光催化反应在水溶液中进行时，在半导体表面失去电子的主要是水分子，水分子经反应后生成具有强氧化能力的·OH，即：

$$H_2O + h^+_{VB} \longrightarrow \cdot OH + H^+ \tag{4-42}$$

另外，溶液中的 OH^- 也可以有效地捕捉光生空穴，从而生成·OH。

$$OH^- + h^+_{VB} \longrightarrow \cdot OH \tag{4-43}$$

吸附于催化剂表面的氧是主要的光生电子捕获剂，它可以与光生电子反应生成过氧化物·O_2^-，抑制电子与空穴的复合。

$$O_2 + e^-_{CB} \longrightarrow \cdot O_2^- \tag{4-44}$$

同时，由于·O_2^- 的不稳定性以及活性，其可继续发生一系列反应，最终也生成·OH。

$$\cdot O_2^- + H_2O \longrightarrow OH^- + HO_2\cdot \tag{4-45}$$

$$HO_2\cdot + HO_2\cdot \longrightarrow H_2O_2 + O_2 \tag{4-46}$$

$$H_2O_2 + \cdot O_2^- \longrightarrow \cdot OH + OH^- + O_2 \tag{4-47}$$

$$H_2O_2 + h^+_{VB} \longrightarrow 2\cdot OH \tag{4-48}$$

以常见的光催化剂 TiO_2 为例，光催化反应的基本原理可以由图 4-1 表示。

需要注意的是：半导体受到光激发产生的空穴和电子在分离的同时也存在迅速复合的可能。如果光生电子和空穴没有被适当的捕获剂捕获，则会迅速复合，所吸收的能量会以热或者荧光的形式被耗散。由此可见，有效地抑制电子-空穴对的复合对于促进光催化氧化还原过程至关重要。光生电子-空穴对复合速率越低，·OH 的产率可能就越高。半导体电子空穴复合的抑制取决于多种因素，如光催化剂的电子结构、颗粒尺寸、表面积、吸光特性、表面修饰情况、反应条件、捕获剂的捕获能力以及体系中其他物质的影响等。现在已有多种方法可以明显地抑制电子与空穴的复合，并将已分开的电子和空穴寿命提高到纳秒级以上的程度。这些方法包括通过半导体中的缺陷结构捕获载流子、减小半导体粒度、在半导

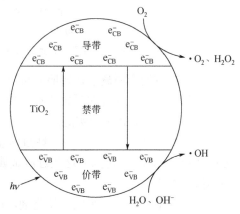

图 4-1　TiO_2 光催化基本原理示意图

体中添加金属、掺杂或与别的半导体组合等。

增加半导体表面缺陷结构捕获载流子可以明显压制光诱发导体表面上电子与空穴的再复合。在制备胶体和多晶光催化剂时，与制备化学催化剂一样，一般很难制得理想的半导体晶格。在制备过程中，无论是半导体表面还是晶体内都会出现一些不规则结构，这种不规则性与表面电子态密切相关，可使后者在能量上不同于半导体主体能带。这样的电子态就会起到捕获载流子阱的作用，从而有助于压制电子与空穴的再结合。

对半导体颗粒来说，量子尺寸效应将发生在颗粒大小为 $1\sim10nm$ 量级范围内。当半导体颗粒与半导体中载流子的德布罗意波长相当时才会发生反常现象（量子效应）。所以，对适用于量子效应的半导体颗粒，其大小范围取决于半导体颗粒的有效质量。在半导体颗粒中产生的电子和空穴将限制在几何尺寸不大的位能阱中，这样的电子和空穴不会经历具有一个导带和一个价带的半导体内出现的电子离域现象。相反，这种限制将使分裂的电子态量子化，增大了半导体的有效禁带。

在半导体中添加金属以改变半导体的表面性质时，其光催化性质也会随着发生变化，这是首先在 TiO_2 中添加 Pt 以光解水时发现的。电中性的并相互分开的金属和半导体（如 n 型）具有不同的费米能级，经常遇到的是金属的功函数高于半导体的功函数的情况，当两种材料连接在一起时，电子就会不断地从半导体向金属迁移，一直到两者的费米能级相等为止。在两者接触之后形成的空间电荷层中，金属表面将获得多余的负电荷，而在半导体表面上则有多余的正电荷。这样，半导体的能带就将向上弯，表面生成耗损层，这种在金属-半导体表面上形成的能垒称为肖特基（Schottky）能垒，也是光催化中可以阻止电子与空穴再结合的一种有效捕获电子的阱，如图 4-2 所示。

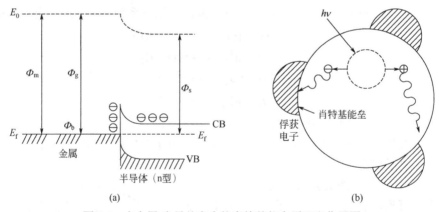

图 4-2　由金属-半导体产生的肖特基能垒原理和作用图

掺杂的过渡金属离子在辐照中可以大大改进电子的捕获，以阻碍电子-空穴对的再结合。Fe^{3+} 掺杂的 TiO_2，在光照后由于捕获电子的关系，可以增大 Ti^{3+} 的强度。只有某些过渡金属离子（如 Fe^{3+} 和 Cu^{2+}）确实能阻碍电子-空穴对的再结合，过渡金属离子的有效掺杂浓度是不高的，浓度过高反而有害。另一些过渡金属离子掺杂物（如 Cr^{3+}）反而会形成可使电子-空穴对再结合的部位，这是因为这些过渡金属离子本身即可形成可使电子-空穴对再结合的受体中心和供体中心。

将两种半导体耦合制成光催化剂，由于可使体系增大电荷分离效果和扩大光激发能量范围，也是提高光催化效率的一个途径。图 4-3 从几何学和能量学上说明了由半导体-半导体复合的 CdS-TiO$_2$ 光催化剂的光激发过程。众多的 CdS 颗粒可以与 TiO$_2$ 颗粒表面有直接的几何接触，由于两种半导体的价带能级和相对位置是以真空能级为准的，激发光的能量对直接激发光催化剂的 TiO$_2$ 部分显得太小了一点（E_g=3.2eV），而将电子从 CdS 的价带经过禁带激发至导带却是足够大的（E_g=2.5eV）。图 4-3 所示的能量模型可见：在激发过程中在 CdS 价带中产生的空穴将留在 CdS 颗粒中，而电子则从 CdS 转入 TiO$_2$ 中。这将明显增大电荷的分离和光催化过程的效率，分离的电子和空穴就能自由地在表面上向不同的吸附物种转移和进行氧化或还原反应。

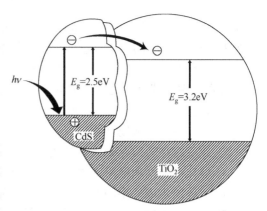

图 4-3　在复合半导体光催化剂中的光激发

在水溶液中的非均相光催化反应中，有机物、羟基离子、溶解氧或者一些其他物质（如 CO_3^{2-} 等）都能够有效地捕获光生电子或空穴，从而延缓电子-空穴对的复合。电子捕获剂或者空穴捕获剂中，何种物质数量占有优势地位将决定光催化作用是以氧化性为主还是以还原性为主。目前来说，在水处理领域应用相对成熟的是光催化的氧化作用。

为了深入揭示半导体光催化过程中的内在机理，研究人员采用激光脉冲光解技术对发生在 TiO$_2$ 表面的光催化基元反应的步骤及其相应的特征时间进行了测试，如表 4-2 所示。

表 4-2　TiO$_2$ 光催化基本过程及耗时

基本步骤	反应过程	特征时间
光生载流子的产生	$TiO_2 + h\nu \longrightarrow e_{CB}^- + h_{VB}^+$	非常快（约 1fs）
载流子的捕获	$h_{VB}^+ + \{Ti^{IV}OH\} \longrightarrow \{Ti^{IV}OH\}^{\bullet +}$ ①	比较快（约 10ns）
	$e_{CB}^- + \{Ti^{IV}OH\} \rightleftharpoons \{Ti^{III}OH\}$ ②	浅捕获（约 100ps），动态平衡
	$e_{CB}^- + Ti^{IV} \longrightarrow Ti^{III}$	深捕获（约 100ns），不可逆
载流子复合	$e_{CB}^- + \{Ti^{IV}OH\}^{\bullet +} \longrightarrow \{Ti^{IV}OH\}$	比较慢（约 100ns）
	$h_{VB}^+ + \{Ti^{III}OH\} \longrightarrow \{Ti^{IV}OH\}$	比较快（约 10ns）
界面电荷传输	$\{Ti^{IV}OH\}^{\bullet +} + Red \longrightarrow \{Ti^{IV}OH\}$ ③	比较慢（约 100ns）
	$\{Ti^{III}OH\} + Ox \longrightarrow \{Ti^{IV}OH\} + Ox^{\bullet +}$ ④	非常慢（约 1ms）

① $\{Ti^{IV}OH\}$ 和 $\{Ti^{IV}OH\}^{\bullet +}$ 表示 TiO$_2$ 表面官能团和在表面捕获的价带空穴。

② $\{Ti^{III}OH\}$ 表示被捕获的导带电子。

③ Red 表示电子供体。

④ Ox 表示电子受体。

从表 4-2 中的数据可以看出，电子-空穴对产生的速率可达到飞秒级，载流子的捕获、复合及传输速率都为纳秒级，而催化剂表面反应速率是相对最慢的，仅为毫秒级。电子-空穴对产生的速率远高于载流子的捕获和复合，这可保证有足够数量的载流子产生并迁移到表面发生光催化反应；但受到表面反应速率的限制，多数光催化材料的量子效率不高。同时，电子-空穴对的复合速率与表面反应速率之间相差 6 个数量级，复合速率远大于表面光催化反应的速率，所转化光子能量极易通过复合而消耗。如果此时在催化剂表面吸附有适当的捕获剂（电子受体或者电子供体）捕获光生电子或光生空穴，电子-空穴对的复合过程会受到一定的抑制，光催化氧化还原反应才能高效进行。因此从光催化氧化的整个反应步骤的理论分析来看，除了光催化材料的电子结构、光生载流子的输运性质外，光催化剂的表面性质以及对溶液中潜在电子、空穴捕获剂的吸附对于光催化反应的活性也较为重要。

综合考虑光催化水处理所处的多相反应环境，研究人员以有机物为例，将典型的 TiO_2 光催化水处理过程分解为 5 个独立的步骤（图4-4）：

① 溶液中的反应物（物质 A）在液相向催化剂迁移；

② 反应物被吸附至光激发催化剂的表面（此过程中，催化剂光激发过程同步发生）；

③ 催化剂表面所吸附的物质发生光催化反应（由物质 A 转化为物质 B）；

④ 反应所生成的中间产物（物质 B）从催化剂表面脱附；

⑤ 产物（物质 B）从催化剂表面附近迁移至流体溶液中。

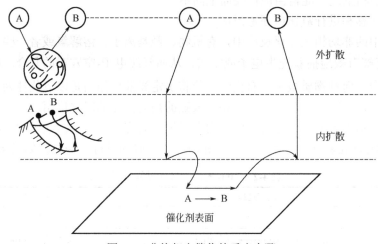

图 4-4　非均相光催化的反应步骤

4.3.3　光催化氧化的反应器

光催化氧化技术的大规模应用需要解决的主要技术问题是与催化剂相应的结构简单、可长期稳定运行的反应器。光催化反应器远比传统的化学反应器复杂。除了考虑质量传递和混合、反应物与催化剂的接触、流动方式、反应动力学、催化剂的安装、温度控制等外，还必须考虑光辐射这一重要因素。催化剂只有吸收适当的光子才能被激活而具有催化活性，为了提供尽可能多的激活光催化剂，光催化反应器必须能提供尽可能大的而且是能被光照射的催化剂比表面积。为了减少反应器的体积，还要求单位体积的反应器提供大的安装催化剂的空间。

最早出现的光催化反应器是为在实验室中进行研究而设计的，其结构简单，操作方便。反应器主体为一敞开的容器，并置于搅拌机上，反应液在荧光或紫外灯的照射下反应，灯与液面的距离可调，现在仍有许多研究者用这种反应器来评价催化剂的活性或进行污染物降解规律的研究。

4.3.3.1　反应器的材料

要保证光催化反应的顺利进行，光催化反应器的材料必须透光性能好，尤其是对催化反应所需波长范围的光。而光催化反应一般是利用 UV，所以反应器要使用对 UV 不吸收或吸收很少的材料。大多情况下人们选用石英玻璃,因为石英玻璃是高纯单组分玻璃,具有优良的机械性能和耐腐蚀性能,而且石英玻璃在紫外到红外整个光谱波段都有优良的透光性能。与普通硅酸盐玻璃相比,石英玻璃对红外和可见光的透过率都是比较高的。而在 UV 光谱区,其光谱透过率比其他玻璃要高得多,最小透过波长可达 160nm。个别光催化反应器也有使用石英以外的其他材料,如含氟聚合物,它对 UV 有很好的稳定性和透过率。

4.3.3.2　反应器的光源系统

反应器光源系统包括光源及其辅助设备,对于采用电光源的反应器来说,消耗电能在经济上是一个负担,此外,由于可被利用的 UV 及近 UV 在反应溶液中衰减非常快,因而必须尽可能地提高光液的直接接触面积,这就使反应器的放大设计变得很困难。目前光催化反应器所使用的光源分为两种:一种是自然光源;另一种是人造光源。

(1) 自然光源　由于目前全球性的能源危机,太阳光催化氧化处理环境污染物日益引起研究人员的重视。国外已有用太阳光催化氧化技术处理含磷农药废水、染料废水和制药废水等难降解有机废水的现场试验报告,但仍停留在实验室阶段。虽然太阳光作为光源具有很多优点,但由于大气层对短波长 UV 的吸收,尤其是臭氧层对短波长 UV 的吸收,使太阳辐射到地球表面的 UV 只有波长大于 300nm 的。太阳光谱中 300～400nm 的 UV 占太阳全部能量的 4%左右,且随纬度、季节、时间、大气层和臭氧层的厚度不同而有所改变。而现在被广泛研究的锐钛矿型 TiO_2 催化剂在 pH 值为 1 时的带隙能为 3.2eV,光催化氧化所需的入射光的最大波长为 387nm,在很大程度上限制了太阳光催化氧化水处理技术的应用。同时,在太阳光降解污染物的过程中受天气和太阳光强度的影响较大,处理装置占地面积大,这些都是光催化氧化水处理技术实用化过程中所面临的问题。

(2) 人造光源

① 传统的人造光源　汞灯是光催化氧化水处理技术中应用最多的人造光源。汞灯辐射的光谱波长随汞灯的类型变化,它们所发射的光子波长在 185～750nm。汞灯的发光原理是在含有汞蒸气的惰性气体(He、Ne、Ar 等)中,少量电子被加速后,使惰性气体分子电离,电离生成的电子与离子复合,惰性气体原子被激发并把激发态能量传递给汞原子,生成激发态的汞原子回到基态,发射出光子。根据汞蒸气压强的差别以及引起谱线压力加宽和多普勒加宽情况的不同,汞灯可分为低压汞灯、中压汞灯和高压汞灯三种类型。由于低压汞灯的辐射强度很低,光源的体积有限,在光化学应用中受到一定的限制。而中、高压汞灯具有发射光谱覆盖波长范围大、UV 辐射强度高、容量大的优点,国内外有关利用中、高压汞灯光催化氧化有机污染物的报道很多。

另一种常用的传统人造光源是高压氙灯。高压氙灯是以石英为外壳、用钍钨(或钡钨)作电极、利用高压氙气在真空放电而发光的电光源,由于它的发射光谱比较稳定,在光化学适用的波长范围内有较强的辐射,因此它也被经常用在光催化氧化水处理技术的研究中。

② 新型的人造光源　由于传统光源具有结构简单、发射光谱辐射范围广的优点,使其在光催化氧化机理的研究方面有广泛的应用。但由于传统的光催化氧化应用研究的光源都是有电极的,导致了寿命短、耗电量大、外加电路复杂、为保持温度恒定需要冷却介质、电极材料和发光物质选择范围小、不能直接放入水中使用等一系列问题,直接影响了光催化氧化污染物的处理效果,导致实际应用过程中的投资成本和运行成本过高,阻碍了光催化氧化水处理技术的工业化应用。基于此,人们开发了各种新型的人造光源,如真空紫外灯(VUV)、

微波无极紫外灯等。

现阶段研究过程中使用的 VUV 大多是直流辉光放电灯，由玻璃外壳、金属电极、真空紫外透明的晶体窗口组成，内部充以适当的惰性工作气体（He、Ar、Kr、Xe 等）。当光源工作时，两个金属电极产生高压直流放电，原子被激发到高的电子能级，这些激发态原子与惰性气体分子碰撞，使惰性气体分子处于激发态，当其返回原来的状态或较低的能态时，就以辐射的方式发出真空 UV。由于高压放电过程中，激发态原子与基态原子或分子碰撞产生的产物处于准分子状态，因此，这种类型的 VUV 又被称作准分子灯。与传统的人造光源相比，VUV 灯具有单一辐射且无自吸收、可设计成任意形状、发射光波长较短、能量更高的优点。如 172nm 的氙准分子灯，光子能量为 7.2eV，无须另外投加催化剂和氧化剂就可直接进行废水处理，有机污染物可直接吸收 VUV 辐射而被分解，或者由水或氧气吸收 VUV 辐射后生成的活性自由基与有机污染物作用引发化学反应。用 VUV 光源光催化氧化有机污染物的研究日益引起国内外研究人员的重视。VUV 的光催化氧化研究目前仍停留在实验室阶段。为了避免金属电极遭受离子轰击，引起阴极溅射沉积在晶体窗口表面，减少窗口透明度，从而降低使用寿命，VUV 灯的放电结构制作得很复杂，气体放电限定于放电管中心的毛细管中。毛细管内是密度很高的离子流，但在电极表面上的离子密度较低，这样设计的 VUV 光源实际上是一种"点光源"，降低了光源的工作效率。如果灯管内存在少量的杂质气体，也会产生不必要的光谱，降低光源在真空紫外谱区的输出，所以 VUV 光源对灯内工作气体的纯度有较苛刻的要求。另外，由于 VUV 光源辐射的光子能量很高，这就要求窗口材料不能吸收短波长的真空 UV，传统的窗口材料石英已经不能满足实际应用的要求。现阶段使用较多的 VUV 光源的窗口材料有 MgF_2、CdF_2 等，这些窗口材料的机械强度差、易潮解、造价比较昂贵，影响了 VUV 灯在光催化氧化水处理技术中的应用。

微波无极紫外灯是新一代的气体放电光源，它在发光机理上完全突破了传统光源的实际概念，由微波发生器、石英灯管和透明石英窗口组成。它的发光过程可以简单分为四个阶段：第一阶段，微波发生器将它产生的频率为 2450MHz 的电磁波耦合到石英灯管中；第二阶段，灯管内的惰性气体原子（如 Ar）被激发；第三阶段，处于激发态的惰性气体原子与汞原子相碰撞，能量发生转移，汞原子从基态跃迁到激发态；第四阶段，处于激发态的汞原子并不稳定，返回到基态的同时产生光辐射。由于这类光源没有电极，不会由于电极氧化、损耗和密封问题而产生光源外壁发黑的现象，且很少受工作电压、工作频率、工作电流类型的限制，在光效、光色、寿命、形状、填充材料等诸多方面都有很大改善，同时无极光源还具有形状易变、启动快、发光稳定、可直接放入水中使用的优点，日益受到人们的重视。微波无极紫外灯应用于光催化氧化研究领域的时间较短，目前仍处于实验室研究阶段，在实际应用方面尚有许多问题需要解决。许多研究人员将家用微波炉改装成稳定的微波发生器进行降解机理方面的研究，但研究过程中使用的许多极性溶剂对微波都有强烈的吸收，使微波发生器产生的微波不能完全用于激发无极紫外灯管发光，能量利用率不高，而且这种装置很难按比例放大达到实际应用的要求。由于微波是一种高频电磁波，少量的泄漏也会对工作人员的身体造成伤害，因此，在实际应用中必须把石英灯管放入密闭的金属或金属网做成的容器中，对反应装置的密封性有很高的要求。

综上所述，光源作为光催化反应器的重要组成部分，它的结构、发光方式、光源寿命与光催化氧化的效率密切相关。新型高效光源系统的研究是光催化氧化水处理技术工业化应用过程中需要解决的重点问题之一，已日益引起人们的重视，有关这方面的报道也逐渐增加。但总体来说，光源系统的研究还比较少，目前基本局限于实验室研究。要达到技术和经济上的最优化，就需要建立描述光源辐射能分布和溶液体系吸收能量的数学模型，由于目前的实验研究均比理论分析落后，因而通过实验对这些模型进行验证和考察是非常困难的，这就迫切需要对光源进行更深入和系统的实验研究，以促进光催化氧化水处理技术的工业化应用。

4.3.3.3　光催化反应器的类型及结构

目前应用较多的光催化反应器为圆柱体，光源置于容器中心或外围垂直照射，利用太阳光做光源的反应器可以设计成平板型，并可设反射面以提高光能的利用率。由于光催化反应本身所具有的特点，反应器的光照面积与溶液体积的比率（A/V）是影响处理效果的重要参数。实验表明：A/V 越大，反应速率越快。但 A/V 增大一般意味着占地面积的增加，因而在实际应用中很难仅仅通过提高 A/V 来实现处理要求。而且，大多数反应器都不能按比例放大到工业化的处理规模，这对于光催化反应器的实用化是很大的障碍。有些反应器即使能够放大，也存在着反应速率慢、运转费用高、操作复杂等缺点。

对光催化反应器尚无明确分类，按光源的照射方式不同，光反应器也可以分为聚光式和非聚光两类。聚光式反应器是将光源置于反应室中央，反应器为环状，这种光催化反应器多以人工光源为主，光效率也高，但照射面不可能很大，反应器规模相应也不能很大。非聚光式反应器的光源可以是人工的也可以是天然的日光，光源以垂直反应面照射为主。从能源利用角度考虑，非聚光式反应器可以直接利用太阳能为光源，有利于降低处理成本，但由于太阳光中的 UV 只占总光源的 4% 左右，反应效率不高。

按照光催化剂的存在形式，可将反应器分为悬浆体系和负载型体系两大类。悬浆体系采用纳米催化剂粉体，反应不但需要大量的催化剂来支持连续的运转，而且存在反应后催化剂的回收问题，须经一系列方法将其分离，运行成本大。因此，将催化剂粉末颗粒固定在载体上是必要的。负载型光催化反应器是将载体型催化剂置于反应器中，形成负载型反应体系，负载型反应体系不存在后处理问题，可以连续化处理。但也产生了一些问题，这就是催化剂单位体积的表面积比较低，从而阻碍了质量传递的进行，而且一般载体的透光性不够理想，载体深层的催化剂由于缺乏光照发挥不出应有的作用。此外，催化剂易于钝化以及由于反应介质对光的吸收和散射导致光能量的不足也是需要考虑的问题。

负载型光催化反应器按其床层状态，又可分为固定床和流化床两种。前者为具有较大连续表面积的载体，将催化剂负载其上，流动相流过表面发生反应。后者多适合于颗粒状载体，负载后能随流动相发生翻滚、迁移等，由于载体颗粒较纳米粒子大得多，易与反应物分离，可用滤片将其封存于光催化反应器中而实现连续化处理。

（1）固定床光催化反应器　固定床光催化反应器是目前研究较多的负载型光催化反应器，主要有平板式、浅池式、管式、环式和光学纤维束式等几种。

① 平板式　平板式光催化反应器的照射光来自电光源或太阳光，反应器为板式结构。图4-5（a）是 Wyness 等开发的一种以太阳光为光源的非聚集式平板式光催化反应系统。该系统中的反应器由一个矩形的支撑平板和循环装置构成。喷雾栏位于反应器平板的近上方，由均匀分布的孔组成，其作用是均衡地分配溶液［图 4-5（b）］。进口、出口和平板处溶液的温度由 T 形热电偶记录。催化剂可以固定在分子筛上，也可以以浆状悬浮在溶液中。

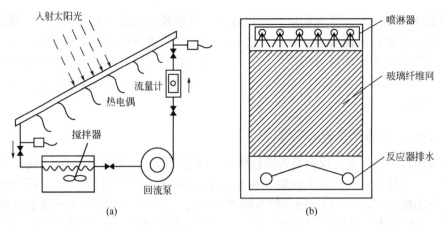

图4-5 Wyness等开发的平板式光催化反应系统及反应器示意图

平板式光催化反应器具有较高的太阳光利用率，结构简单，不需要太阳光跟踪系统，适合不同的气候条件，对材质无特殊要求，易于放大或工业推广，具有良好的应用前景，但其水力负荷较低，很难应用于大流量污水的处理。

② 浅池式 浅池式光催化反应器分为室内和室外两种。室内反应器是在容器底部铺一层负载型催化剂或将催化剂负载于容器底部形成一层催化剂膜。待处理溶液从催化剂上循环流过，在光源的照射下发生反应。这种室内的反应器一般体积较小，仅作为实验室研究。

典型的室外浅池式光催化反应器是由 Wyness 等研制开发的，其规模要比室内反应器大得多。该反应器由一系列高度不同的浅池组成（图4-6），以太阳光作为光源，负载了 TiO_2 的玻璃纤维网刚好浸没在水面下。与平板式反应器相比，浅池式光催化反应器的水力负荷要大得多，因而更有可能应用于工业污水的处理。但由于光的透射能力有限，反应溶液的深度不能太大。因此，要想提高反应器的处理能力，必须扩大光照面积，这就导致反应器占地面积过大。

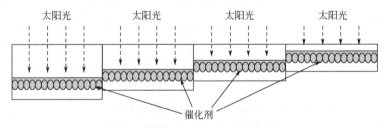

图4-6 浅池式光催化反应器示意图

③ 管式 管式光催化反应器是应用最多的一种反应器，其反应都是在透光性能较好的玻璃管或塑料管中进行。管式光催化反应器有直管型和弯管型。图4-7 是螺旋管型光催化反应工艺流程，其反应器是一种典型的弯管型非聚光式反应器。该反应器在螺旋形玻璃管的内表面负载上光催化剂，螺旋形玻璃管中心轴上安置一个光源，待处理的溶液在管中流动，蠕动泵作动力源，外围辅以溶解氧、pH 值等自动控制装置。

管式光催化反应器在 20 世纪 90 年代初开始用于实际污水处理，美国桑迪亚和劳伦斯利弗莫尔国家实验室已分别在新墨西哥州和加利福尼亚州建立了抛物槽反应器的示范工程，同一时期欧盟资助的一些研究团体在西班牙的阿尔梅里亚也建立了抛物槽反应器并进行了相关

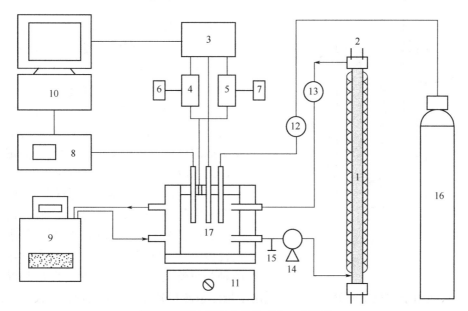

图 4-7　螺旋管型光催化反应工艺流程

1—螺旋反应器；2—灯源；3—控制器；4—输酸蠕动泵；5—输碱蠕动泵；6—酸液；7—碱液；
8—溶解氧监测设备；9—水浴；10—计算机；11—磁力搅拌器；12—气体流量计；
13—液体流量计；14—蠕动泵；15—取样口；16—气源；17—贮气罐

的研究。图 4-8 为法国人 Herrmann 等设计的一种称为复合抛物线收集器（CPCs）的光催化反应装置，该反应器是一种典型的管式反应器。CPCs 反应器由多个平行的 CPC 反射体组成。管式接收器是用含氟聚合物制成的，它不吸收 UV，在每根管下方放置抛物形反光板，以抛光铝作为反射材料。铝抛物面和管式接收器连接在一起，装在倾斜角为 37°的固定板面上，并配有循环、混合、搅拌和曝气装置。在实验过程中，CPCs 对光有更好的吸收效率，能同时吸收直射、反射和散射的太阳光。

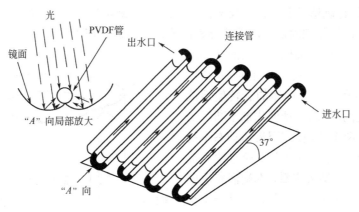

图 4-8　CPCs 反应器示意图

④ 环式　环式光化学反应器（或圆筒式反应器）目前应用得也较为广泛，其主体是由一个或多个同轴圆柱体容器组成，电光源大多置于圆柱体容器的中心位置，催化剂以悬浮态或固定态存在。这种反应器主要用于室内进行的多相光催化氧化研究。Sabate 等设计的环式光

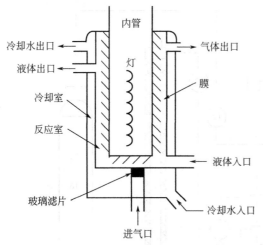

图 4-9　环式光化学膜反应器示意图

化学膜反应器如图 4-9 所示。该反应器为三层环形套筒，内腔中心放置光源，中腔是反应室，中腔内壁上负载催化剂膜，外腔为冷却室，防止光源释放的能量使反应液温度过高。

我国南京胥江机电厂研制了两种光催化反应器，并已经在市场上出售。一种是与上述反应器类似的环式搅拌式反应器，反应器固定在支架上，配以冷阱、控温、磁力搅拌装置和通气管；另一种是旋转式反应器，光源置于环形冷阱内，光源和冷阱置于圆形转盘的中心，作为反应容器的石英试管置于可调高度的转盘上，转盘上可以放置多个石英试管同时进行反应（图 4-10）。这两种装置都实现了自动控制，但是装置容量较小，现在只能用于实验室研究，而且只适用于悬浮态液相光催化反应的研究，没有广泛的应用前景。

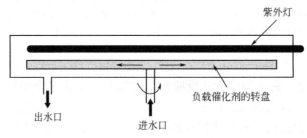

图 4-10　旋转式光催化反应器

一些研究者认为，通过可控的周期性照射可以提高光催化反应的光效率。基于这一思想，Sczechowski 等设计制造了泰勒涡旋反应器，其结构如图 4-11 所示。该反应器由内外两个同轴的圆柱体构成，催化剂固定在内筒的外表面或以悬浮态存在于溶液中，荧光灯置于小圆柱体内作为光源，反应在两圆柱体之间的环形圆筒内进行，使用时外筒不动，内筒旋转。该反应器的最大特色在于小圆柱体的旋转使溶液内形成了泰勒旋涡，从而带动催化剂不断经历光反应和暗反应两个阶段，利用流体动态不稳定性和圆柱间环形尺寸的离心不稳定性来提高反应效率。从实验结果来看，泰勒涡旋反应器的应用前景是诱人的，但目前它只是一个小的模型，其复杂的运行机理使得它的放大设计还存在很多困难，需要进一步研究。

⑤ 光学纤维束式　这是一种专门为光催化反应而设计的反应器，可以看作是固定床光催化反应器的进一步改进。这类反应器应用光

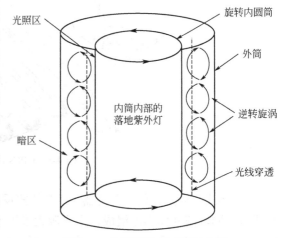

图 4-11　泰勒涡旋反应器示意图

导纤维作为向固相催化剂传递光能的媒介，催化剂通过适当的方法负载在光导纤维外层，光从光纤一端导入，在光纤内发生折射从而照射光催化剂使其激活。光学纤维束反应器是 Peill 等研制开发的，其结构如图 4-12 所示。

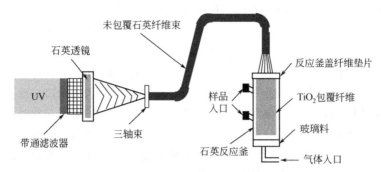

图 4-12 光学纤维束光催化反应器示意图

该反应器由氙灯、过滤器、聚焦透镜和圆柱体的玻璃反应容器组成。在反应容器内有 1.2m 长的光学纤维束，包含 72 根直径为 1mm 的石英光学纤维，每根光学纤维表面都负载了一层 TiO_2 膜，反应在膜-水界面上进行。从其结构可以看出，这种反应器的光、水和催化剂三相接触面积很大，因而反应效率很高，这在实验中也得到了证实。此外，根据实际需要，可以通过增加光学纤维的数量来进一步提高反应器的三相接触面积，避免了其他反应器存在的占地面积大和有效反应体积小的缺点。目前，这种反应器还很不完善，由于光导纤维过细，涂膜和反应器制作过程操作不便，易发生断裂且不易做得过长，制作成本也较高，因此不易制作成大规模的反应器，导致在实际应用上存在困难。

为了克服光纤维束反应器不易加工的不足，研究者采用石英管纤维代替纤维束，它们的光传导与反应的原理相同，其结构如图 4-13 所示。反应液在石英管外流动，光波在管内传播，传播的同时部分光波被涂在管外的催化剂吸收而将其激活，激活的催化剂与管外的反应液接触而将其降解。此反应器除具有光导纤维反应器的一切优点外，还易于加工。缺点是由于光传导的困难和光衰弱，可能存在石英管末端无光照的现象，因此石英管不宜过长，光源功率过低，催化性能会受到影响。对此，可适当提高光源功率，或研制一种可以插入石英管内的 UV 光源，这既可提高光源利用率，又可制成适合工业应用的大规模反应器。

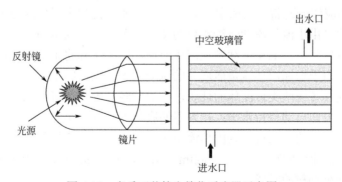

图 4-13 多重石英管光催化反应器示意图

（2）流化床光催化反应器 提高负载型光催化反应器催化效率的关键是要有尽可能大的催化剂比表面积与充分的光照。固定床反应器虽然使催化剂固定化而易于操作，但固定床催化剂往往只是一层膜，催化剂的用量不可能很大，待处理的废水难以与催化剂充分接触，存在着漫长的传质过程，因此大规模工业化应用有一定的困难。流化床反应器很好地解决了催化剂与反应液的接触问题。流化床层载体处于不断流动、迁移、翻滚状态，反应液在载体颗粒之间流动，充分利用了催化剂的表面，使催化剂有效比表面积大大提高。同时，与悬浆式反应器相比，载体颗粒较纳米催化剂粉体大得多，易于沉淀分离。由于流化床光反应器很适合于工业规模放大，所以作为一种新的光催化反应器发展方向，越来越多地受到人们的重视。

① 流化床反应器基本原理　固体粒子流态化现象是一种由于流体向上流过固体颗粒堆积的床层使得固体颗粒具有一般流体性质的现象。设想在一个上边敞口、底部是一块带有许多微细小孔的多孔板的容器中放入一些固体颗粒，形成一个颗粒床层，此时固体颗粒的全部质量由容器底部的多孔板来支持。如果从底部多孔板的微孔中向容器内通入少量的流体，该流体就会经过床层中颗粒之间的孔隙向上流过固体床层。当流体的流量很小时，固体颗粒不因流体的经过而移动，这种状态被称为固定床。

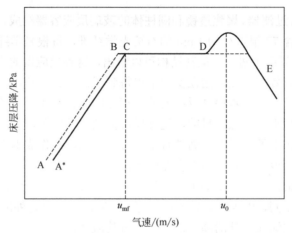

图 4-14　颗粒床层的压降与气速的关系

A、B、C、D、E、A^*—流化床中不同流化阶段；u_{mf}—临界流化速度；u_0—表观流化速度

在固定床的操作范围内，由于颗粒之间没有相对的运动，床层中流体所占的体积分率亦即床层孔隙率是不变的。但随着流体流速的增加，流体通过固定床层的阻力将不断增加（图4-14）。继续增加流体流速将导致床层压降的不断增加，直到床层压降等于单位床层截面积上的颗粒重量。此时由于流体流动带给颗粒的曳力平衡了颗粒的重力，导致颗粒被悬浮，此时颗粒开始进入流化状态，如果继续增加流体流速，床层压降将不再变化，但颗粒间的距离会逐渐增加以减小由于增加流体流量而增大的流动阻力。颗粒间距离的增加使得颗粒可以相对运动，并使床层具备一些类似流体的性质，比如较轻的大物体可以悬浮在床层表面；将容器倾斜以后，床层表面自动保持水平；在容器的底部侧面开一小孔，颗粒将自动流出等。这种使固体具备流体性质的现象被称为固体流态化，相应的颗粒床层称为流化床。

一般而言，适合流化的颗粒尺寸在 30μm～3mm，大至 6mm 左右的颗粒仍可流化，特别是其中混杂有一些小颗粒的时候。

如前所述，流态化现象是一种由于流体向上流过堆积在容器中的固体颗粒层而使得固体具有一般流体性质的现象。因此，容器、固体颗粒层及向上流动的流体是产生流态化现象的三个基本要素。

② 液（气）固相流化床光催化反应器　用于光催化氧化反应的液固相流化床反应器与典型流化床反应器的主要差别在于必须有一个光辐射装置，该装置通常被安装在圆筒式反应器的中心。Haarstrick 等用如图 4-15 所示的流化床光催化反应器做了废水中有机物降解实验。该装置将一个 400W 中压汞灯置于圆筒式光催化反应器中心，中间夹一个 10mm 厚的冷却水层，外层为流化床层，内装石英砂负载 TiO_2 催化剂。反应器总受光面积为 $0.04m^2$。墙体外面包以铝箔，以蠕动泵作为循环流动的动力。反应器外围辅以温度、pH 值、溶解氧调节装置。

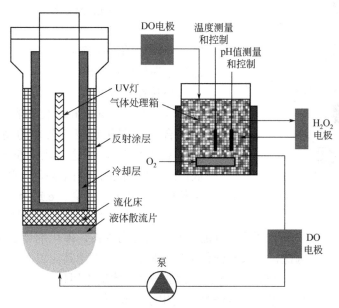

图 4-15　液固相流化床光催化反应器示意图

反应过程可为批处理或连续处理型。反应液从容器底部进入，经液体散流片实现均匀流动，负载型催化剂在液体的冲击下流化，流动过程中，在光照的条件下反应液得到降解。反应器外的气体处理箱给溶液充氧，并配有温度和 pH 值控制装置，使反应液获得一个合适的溶解氧浓度。这种反应器的结构符合高比表面积与体积比率的需要，更好地利用了光能，使反应液转化条件得到改善，而且可能通过改变它的规模来控制和改善光的渗透率。

对于气固相流化床反应器的研究不多。气固相反应中，光催化氧化速率与水蒸气含量有很大关系。所以，气固相流化床反应器设计中，要充分考虑气体的湿度问题。目前利用光催化气化法处理气体的报道还不多，气体流动性强，密度小，其物理、化学性质与液体完全不同，因此在反应器制造上也有所不同。气固相流化床利用气体的流动性作为动力，因此是比较理想的处理气体的光催化反应器形式。

③ 三相流化床光催化反应器　同时含有气、液两相流体的流化床称为三相流化床，在三相流化床中，气体并不进入密相，而总是以气泡的形式通过床层；一部分液体进入密相以保持颗粒流化，另一部分液体则以气泡尾涡的形式通过床层。

无论是液固相还是气固相流化床反应器，都只涉及两相传质过程。对于液固相反应来说，载体的充分流化是一个需要解决的问题，引入空气为反应提供足够的氧也是光催化反应所必须解决的问题。而由于反应液在反应器中需要适当的水力停留时间，因而液相流速不可能太快。这样便不可避免地需要气流的引入，气、液、固三相流化床反应器很好地解决了载体的

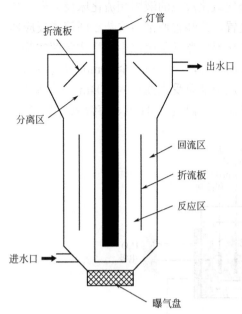

图 4-16 三相流化床光催化反应器示意图

流化问题。

三相流化床光催化反应装置如图 4-16 所示。反应器主体为双层套管，内管为石英管，内置紫外灯，外层为有机玻璃管。反应液从容器底部进入，在内外套管间流动。气体也从底部进入，通过一个布气板使气体以微气泡形式进入反应器。负载型催化剂在气泡的带动下充分流化，气、固、液三相充分接触，气泡带入足够的溶解氧，使反应进行充分、彻底。降解后的反应液从上方流出，一部分回流，一部分作为处理水排出。

与传统的光催化反应器相比。三相流化床反应器有以下优点：a.固相催化剂容易分离；b.它的结构适合于光催化反应所要求的高比表面积与体积的比率（A/V），而这一比率在固定床反应器中较低；c.紫外光能的利用率高，有效光照面积大；d.转化条件易于控制和改善；e.适合于工业规模化应用。

三相流化床的不利之处主要在于催化剂的磨损与消耗，由于负载型催化剂长期承受气流与水流的强力冲击，催化剂势必要造成一定的磨损而使光降解能力降低。因此，在选择催化剂载体时，除了考虑其比表面积及耐腐蚀性等因素外，还要考虑其机械强度，只有耐冲击负荷大的载体，才适于用作三相流化床的催化剂载体。

有人对三相流化床反应器进一步研究后提出了三相循环流化床反应器。三相循环床流态化操作区域位于膨胀床和输送床之间，可看作是气液鼓泡流和液体输送的结合，其特征与两相循环床相似，即大量的固体被带出床层顶部，并在底部有足够的固体颗粒进料来补充以维持稳定的操作。三相循环床的出现为三相床在生物化工领域的应用开辟了一个崭新的领域。三相循环床具有传质能力强，相含率和固体颗粒循环量可分别控制等优点。另外，床内较大的剪应力有助于一些生物过程中的生物膜更新。不过，到目前为止，三相循环流态化领域的研究结果仍极为匮乏。

图 4-17 为典型三相循环床的装置图。三相循环流化床的底部由气体分布器和液体分布器组成。液体分布器分为两部分：管状主水流分布器和多孔辅助水流分布器。气、液、固三相混合物并流向上流动。在给定气速下，液体速度超过一定值时，颗粒被夹带到流化床顶部的分布器。在此，气体自动溢出，液固混合物经分离器分离后，液体流回到贮水槽，固体颗粒进入颗粒贮料罐。

光催化反应器的研究与设计是光催化氧化技术实现工业化应用中需要解决的焦点问题之一，已日益引起人们的重视，有关报道也逐渐增加，但总体来说，光催化反应器的研究目前还基本局限于实验室研究，只有少数研究进入

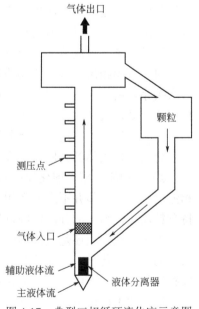

图 4-17 典型三相循环流化床示意图

中试阶段。从本质上说，反应器的设计就是要使光催化反应的光、固、液（气）三相的配比达到最优化，这不仅是指技术上的最优化，同时包括经济上的最优化，也就是说要达到最佳的技术经济比，使之技术上可行、经济上便宜，这对于包括我国在内的广大发展中国家是很有实际意义的。要达到这个目的，首先就需要大量的描述反应行为的动力学数据和反应器模型。从理论角度来看，建立和求解光催化反应器行为的方程是十分困难的，而由于目前的试验研究均落后于理论分析，因而从试验上对这些模型进行验证和考察也是十分困难的，这就阻碍了光催化反应器的研究进展。因此，目前迫切要对光催化反应器进行更深入系统的试验研究，以促进光催化反应器的模拟和设计方法的建立和完善。可以预见，随着各种技术水平的不断提高和研究的不断深入，光催化反应器的研制一定能够从实验室走向应用化，其工业规模化应用必定有着广泛的前景。

4.3.4 光催化剂

4.3.4.1 光催化剂的类型

目前研究中采用的光催化剂种类繁多，主要概括为以下几种。

（1）单一半导体光催化剂　常见的单一化合物光催化剂为金属氧化物或硫化物半导体材料。如 TiO_2、WO_3、ZnO、CdS 等，它们具有较高的禁带宽度，能使化学反应在较大的范围内进行。用于有机物降解的良好半导体光催化剂的关键是 $H_2O/\cdot OH$ 还原电位小于金属材料的禁带宽度，且能在相当一段时间内保持稳定。在上述单一化合物半导体材料中，金属硫化物和氧化铁的多晶型物易光腐蚀而影响了其活性和寿命，因而不是最佳的光催化材料。而 ZnO 性质不稳定，部分溶解后生成的 $Zn(OH)_2$ 覆盖在 ZnO 颗粒表面使催化剂部分失活。相对而言，TiO_2 因其化学性质稳定、抗光腐蚀能力强、难溶、无毒、成本低，是研究中使用最广泛的光催化材料，它能很好地利用可见光中的 390nm 以下的 UV，而不必使用昂贵和有害的人造光源（如高压汞灯等）所发出的短波长 UV。因此，TiO_2 已成为最具有开发前途的绿色环保型催化剂。不过它也有不完美之处，TiO_2 的禁带宽度为 3.2eV，其对应的吸收波长为 387.5nm，光吸收仅局限于 UV 区。而这部分光尚达不到照射到地面太阳光谱的 5%，且 TiO_2 量子效率最多不高于 28%，因此太阳能的利用效率仅在 1% 左右，大大限制了其对太阳能的利用。

（2）过渡金属或稀有金属离子掺杂　在半导体中掺杂不同价态的过渡金属或稀有金属离子，不仅可以加强半导体的光催化作用，还可以使半导体的吸收波长范围扩展至可见光区域。从化学观点看，金属离子的掺杂可能在半导体晶格中引入了缺陷位置或改变了其结晶度，成为电子或空穴的陷阱而延长寿命。

从前人研究的成果来看，对于过渡金属或稀有金属离子的掺杂，其浓度对光催化性能的提高有着重要的影响。当掺杂量较少时，增加杂质离子的浓度，载流子的捕获位会随之增多，使得载流子寿命延长，为电荷传递创造了条件，因而活性提高。当掺杂超过一定浓度后，掺杂离子反而成为电子和空穴的复合中心，不利于载流子向界面传递。并且过多的掺入量会使催化剂表面的空间电荷层厚度增加，从而影响催化剂吸收入射光量子，不利于光催化性能的提高。因此，对于过渡金属离子的掺杂一般存在一个最佳量。

（3）贵金属沉积　贵金属修饰是将贵金属沉积于半导体表面，当金属与半导体接触后，费米能级的持平使电子从半导体向金属流动，从而通过改变体系电子分布来实现电子与空穴的分离。贵金属修饰一般都表现出对光催化活性的一定提高。在目前的研究中 Pt、Pd、Ag、Au、

Ru 等是较常见的贵金属，其中 Pt 最为常用，这些金属的添加普遍提高了 TiO_2 的光催化活性。

（4）复合半导体光催化剂　提高光催化剂活性的关键是如何减少光生电子与空穴的重新结合概率。而二元或者多元半导体复合可以达到此目的。当两种或两种以上的半导体材料复合时，催化活性可能会显著改观。复合半导体对于载流子的分离作用不同于单一半导体材料，由于具有两种不同能级的导带和价带，复合半导体光照激发后电子和空穴将分别被迁移至复合材料最近能级的导带和价带上，从而实现了载流子的有效分离。目前报道的二元复合光催化剂有 SnO_2/TiO_2、WO_3/TiO_2、MoO_3/TiO_2、SiO_2/TiO_2、CdS/TiO_2、SnO_2/ZnO、V_2O_5/Al_2O_3 等体系。复合的半导体的能带结构必须与其相匹配，这样才能通过复合来提高其光电转换效率。例如，两种半导体材料 SnO_2 与 TiO_2，它们的禁带宽度 E_g 分别为 315eV 和 312eV，在 pH 值为 7 时，SnO_2 的导带比 TiO_2 导带低，故前者能聚集光生电子并充当电子转移中心，而空穴的运动方向与电子的运动方向相反，空穴聚集在 TiO_2 的价带，即光激发 TiO_2 产生的电子从其较高的导带迁移至 SnO_2 较低的导带，而空穴则从 SnO_2 的价带迁移至 TiO_2 的价带，从而实现了电子与空穴的良好分离，有利于提高反应速率。

（5）负载型光催化剂　虽然纳米光催化剂有着较高的光催化活性，但是纳米粉体在实际应用时，对固液过程存在易团聚和反应后难回收的问题。对气固过程，则存在易堵塞、传质阻力高的弊病。因此，催化剂的固化对光催化技术的实用化非常重要。合适的固化载体材料可以增加反应的有效比表面积，提供适合的孔结构，提高催化剂的机械强度、热稳定性和抗毒性能，并降低催化剂的生产成本。目前，国内外常用的光催化剂固化载体主要有吸附剂类、玻璃类、陶瓷类和金属类等。

①　吸附剂类　吸附剂类载体多为多孔性材料，其比表面积较大，具有较好的吸附性。目前已被用作 TiO_2 载体的有活性炭、硅胶、沸石和黏土等。吸附剂类载体可将有机物吸附到催化剂粒子周围，增大局部浓度以及避免中间产物挥发或游离，从而加快反应速率，并实现吸附型载体的吸附活性的再生。

②　玻璃类　由于玻璃廉价易得，对光具有良好的透过性，而且便于设计成各种形状，故很多研究都选用其作为载体。玻璃类载体有玻璃片、玻璃纤维网或布、空心玻璃微球、玻璃螺旋管、玻璃筒等。

③　陶瓷类　陶瓷类是一种多孔性物质，对超细颗粒的催化剂具有良好的附着性，耐酸碱性和耐高温性较好，故也常被选作载体。陶瓷类载体有 Al_2O_3 陶瓷片、硅铝陶瓷空心微球、蜂窝状陶瓷柱、陶瓷纸等。

④　金属类　金属由于价格昂贵，负载困难而使用较少。目前使用的金属载体主要有不锈钢、泡沫镍、钛片等。

⑤　其他类型　用于光催化剂的载体还有高分子聚合物、阳离子交换剂类、柔性网状材料、纸、石英砂等。

综上所述，寻求既能实现催化剂固载化，又能保持原来光催化活性的载体是负载型光催化剂开发的基础。经过近几十年的努力，尽管人们在开发负载型光催化剂方面取得了显著进展，负载型光催化剂在有机废水处理中也显示出良好的应用前景，但它仍存在某些不足与缺点，如催化剂固定存在牢固性不够，量子产率较低，光催化效率不十分理想等。因此，在今后负载型光催化剂的研究中，一方面应该选择、开发合适的载体和固定方法，提高负载型光催化剂的重复使用性；另一方面要探寻负载型光催化剂的改性方法，以提高量子产率和太阳能利用率，降低废水处理成本。

4.3.4.2　负载型光催化剂的制备

不同方法制备的负载型光催化剂活性差异很大，目前主要有液相法、气相法以及其他方法。

（1）液相法　液相法是实验研究中最常用的负载型光催化剂的制备方法，主要包括以下几种。

① 溶胶-凝胶法　溶胶-凝胶法是湿化学反应方法之一，起始原料（称为前驱物）为无机盐或金属醇盐，其主要反应步骤是前驱物溶于溶剂（水或有机溶剂）中形成均匀的溶液，溶质与溶剂产生水解或醇解反应聚集成 1nm 左右的粒子并组成溶胶，而后用浸渍法、转盘法或涂覆法在载体表面成膜，最后进行干燥焙烧。该方法工艺过程较为简单，制备出的催化剂纯度较高，且在载体上分布均匀，附着性较好，能从分子水平设计和控制成膜厚度，催化剂晶型也容易控制，所以是负载型催化剂制备中一种较好的方法，但所用的金属盐价格相对较高，后处理过程比较复杂，首先得到的是无定形的催化剂，需要经过煅烧、退火才能得到晶态催化剂薄膜，而在煅烧、退火过程中，颗粒又会团聚、长大，给成膜带来困难。

② 浸渍法　浸渍法是将光催化剂置于水或醇中，超声波分散使其形成均匀悬浮液，再将基材浸入悬浮液中充分吸附、过滤、烘干，得到负载型催化剂。该法操作简单、负载效率高，可用于工业化大规模生产，但存在牢固性较差、分布不均匀、透光性差等问题。

③ 液相沉积法　液相沉积法是近年来在湿化学中发展起来的一种方法，该方法常以无机金属酸盐为原料，加入能使反应向生成催化剂方向移动的物质，将预先处理好的基片浸入溶液中，反应物在基片上发生配位体交换平衡反应，生成的催化剂沉积在基片上。该方法的特点是在室温下不需要特殊的设备就可将催化剂沉积在比表面积较大、形状各异的载体上，膜厚和催化剂晶相可控，但不易得到纯的催化剂膜。

（2）气相法　气相法在工业应用中较为常见，主要有以下几种方法。

① 溅射法　利用直流或高频电场使惰性气体发生电离，产生辉光放电等离子体，电离产生的正离子高速轰击靶材，使靶材的原子或分子溅射出来，然后沉积到基片上形成薄膜。按入射离子的来源不同，可分为直流溅射、射频溅射和离子溅射。溅射法是一种可以做到大面积均匀沉积高质量催化剂薄膜的方法，也是一种容易推广和实现工业化的方法，但是生长速率慢，且成本高。

② 化学气相沉积法　化学气相沉积法是利用挥发性的金属化合物蒸气，在一定的加热条件下，通过化学反应生成所需要的化合物催化剂，经快速冷凝，获得超细催化剂粉末，然后负载在载体上，形成负载型光催化剂。根据反应性质和加热方式的不同，可以分为等离子化学气相沉积法、有机金属化学气相沉积法等。

（3）其他方法　黏结剂法和激光辅助分子束沉积法也被用于负载型光催化剂的制备。

① 黏结剂法　黏结剂法就是将已制备好的催化剂粉末用粘结剂（如环氧树脂）加载在各种载体上。该法适用于多种其他方法不能使用的载体，如不能高温煅烧的载体。该法简单易行，但因黏结剂多为有机物，在光催化过程中能被降解，长时间使用会出现催化剂脱落现象，且在实际使用过程中催化性能有所降低。

② 激光辅助分子束沉积法　激光辅助分子束沉积法是以激光烧灼高纯度的金属棒产生等离子体流，与超声分子束反应，利用气体脉冲精确控制反应物及其迁移，使其沉积在基片上。用激光辅助分子束沉积技术可制备出平滑均匀、具有一定厚度的催化剂无机膜，并且嵌入其中的有机物质不发生热分解。但是这种方法对装置的要求比较高，不利于大面积制膜。

除以上所述方法外，还有阴极真空喷镀法、喷雾高温分解沉积法、真空电弧沉积法等其他负载型光催化剂制备方法，在此不再赘述。

4.3.4.3　光催化剂的分析

光催化剂的成分、微观结构、显微形貌及其基本的物理化学特性决定了催化剂的电、磁、光、声、热、力等宏观物理性质，最终将决定催化剂的活性。因此对催化剂成分、物相结构、表面价键、分散度、形貌、表面积及孔分布分析至关重要。

（1）成分分析　在成分分析中，常量与微量分析是就样品中元素含量而言的。常量分析常用 X 射线荧光光谱（XRF）技术，这一技术对于不同元素分析的下限在 0.1%左右，样品通常为固相。作为微量及痕量成分的分析，通常使用原子光谱技术及无机质谱技术，其分析元素含量的下限可以达到 10^{-9} 甚至 10^{-12} 的含量，但是仪器必须要求液体进样，因此微波消解技术是这些样品前处理方法中比较重要的一种，特别是对于难溶氧化物及有机物样品。

① XRF 法　用 X 射线照射样品时，样品可以被激发出各种波长的荧光 X 射线，需要把混合的 X 射线按波长分开，分别测量不同波长的 X 射线的强度以进行定性和定量分析。当能量高于原子内层电子结合能的高能 X 射线与原子发生碰撞时，驱逐一个内层电子而出现一个空穴，使整个原子体系处于不稳定的激发态，激发态原子寿命为 $10^{-14}\sim10^{-12}$s，然后自发地由能量高的状态跃迁到能量低的状态。

XRF 依据的原理是原子中的内层（如 K 层）电子被 X 射线辐射电离后在 K 层产生一个正空穴，外层（L 层）电子填充 K 层空穴时，会释放出一定的能量，当该能量以 X 射线辐射放出时就可以发射特征 X 射线荧光。XRF 分析光催化材料的组成具有如下特点：a.分析的元素范围广，从 $_4$Be 到 $_{92}$U 均可分析，适合掺杂成分的分析；b.荧光 X 射线谱线简单，相互干扰少；c.分析样品不被破坏，分析方法比较简便；d.分析浓度范围较宽，从常量到微量都可分析，重元素的检测限可达 10^{-6} 量级，轻元素稍差。另外，对于薄膜光催化剂材料的分析，XRF 可以进行薄膜厚度的测定，其测定范围可以从几纳米到几十微米，适合一些涂层薄膜光催化剂的厚度分析。但 XRF 进行薄膜厚度测定时，需要有薄膜的密度数据以及薄膜必须具有很好的完整层状结构，否则就会有很大的误差。

由于 X 射线具有一定波长，同时又有一定能量，因此 XRF 仪有两种基本类型：波长色散型和能量色散型。能量色散型 XRF 仪具有如下特点：a.采用高分辨率的半导体检测器直接测量 XRF 谱线的能量，结构小，检测灵敏度可以提高 2~3 个数量级，不存在高次衍射谱线的干扰，一次性分析样品中的所有元素，对轻元素的分辨率不够，一般不能分析轻元素；b.XRF 分析时，样品可以是固体、粉末、熔融片、液体等，粉末样品需研磨到 300 目左右，进行压片，也可溶解成溶液或用滤纸吸收；c.无标半定量方法可以对各种样品进行定性分析，并能给出半定量结果，结果准确度对某些样品可以接近定量水平，且分析时间短。

XRF 在进行膜厚分析时具有以下特点：a.对金属材料检测深度为几十微米；b.对高聚物可达 3mm；c.薄膜元素的荧光 X 射线强度随镀层厚度的增加而增强，而基底元素的荧光 X 射线的强度则随镀层厚度的增加而减弱，可用于膜层厚度为几纳米到几十微米的微电子、电镀、镀膜钢板以及涂料等材料的薄膜层研究。

荧光 X 射线的强度与分析元素的质量分数成正比，这是 XRF 定量分析的基础。元素的荧光 X 射线强度 I_i 与试样中该元素的含量 W_i 成正比：

$$I_i=I_sW_i \tag{4-49}$$

式中，I_s 为 W_i=100%时，该元素的荧光 X 射线的强度。根据式（4-49），可以采用标准曲线法、增量法、内标法等进行定量分析。但是这些方法都要使标准样品的组成与试样的组成尽可能相同或相似，否则试样的基体效应或共存元素的影响会给测定结果造成很大的偏差。所谓基体效应是指样品的基本化学组成和物理化学状态的变化对 X 射线荧光强度所造成的影响。化学组成的变化会影响样品对一次 X 射线和 X 射线荧光的吸收，也会改变荧光增强效应。

由于常规 XRF 的入射光束一般采用大于 40°的入射角，不仅样品会产生二次 X 射线，载体材料也会受到激发从而在记录谱上产生峰，对测量形成干扰。全反射 X 射线荧光光谱（TXRF）分析技术是在能量散射线荧光（EDXRF）分析技术的基础上发展起来的，是利用原级 X 射线束能在样品表面产生全反射激发进行 X 射线荧光分析的装置和方法。它是一种极微量样品（纳克级）的超痕量多元素表面分析技术。与原子吸收光谱（AAS）、电感耦合等离子体发射光谱（ICP-OES）比较，TXRF 分析的特点为：a.可以有效地测定薄膜的厚度和组成；b.快速和容易制备样品；c.无须外标样品，仅需一个内标元素；d.同时可以进行多元素分析，包括非金属元素；e.运行成本低，适合野外分析；f.TXRF 的探测限很低，可达到纳克级，可以检测表面几个原子层的厚度，主要应用于微量和痕量元素的分析。由于采用全反射 X 射线激发，散射本底极低，检出限可低至 $10^{-7}\sim10^{-12}$g，定量分析效果好，可以检测到的原子数目为 10^8 个/cm^2。由于其具有取样量小、检出限低的优势，可以进行表面扫描，克服了常规 XRF 取样量大、灵敏度低这些最明显的缺陷。

② AAS 法　原子吸收是一个受激吸收跃迁的过程。当有辐射通过自由原子蒸气，且入射辐射的频率等于原子中外层电子由基态跃迁到较高能态所需能量的频率时，原子就会产生共振吸收。AAS 就是根据物质产生的原子蒸气对特定波长光的吸收作用来进行定量分析的。当光源发射的某一特征波长的辐射通过原子蒸气时，被原子中的外层电子选择性地吸收，使透过原子蒸气的辐射强度减弱，其减弱程度与蒸气相中该元素的原子浓度成正比。

AAS 的检测极限很低，可以达到 ng/cm^3，检测优点在于：a.试样原子化效率高，样品用量少（$10^{-10}\sim10^{-14}$g），测量准确度高；b.选择性好，不需要进行分离检测，对于某些样品可以直接固体进样；c.可以根据元素的原子化温度不同，选择控制温度；d.分析元素范围广，可达 70 多种，且价格便宜。然而，在对难熔性元素、稀土元素和非金属元素检测时，分析过程复杂。

AAS 仪由光源、原子化器、分光器、检测器等部件组成。在 AAS 分析中，试样中被测元素的原子化是整个分析过程的关键环节。实现原子化的方法最常用的有两种：一种是火焰原子化法；另一种是非火焰原子化法（石墨炉）。前者简单、快速，对大多数元素有较高的灵敏度和检测极限，火焰法的不足包括：a.火焰气体高度稀释样品；b.高温气体膨胀效应，使样品浓度降低；c.原子化效率和雾化效率低，样品量大，不能做固体分析；d.存在火焰化学干扰。而非火焰原子化法比火焰原子化法有更高的原子化效率和灵敏度以及更低的检测极限。其中应用最广的是石墨炉电热原子化法，石墨炉电热原子化法的优点是：a.试样样品原子化效率高，不被稀释，原子在吸收区域平均停留时间长，灵敏度比火焰法高；b.绝对灵敏度高达 1000 倍，取样量少（1~50μL）；c.测量元素范围广；d.石墨炉的温度可调，如有低温蒸发干扰元素，可以在原子化温度前分馏除去；e.可以直接固体进样，进样量少；f.原子化温度可以自由调节，因此可以根据元素的原子化温度不同，选择控制温度。石墨炉电热原子化法的缺点是：a.装置复杂，定量效果差；b.石墨炉加热后，由于有大量碳存在，还原气氛强；c.样品基体蒸发时，可能造成较大的分子吸收，石墨管本身的氧化也会产生分子吸收，石墨管等固体粒子还会使光散射，背景吸收大，要使用背景校正器校正；d.管壁能辐射较强的连续光，噪声大；e.因为石墨管本身的温度不均匀，所以要严格控制加入样品的位置，否则测定重现性不好，精度差。

③ ICP-MS 法　ICP-MS 是利用电感耦合等离子体（ICP）作为离子源的一种元素质谱分析方法，仪器的基本构造由离子源、接口装置和质谱仪三部分组成。样品进样量大约为 1mL/min，样品溶液是靠蠕动泵送入雾化器的。该离子源产生的样品离子经质谱的质量分析器和检测器后得到质谱数据。此方法主要是利用 ICP 技术把待测元素进行电离形成离子，然后通过质谱对离子的质荷比进行测定，不仅可以很容易地鉴别元素成分，还可以获得很好的定量分析结果。

ICP-MS 可同时分析样品中的所有元素，分析精度达到 1%，检测限可以达到皮克量级。为了减少空气中成分的干扰，一般要避免采集 N_2、O_2、Ar 等离子。进行定量分析时，质谱扫描要挑选没有其他元素及氧化物干扰的物质。仪器的检测限是 10^{-5}（Pt）～159（Cl）ng/mL；分析速度大于每小时 20 个样品，精度相对标准偏差<5%；可测定同位素的比率。ICP-MS 与其他原子光谱相比有如下特点：a.检出限低（多数元素检出限为 10^{-9}～10^{-12} 量级）；b.线性范围宽（可达 7 个数量级）；c.分析速度快（1min 可获得 70 种元素的结果）；d.谱图少（原子量相差 1 可以分离）；e.能进行同位素分析。

④ 电子探针显微分析（EPMA）法　EPMA 也称电子探针分析，是一种电子探针 X 射线初级发射光谱方法，是利用高能电子束作用于物质，使其产生特征 X 射线而进行的一种表面、微区分析方法。EPMA 是材料微区化学成分分析的重要手段，EPMA 利用样品受电子束轰击时发出的 X 射线的波长和强度，来分析微区（1～30μm³）中的化学组成。

当高能电子轰击固体样品时，可以把原子中的内层电子激发产生激发态离子，在退激发过程中，可以促进次外层电子的填充，并伴随能量的释放，以 X 射线形式释放称为荧光 X 射线，也可以激发次外层的电子发射，称为俄歇发射。俄歇效应和荧光效应是互补的，俄歇产率与荧光产率之和为 1。对于轻元素，其俄歇效应的产率较大；对于重元素，X 射线荧光发射的产率较大。当表面结构影响比较严重时，要求样品表面必须平滑，而且光洁度要高。在最后进行抛光时应注意避免使用如 Al_2O_3、SiC、CeO_2 等研磨料和涂 Pb 或 Sn 的抛光轮，以防止表面的污染，还应避免使用腐蚀和电抛光，因为这样处理可能改变样品的表面组成，并产生表面崎岖等形貌的变化。

定量分析时，把试样的 X 射线强度与成分已知的标样的谱线强度进行比较。测得的强度要根据测量系统的特性做某些仪器修正和背景修正，背景的主要来源是 X 射线连续谱。对已修正的强度进行"基质校正"即可算出分标点上的成分，"基质校正"考虑了影响 X 射线强度与成分之间关系的各种因素。电子通常具有 10^{-30}keV 的动能，它对试样的穿透深度为 1μm 数量级，与横向散布距离大致相同，这就决定了被分析面积的下限。靠降低电子能量进一步改善空间分辨率往往行不通，因为电子必须有足够能量以便有效地激发 X 射线。因此在大多数情况下分辨率限制在 1μm 左右。

EPMA 主要由电子光学系统（电子枪和聚焦透镜）、样品室（超高真空）、电子图像系统（扫描图像）、检测系统（X 射线波长分析）、数据记录和分析系统等组成。EPMA 具有如下优点：a.微区分析能力为 1μm 量级；b.分析准确度高，优于 2%；c.分析灵敏度高，达到 10^{-15}g；d.对样品无损；e.可以多元素同时检测；f.可以进行选区分析。EPMA 的缺点包括：a.EPMA 对轻元素很不利；b.EPMA 样品仅限于固体材料；c.样品不应该放出气体，才能保证真空度；d.需要样品有良好的接地；e.有时需要蒸镀 Al 和 C，厚度在 20～40nm，作为导电层。

EPMA 的理论依据是莫塞莱定律和布拉格定律，可通过计算机自动标识，针对干扰线需人工标识，还需要考虑谱线干扰和化学环境影响等。在用 EPMA 进行定量分析时，依据荧光 X 射线强度与元素浓度的线性关系，进行定量分析。一般采用标准纯物质作为基准样品，获得其强度数据，并利用该数据计算出所测元素的浓度。可以利用灵敏度因子的方法进行计算，需要进行荧光修正和吸收修正。EPMA 可用于成分分布和线扫描分析、薄膜分析、成分分析（不需要进行荧光修正和吸收修正）和厚度分析（对于有基底的薄膜样品，通过对薄膜元素以及基底元素信号强度的计算，不仅可以获得薄膜的成分，还可以获得薄膜的厚度）。

（2）物相结构分析　结构分析的目的是解析物质的体相结构、表面相结构、原子排列、物相等。结构分析的手段主要有 X 射线晶体衍射（XRD）分析、电子衍射（ED）分析和激光拉曼光谱（LRS）分析等，还包括中子衍射、低能电子衍射（LEED）、高能电子衍射（EED）等。利用结构分析能获得材料的晶体结构和表面结构等信息。结构分析常用于材料物相、晶粒大小、应力、缺陷结构、表面吸附反应等分析。

① XRD 分析　XRD 物相分析是基于多晶样品对 X 射线的衍射效应，对样品中各组分的存在形态进行分析测定的方法。X 射线管由阳极靶和阴极灯丝组成，两者之间有高电压，并置于玻璃金属管壳内。阴极是电子发射装置，受热后激发出热电子；阳极是产生 X 射线的部位，当高速运动的热电子碰撞到阳极靶上，动能突然消失时，电子动能将转化成 X 射线。阳极靶的材料一般为 Gr、Fe、Co、Ni、Cu、Mo、Zr 等。阴极电压为几十千伏，管电流为几十毫安，功率一般为 4kW，利用转靶技术可以达到 12kW。在 X 射线多晶衍射工作中，主要利用 K 系辐射，它相当于一束单色 X 射线。由于随着管电压增大，在特征谱强度增大的同时，连续谱强度也在增大，这对 X 射线研究分析是不利的（希望特征谱线强度与连续谱背底强度相差越大越好）。

X 射线将被物质吸收，吸收的实质是发生能量转换。这种能量转换主要包括光电效应和俄歇效应。除此之外，X 射线穿透物质时还有热效应，产生热能。在晶格参数测定、物相鉴定、晶粒度测定、薄膜厚度测定、介孔结构测定、残余应力分析和定量分析等方面，XRD 具有广泛的应用。XRD 测定的内容包括各组分的结晶情况、所属的晶相、晶体的结构参数、各种元素在晶体中的价态、成键状态等。此外，对 XRD 信息还可进行深入分析获得晶粒大小、介孔结构以及结构缺陷等信息，是研究光催化剂微观结构的重要手段。物相分析与一般的元素分析有所不同，它在测定了各种元素在样品中的含量的基础上，还要进一步确定各种晶态组分的结构和含量。

a.样品的制备　正确的制备试样是获得准确衍射信息（衍射峰的角度、峰形和强度）的先决条件。在样品的制备过程中，应该注意晶粒大小、试样的大小和厚度、择优取向、加工应变、表面平整度等。需要特别指出的是：多晶 X 射线衍射仪只能用于粉末压制成的样品或块状多晶体样品的测试，而不能用于单晶体的测试（原因是对于固定波长的入射线，若样品为单晶体，则一个布拉格角只能有一个晶面参与衍射，这样衍射强度将会很小，以至于无法检测出来）。衍射仪的实验参数主要包括狭缝宽度、扫描速度和时间常数。

粉体样品的制备：由于样品的颗粒度对 X 射线的衍射强度以及重现性有很大的影响，因此制样方式对物相的定量也存在较大的影响。一般样品的颗粒越大，则参与衍射的晶粒数就越少，并还会产生初级消光效应，使得强度的重现性较差，为了达到样品重现性的要求，一般要求粉体样品的颗粒度大小在 $0.1 \sim 10 \mu m$。此外，吸收系数大的样品，参加衍射的晶粒数减少，也会使重现性变差，因此在选择参比物质时，尽可能选择结晶完好、晶粒小于 $5 \mu m$、吸收系数小的样品，如 MgO、Al_2O_3、SiO_2 等。一般可以采用压片、胶带粘以及石蜡分散的方法进行制样。由于 X 射线的吸收与其质量密度有关，因此要求样品制备均匀，否则会严重影响定量结果的重现性。

薄膜样品的制备：对于薄膜样品，需要注意的是薄膜的厚度。由于 XRD 分析的穿透能力很强，一般适合比较厚的薄膜样品的分析，通过一些特殊手段也可以获得薄膜层的信息，因此，在薄膜样品制备时，要求样品具有比较大的面积，薄膜比较平整以及表面粗糙度要小，这样获得的结果才具有代表性。

特殊样品的制备：对于样品量比较少的粉体样品，一般可采用分散在胶带纸上黏结或分散在石蜡油中形成石蜡糊的方法进行分析。要求尽可能分散均匀以及每次分散量控制相同，这样才能保证测量结果的重复性。

b.物相结构的确定　材料的成分和组织结构是决定其性能的基本因素，元素成分分析能给出材料的基本成分，而 XRD 分析可得出材料中物相的结构及元素的存在状态。物相分析包括定性分析和定量分析两部分。利用 XRD 的物相定量分析可以对纳米催化剂的分散状态以及分散量进行研究。在催化剂的制备过程中，经常需要把活性组分分散到载体表面，部分活性组分可以单层地分散在载体表面，而部分会在载体表面聚集形成纳米晶粒。XRD 虽然不能检测到分散状态的活性组分，但可以通过对那些聚集态纳米晶粒的测定，来研究其分散状态和测定分散量。定性分析鉴别出待测样品是由哪些"物相"所组成。每种物质都有特定的晶格类型和晶胞尺寸，而这些又都与衍射角和衍射强度有着对应关系，所以可以像根据指纹来鉴别人一样用衍射图像来鉴别晶体物质，即将未知物相的衍射花样与已知物相的衍射花样相比较。定量分析依据的是各相衍射线的强度随该相含量的增加而增加（即物相的相对含量越高，则 X 射线的相对强度也越高）。具体的定量测试方法有单线条法、内标法和直接比较法。对薄膜分析，通常的要求是入射角必须高度精确。通常来说薄膜的衍射信息很弱，因此需采用一些先进的 X 射线光学组件和探测器技术，如采用薄膜掠射分析进行薄膜相分析。

c.晶粒大小的测定　根据晶粒大小还可以计算出晶胞的堆垛层数和纳米粉体的比表面积。对于 TiO_2 纳米粉体材料，其主要衍射峰 2θ 为 21.5°，可指标化为（101）晶面。当采用 Cu K_α 作为 X 射线源时，X 射线波长为 0.154nm，图 4-18 为锐钛矿型 TiO_2 和金红石型 TiO_2 的 XRD。

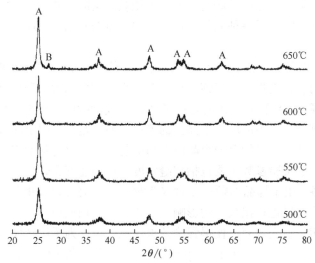

图 4-18　TiO_2 粉体的（101）晶面衍射峰

A—锐钛矿；B—金红石

由图 4-18 可知：锐钛矿型 TiO_2 的特征衍射角 2θ 为 25.30°。对于在 500℃ 条件下煅烧得到的 TiO_2 纳米粉体，测量获得的半高宽（$B_{1/2}$）为 0.375，一般情况下取谢乐常数 K 为 0.89，根据谢乐公式，可以计算获得晶粒的尺寸：$D_{101}=K\lambda/(B_{1/2}\cos\theta)$ =21.5nm。此外，根据晶粒大小还可以计算出晶胞的堆垛层数。根据 $Nd_{101}=D_{101}$，d_{101} 为（101）面的晶面间距，为 0.352，由此可以获得 TiO_2 晶粒在垂直于（101）晶面方向上晶胞的堆垛层数 $N=D_{101}/d_{101}=21.5/0.352=$ 61。由此可以获得 TiO_2 纳米晶粒在垂直于（101）晶面方向上平均由 61 个晶面组成。此外，根据晶粒大小，还可以计算纳米粉体的比表面积。当已知纳米材料的晶体密度 ρ 和晶粒大小 D，就可以利用公式 $S=6/(\rho D)$ 计算出比表面积。

d. 介孔结构的分析　对于纳米介孔材料的介孔结构可以用小角度的 X 射线衍射峰来分析。介孔材料的规整孔可以看作周期性结构，样品在小角区的衍射峰反映了孔洞周期的大小。这是目前测定纳米介孔材料结构最有效的方法之一。例如，当使用 Cu K_α 辐射作为入射辐射时，测定样品在 2θ 为 1.5°～10° 区域内的衍射谱图，反映了为 1～6nm 的周期性结构。当然样品中具有长周期结构并不一定具有大孔结构，因为在一个周期中包括了孔壁和孔洞，只有当孔壁足够薄时，才可能具有大孔。或者说，在小角度区域出现衍射峰只是具有规整的介孔结构的必要条件，而非充分条件。另外，对于孔排列不规整的介孔材料，此方法不能获得其孔径周期的信息。

② ED 分析　ED 技术是透射电子显微镜（TEM）附带的一种重要功能，通过电子衍射来确定晶体的结构，通过晶格振动与晶体结构的关系来确定晶相结构，可以提供样品特定微区的物相结构信息，与 XRD 是两种互补的技术，对纳米光催化材料物相结构的研究尤其重要。

ED 主要研究金属、非金属以及有机固体的内部结构和表面结构，所用的电子束能量在 10^2～10^6eV。ED 与 XRD 一样，也遵循布拉格方程。电子束衍射的角度小，测量精度差。因此，主要用于确定物相以及它们与基体的取向关系、材料中的结构缺陷等。

当波长为 λ 的单色平面电子波以入射角 θ 照射到晶面间距为 d 的平行晶面组时，各个晶面的散射波干涉加强的条件是满足布拉格关系：$2d\sin\theta=n\lambda$。入射电子束照射到晶体上，一部分透射出去，一部分使晶面间距为 d 的晶面发生衍射，产生衍射束。当一电子束照射在单晶体薄膜上时，透射束穿过薄膜到达感光相纸上形成中间亮斑，衍射束则偏离透射束形成有规则的衍射斑点。对于多晶体而言，由于晶粒数目极大且晶面位向在空间任意分布，多晶体的倒易点阵将变成倒易球。倒易球与爱瓦尔德球相交后在相纸上的投影将成为一个个同心圆。ED 结果实际上是得到了被测晶体的倒易点阵花样，对它们进行倒易反变换，从理论上讲，就可知道其正点阵的情况——ED 花样的标定。

TEM 可得到 ED 图，图中每一斑点都分别代表一个晶面族，不同的 ED 谱图又反映出不同的物质结构。与 XRD 相比，ED 有以下特点：a. ED 的角度小，测量精度差，测量晶体结构不如 XRD；b. 电子束很细，适合做微区分析，因此，ED 分析主要用于确定物相以及它们与基体的取向关系、材料中的结构缺陷等；c. ED 分析可与物像的形貌观察结合起来，使人们能在高倍下选择微区进行晶体结构分析，弄清微区的物相组成；d. 电子波长短，使单晶电子衍射斑点大都分布在一个二维倒易截面内，这对分析晶体结构和位相关系带来很大方便；e. ED 强度大，所需曝光时间短，摄取衍射花样时仅需几秒。

③ LRS 分析　LRS 属于分子振动光谱。LRS 能提供物相、固体键、晶粒大小、介孔结构等信息。当一束激发光的光子与作为散射中心的分子发生相互作用时，大部分光子仅是改

变了方向，发生散射，而光的频率仍与激发光源一致，这种散射称为瑞利散射。但也存在很微量的光子不仅改变了光的传播方向，而且也改变了光波的频率，这种散射称为拉曼散射，其散射光的强度占总散射光强度的 $10^{-6} \sim 10^{-10}$。拉曼散射的产生原因是光子与分子之间发生了能量交换，改变了光子的能量。

拉曼位移取决于分子振动能级的变化，不同的化学键或基态有不同的振动方式，决定了其能级间的能量变化，因此，与之对应的拉曼位移是特征的。拉曼位移也与晶格振动有关，这是拉曼光谱进行分子结构定性分析和晶体结构分析的理论依据。并不是所有的分子结构都具有拉曼活性。分子振动是否出现拉曼活性主要取决于分子在运动过程中某一固定方向上极化率的变化。对于分子振动和转动来说，拉曼活性都是根据极化率是否改变来判断的。对于全对称振动模式的分子，在激发光子的作用下，肯定会发生分子极化，产生拉曼活性，而且活性很强；而对于离子键的化合物，由于没有分子变形发生，不能产生拉曼活性。

（3）表面价键分析　材料性质不仅与元素、结构、价态等因素有关，还与其价键状态有关。价键分析主要分析其基团以及化学键性质，与分子结构有关。价键分析主要研究键的振动转动状态，以红外光谱为主要分析手段。

光催化过程与其他热催化反应一样，也主要是在催化剂的表面进行的，因此催化剂的表面以及界面结构对催化材料的性能具有重要影响。此外，在催化材料中，各元素的化学状态，尤其是掺杂元素的化学状态，直接影响到光催化材料的整体性能。因此，对光催化材料进行表面与界面分析具有重要的意义。

① 红外光谱（IR）分析　IR 是鉴别化合物和确定物质分子结构的常用手段之一。IR 属于分子振动和转动光谱，主要涉及分子结构的有关信息。IR 的吸收频率、吸收峰的数目以及强度均与分子结构有关，因此可以用来鉴定未知物质的分子结构和化学基团。在材料科学研究中，IR 还与晶体的振动和转动有关。能产生偶极矩变化的分子均可以产生红外吸收。除单原子分子以及同核分子以外的有机分子均具有特征吸收。

IR 的广泛应用是因其具有很多优点，如任何气态、液态、固态样品均可进行 IR 的测定，但气体、液体或固体样品的制备中，都要求样品中不含游离水，要求样品的浓度和测试层的厚度选择适当，透射比在 10%～80%。各种有机化合物和许多无机化合物在红外区域都产生特征峰，因此 IR 已经广泛用于这些物质的定性分析和定量分析。

表面价键分析的原理是：在分子内部具有振动和转动能级，当物质被一束红外线辐照时，只要红外线的能量与能级跃迁的能级相符，在分子内部就可以产生振动或转动跃迁，产生红外吸收。因此其吸收的能量是量子化的，由跃迁的两个能级所决定。红外吸收光谱的强度主要取决于分子振动时的偶极矩变化，而偶极矩的变化又与分子的振动方式有关。振动的对称性越高，振动分子中的偶极矩的变化越小，谱带强度越弱。一般来说，极性越强的基团，其吸收强度越强；极性较弱的基团，其振动吸收也较弱。

在 IR 中，每种官能团均具有特征的结构，因此也具有特定的吸收频率。IR 的吸收频率、吸收峰的数目以及强度均与分子结构有关，因此可以用来鉴定未知物质的分子结构和化学基团。在中红外区，把 $1300 \sim 4000 cm^{-1}$ 称为基团频率区，把 $600 \sim 1800 cm^{-1}$ 称为指纹频率区。影响基团频率的因素包括内部因素（电子效应、氢键的影响、振动耦合以及费米共振）和外部因素（氢键作用、浓度效应、温度效应、样品状态、制样方式以及溶剂极性等）。根据特征频率就可以对有机物的基团进行鉴别，这也是红外光谱分析有机物结构的依据。

LRS 是分子对激发光的散射，而 IR 则是分子对红外线的吸收，两者均是研究分子振动的重要手段，同属分子光谱。分子的非对称性振动和极性基团的振动，都会引起分子偶极矩的变化，因而这类振动是红外活性的；而分子对称性振动和非极性基团振动，会使分子变形，极化率随之变化，具有拉曼活性。LRS 适合同原子的非极性键的振动，如 C—C、S—S、N—N 等，对称性骨架振动，均可从 LRS 中获得丰富的信息。而不同原子的极性键，如 C=O、C—H、N—H 和 O—H 等，在红外光谱上有反映。相反，分子对称骨架振动在红外光谱上几乎看不到。可见，LRS 和 IR 是相互补充的，两者对比如表 4-3 所示。

表 4-3　红外光谱和拉曼光谱的对比

名称	红外光谱	拉曼光谱
共性	分子结构稳定，同属共振光谱	
对象	生物、有机材料为主	无机、有机、生物材料
极性敏感度	对极性键敏感	对非极性键敏感
制样	需简单制样	无须制样
光谱范围	$400 \sim 4000 cm^{-1}$	$50 \sim 3500 cm^{-1}$
局限	含水样品	有荧光样品

② X 射线光电子能谱（XPS）分析　XPS 已从刚开始主要用来对化学元素的定性分析，发展为固体材料表面元素定性分析、半定量分析及元素化学价态分析的重要手段。XPS 的研究领域也不再局限于传统的化学分析，而扩展到现代迅猛发展的材料学科。目前该分析方法在日常表面分析工作中的份额已达到一半，是一种最主要的表面分析工具。

XPS 仪一般由超高真空系统、X 射线源、能量分析器、离子枪和电子控制系统等结构组成。XPS 基于光电离作用，当一束光子辐照到样品表面时，光子可以被样品中某一元素的原子轨道上的电子所吸收，使得该电子脱离原子核的束缚，以一定的动能从原子内部发射出来，变成自由的光电子，而原子本身则变成一个激发态的离子。这种现象就称为光电离作用。用 X 射线照射固体时，由于光电效应，原子的某一能级的电子被击出物体之外，此电子称为光电子。当固定激发源能量时，其光电子的能量仅与元素的种类和所电离激发的原子轨道有关。因此，可以根据光电子的结合能定性分析物质的元素种类。在光电离过程中，如果 X 射线光子的能量为 $h\nu$，电子在该能级上的结合能为 E_b，射出固体后的动能为 E_k，则固体物质的结合能可以用下面的方程表示：

$$E_k = h\nu - E_b - \Phi_s \qquad (4-50)$$

式中，E_k 为出射的光电子的动能；$h\nu$ 为 X 射线源光子的能量；E_b 为特定原子轨道上的结合能；Φ_s 为谱仪的功函数，它表示固体中的束缚电子除克服个别原子核对它的吸引外，还必须克服整个晶体对它的吸引才能逸出样品表面，即电子逸出表面所做的功。

谱仪的功函数主要由谱仪材料决定，对同一台谱仪基本是一个常数，与样品无关，其平均值为 3~4eV。可见，当入射 X 射线能量一定后，若测出功函数和电子的动能即可求出电子的结合能。由于只有表面处的光电子才能从固体中逸出，因而测得的电子结合能必然反映了表面化学成分的情况，这正是 XPS 的基本测试原理。

在 XPS 分析中，由于采用的 X 射线激发源的能量较高，不仅可以激发出原子价轨道中的价电子，还可以激发出芯能级上的内层轨道电子，其出射光电子的能量仅与入射光子的能量及原子轨道结合能有关。因此，对于特定的单色激发源和特定的原子轨道，其光电子的能量是特征的。因此，XPS 可以利用结合能进行定性分析，利用化学位移进行价态分析，利用强度信息进行定量分析，利用表面敏感性进行深度分布分析，利用指纹峰分析元素的电子结构，结合离子枪进行深度分布分析，利用小面积 XPS 可进行元素成像分析等。

a.表面成分定性分析　这是一种最常规的分析方法，一般利用 XPS 仪的宽扫描程序。为了提高定性分析的灵敏度，一般应加大通能，提高信噪比。通常 XPS 谱图的横坐标为结合能，纵坐标为光电子的计数率。在分析谱图时，首先必须考虑的是消除荷电位移。对于金属和半导体样品几乎不会荷电，因此不用校准。但对于绝缘样品，则必须进行校准。因为当荷电较大时，会导致结合能位置有较大的偏移，导致错误判断。在使用计算机自动标峰时，同样会产生这种情况。另外，还必须注意携上峰、卫星峰、俄歇峰等对元素鉴定的影响。一般来说，只要该元素存在，其所有的强峰都应存在，否则应考虑是否为其他元素的干扰峰。一般激发出来的光电子依据激发轨道的名称进行标记，如从 C 原子的 1s 轨道激发出来的光电子可以用 C_{1s} 标记。由于 X 射线激发源的光子能量较高，可以同时激发出多个原子轨道的光电子，因此在 XPS 谱图上会出现多组谱峰。由于大部分元素都可以激发出多组光电子峰，因此可以利用这些峰排除能量相近峰的干扰，非常有利于元素的定性标定。此外，由于相近原子序数的元素激发出的光电子的结合能有较大的差异，因此相邻元素间的干扰作用很小。

由于光电子激发过程的复杂性，在 XPS 谱图上不仅存在各原子轨道的光电子峰，同时还存在部分轨道的自旋裂分峰，$K_{\alpha 1,2}$ 产生的卫星峰以及 X 射线激发的俄歇峰等。因此，在定性分析时必须注意。现在，定性标记的工作可由计算机进行，但经常会发生标记错误，应加以注意。此外，对于不导电样品，由于荷电效应，经常会使结合能发生变化，导致定性分析得出不正确的结果。因此应该首先进行荷电校准。

b.表面元素半定量分析　由 XPS 提供的定量数据是以原子分数表示的，而不是平常所使用的质量分数，它给出的仅是一种半定量的分析结果，即相对含量而不是绝对含量。在定量分析中必须注意的是 XPS 给出的相对含量也与谱仪的状况有关。因为不仅各元素的灵敏度因子是不同的，XPS 仪对不同能量的光电子的传输效率也是不同的，并会随 XPS 仪受污染程度改变，另外，XPS 仅提供表面 3～5nm 厚的表面信息，其组成不能反映体相成分。此外，样品表面的 C、O 污染以及吸附物的存在也会大大影响其定量分析的可靠性。

c.化学价态分析　表面元素化学价态分析是 XPS 最重要的一种分析功能，也是 XPS 谱图解析最难、比较容易发生错误的部分。在进行元素化学价态分析前，首先必须对结合能进行正确的校准，因为结合能随化学环境的变化较小，而当荷电校准误差较大时，很容易标错元素的化学价态。此外，有一些化合物的标准数据依据不同的操作者和仪器状态存在很大的差异，在这种情况下，这些标准数据仅能作为参考，最好是自己制备标准样，这样才能获得正确的结果。此外，还有一些化合物的元素不存在标准数据，要判断其价态，必须用自制的标样进行对比。有些元素的化学位移很小，用 XPS 的结合能不能有效地进行化学价态分析。在这种情况下，可以通过线形及伴峰进行分析，同样也可以获得化学价态的信息。

由原子周围化学环境的变化所引起的分子中某原子谱线的结合能的变化称为化学位移。虽然出射的光电子的结合能主要由元素的种类和激发轨道决定，但由于原子内部外层电子的屏蔽效应，芯能级轨道上的电子的结合能在不同的化学环境中是不一样的，有一些微小的差异。这种结合能上的微小差异就是元素的化学位移，它取决于元素在样品中所处的化学环境。一般来说，元素获得额外电子时，化学价态为负，该元素的结合能降低。反之，当该元素失去电子时，化学价为正，该元素的结合能增加。利用这种化学位移可以分析元素在该物种中的化学价态和存在形式。

d.价带结构分析　XPS 价带谱反映了固体价带结构的信息，由于 XPS 价带谱与固体的能带结构有关，因此可以提供固体材料的电子结构信息。但由于 XPS 价带谱不能直接反映能带结构，还必须经过复杂的理论处理和计算。因此，在 XPS 价带谱的分析中，一般采用 XPS 价带谱结构的比较进行分析，而理论分析相应较少。

e.深度分析　XPS 可以通过多种方法实现元素沿深度方向分布的分析，最常用的两种方法是 Ar 离子剥离深度分析和变角 XPS 深度分析。Ar 离子剥离深度分析方法是一种使用最广泛的深度剖析方法，但它同时是一种破坏性的分析方法，会引起样品表面晶格的损伤、择优溅射和表面原子混合等现象，其优点是可以分析表面层较厚的体系，深度分析的速度较快。分析原理是利用 Ar 离子束与样品表面的相互作用，把表面一定厚度的元素溅射掉，然后再用 XPS 分析剥离后的表面元素含量，这样就可以获得元素沿样品深度方向的分布。由于普通的 X 射线枪的束斑面积较大，离子束的束斑面积也相应较大，因此其剥离速度很慢，其深度分辨率也不是很好，其深度分析功能一般很少使用。此外，由于离子束剥离作用时间较长，样品元素的离子束溅射还原也会相当严重。为了避免离子束的溅射坑效应，一般离子束的面积应比 X 射线枪束斑面积大 4 倍以上。对于新一代的 XPS 仪，由于采用了小束斑 X 光源（微米量级），XPS 深度分析变得较为现实和常用。变角 XPS 深度分析是一种非破坏性的深度分析技术，但只适用于表面层非常薄（1~5nm）的体系，其原理是利用 XPS 的采样深度与样品表面出射的光电子的接收角成正弦关系，可以获得元素浓度与深度的关系。在运用变角深度分析技术时，必须注意单晶表面的点阵衍射效应和表面粗糙度的影响，通常，表面层厚度应小于 10nm。

③ 俄歇电子能谱（AES）分析　AES 是一种被广泛使用的分析方法，其优点包括：a.在表面以下 0.5~2nm 范围内化学分析的灵敏度高；b.数据分析速度快；c.AES 可以分析除 H、N 以外的所有元素。AES 现已发展成为表面元素定性分析、半定量分析、元素深度分布分析和微区分析的重要手段。新型的 AES 仪具有很强的微区分析能力和三维分析能力，其微区分析直径可以小到 6nm，大大提高了在微电子技术及纳米技术方面的微分析能力。相对于 XPS，AES 检测极限约为 10^{-3} 原子单层，其采样深度为 1~2nm，比 XPS 还要浅，更适合于表面元素定性分析和定量分析。配合离子束剥离技术，AES 还具有很强的深度分析能力和界面分析能力，常用来进行薄膜材料的深度剖析和界面分析。由于 AES 采用电子束，束斑非常小，因此进行微区分析时具有很高的空间分辨率，可以进行扫描并在微区上进行元素的选点分析、线扫描分析和面分布分析。此外，AES 仪还具有很强的化学价态分析能力，不仅可以进行元素化学成分分析，还可以进行元素化学价态分析。AES 分析是目前最重要和最常用的表面分析和界面分析方法之一。由于具有很高的空间分辨能力（6nm）以及表面分析能力（0.5~2nm），AES 尤其适合于纳米材料的表面分析和界面分析，在纳米材料尤其是纳米器件的研究上具有广阔的应用前景。

当具有足够能量的粒子（光子、电子或离子）与一个原子碰撞时，原子内层轨道上的电子被激发后，在原子的内层轨道上产生一个空穴，形成了激发态正离子。这种激发态正离子是不稳定的，必须通过退激发而回到稳定态。在此激发态离子的退激发过程中，外层轨道的电子可以向该空穴跃迁并释放出能量，而该释放出的能量又可以激发同一轨道层或更外层轨道的电子，使之电离而逃离样品表面，这种出射电子就是俄歇电子。从上述过程可以看出：至少有 2 个能级和 3 个电子参与俄歇过程，所以，H 原子和 N 原子不能产生俄歇电子。同样孤立的 Li 原子因为最外层只有一个电子，也不能产生俄歇电子。但是在固体中价电子是共用的，所以在各种含锂化合物中也可以看到从 Li 发生的俄歇电子。

AES 的原理比较复杂，涉及原子轨道上 3 个电子的跃迁过程。一般用 $W_iX_pY_q$ 表示任意一个俄歇跃迁。俄歇电子的跃迁过程可用图 4-19（a）来描述，其跃迁过程的能级图见图 4-19（b）。从图上可见：首先，外来的激发源与原子发生相互作用，把内层轨道（W 轨道）上的一个电子激发出去，形成一个空穴。外层（X 轨道）的一个电子填充到内层空穴上，产生一个能量释放，促使次外层（Y 轨道）的电子激发发射出来而变成自由的俄歇电子。俄歇电子的能量是靶物质所特有的，与入射电子束的能量无关，对于 $Z=3\sim14$ 的元素，最突出的俄歇效应是由 KLL 跃迁形成的，对 $Z=14\sim40$ 的元素是 LMM 跃迁，对 $Z=40\sim79$ 的元素是 MNN 跃迁，大多数元素和一些化合物的俄歇电子能量可以从手册中查到。俄歇电子只能从 20Å 以内的表层深度中逃逸出来，因而带有表层物质的信息，即对表面成分非常敏感，正因如此，AES 特别适用于做表面化学成分分析。

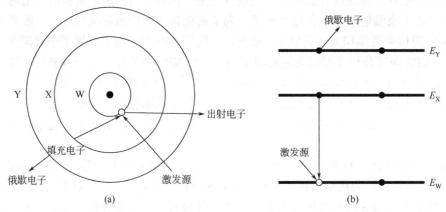

图 4-19　俄歇电子的跃迁过程和能级图

从俄歇电子跃迁过程可知：俄歇电子的动能只与元素激发过程中涉及的原子轨道的能量有关，而与激发源的种类和能量无关，是元素的固有特征。俄歇电子的能量可以通过跃迁过程涉及的原子轨道能级的结合能来计算。根据形成初始空穴壳层、随后弛豫及出射俄歇电子壳层的不同，在元素周期表中从 Li 到 U 元素形成了 KLL、LMM、MNN 三大主跃迁系列，依据每个元素俄歇跃迁谱主峰所对应的动能大小就可以标识出元素的种类，用于元素的定性分析；根据样品中所检测到的各元素谱峰的相对强度，再经过适当的校正，便可获得样品中各元素的相对含量，进行定量分析。俄歇电子的强度是 AES 进行元素定量分析的基础。但由于俄歇电子在固体中激发过程的复杂性，到目前为止还难以用 AES 来进行绝对的定量分析。俄歇电子的强度除与元素的存在量有关外，还与原子的电离截面、俄歇产率以及逃逸深度等因素有关。

a.AES 定性分析　AES 定性分析主要是利用俄歇电子的特征能量值来确定固体表面的元素组成，能量的确定在积分谱中是指扣除背底后谱峰的最大值，在微分谱中通常规定负峰对应的能量值。习惯上用微分谱进行定性分析。元素周期表中由 Li 到 U 的绝大多数元素和一些典型化合物的俄歇积分谱和微分谱已汇编成标准 AES 手册。因此由测得的俄歇谱来鉴定探测体积内的元素组成是比较方便的。在与标准谱进行对照时，除重叠现象外还需注意：由于化学效应或物理因素引起峰位移或谱线形状变化引起的差异；由于与大气接触或在测量过程中试样表面被沾污而引起的沾污元素的峰。

由于俄歇电子的能量仅与原子本身的轨道能级有关而与入射电子的能量无关，也就是说与激发源无关，对于特定的元素及特定的俄歇跃迁过程，其俄歇电子的能量是特征的。由此，可以根据俄歇电子的动能来定性分析样品表面物质的元素种类。该定性分析方法可以适用于除 H、He 以外的所有元素，且由于每个元素会有多个俄歇峰，定性分析的准确度很高，因此，AES 技术是适用于对所有元素进行一次全分析的有效定性分析方法，这对于未知样品的定性鉴定是非常有效的。

在分析 AES 图时，有时还必须考虑样品的荷电位移问题。一般来说，金属和半导体样品几乎不会荷电，因此不用校准，但对于绝缘体薄膜样品，有时必须进行校准，通常以 C_{KLL} 峰的俄歇动能为 278.0eV 作为基准。在离子溅射的样品中，也可以用 Ar 峰的俄歇动能 214.0eV 来校准。在判断元素是否存在时，应用其所有的次强峰进行佐证，否则应考虑是否为其他元素的干扰峰。

b.表面元素的半定量分析　从样品表面出射的俄歇电子强度与样品中该原子浓度有线性关系，因此可以利用这一特征进行元素的半定量分析，AES 定量分析的依据是俄歇谱线强度。俄歇电子的强度不仅与原子的多少有关，还与俄歇电子的逃逸深度、样品的表面光洁度、元素存在的化学状态以及仪器的状态有关。因此，AES 技术一般不能给出所分析元素的绝对含量，仅能提供元素的相对含量。因为元素的灵敏度因子不仅与元素种类有关，还与元素在样品中的存在状态及仪器的状态有关，即使是相对含量，不经校准也存在很大的误差。此外，还必须注意的是：虽然 AES 的绝对检测灵敏度很高，可以达到 10^{-3} 原子单层，但它是一种表面灵敏的分析方法，对于体相检测灵敏度仅为 0.1%左右，其表面采样深度为 1～3nm，提供的是表面上的元素含量，与体相成分会有很大的差别。需要指出的是：AES 的采样深度与材料性质和激发电子的能量有关，也与样品表面和分析器的角度有关。事实上，在 AES 分析中几乎不用绝对含量这一概念，所以应当明确：AES 不是一种很好的定量分析方法，它给出的仅是一种半定量的分析结果，即相对含量而不是绝对含量。

c.表面元素的化学价态分析　对元素的结合状态的分析称为状态分析，AES 的状态分析是利用俄歇峰的化学位移、线谱变化（包括峰的出现或消失）、谱线宽度和特征强度变化等信息。根据这些变化可以推知被测原子的化学结合状态，一般而言，由 AES 解释元素的化学状态比 XPS 更困难，实践中往往需要对多种测试方法的结果进行综合分析后才能做出正确的判断。

虽然俄歇电子的动能主要由元素的种类和跃迁轨道所决定，但由于原子内部外层电子的屏蔽效应，芯能级轨道和次外层轨道上的电子的结合能在不同的化学环境中是不一样的，有一些微小的差异。这种轨道结合能上的微小差异可以导致俄歇电子能量的变化，这种变化就称为元素的俄歇化学位移，它取决于元素在样品中所处的化学环境。一般来说，由于俄歇电子涉及 3 个原子轨道能级，其化学位移要比 XPS 的化学位移大得多。利用这种俄歇化学位移可以分析元素在该物种中的化学价态和存在形式。

对于相同化学价态的原子，俄歇化学位移的差别主要与原子间的电负性差有关。电负性差越大，原子得失的电荷也越大，因此俄歇化学位移也越大。对于电负性大的元素，可以获得部分电子而荷负电，因此俄歇化学位移为正，俄歇电子的能量比纯态要高。相反，对于电负性小的元素，可以失去部分电子而荷正电，因此俄歇化学位移为负，俄歇电子的能量比纯元素状态时要低。

d.元素深度分布分析　利用 AES 可以得到元素在原子尺度上的深度方向的分布,为此通常采用惰性气体离子溅射的深度剖面法。由于溅射速率取决于被分析的元素、离子束的种类、入射角、能量和束流密度等多种因素,溅射速率数值很难确定,一般经常用溅射时间表示深度变化,其分析原理是先用 Ar 离子把表面一定厚度的表面层溅射掉,然后再用 AES 分析剥离后的表面元素含量,这样就可以获得元素在样品中沿深度方向的分布。由于 AES 的采样深度较浅,因此 AES 的深度分析比 XPS 的深度分析具有更好的深度分辨率。由于离子束与样品表面的作用时间较长时,样品表面会产生各种效应,为了获得较好的深度分析结果,应当选用交替式溅射方式,并尽可能地降低每次溅射间隔的时间,此外,为了避免离子束溅射的坑效应,离子束/电子束的直径比应大于 100 倍以上,这样离子束的溅射坑效应基本可以不予考虑。

离子束与固体表面发生相互作用,从而引起表面粒子的发射,即离子溅射。对于常规的俄歇深度剖析,一般采用能量为 500~5000eV 的离子束作为溅射源,溅射产额与离子束的能量、种类、入射方向、被溅射固体材料的性质以及元素种类有关。多组分材料由于其中各元素的溅射产额不同,使得溅射产率高的元素被大量溅射掉,而溅射产率低的元素在表面富集,使得测量的成分变化,该现象称为"择优溅射"。在实际的俄歇深度分析中,如果采用较短的溅射时间以及较高的溅射速率,"择优溅射"效应可以大大降低。

e.微区分析　微区分析也是 AES 分析的一个重要功能,可以分为选点分析、线扫描分析和面扫描分析三个方面。这种功能是 AES 在微电器件分析中最常用的方法,也是材料研究的主要分析手段。AES 由于采用电子束作为激发源,其束斑面积可以聚焦到非常小。从理论上讲,AES 选点分析的空间分辨率可以达到束斑面积大小。因此,利用 AES 可以在很微小的区域内进行选点分析,当然也可以在一个大面积的宏观空间范围内进行选点分析。微区范围内的选点分析可以通过计算机控制电子束的扫描,在样品表面的吸收电流像图或二次电子像图上锁定待分析点。对于在大范围内的选点分析,一般采取移动样品的方法,使待分析区和电子束重叠。这种方法的优点是可以在很大的空间范围内对样品点进行分析,选点范围取决于样品架的可移动程度。利用计算机软件选点,可以同时对多点进行表面定性分析、表面成分分析、化学价态分析和深度分析。这是一种非常有效的微探针分析方法。

在研究工作中,不仅需要了解元素在不同位置的存在状况,有时还需要了解一些元素沿某一方向的分布情况,俄歇线扫描分析能很好地解决这一问题。俄歇线扫描分析可以在微观和宏观的范围内进行(1~6000μm),AES 的线扫描分析常应用于表面扩散、界面分析等方面的研究。

AES 的面分布分析也可称为 AES 的元素分布的图像分析。它可以把某个元素在某一区域内的分布以图像的方式表示出来,就像电镜照片一样。只不过电镜照片提供的是样品表面的形貌像,而 AES 提供的是元素的分布像。结合俄歇化学位移分析,还可以获得特定化学价态元素的化学分布像。AES 的面分布分析适合于微型材料和技术的分析,也适合表面扩散等领域的研究。在常规分析中,由于该分析方法耗时非常长,一般很少使用。当把面扫描与俄歇化学效应相结合时,还可以获得元素的化学价态分布图。

(4)分散度及形貌分析　光催化剂材料的形貌结构也是影响光催化剂性能的重要因素之一,材料的很多重要物理化学性能是由其形貌特征所决定的。对于光催化剂,其性能不仅与材料颗粒大小还与材料的形貌有重要关系,如颗粒状纳米材料、纳米线和纳米管的物理化学性能有很大的差异。形貌分析的主要内容是分析材料的几何形貌、材料的颗粒度、颗粒度的分布以及形貌微区的成分和物相结构等。常用的形貌分析方法主要有扫描电子显微镜（SEM）、透射电子显微镜（TEM）、原子力显微镜（AFM）和扫描隧道显微镜（STM）等。SEM 和 TEM 形貌分析不仅可以分析纳米粉体材料，还可以分析块体材料的形貌，其提供的信息主要有材料的几何形貌、粉体的分散状态、纳米颗粒大小及分布以及特定形貌区域的元素组成和物相结构，SEM 对样品的要求比较低，无论是粉体样品还是大块样品，均可以直接进行形貌观察。TEM 具有很高的空间分辨能力，特别适合纳米粉体材料的分析，但颗粒大小应小于 300nm，否则电子束就不能透过。

① SEM　SEM 是一种大型分析仪器，具有较高的放大倍数，20～20 万倍之间连续可调；有很大的景深，视野大，成像富有立体感，可直接观察各种试样凹凸不平表面的细微结构；试样制备简单等特点。此外，一般的 SEM 都配有 X 射线能谱仪（EDS）装置，这样可以同时进行细微组织形貌的观察和微区成分分析，因此，在光催化材料研究方面也具有重要的应用价值。

SEM 的工作原理是当高速电子照射到固体样品表面时，就可以发生相互作用，产生一次电子的弹性散射、二次电子、背散射电子、吸收电子、X 射线、俄歇电子等信息，这些信息与样品表面的几何形状以及化学成分等有很大的关系。通过扫描电子束扫描样品上的不同位置，收集这些信息后经过放大送到成像系统，样品表面扫描过程任意点发射的信息均可以记录下来，获得图像的信息，通过信息和样品位置的对应关系就可以获得样品表面形貌的分布，其成像原理见图 4-20。样品表面上电子束扫描幅度和显像管上电子束扫描幅度决定图像的放大倍数。

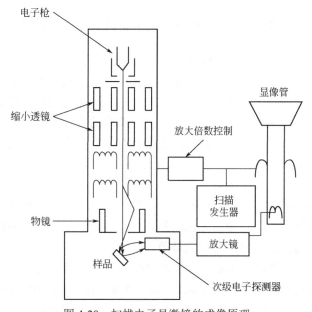

图 4-20　扫描电子显微镜的成像原理

高能电子束与固体样品的原子核及核外电子发生作用后，可产生多种物理信号，如二次电子、背散射电子、吸收电子、俄歇电子、特征 X 射线等，如图 4-21 所示。

a.二次电子像　在 SEM 中主要利用二次电子的信息观察样品的表面形貌。二次电子的能量一般在 50eV 以下，并从样品表面 5～10nm 的深度范围内产生，向样品表面的各个方向发射出去。利用附加电压集电器就可以收集从样品表面发射出来的所有二次电子。被收集的二次电子经过加速，可以获得 10keV 左右的能量。可以通过闪烁器把电子激发为光子，最后再通过光电倍增管产生电信号，进行放大处理，获得与原始二次电子信号成正比的电流信号。在 SEM 中形貌像的信息主要来自二次电子像。一般来说，二次电子像的信息来自样品表面下 5～10nm 的深度范围，产生区域大小则是由辐照电子束的直径以及二次电子能发射到表面深度下电离化区域大小所决定的。

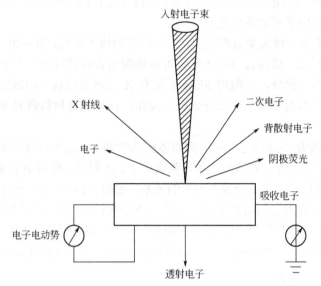

图 4-21　高能电子束与固体样品表面作用时的物理现象

　　b.背射电子像　　高能入射电子在样品表面受到弹性散射后可以被反射出来，该电子的能量保持不变，但方向发生了改变，该类电子称为反射电子。入射电子数与反射电子数的比称为反射率。反射电子像中包含有元素的化学成分和表面形貌的信息。反射电子像与样品材料的原子序数有很大关系。由于重元素的反射率大，图像的亮度就高，轻元素的反射率小，图像也就暗。此外，反射电子像也与样品表面的形状有很大关系。突起的部分就亮，凹下去的部分则由于反射电子的数量少，呈暗影。原则上反射电子源的强度越大，则反射电子像的分辨率将降低。用背反射信号进行形貌分析时，其分辨率远比二次电子低。因为背反射电子是来自一个较大的作用体积。此外，背反射电子能量较高，它们以直线轨迹逸出样品表面，对于背向检测器的样品表面，因检测器无法收集到背反射电子呈现一片阴影，因此在图像上会显示出较强的衬度，而掩盖了许多有用的细节。

　　c.特征 X 射线分析　　当电子束辐照到样品表面时，可以产生荧光 X 射线，可以使用能谱分析和波谱分析来获得样品微区的化学成分信息。X 射线的信息深度是 0.5～5μm。由于不同元素发射出的荧光 X 射线的能量是不一样的，也就是说特定的元素会发射出波长确定的特征 X 射线。通过将 X 射线按能量分开就可以获得不同元素的特征 X 射线谱，这就是 X 射线能谱分析的基本原理。在 SEM 中，主要利用半导体硅探测器来检测特征 X 射线，通过多道分析器获得 X 射线能谱图，从中可以对元素的成分进行定性分析和定量分析。因为电子激发产生的荧光 X 射线也是一种波，因此可以通过晶体分光的方法把 X 射线按波长分离开，从而可以获得不同波长的特征 X 射线谱。通过正比计数器进行检测，其优点是光谱的分辨率高（高于 5eV），信噪比大，并能分析原子序数为 5 以上的元素，其定量效果好；其缺点是不能同时分析，需要逐个元素进行分析，分析速度慢。

② TEM　TEM 是以波长很短的电子束作照明源，用电磁透镜聚焦成像的一种具有高分辨本领、高放大倍数的电子光学仪器，其主要特点是可以获得非常高的放大倍数，在纳米尺度观察样品的形貌结构，因此，对纳米光催化材料的研究具有重要价值。

TEM 的工作原理是依据阿贝光学显微镜衍射成像原理，如图 4-22 所示。TEM 中，物镜、中间镜、透镜是以积木方式成像，即上一透镜的像就是下一透镜成像时的物，也就是说，上一透镜的像平面就是下一透镜的物平面，这样才能保证经过连续放大的最终像是一个清晰的像。在这种成像方式中，如果电子显微镜是三级成像，那么，总的放大倍数就是各个透镜倍率的乘积，即：

$$M=M_0 \times M_i \times M_p \tag{4-51}$$

式中，M_0 为物镜放大倍率，数值在 50～100；M_i 为中间镜放大倍率，数值在 0～20；M_p 为投影镜放大倍率，数值在 10～150；M 为总的放大倍率，数值在 1000～200000 内连续变化。

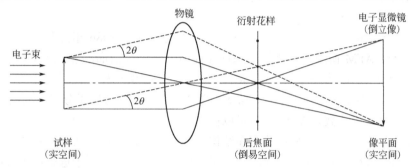

图 4-22　透射电子显微镜成像原理

a.TEM 信息分析　由 TEM 给出的图像信息可进行材料的形貌结构分析、颗粒大小及分散性分析。另外，通过 TEM 电子衍射谱可得到材料的晶体结构信息；TEM 与附件 EDS 联用可进行纳米微区成分分析；利用高分辨 TEM 还可以获得晶胞排列的信息，还可以确定晶胞中原子的位置。

b.TEM 电子衍射谱　TEM 电子衍射谱的分析和标定是测定微区晶体点阵结构的重要方法，电子衍射谱的图像既可以由装备在 TEM 上的电荷耦合元件直接获取，也可以通过扫描仪扫描衍射谱照片得到，前者是电子衍射谱实现实时分析的必要环节，但硬件要求较高。在光催化研究中经常遇到测定微米级以下的微相和微区以及轻元素原子有序的晶体点阵问题，这些测定必须借助于 TEM 电子衍射，TEM 电子衍射谱传达了材料结构的重要信息，它具有晶体结构信息，与组织图像可以一一对应；由于电子散射强度比 X 射线高 10000 倍，采集电子衍射谱的时间只需几秒，操作方便；适于分析微区和微相的晶体结构；电子射谱本身是晶体倒易点阵的二维截面图像，简明直观，易于观察；电子衍射谱的形状能直接反映晶体形状、塑变、缺陷和应变场的特征等特点，以上特点是电子衍射谱受到重视并且得到广泛应用的原因。

c.电子能量损失谱　TEM 同能谱仪联用为材料的元素分析提供了方便。对原子序数高的元素分析，可以做到定性分析和半定量分析；对轻元素分析，如 C，多数为定性分析。从电子能量损失谱不但可以得到样品的化学成分、电子结构、化学成键等信息，还可以根据电子能量损失谱的各部位选择成像，不仅明显提高了电子显微像与衍射图的衬度和分辨率，而且可提供样品中的元素分布图。元素分布图是表征材料的纳米或亚纳米尺度的组织结构特征（如细小的掺杂物、析出物和界面的探测及元素分布信息、定量的相鉴别及化学成键图等）快速且有效的分析方法，其空间分辨率可达 1nm。

d.高分辨 TEM（HRTEM） HRTEM 是观察材料微观结构的方法。不仅可以获得晶胞排列的信息，还可以确定晶胞中原子的位置。200kV 的 HRTEM 点分辨率为 0.2nm，1000kV 的 HRTEM 点分辨率为 0.1nm，可以直接观察原子像。高分辨像主要有晶格条纹像、一维结构像、二维晶格像（单胞尺度的像）、二维结构像（原子尺度的像、晶体结构像）和特殊像等种类。晶格条纹像常用于微晶和析出物的观察，可以揭示微晶的存在以及形状，但不能获得结构信息，可通过衍射环的直径和晶格条纹间距来获得。一维结构像含有晶体结构的信息，将观察像与模拟像对照，就可以获得像的衬度与原子排列的对应关系。在二维像中，能观察到显示单胞的二维晶格像，该像含有单胞尺度的信息，但不含原子尺度的信息，称为晶格像。在分辨率允许的范围内，尽可能多用衍射波成像，就可以使获得的像中含有单胞内原子排列的信息。

③ 原子力显微镜（AFM） AFM 是 Binnig 和 Quate 于 1986 年发明的。与所有的扫描探针显微镜一样，AFM 使用一个极细的探针在样品表面进行扫描，探针位于一悬臂的末端顶部，该悬臂可对针尖和样品间的作用力做出反应，AFM 提供一种使锐利的针尖直接接触样品表面成像的方法。绝缘的样品和有机样品均可以成像，可以获得原子分辨率的图像。AFM 的应用范围比 STM 更为广阔，AFM 实验可以在大气、超高真空、溶液以及反应性气氛等各种环境中进行，除了可以对各种材料的表面结构进行分析外，还可以研究材料的硬度、弹性、塑性等力学性能以及表面微区摩擦性质；也可以用于操纵分子、原子进行纳米尺度的结构加工和超高密度信息存储。

二极管激光器发出的激光束经过光学系统聚焦在微悬臂背面，并从微悬臂背面反射到由光电二极管构成的光斑位置检测器。在样品扫描时，由于样品表面的原子与微悬臂探针尖端的原子间的相互作用力，微悬臂将随样品表面形貌而弯曲起伏，反射光束也将随之偏移，因此，通过光电二极管检测光斑位置的变化，就能获得被测样品表面形貌的信息。AFM 对层状材料、离子晶体、有机分子膜等材料的成像可以达到原子级的分辨率。人们已经获得了云母、石墨、LiF 晶体、PbS 晶体以及有机分子 LB 膜等材料的原子或分子分辨图像。但是由于原子尺度上的反差机理还难以解决，所以原子分辨图像的获得很困难。

TEM 只能在横向尺度上测量纳米粒子、纳米结构的尺寸，而对纵深方向上尺寸的检测无能为力。AFM 在三个维度上均可以检测纳米粒子尺寸的大小，纵向分辨率可以达到 0.01nm。在横向分辨上由于针尖放大效应常常造成检测尺寸偏大，一般可以结合 TEM 或 STM 对纳米结构进行分析。

④ 粒度分析 激光是一种电磁波，它可绕过障碍物，并形成新的光场分布，称为衍射现象。例如平行激光束照在直径为 d 的球形颗粒上，在颗粒后可得到一个圆斑，称为 Airy 斑。Airy 斑直径 $D=2.44\lambda f/d$，λ 为激光波长，f 为透镜焦距，由此式可计算颗粒直径 d。

激光粒度测量仪的工作原理基于夫琅禾费衍射和米氏散射理论的结合。根据物理光学推论，颗粒对于入射光的散射服从经典的米氏理论。米氏散射理论是麦克斯韦电磁波方程组的严格数学解。米氏散射理论认为颗粒不仅是激光传播中的障碍物，而且对激光有吸收部分透射和辐射作用，由此计算得到的光场分布称为米氏散射。激光粒度仪是利用激光所特有的单色性、直进性、聚光性及容易引起衍射现象的光学性质制成的。当分散在液体中的颗粒受到激光照射时，就产生衍射现象，该衍射光通过傅氏透镜后，在焦平面上形成"靶芯"状的衍射光环，衍射光环的半径与颗粒的大小有关，衍射光环光的强度与相关粒径颗粒的多少有关。

激光粒度分析技术目前主要采用夫琅禾费原理进行粒度及粒度分布分析。针对不同被测体系粒度范围，又可具体划分为激光衍射式和激光动态光散射式两种粒度分析仪。从原理上讲，衍射式粒度仪对粒度在 5μm 以上的样品分析较准确，而动态光散射粒度仪对粒度在 5μm 以下的纳米、亚微米颗粒样品分析准确。原因在于：当一束波长为 λ 的激光照射在一定粒度球形小颗粒上时，会发生衍射和散射两种现象，通常当颗粒粒径不小于 10λ 时，以衍射现象为主；当粒径小于 10λ 时，则以散射现象为主。目前的激光粒度仪多以 500~700nm 波长的激光作为光源。因此，衍射式粒度仪对粒径在 5μm 以上的颗粒分析结果非常准确，而对于粒径小于 5μm 的颗粒则采用了一种数学上的米氏修正。因此，它对亚微米级和纳米级颗粒的测量有一定的误差，甚至难以准确测量。散射式激光粒度仪直接对采集的散射光信息进行处理，因此，它能够准确测定亚微米级、纳米级颗粒，而对粒径大于 5μm 的颗粒来说，散射式激光粒度仪则无法得出正确的测量结果。在利用激光粒度仪对微纳体系进行粒度分析时，必须对被分析体系的粒度范围事先有所了解，否则分析结果将不会准确。另外，激光法粒度分析的理论模型是建立在颗粒为球形、单分散条件上的，而实际上被测颗粒多为不规则形状并呈多分散性。因此，颗粒的形状、粒径分布特性对最终粒度分析结果影响较大，而且颗粒形状越不规则，粒径分布越宽，分析结果的误差就越大。激光粒度分析法具有样品用量少、自动化程度高、快速、重复性好并可在线分析等优点；缺点是这种粒度分析方法对样品的浓度有较大限制，不能分析高浓度体系的粒度及粒度分布，分析过程中需要稀释，从而带来一定的误差。

（5）光吸收性能分析　光催化材料的催化性能与材料的光学性质有密切的关系，常用的光学性能研究包括紫外-可见漫反射吸收光谱（UV-Vis DRS）以及荧光光谱。UV-Vis DRS 是表征光催化剂固体光吸收性能的一种常用方法。利用 UV-Vis 吸收光谱不仅可以分析光催化材料的吸光性能，探讨其材料的电子结构，还可以计算获得半导体材料的能带间隙。利用荧光光谱可以分析光催化材料内部的电子-空穴对的复合，并与光催化活性相关联。

分子的 UV-Vis 吸收光谱法是基于分子内电子跃迁产生的吸收光谱进行分析测定的一种仪器分析方法，波长范围为 200~800nm。UV-Vis 吸收光谱不能广泛用于有机化合物的鉴定，但是对于含有生色基团和共轭体系的有机化合物的鉴定仍是非常有用的。它可以用于物质的常量、微量和痕量分析；能用于元素周期表中几乎所有金属元素的测定，亦能用于非金属元素分析，在有机化合物定性鉴定中，也是一种重要的辅助手段。UV-Vis 吸收光谱法在测定之前，先将光谱分光，然后测定其吸光度，因此也称为分光光度法，所用仪器即称为分光光度计。

由于分子中除了电子运动之外，还有组成分子的各原子间的振动以及分子的整体转动，这三种状态都对应一定的能级，即电子能级、振动能级和转动能级。当分子吸收外来的辐射后，发生电子能级间的跃迁时，产生电子光谱。电子光谱位于紫外和可见区，称为 UV-Vis 光谱。各种化合物的 UV-Vis 吸收光谱的特征也就是分子中电子在各能级间跃迁的内在规律的体现，据此，可以对许多化合物进行定量分析。

在光催化的研究中，固体紫外光谱是研究光催化剂光学性质的一个重要手段。物质受光照射时，通常发生两种不同的反射现象，即镜面发射和漫反射。对于粒径较小的纳米粉体，主要发生的是漫反射。漫反射满足库贝尔卡-蒙克（Kubelka-Mmunk）方程式：

$$F(R)=(1-R_\infty)^2(2R_\infty)=K/S \tag{4-52}$$

式中，K 为吸收系数，与吸收光谱中的吸收系数的意义相同；S 为散射系数；R_∞ 为无限厚样品的反射系数 R 的极限值。

事实上，反射系数 R 通常采用与一已知的高反射系数（$R_\infty \approx 1$）标准物质（如 $BaSO_4$ 和 $MgSO_4$）比较来测量。如果同一系列样品的散射系数 S 基本相同，则 $F(R)$ 与吸收系数成正比，因而可用 $F(R)$ 作为纵坐标，表示该化合物的吸收带，又因为 $F(R)$ 是利用积分球的方法测量样品的反射系数得到的，所以 $F(R)$ 又称为漫反射吸收系数。

（6）热分析　热重分析（TGA）所用的仪器是热天平；差热分析（DTA）是在程序控制温度下，测量样品与参比物（一种在测量温度范围内不发生任何热效应的物质）之间的温度差与温度关系的一种技术。

TGA 的基本原理是：样品质量变化所引起的天平位移量转化成电磁量，这个微小的电量经过放大器放大后，送入记录仪记录；而电量的大小正比于样品的重量变化量。当被测物质在加热过程中升华、气化、分解出气体或失去结晶水时，被测的物质质量就会发生变化。这时热重曲线就不是直线而是有所下降。通过分析热重曲线，就可以知道被测物质在多少度时产生变化，并且根据失重量，可以计算失去了多少物质（如 $CuSO_4 \cdot 5H_2O$ 中的结晶水）。从热重曲线上就可以知道 $CuSO_4 \cdot 5H_2O$ 中的 5 个结晶水是三步脱去的。TGA 可以得到样品的热变化所产生的热物性方面的信息。

DTA 的基本原理是：许多物质在加热或冷却过程中会发生熔化、凝固、晶型转变、分解、化合、吸附、脱附等物理化学变化。这些变化必将伴随体系的改变，因而产生热效应，其表现为该物质与外界环境之间有温度差。选择一种对热稳定的物质作为参比物，将其与样品一起置于可按设定速率升温的电炉中，分别记录参比物的温度以及样品与参比物间的温度差，以温差对温度作图就可以得到一条差热分析曲线，或称差热谱图。如果参比物和被测物质的热容大致相同，而被测物质又无热效应，两者的温度基本相同，此时测到的是一条平滑的直线，该直线称为基线。被测物质发生变化产生热效应，在差热分析曲线上就会有峰出现。热效应越大，峰的面积也就越大。在 DTA 中通常还规定：峰顶向上的峰为放热峰，它表示被测物质的焓变小于零，其温度将高于参比物；相反，峰顶向下的峰为吸收峰，表示样品的温度低于参比物。一般来说，物质的脱水、脱气、蒸发、升华、分解、还原、相的转变等均表现为吸热，而物质的氧化、聚合、结晶和化学吸附等表现为放热。

（7）比表面和孔分布分析　纳米颗粒的比表面积测试一般是将样品放入吸附气体中，其物质表面（颗粒外部和内部通孔的表面）在低温下将发生物理吸附。当吸附气体达到平衡时，测量平衡吸附压力和吸附的气体量，根据 BET 方程式，可求出样品单分子层吸附量，从而计算出样品的比表面积。一般采用氮气作为吸附气体，但比表面积极小的样品可选用氪气。在测量之前，必须对样品进行脱气处理，这一点对于纳米材料尤为重要。

孔体积或吸附量在不同孔径范围内（或孔组）的分布，称为孔分布。对孔分布的分析主要是根据热力学的气液平衡理论研究吸附等温线的特征，采用不同的适宜孔形模型进行孔分布计算。

对于一般多相催化反应，在反应物充足和催化剂表面活性中心密度一定的条件下，表面积越大，活性越高。对于光催化反应，它是由光生电子与空穴引起的氧化还原反应，催化剂表面不存在固定的活性中心。因此，表面积是决定反应基质吸附量的重要因素，在晶格缺陷等其他因素相同时，表面积大则吸附量大，有利于光催化反应在表面上进行，表现出更高的活性。

常用 BET 氮吸附容量法测定光催化剂的比表面积。BET 理论认为：气-固物理吸附是由固体表面通过范德华力吸附氮气分子，气相中的分子亦可通过范德华力被已吸附于固体表面的分子吸附，即吸附是多层的，第二吸附层起吸附作用的分子以液态存在，在一般情况下，吸附层趋于无穷时，则

$$V=V_m/\{p_0+p\left[1+(C-1)p/p_0\right]\} \tag{4-53}$$

式中，C 为常数；p 为饱和蒸气压；V_m 为单分子层分子全部覆盖固体表面所需体积；p_0 为实际压力。

在应用 BET 法时，特别强调 BET 曲线的直线范围，并且 C 要和完整的单分子覆盖层中吸附质分子的面积所取的值相一致。在处理 BET 面积的实验数据时应当谨慎，特别在氮的 C 超出 80～120 范围时就更应该注意。

在许多光催化剂研究中，催化剂单粒（如催化剂小球或片）都是多孔的，显然孔结构和总表面积是有关联的。总表面积和孔径分布二者都可以由物理吸附来测定。大多数物理吸附等温线可以分为如图 4-23 所示的六种类型。Ⅰ 型吸附等温线的特点是在一定压力后呈现接近饱和的情况，限于单层吸附的化学吸附属于这种类型，常称为朗格缪尔型。物理吸附也有这种情况，常出现于微孔固体（孔宽度≤2nm）的吸附。由于孔壁邻近效应，引起吸附的作用能显著提高，在相对压力很小范围内，微孔就逐渐填满，以后随相对压力的增加，这种微孔吸附已成饱和。Ⅱ 型是最常见的吸附等温线，呈 S 形，这种类型等温线的吸附剂是非多孔颗粒的粉末。Ⅲ 型吸附等温线呈凹形，常见于吸附作用甚弱的情况。Ⅳ 形吸附等温线与类型 Ⅱ 相似，不同的是吸附剂含相当多的中孔（孔宽度为 2～50nm），在一定的相对压力范围吸附质在中孔内的毛细管凝聚呈现饱和。Ⅴ 型与 Ⅲ 型吸附等温线的区别正如 Ⅳ 型与 Ⅱ 型的区别一样，也是由于吸附剂含相当多的中孔产生了毛细管凝聚，在一定的相对压力范围内呈现饱和。Ⅵ 型吸附等温线又叫阶梯形等温线，非极性的吸附质在物理、化学性质均匀的非多孔固体上吸附时常见。阶梯形等温线是先形成第一层二维有序的分子层后，再吸附第二层。吸附第二层显然受第一层的影响，因此成为阶梯形。已吸附的分子发生相变化时也呈阶梯形，但只有一个台阶。发生 Ⅵ 型相互作用时，达到吸附平衡所需的时间长，形成结晶水时也出现明显的阶梯形状。

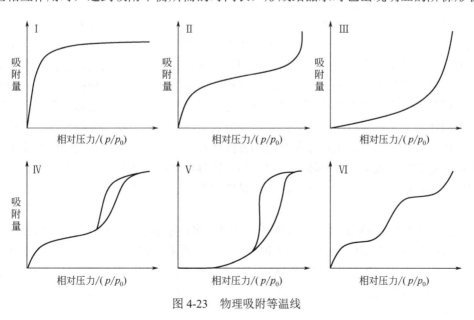

图 4-23　物理吸附等温线

测量孔大小分布有两个重要的方法，即物理吸附滞后现象分析法和汞孔率计法。X 射线小角散射也可给出某些有用的信息，由光学或电子显微镜还可得到更多的数据。基于物理吸附滞后现象的方法对于 2～20nm 的孔最有用，而汞孔率计法适用的范围是 10～50nm 的孔。因此，有一个适当的重叠区域。X 射线小角散射（当可能应用时）可给出有关 1～100nm 孔的信息。电子显微镜法以直接观察和测量孔的大小作为依据。这些方法比较直截了当，并且能直接求得微分孔径分布曲线，但在大多数的情况下，由于孔的形状有着极大的可变性，在进行有意义的孔大小测量时经常遇到困难，因而很难获得准确的数据。一般来讲，为了得到有关孔结构的定性骨架以及催化剂形貌和纹理等方面特征，电子显微镜法是非常重要的。

4.3.5　光催化氧化的主要影响因素

影响光催化降解效率的因素主要有催化剂、光源及光强、反应器类型、pH 值、温度、外加氧化剂和溶解性盐类等。

（1）催化剂的影响　催化剂对光催化过程的影响体现在催化剂的类型、投加量以及制备方法等方面。根据半导体能带理论，光催化剂的活性受光催化剂本征特性、晶型结构、粒径、比表面积等的影响。晶型对光催化剂的影响是被公认的。比如 TiO_2 有三种不同的晶型，即锐钛矿型、金红石型和板钛矿型，具有光催化作用的主要是锐钛矿型。不同的晶型结构不仅影响光催化剂的禁带宽度，还能影响光催化剂的光生载流子的分离和迁移效率。对于同一种晶型而言，不同晶面的吸附特性是不同的，光生载流子的复合率也不同。对于光催化反应，不同的晶面对应着不同的反应能力。例如对锐钛矿型的 TiO_2 而言，理论计算表明（101）晶面热力学上稳定但活性较低，而（001）晶面反应活性最高，但是不太稳定。由半导体理论可知：任何半导体均存在本征缺陷，而缺陷对半导体载流子传输的作用是相对的，具体是有利还是有害，还要根据缺陷的程度和类型来判断。但总体来说结晶性的增大对光催化反应是有利的。一般认为只有结晶性高的材料才能具有共有化的电子，有利于载流子的输运。

催化剂的粒径对光催化反应的效率有显著的影响。普通 TiO_2 的光催化能力很弱，而纳米级 TiO_2 具有非常高的光催化活性。这主要是由于其纳米结构和高的比表面积，对于一般的热催化反应，在表面活性位点一致的情况下，比表面积越高则反应活性越高，然而对于光催化反应，这个结论则稍有不同。首先是由于光催化反应由光照引发，比表面积高并不意味着这些表面均暴露在光照下，这些未暴露的比表面积便不是有效的比表面积；其次，一般光催化反应的机理是由于生成具有较高活性的·OH，这些活性基团可以离开表面一定距离而氧化催化剂周围的底物，所以活性中心不是固定在反应表面上；最后，根据光催化反应机理，主要决定光催化反应速率的是光生电子和空穴的界面转移速率，而不是底物的吸脱附速率，所以当比表面积足够高以致可以很快吸附底物，界面转移速率则会成为反应速率的制约因素，比表面积仅是决定活性的重要因素之一，并不是决定性的因素，当然，高的比表面积总的来说是对光催化有利的。

在制备粉末颗粒 TiO_2 的过程中需要进行焙烧工序，制备的方法不同所需要的焙烧温度也不相同。过高的温度会促使 TiO_2 晶体由锐钛矿型向金红石型转变，导致降低其光催化活性，大量试验表明：焙烧温度控制在 350～550℃较为理想，超过 700℃容易产生副作用。另外，催化剂的投加量也会对降解效率造成影响。一般来说，在催化剂投加量很小的情况下，光辐射能量不能够被充分地利用，导致光催化的降解率不高，并且降解率随着催化剂投加量的增加而升高；在催化剂投加量很大的情况下，过多的催化剂会增强光辐射的散射效应，从而影响对光辐射的有效吸收，单位质量的催化剂得到的光子数反而减少，催化效率也会降低。

（2）光源及光强的影响　光源的选择将会影响到光催化体系的稳定性、可控性等。从理论上讲，能量大于光催化剂禁带宽度的光子均能激发光催化活性。因此，光源选择比较灵活，如高压汞灯、黑光灯、紫外杀菌灯和氙灯等，波长一般在 250～800nm 可调。光强越大，提供的光子越多，光催化氧化降解污染物的能力越强。但是，当光强增大到一定程度之后，光催化氧化降解的效率反而降低，这可能是因为尽管光强的增大有更多的光生电子-空穴对的产生，但是不利于电子-空穴对的迁移，从而复合的可能性增大。由于存在中间氧化物在催化剂表面的竞争性复合，光强过强时光催化效果不一定就好。

（3）光催化反应器的影响　光催化反应器会影响光强的利用效率、废水的流动力学特征和水力停留时间等，从而影响光降解效率。无论何种类型的反应器，一个合适的光催化反应器应具有测量性、良好的固液传质以及较低的压降，与其配套的光源要求发射强度适中、电绝缘性好、结构设计合理、方便更换。此外，在拥有较高的催化剂比表面积与反应器体积比的前提下，反应器的设计应尽可能地让催化剂发挥催化效率，充分利用光源。

（4）pH 值的影响　溶液的 pH 值对光催化过程有较大影响。首先，pH 值可以影响半导体表面的电荷情况，进而影响其对底物的吸附性。例如，TiO_2 在水中的等电点大约在 pH 值为 6 附近，当 pH 值低于等电点时，TiO_2 表面带正电，则有利于阴离子染料如甲基橙的吸附降解，而当 pH 值高于等电点时，TiO_2 表面带负电，则有利于阳离子染料如亚甲基蓝的吸附降解；其次，pH 值还可能影响半导体的能带位置，根据能斯特方程，pH 值越高其价带和导带能级位置上移，使空穴的氧化能力下降，不利于光催化氧化反应的进行；再次，光催化氧化反应中·OH 是主要活性物种，所以碱性条件下 OH^- 较多，有利于·OH 生成；最后，pH 值还影响光催化剂的稳定性，如 Bi_2WO_6 在酸性条件下会转化为 H_2WO_4 而失活。需要指出的是：采用同一个 TiO_2 光催化氧化体系在处理不同的污染物时，pH 值对降解速率的影响是不同的。大量的试验证明：不同结构的污染物质，在光催化降解的过程中都有其特定的最佳 pH 值。另外，在确定某一种物质光催化降解的最佳 pH 值时，同时还应该考虑光辐射强度的大小。虽然对于一个确定的光催化反应器来讲，其光辐射强度的影响是固定的，但是在被处理废水的 pH 值为某一确定值的情况下，光辐射强度对降解效率的影响更为显著。

（5）温度的影响　温度对反应过程的影响主要体现在解吸、吸附、界面迁移和重排等方面，而这些作用都不是决定光催化反应速率的重要步骤，因此，温度对光催化反应的影响并不明显。需要注意的是：光催化体系在降解污染物的过程中通常包含一系列的氧化还原反应，而这些氧化还原反应大多数都是伴随着吸热或者放热效应的，所以还是需要考虑温度对光催化反应速率的影响。

（6）外加氧化剂的影响　催化剂在光源辐射的情况下，会产生光生电子-空穴对，产生的两种载流子正是提升光催化反应效率的核心物质。但是这两种载流子在半导体中有复合的趋势，为了保证光催化反应的有效进行，就必须采用某种措施来减少光生电子和空穴的复合。由于氧化剂是非常有效的导带电子的捕获剂，导带电子被捕获后，就减少了其与光生空穴的复合，因此外加氧化剂能够有效地提升光催化反应的速率和效率。已经发现的能够促进光催化氧化反应的氧化剂有 O_2、H_2O_2、Fe^{3+} 等，其中 O_2 和 H_2O_2 因其捕获电子后的生成物是 H_2O，因此是比较理想的电子捕获剂。理论上讲，当加入 O_2 作为电子捕获剂时，有机物在光催化剂表面的降解总反应由很多步骤组成,其中光生电子传递给 O_2 的速率是决定该总反应速率的决定性步骤。O_2 作为电子捕获剂不但阻止了光生电子和空穴的复合,同时还能够产生具有高活性的 O_2^-。当采用 H_2O_2 作为电子捕获剂时,H_2O_2 捕获电子后有助于提高·OH 的生成速率。需要注意的是:H_2O_2 的投加量一定要控制在合适的范围内,否则过量的 H_2O_2 会猝灭·OH,导致降解速率降低,而且还造成了氧化剂的浪费。

(7)废水浓度及共存离子的影响 光催化降解速率与废水初始浓度有关。一般来说,光催化降解速率随着废水初始浓度的增加而降低。废水中的共存离子对光催化反应也会产生影响,影响的类型和强度往往与盐的种类有关。废水中高的 ClO_2^-、ClO_3^-、IO_4^-、$S_2O_8^=$ 及 BrO_3^- 可增大光降解速率,因为这些离子可以捕获导带的电子,使电子和空穴复合困难,从而提高·OH 产率。而 Cl^-、NO_2^-、SO_4^{2-}、PO_4^{3-} 等离子扮演自由基猝灭剂的角色,减少光催化体系中的·OH 量,从而降低光降解速率,因此,反应过程前后对此类离子的干扰应有相应地应对措施,才能保证光催化水处理系统高效运行。

4.3.6 光催化氧化的动力学模型

光催化氧化的动力学研究对于水处理技术的规模化应用非常有帮助。利用合理的动力学模型对实验数据描述可以使得光催化反应系统设计更加优化。

朗格缪尔-欣谢尔伍德(Langmuir-Hinshelwood,L-H)动力学方程是针对表面反应为速度控制步骤的多相催化反应而提出的。该机理假定表面是理想的,吸附质在表面的吸附平衡都满足朗格缪尔吸附等温式。随着反应时间的增加,有更多的表面积可利用,因此反应速率逐渐增加,直到所有的分解反应完成后反应速率才降为 0。

在大多数光催化研究中,都采用 L-H 动力学方程来作为 TiO_2 光催化动力学方程的描述式,但是这些研究通常只涉及单一成分的化合物。以有机化合物为例,目前为止,不同的有机化合物,包括染料分子、杀虫剂、除草剂、酚类化合物以及简单的烷烃、卤代烷、脂族醇、羧酸等物质的光催化动力学模型都已经被研究。但需要指出是:对于无选择氧化特性的·OH 来说,以所研究的目标污染物的降解规律作为反应器设计的参考是有些不合适的。因为在一个有机化合物完全矿化的过程中,生成了许多中间产物,这些中间产物与目标污染物发生了竞争关系,这些在这个动力学模型中是被忽视的。因此,在光催化矿化有机物的动力学模型中,采用 COD 或者 TOC 的去除率可能更为准确。

研究人员做了一些假设,以使得 L-H 动力学方程更适用于光催化矿化过程:

① 反应是在催化剂表面所吸附的自由基和有机物之间发生的;

② 反应是在催化剂固-液界面附近溶液中的自由基和所吸附有机物之间发生的;

③ 反应是在催化剂固-液界面附近溶液中的有机物和所吸附的自由基之间发生的;

④ 反应发生在界面附近溶液中的自由基和有机物之间。

一些研究人员发现:零级或者一级动力学方程即可以有效地表征有机物矿化过程,但是需要一个前提条件就是溶液中所溶解反应物的浓度不能过低。在大部分动力学方程中,经常可以看到稳定的动力学变化规律,去除效率随着反应时间的增加逐渐增加,直到反应结束。这样的反应规律适合用 L-H 方程表达,即光催化降解反应速率 r 与有机物浓度成正比关系:

$$r = \frac{dC}{dt} = k_r \theta_x = \frac{k_r KC}{(1+KC)} \tag{4-54}$$

式中，k_r 为反应速率常数（大多数水中光催化反应的速率常数 k_r 为 $10^6 \sim 10^9 \text{m/s}$）；$C$ 为有机物浓度；K 为朗格缪尔吸附常数。

式（4-54）成立的条件依赖于以下几个假设：

① 反应系统处于动态平衡；

② 反应发生在催化剂表面；

③ 中间产物和催化剂表面其他活性氧物质对 TiO_2 表面空穴的竞争不受限制。

如果这些假设成立，反应器只需由表面吸附位、有机物分子、中间产物、电子-空穴对以及活性氧物质构成。

k_r 是一个比例常数，反映了催化剂内在的光生活性与底物浓度的关系，其取值与光强等因素有一定联系。K 是系数常数，可以很容易地通过初始浓度和某一时态浓度的差值计算出来。

$$\frac{1}{r} = \frac{1}{k_r} + \frac{1}{k_r K C} \tag{4-55}$$

$$\ln \frac{C}{C_0} + K(C - C_0) = -k_r K t \tag{4-56}$$

由于在暗吸附和照射期间存在着吸附和脱附现象，因此根据 $1/r$ 和 $1/C$ 线性关系确定的反应速率常数值要小于 k_r，这个常数值也就是所谓的表观速率常数 k' 可以表示为：

$$r = -\frac{\text{d}C}{\text{d}t} = k_r K C = k'C \tag{4-57}$$

重新整合式（4-57），得到准一级反应动力学模型：

$$C = C_0 \exp(-k't) \tag{4-58}$$

$$\ln \frac{C}{\text{d}t} = -k_r K t = -k't \tag{4-59}$$

表观反应常数没有实际的物理意义，但适合于在光催化水处理体系中进行动力学描述和降解速率的比较。另外，需要考虑的是当照射光的波长较小时，光子具有的能量较大，有可能导致有机物被直接光解，从而使动力学方程变得更加复杂。严格的意义上说，根据 L-H 方程求出的反应速率常数 k_r 是表观反应速率常数 k'，对于实际中复杂的光催化反应系统，真实的反应速率常数 k_r 与反应器的特征、入射光波的特性以及反应体系等很多因素有关。

4.3.7　光催化氧化存在的问题及发展方向

光催化氧化作为一种新型的高级氧化水处理技术，只需要光源辐射、催化剂和空气，原材料简单，已经成为一种很有前景的水处理技术。虽然对于高浓度难降解的工业有机废水的研究在理论取得了很大的成果，但是作为近几十年来才发展起来的新技术，光催化氧化技术基本上仍然处于实验室规模的理论探索阶段，限制该技术在实际生产中大规模应用的主要原因在于：

① 光辐射激发产生的光生电子和空穴的状态是不稳定的，容易进一步发生多种反应，其中最重要的反应就是光生电子-空穴对的重新复合，这极大地影响了光催化氧化反应的效率。要想使光催化反应有效地进行，势必要寻找某种合适的方法，来降低光生电子-空穴对的复合反应。

② 目前应用最为广泛的纳米 TiO_2 光催化剂禁带宽度较大。采用太阳光源照射时，对辐射能量的利用效率极低，仅能利用辐射光强的 4%～6%；采用人工光源照射时，如紫外灯或者汞灯光源，对电能的消耗量十分巨大，因此限制了光催化氧化技术的进一步发展和

实际应用。

③ 非均相光催化反应所需的激发光子在传播过程中受废水的色度、悬浮物影响衰减很快，使得光催化降解高色度废水时效率降低。为了增大到达光催化剂表面的光子总量，采用大功率光源势必将降低光催化工艺的成本优势。

④ 悬浮型催化剂比表面积大，光催化效果较好，但存在着难以回收利用的问题；而负载型光催化剂虽然易于重复利用但受制于固定后比表面积严重下降，光催化降解效率较低，为了提高比表面积，光催化剂颗粒的粒径通常都制作得非常细小，甚至达到纳米的级别，如此细小的颗粒如果固定不当，容易随被处理的废水流失，从而造成浪费和二次污染，也增加了运行成本。

⑤ 虽然光催化氧化技术在处理难降解有机废水时具有很强的能力，但是在很多实际情况下，仅仅依靠使用单独的一种处理方法并不能取得满意的效果。

鉴于以上光催化氧化技术存在的问题，为了在生产实践中早日规模化地应用该项技术，无论在光催化机制方面，还是在工业实际应用方面都需要进一步深入的研究，归纳起来主要有以下几个方面：

① 制备具有高效率性能的催化剂，进一步提升催化剂的催化活性。一方面，加强完善催化剂的改性技术，通过将金属离子、贵金属、光活性物质加入催化剂中，或者将多种光催化剂进行复合，以实现提升光催化剂活性的目的；另一方面，深入研究制备超精细易分散纳米材料的方法，以制备更加高效的光催化剂。

② 深入研究催化剂的固定化技术。选择合适的载体材料，开展负载型催化剂的制备，使其既能保护甚至提升光催化剂的活性，又能够提供较强的结合度，以便于催化剂的回收重复利用；深入研究光催化剂与载体材料之间的相互作用机制，探讨固定化过程中各个因素对光催化反应过程的影响，找到解决催化剂负载化过程中产生的传质受限等问题的方法。

③ 太阳光源辐射中，能够被光催化反应所利用的辐射光范围十分有限，深入研究催化剂表面的改性技术，从而拓宽太阳光源辐射可以利用的波长范围，提高对太阳光辐射的利用效率，以太阳光源代替人工紫外光源，可以极大地降低处理运行成本，对光催化技术的工程化推广具有非常重要的意义。

④ 深入地研究光催化氧化技术降解有机物过程中的反应机制和降解动力学，进而建立科学合理的动力学模型，在此基础上设计出高效适用的光催化反应器。

⑤ 应该不断探索光催化氧化技术与其他水处理技术的结合。在基础理论的研究方面，光催化氧化技术和其他水处理技术的联合应用还需要更多的理论支持，很有必要深入地研究其各自的作用机制以及相互之间的协同机制；在实际应用研究上，需要针对具体的结合情况，对各工艺参数的影响做进一步的深入考察，以优化反应体系的运行效果。

参考文献

[1] 雷乐成，汪大翚. 水处理高级氧化技术[M]. 北京：化学工业出版社，2001.

[2] 马承愚，彭英利. 高浓度难降解有机废水的治理与控制[M]. 北京：化学工业出版社，2006.

[3] 孙德智，于秀娟，冯玉杰. 环境工程中的高级氧化技术[M]. 北京：化学工业出版社，2006.

[4] 张光明，张盼月，张信芳. 水处理高级氧化技术[M]. 哈尔滨：哈尔滨工业大学出版社，2007.

[5] 刘春艳. 纳米光催化及光催化环境净化材料[M]. 北京：化学工业出版社，2008.

[6] 朱永法，姚文清，宗瑞隆. 光催化环境净化与绿色能源应用探索[M]. 北京：化学工业出版社，2014.

[7] 潘春旭，黎德龙，江旭东，等. 新型纳米光催化材料：制备、表征、理论及应用[M]. 北京：科学出版

社，2017.

[8]　刘玥，彭赵旭，闫怡新，等. 水处理高级氧化技术及工程应用[M]. 郑州：郑州大学出版社，2014.

[9]　张峰. 光催化水处理技术[M]. 北京：化学工业出版社，2015.

[10]　卫静. 纳米光催化材料性能研究及应用[M]. 北京：化学工业出版社，2020.

[11]　Gil A，Luis A V，Miguel Á V. Applications of advanced oxidation processes (AOPs) in drinking water treatment[M]. The Handbook of Environmental Chemistry，Switzerland：Springer International Publishing AG，2019.

[12]　Ikehata K，El-Din M G. Aqueous pesticide degradation by hydrogen peroxide/ultraviolet irradiation and Fenton-type advanced oxidation processes：a review[J]. Journal of Environmental Engineering and Science，2006，5（2）：81-135.

[13]　Wols B A，Hofman-Caris C H M. Review of photochemical reaction constants of organic micropollutants required for UV advanced oxidation processes in water[J]. Water Research，2012，46（9）：2815-2827.

[14]　Oturan M A，Aaron J J. Advanced oxidation processes in water/wastewater treatment：principles and applications. a review[J]. Critical Reviews in Environmental Science & Technology，2014，44（23）：2577-2641.

[15]　Miklos D B，Remy C，Jekel M，et al. Evaluation of advanced oxidation processes for water and wastewater treatment—a critical review[J]. Water Research，2018，139：118-131.

[16]　Bhatkhande D S，Pangarkar V G，Beenackers A A C M. Photocatalytic degradation for environmental applications—a review[J]. Journal of Chemical Technology & Biotechnology，2002，77（1）：102-116.

[17]　Kabra K，Chaudhary R，Sawhney R. Treatment of hazardous organic and inorganic compounds through aqueous-phase photocatalysis：a review[J]. Industrial and Engineering Chemistry Research，2004，43（24）：7683-7696.

[18]　Chong M N，Jin B，Chow C W K，et al. Recent developments in photocatalytic water treatment technology：a review[J]. Water Research，2010，44（10）：2997-3027.

[19]　Herrmann J. Heterogeneous photocatalysis-fundamentals and applications to the removal of various types of aqueous pollutants[J]. Catalysis Today，1999，52（1）：115-129.

[20]　Glatmaier G C，Nix R G，Mehos M S. Solar destruction of hazardous chemicals[J]. Journal of Environmental Science and Health Part A：Environmental Science and Engineering and Toxicology，1990，25（5）：571-581.

[21]　Malato S，Femander-Ibanea P，Maldonado M I，et al. Decontamination and disinfection of water by solar photocatalysis：recent overview and trends[J]. Catalysis Today，2009，147（1）：1-59.

[22]　Gaya U I，Abdullah A H. Heterogeneous photocatalytic degradation of organic contaminations over titanium dioxide：a review of fundamentals，progress and problems[J]. Journal of Photochemistry and Photobiology C-Photochemistry Reviews，2008，9（1）：1-12.

[23]　刘杨先，张军. UV/H_2O_2 高级氧化工艺反应机理与影响因素最新研究进展[J]. 化学工业与工程技术，2011，32（3）：18-24.

[24]　焦浩，岳建刚，王洪波，等. UV/H_2O_2 高级氧化工艺去除水中有机污染物的研究进展[J]. 城镇供水，2019，4：67-76.

[25]　吴学深，夏东升，陆晓华，等. 光催化氧化水处理技术中光源的研究进展[J]. 化工环保，2006，26（5）：390-394.

[26]　姚从璞. 紫外线光源及其在光化学领域的应用[J]. 中国照明电器，2007，4：8-12.

[27]　刘秀华，傅依备. 废水处理光催化反应器的发展[J]. 工业水处理，2004，24（12）：1-5.

[28]　曹跟华，罗人明，任宝山. 光催化反应器在污水处理中的研究现状与发展趋势[J]. 环境污染治理技术与设备，2003，4（1）：73-76.

[29]　明彩兵，吴平霄. 光催化反应器的研究进展[J]. 环境污染治理技术与设备，2005，6（4）：1-6.

[30] 刘倩，郑经堂，白倩，等. 光催化反应器的研究进展[J]. 应用化工，2012，41（6）：1056-1059.

[31] 沈伟韧，赵文宽，贺飞，等. TiO$_2$光催化反应及其在废水处理中的应用[J]. 化学进展，1998，10（4）：349-361.

[32] Wyness P, Klausner J F, Goswami D Y, et al. Performance of nonconcentrating solar photocatalytic oxidation reactors. 1. Flat-plate configuration[J]. Journal of Solar Energy Engineering, Transactions of the Asme，1994，116（1）：2-7.

[33] Wyness P, Klausner J F, Goswami D Y, et al. Performance of nonconcentrating solar photocatalytic oxidation reactors. 2. Shallow pond configuration[J]. Journal of Solar Energy Engineering, Transactions of the Asme，1994，116（1）：8-13.

[34] Herrmann J M, Disdier J, Pichat P, et al. TiO$_2$-based solar photocatalytic detoxification of water containing organic pollutants. Case studies of 2,4-dichlorophenoxyaceticacid (2,4-D) and of benzofuran[J]. Applied Catalysis B: Environmental，1998，17（1-2）：15-23.

[35] Sabate J, Anderson M A, Aguado M A, et al. Comparison of TiO$_2$ powder suspensions and TiO$_2$ ceramic membranes supported on glass as photocatalytic systems in the reduction of chromium (VI) [J]. Journal of Molecular Catalysis，1992，71（1）：57-68.

[36] Sczechowski J G, Koval C A, Noble R D. A taylor vortex reactor for heterogeneous photocatalysis[J]. Chemical Engineering Science，1995，50（20）：3163-3173.

[37] Peill N J, Hoffmann M R. Development and optimization of a TiO$_2$ coated fiberoptic cable reactor-photocatalytic degradation of 4-chlorophenol[J]. Environmental Science & Technology，1995，29（12）：2974-2981.

[38] Haarstrick A, Kut O M, Heinzle E. TiO$_2$-assisted degradation of environmentally relevant organic compounds in wastewater using a novel fluidized bed photoreactor[J]. Environmental Science & Technology，1996，30（3）：817-824.

[39] 陈平，尤宏，罗薇楠. TiO$_2$光催化反应器的研究[J]. 哈尔滨商业大学学报（自然科学版），2003，19（2）：238-244.

[40] 谢立进，马峻峰，赵忠强，等. 半导体光催化剂的研究现状及展望[J]. 硅酸盐通报，2006，6：80-84.

[41] 张彭义，余刚，蒋展鹏. 半导体光催化剂及其改性技术进展[J]. 环境科学进展，1997，5（3）：1-10.

[42] 熊贤强. 二氧化钛表面改性及其光催化反应机理[D]. 浙江：浙江大学，2018.

[43] 王彬彬. 不同形貌 TiO$_2$基复合光催化剂的制备与表征[D]. 广州：华南理工大学，2015.

[44] 周剑雄，毛永和. 电子探针分析[M]. 北京：地质出版社，1988.

[45] 刘文西. 材料结构和电子显微分析[M]. 天津：天津大学出版社，1989.

[46] 邓勃. 原子吸收光谱分析的原理、技术和应用[M]. 北京：清华大学出版社，2004.

[47] 朱永法，宗瑞隆，姚文清，等. 材料分析化学[M]. 北京：化学工业出版社，2009.

[48] 唐玉朝，胡春，王怡中. TiO$_2$光催化反应机理及动力学研究进展[J]. 化学进展，2002，14（3）：192-199.

[49] Minero C. Kinetic analysis of photoinduced reactions at the water semiconductor interface[J]. Catalysis Today，1999，54（2-3）：205-216.

[50] Konstantinou I K, Albanis T A. TiO$_2$-assisted photocatalytic degradation of azo dyes in aqueous solution: kinetic and mechanistic investigations—a review[J]. Applied Catalysis B: Environmental，2004，49（1）：1-14.

[51] Hashimoto K, Irie H, Fujishima A. TiO$_2$ photocatalysis: a historical overview and future prospects[J]. Japanese Journal of Applied Physics Part 1-Regular Papers Brief Communications & Review Papers，2005，44（12）：8269-8285.

[52] Schultz D M, Yoon T P. Solar synthesis: prospects in visible light photocatalysis[J]. Science，2014，343（6174）：1239176.

第5章 电化学氧化技术

电化学技术是指在特定电化学反应器（电解槽）内，外加电场存在的情况下，通过发生电化学反应的过程或后续物理过程实现预期的去除废水中污染物或回收有用物质的目的。早在19世纪，国外有学者提出利用电化学技术处理废水，但由于当时电力缺乏和成本较高，发展缓慢。直到20世纪60年代初期，随着电力工业的发展，电化学水处理技术开始引起人们的注意。自20世纪80年代以来，随着人们对环境科学认识的不断深入和对环保要求的日益提高，电化学水处理技术因具有其他方法难以比拟的优越性而引起了广大科研工作者的极大兴趣。通常所说的电化学水处理技术主要包括电化学氧化、电化学还原、电化学絮凝、电化学吸附和电沉积等，而生物难降解有机废水的处理主要是利用电化学氧化技术。

传统的电化学氧化主要利用电解过程中产生的 Cl_2 和 NaClO 氧化废水中的有机污染物。由于 Cl_2 和 NaClO 氧化能力有限以及电极寿命短等问题限制了其进一步发展。随着高级氧化工艺概念的提出，科研工作者开始利用电催化电极直接或间接产生·OH进行废水的无害化处理研究，逐渐发展形成了电化学氧化技术。电化学氧化比一般的化学氧化具有更强的氧化能力，反应条件温和，不需添加任何试剂且不产生二次污染物，处理后的水体无毒无害，被认为是一种"环境友好型"高级氧化技术。近几十年，电化学氧化技术发展迅猛，电化学氧化的理论研究也不断地深入，这为利用电化学氧化技术处理难降解有机废水提供了理论依据，从而推动了电化学氧化技术在废水处理领域的广泛应用。本章主要论述电化学氧化的基本原理、材料及设备、氧化效率的表征、影响因素以及存在的问题和发展方向。

5.1 电化学氧化的基本原理

5.1.1 电化学的基本理论

电化学是一门研究电能与化学能之间相互转化及其规律的应用学科。在科技迅猛发展的20世纪，电化学在电解、电镀、化学电源、电分析、金属腐蚀与防护等领域都占据着重要的地位。随着科学技术的进步，电化学的应用范围已经扩大到环境保护、电子、能源、材料、化工、冶金和化学合成等领域，这使电化学获得了新的发展前景。电化学正在逐步独立于传统化学，成为一门新的学科。

用于水污染防治的电化学技术主要包括电化学氧化与还原、电凝聚与电气浮和电渗析等。在此仅对除电化学氧化以外的电凝聚与电气浮做简要的介绍。

电凝聚与电气浮是指在外电压作用下，利用可溶性阳极铁或铝产生大量阳离子，再絮凝生成 $Fe(OH)_2$、$Fe(OH)_3$、$Al(OH)_3$ 等沉淀物，对胶体废水进行凝聚，同时在阴极上析出大量 H_2 微气泡，与絮粒黏附在一起上浮。这个过程称为电凝聚与电气浮，它是基于以下的基本电化学反应（以不锈钢电极为例）。

当不锈钢电极上通直流电时，电极发生如下反应：

阴极（氧化）：

$$Fe \longrightarrow Fe^{2+} + 2e^- \tag{5-1}$$

$$Fe \longrightarrow Fe^{3+} + 3e^- \tag{5-2}$$

阴极（还原）：

$$2H_2O + 2e^- \longrightarrow H_2 + 2OH^- \tag{5-3}$$

总的电极反应：

$$Fe + 2H_2O \longrightarrow Fe(OH)_2 + H_2 \tag{5-4}$$

$$4Fe + 10H_2O + O_2 \longrightarrow 4Fe(OH)_3 + 4H_2 \tag{5-5}$$

电凝聚与电气浮过程中污染物去除的机制主要依赖于 $Fe(OH)_2$ 和 $Fe(OH)_3$ 等絮体表面的络合作用、静电吸引作用、化学调整作用和沉淀上浮作用。

5.1.2 电化学氧化的机理

电化学氧化是利用阳极的高电位及催化活性来直接降解水中的污染物，或是利用电解产生的·OH、O_3、H_2O_2 等强氧化剂降解水中有毒污染物。氧化反应受电极材料及主要的副反应——析氧反应的限制，在 Cl^- 存在的情况下会出现析氯反应，导致氧化反应效率降低。电化学氧化降解有机物的过程如图 5-1 所示。按氧化机理的不同，电化学氧化可以分为电化学直接氧化和电化学间接氧化两种。

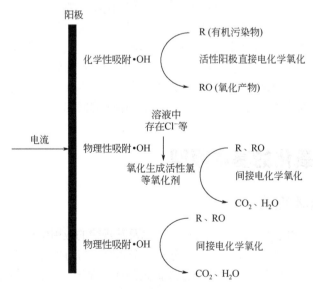

图 5-1　电化学氧化降解有机物过程示意图

（1）电化学直接氧化　电化学直接氧化是利用阳极的高电势氧化降解废水中的有机或无机污染物，在反应过程中污染物直接与电极进行电子传递。在氧化过程中，污染物被氧化的程度不同。有些有毒污染物在反应中被氧化为低毒或无毒污染物，或把不可生化处理的污染物质氧化为可以生化处理的物质，有利于后续的生化处理，这种污染物的转化被称为电化学转化。而有些污染物则被完全氧化为稳定的无机物，如 CO_2、H_2O 等，这种氧化过程被称为电化学燃烧。为了节约成本和降低能耗，一般污染物只要被氧化成可以生化的物质即可。有机物在金属氧化物阳极上的氧化产物和反应机理与阳极金属氧化物的价态和表面上的氧化物种有关。在金属氧化物 MO_x 阳极上生成的较高价金属氧化物 MO_{x+1} 有利于有机物选择性氧化生成含氧化合物；在 MO_x 阳极上生成的自由基 $MO_x(\cdot OH)$ 则有利于有机物氧化燃烧生成 CO_2。

在析氧反应的电位区，金属氧化物表面可能形成高价态的氧化物，因此在阳极上可能存在两种状态的活性氧，一种是吸附的·OH，此为物理状态的活性氧，还有一种是化学吸附状态的活性氧，即金属氧化物晶格中高价态氧化物的氧。

阳极表面的氧化过程分两个阶段进行：首先，酸性（或碱性）溶液中的 H_2O（OH^-）在阳极上形成吸附的·OH，用 $MO_x(\cdot OH)$ 表示；然后，吸附的·OH 和阳极上现存的氧反应，并使吸附的·OH 中的氧转移给金属氧化物晶格，形成高价态的氧化物。

$$MO_x + H_2O \longrightarrow MO_x(\cdot OH) + H^+ + e^- \tag{5-6}$$

$$MO_x(\cdot OH) \longrightarrow MO_{x+1} + H^+ + e^- \tag{5-7}$$

当溶液中不存在目标有机物基质时，两种状态的活性氧按以下步骤进行氧析出反应，放出 O_2：

$$MO_x(\cdot OH) \longrightarrow MO_x + \frac{1}{2}O_2 + H^+ + e^- \tag{5-8}$$

$$MO_{x+1} \longrightarrow MO_x + \frac{1}{2}O_2 \tag{5-9}$$

当溶液中存在可氧化的目标有机污染物基质 R 时，则会发生如下反应：

$$MO_x(\cdot OH) + R \longrightarrow MO_x + RO + H^+ \tag{5-10}$$

$$MO_{x+1} + R \longrightarrow MO_x + RO \tag{5-11}$$

此时，式（5-8）和式（5-9）作为副反应出现。

在阳极的电化学氧化中，为使污染物完全转化，阳极表面上氧化物晶格中氧空位的浓度必须足够高，而吸附的·OH 浓度应接近于零，据此要求式（5-7）的反应速率须比式（5-6）的大。这时反应的电流效率取决于式（5-11）与式（5-9）的反应速率之比，由于它们都是纯化学步骤，反应的电流效率与阳极电位无关，但依赖于有机物的反应活性和浓度、电极材料的选择；用于电化学燃烧反应的阳极，其表面上必须存在高浓度吸附的·OH，而氧化物晶格中氧空位的浓度要低。这时反应的电流效率取决于式（5-10）与式（5-8）的反应速率之比，由于这两个反应都是电化学步骤，反应的电流效率不仅依赖于有机物的本质和浓度，以及电极材料，而且与阳极电位有关。电化学直接氧化污染物的过程可用图 5-2 表示。

（2）电化学间接氧化　电化学间接氧化反应的过程主要是在阳极生成寿命短、氧化性极强的活性物质，这些活性物质主要包括溶剂化电子、O_3、H_2O_2 以及·OH、$HO_2\cdot$、$O_2^-\cdot$、·O 等自由基，它们可以不可逆地分解污染物质。这些活性物质在电解质溶液中扩散的速率对氧化反应的反应速率有着直接影响。电化学间接氧化污染物的过程可用图 5-3 表示。

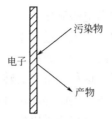
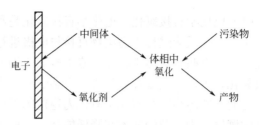

图 5-2 电化学直接氧化过程示意图　　图 5-3 电化学间接氧化过程示意图

电化学间接氧化的电极反应为：

阳极：

$$H_2O \longrightarrow 2H^+ + O + 2e^- \tag{5-12}$$

阴极：

$$H_2O + e^- \longrightarrow H + OH^- \tag{5-13}$$

式中，新生态的 O 具有强氧化性，也会进一步转化为 $HO_2\cdot$、$\cdot OH$ 等其他自由基。

间接电化学氧化分为可逆过程和不可逆过程。可逆过程（媒介电化学氧化）的原理是利用化学反应中的可逆氧化还原电对来降解有机物，这些可逆氧化还原电对在电化学过程中被氧化为高价态，这些高价态物质氧化降解有机物，此时高价态氧化物又被还原成原来的价态，如此循环直至将污染物完全去除。这些氧化还原电对往往具有比较高的氧化电位，比较常见的有 Ag^+/Ag^{2+}、Co^{2+}/Co^{3+}、Ce^{3+}/Ce^{4+}等，反应机理如下（R 为反应物，P 为生成物）：

$$M^{Z+} \rightleftharpoons M^{(Z+1)+} + e^- \tag{5-14}$$

$$M^{(Z+1)} + R + e^- \longrightarrow M^{Z+} + P \tag{5-15}$$

不可逆过程是指在电化学反应过程中，电极表面产生一些活性中间产物，如 ClO^-、$\cdot OH$、H_2O_2、O_3 等，这些中间产物参与氧化污染物，使得污染物降解去除。

当电解液存在 Cl^- 时，在阳极通过电解会产生各种含氯的氧化剂，从而在电化学氧化反应中起主要的降解作用，主要的机制如下。

首先，Cl^- 会在阳极发生氧化反应，生成 Cl_2；然后，Cl_2 发生歧化反应，生成 HClO 和次氯酸盐离子：

$$Cl \longrightarrow Cl_{(ad)} + e^- \tag{5-16}$$

$$2Cl_{(ad)} \longrightarrow Cl_2 \tag{5-17}$$

$$Cl_2 + H_2O \longrightarrow HClO + H^+ + Cl^- \tag{5-18}$$

$$HClO \longrightarrow ClO^- + H^+ \tag{5-19}$$

Cl_2、HClO 和次氯酸盐都具有强氧化性，被称为"活性氯"。在有催化剂的情况下，溶液中"活性氯"同样会生成一些自由基：

$$HClO + ClO^- \longrightarrow ClO\cdot + \cdot OH + \cdot Cl \tag{5-20}$$

$$ClO\cdot + ClO^- + OH^- \longrightarrow \cdot OH + 2O + 2Cl^- \tag{5-21}$$

这些含氯氧化剂能够大大促进水溶液中有机污染物的氧化反应速率。但是，对于有机污染物而言，Cl^-很容易与其反应生成更难降解的有机氯，甚至生成"三致"物质，所以对没有 Cl^-存在情况下的研究显得更为重要。

当废水中存在 SO_4^{2-} 时，会在阳极发生氧化反应生成过硫酸盐（$S_2O_8^{2-}$），$S_2O_8^{2-}$ 具有诱导生成$\cdot OH$ 的能力，从而增强有机污染物的去除效率。

$$2SO_4^{2-} \Longleftrightarrow S_2O_8^{2-} + 2e^- \tag{5-22}$$

$$S_2O_8^{2-} + 2H_2O \longrightarrow HO_2^- + 2SO_4^{2-} + 3H^+ \tag{5-23}$$

$$S_2O_8^{2-} + HO_2^- \longrightarrow SO_4^- \cdot + SO_4^{2-} + \cdot O_2^- + H^+ \tag{5-24}$$

$$SO_4^- \cdot + OH^- \longrightarrow SO_4^{2-} + \cdot OH \tag{5-25}$$

H_2O_2 的生成反应主要发生在阴极，在外部提供氧的条件下，O_2 可以在阴极还原为 H_2O_2，而后生成·OH，进而氧化有机物。

酸性条件下：

$$O_2 + 2H^+ + 2e^- \longrightarrow H_2O_2 \tag{5-26}$$

碱性条件下：

$$O_2 + H_2O + 2e^- \longrightarrow HO_2^- + OH^- \tag{5-27}$$

$$HO_2^- + H_2O \longrightarrow H_2O_2 + OH^- \tag{5-28}$$

当阳极的电位超过 O_3 的析出电位时，会在阳极发生氧化反应生成 O_3：

$$3H_2O \longrightarrow O_3 + 6H^+ + 6e^- \tag{5-29}$$

还可以通过式（5-30）生成 O_3。

$$H_2O + O_2 \longrightarrow O_3 + 2H^+ + 2e^- \tag{5-30}$$

需要特别指出的是：无论哪一种活性物种，都只能在特定条件下产生，这个"条件"与电极材料、电极表面的负载情况及表面结构、电解质溶液与浓度都有密切关系。例如，从热力学角度来看，通常情况下在阳极电解 H_2O 时最有可能产生 O_2 而不是 O_3：

$$O_2 + 4H^+ + 4e^- \Longleftrightarrow 2H_2O \qquad E^{\ominus} = 1.23V \tag{5-31}$$

$$O_2 + 6H^+ + 6e^- \Longleftrightarrow 3H_2O \qquad E^{\ominus} = 1.51V \tag{5-32}$$

那么，为了得到更多的 O_3，也就是提高电化学反应生成 O_3 的电流效率，可以考虑如下方法：

① 采用具有高析氧电位的阳极材料；

② 提高阳极电流密度以使极化作用增强，获得更高的电极电势；

③ 向体系中添加 F^-、BF_4^-、PF_6^- 等，以阻碍 O_2 的析出反应。

实际上，电化学降解过程中污染物被直接氧化去除还是被间接氧化去除的分类并不是绝对的，污染物电化学降解过程往往既包括污染物在阳极上的直接电子转移（直接电化学氧化），也包括污染物被电生氧化物氧化（间接电化学氧化）。

5.2　电化学氧化的材料与设备

电化学氧化是电化学技术在环境中应用的一个方面，其所用的材料和设备与电化学其他行业类似，基本系统也必须由电极、电解质、隔膜、供电电源等组成，只是由于废水处理的特殊性，使其对电极、电解质、电源等有一些特殊要求。

5.2.1　电化学氧化的电极

电极在电化学氧化中处于"心脏"的地位，是影响电化学废水处理工艺的主要因素，电极性能的好坏除了影响电化学工艺的处理效率和成本以外，还直接决定电化学氧化降解反应过程是否能顺利进行。

在电化学氧化废水处理过程中，电极材料根据其是否直接参与反应可分为两大类：一种是在电场作用下阳极发生溶解，直接参加电极反应，属于"可溶性阳极"；另一种是电极材料对电化学反应有催化作用，但自身不直接参加电极反应，属于"惰性电极"或"不溶性电极"，这类电极除了具有基本良好的导电性外，最显著的特点是能活化参加反应的反应物，通过提高电子转移速率来促进电化学反应，这类电极称为催化电极，被认为最具有应用价值。

电催化电极首先应该是一个电子导体，其次还要兼具催化功能，既能导电，又能对反应物进行活化，提高电子的转移速率，对电化学反应进行某种促进和选择。总的来说，高性能的电催化电极材料应该满足：①电极材料要有较好的电催化活性和选择性，保证目标电化学反应高效、快速进行，以实现较高的电流效率和污染物去除率；②电极材料要有较好的导电性且自身的电极电势要低，从而降低电化学反应过程的槽电压和能耗；③电极材料应具备较好的耐蚀性和稳定性，确保较长的使用寿命，还应易于加工成型且有一定的机械强度，制造成本要低。

5.2.1.1 阳极材料

电化学氧化水处理过程的阳极材料经历了漫长的发展历史。由于废水成分复杂且污染物浓度往往存在波动性，导致电化学氧化中阳极材料对废水中有机物的处理效果一直不理想。为了开发合适的电化学氧化水处理活性电极，针对阳极电极材料的相关研究涵盖了碳素电极、金属电极、金属氧化物电极以及非金属化合物电极等。

（1）碳素电极　碳素电极是由元素碳组成的电极总称，目前可分为天然石墨电极、人造石墨电极、碳电极以及特种碳素电极四类。由于石墨电极和碳电极具有强稳定性（除了强酸性条件下）、较好的导电导热性以及易加工、价格便宜等优点，被广泛地应用于氯碱工业和熔盐电解等电化学冶金工业中。碳材料还具有较高的比表面积及良好的渗透性，因此也较广泛地应用于水处理工业中。然而，由于电化学氧化过程中的析氧反应易造成碳素电极的膨胀和剥落，使得碳素电极的应用受到了限制。

（2）金属电极　金属电极是以金属作为电极反应界面的裸露电极，除碱金属和碱土金属外（活性太强，不适合做电极），大多数贵金属作为电化学电极均有很多研究报道，其中贵金属材料 Ir、Pt 等因其具有较好的抗蚀性和较长的使用寿命而被作为电化学氧化的阳极材料，并应用于电化学氧化水处理技术中。这类电极具有良好的导电性，但作为阳极材料时，在电解过程中可能会被氧化而发生溶出现象，进而导致阳极损耗，易向溶液中引入新的杂质。在电化学氧化过程中，贵金属电极也会因有机污染物及其中间产物的吸附或电极本身被氧化，使催化活性降低，同时由于此类电极价格昂贵而无法大规模的工业应用。

（3）金属氧化物电极　由于贵金属电极价格昂贵、碳素电极易损耗，人们将注意力逐渐集中到导电的金属氧化物上，使之成为电化学氧化阳极材料的主要研究对象。这类电极材料中大部分是以半导体材料为基础建立起来的。在电化学氧化过程中，半导体的特殊能带结构使得电极与溶液界面具备了不同于金属电极的特殊性质。对于半导体而言，由于表面存在剩余电荷而组成空间电荷层，而且同时存在电子和空穴两种载流子，电极电位影响半导体表面上的载流子浓度，从而显著影响电极表面的反应速率。在同样的电位下，电极反应速率会因为电极材料的不同而不同，电极的电催化作用可以来自电极材料本身，也可来自具有催化特性的涂层。就电化学氧化处理有机污染物而言，此类电极具有较为稳定的外形，较高的电催化活性以及不易被沾污等优点。

金属氧化物阳极材料的种类很多，其中主要的一大类是 Ti 基涂层电极，是由荷兰人 Beer 发明的，是 20 世纪 60 年代末发展起来的一种新型高效电极材料，后来因其外形稳定的特性而被称为形稳阳极（DSA）。它是以金属 Ti 为基体，在其表面涂敷催化氧化物涂层的一种电极材料。涂有电催化半导体涂层的 Ti 电极具有良好的导电极、耐蚀性。与石墨电极相比，它具有较为稳定的电极尺寸和更广的适用范围（在酸性条件下也适用）。同时可通过改变材料加工、涂敷工艺来改变电极的结构、组成以得到不同形状、不同性能的电极材料。以上特点使得 DSA 电极在工业领域得到了广泛应用。在水处理领域的应用中，研究较多的金属氧化物 Ti 基电极主要有 RuO_2，IrO_2，掺杂的 SnO_2、PbO_2 等电极。

RuO_2 和 IrO_2 具有良好的耐蚀性和高电导性，此类阳极材料的析氯、析氧电位较低，用于直接催化氧化降解有机物的效率较低，但能通过对溶液中介质离子的氧化产生的氧化性物质（如·OH、H_2O_2、$S_2O_8^{2-}$、Cl_2、HClO、O_3 等）来间接氧化降解废水中的有机污染物。

具有较高的析氯、析氧电位的 SnO_2、PbO_2 电极常被应用于降解矿化废水中的有机污染物的研究中。这类电极材料的晶格中都存在着氧空位，能有效形成 MO_x（·OH），在析氧电位下能够产生大量的·OH 等自由基，并吸附在电极表面对电极附近的有机污染物进行电化学燃烧。因而，它们具有较高的电催化活性和较好的应用前景。

SnO_2 是禁带宽为 3.5eV 的 n 型半导体，具有较为稳定的电化学特性。经掺杂后的 SnO_2 具有良好的导电性，并且因掺杂元素的不同（如 Sb、In、Ir 等）以及掺杂浓度不同会使得电极的导电性及电催化活性发生相应的改变。然而由于 Ti 原子与 Sn 原子半径相差较大而无法生成共晶，SnO_2 涂层与 Ti 基底结合不紧密而易出现脱落现象，致使此类电极的寿命较短，这也是 SnO_2/Ti 电极工业应用的最大阻碍。

PbO_2 作为另一种具有高催化活性的 DSA 电极，与 SnO_2 相比，具有较好的导电性，并与 Ti 基底之间有着较好的结合力，具备较长的使用寿命。PbO_2 通常存在 α-PbO_2（正交晶型）和 β-PbO_2（四方晶型）两种晶型，其中 β-PbO_2 较 α-PbO_2 具有更好的导电性和多孔的表面。研究表明：β-PbO_2 电极的多孔表面易生成并吸附具有高催化活性的·OH，从而表现出较 α-PbO_2 更高的电催化活性。同时，研究者们通过引入中间过渡层来降低涂层与 Ti 基底之间存在的应力以期进一步地提高电极的稳定性。

（4）非金属氧化物电极　非金属化合物电极是从碳素电极之中单独列出的以金刚石膜电极为代表的一类非金属材料电极，一般是指硼化物、碳化物、氮化物、硅化物、硫化物等一类电极。单独于碳素电极列出的原因在于这类电极具备一般碳素材料所没有的特殊物理性质，即高熔点、高硬度、良好的耐磨性、耐蚀性，以及类似于金属的性质。

金刚石膜电极是一种新型的电极材料，是通过等离子化学气相沉积和热丝化学气相沉积法将金刚石生长制备到电极基体的表面而成。其中，掺硼金刚石膜电极（BDD）是在金刚石膜生长过程中掺入硼元素而得到的电极材料。它具备了超强的硬度、良好的抗蚀性以及导电性，并且在强酸、强碱性电解质中都呈现出良好的稳定性。因此，自 1995 年 Carey 等将其应用到水处理领域以来，BDD 电极就一直是电化学氧化处理有机废水的热点研究领域。随着研究的深入，研究者们发现：除了良好的物理、化学稳定性外，BDD 电极还具备了较好的电催化活性。在 1mol/L 的硫酸溶液中电势窗口高达 4.0V，具备较宽的电化学响应范围；高达 2.4V 的析氧电位使其处理有机物范围更宽。大量的研究表明：BDD 电极在电化学氧化处理有机污染物的过程中具备了较 SnO_2、PbO_2 电极所不及的高催化活性、矿化能力以及更好的稳定性。

如前所述，阳极材料的析氧电位是衡量电极对有机物电催化活性的一个指标，电极的析氧电位越正，电极在电解水前所能施加的极化电位越正，对水中有机物的氧化能力越强。表5-1列出了几种常用阳极材料的析氧电位。

表 5-1　不同阳极材料的析氧电位

阳极材料	析氧电位（vs.NHE）/V	电解质环境条件（H_2SO_4）/(mol/L)
Pt	1.3	0.5
IrO_2	1.6	0.5
RuO_2	1.6	0.5
石墨	1.3	0.5
PbO_2	1.9	1.0
SnO_2	1.9	0.5
BDD	2.4	0.5

显然，IrO_2、RuO_2、Pt 以及石墨电极的析氧电位较低，在电化学氧化过程中具有较好的析氧或析氯性质，因此，可利用这类电极在含 Cl^- 溶液中电解形成 ClO^- 等强氧化剂对水中有机污染物进行间接氧化。同时，由于这类电极具备较好的导电性与稳定性，能显著地克服在水处理实际应用过程中电化学氧化法能耗高、寿命低等缺点，所以，此类电极也常被用于废水处理的工业应用。

相比之下，PbO_2、SnO_2 以及 BDD 电极则具有较高的析氧电位，对有机污染物的降解具有较高的电催化活性。在一定的电流密度条件下，这些电极能抑制析氧反应的剧烈发生，在电极表面产生强氧化性物质，如·OH、O_3 和 H_2O_2，对有机物进行高效的直接氧化，具有较高的电流效率。在这三种高析氧电位电极中，BDD 虽然具备较强的电化学催化活性，但目前电极的制备条件与方法较为苛刻复杂，成本较高，工业广泛应用仍存在一定的困难。相比之下，PbO_2、SnO_2 因其催化活性高、成本低廉等优点，具有更大的工业应用前景，并成为目前电化学氧化实际应用较多的电极。从析氧电位上比较，PbO_2、SnO_2 的电催化性能相近，二者的电催化活性孰高孰低并无定论。不过 PbO_2 电极比 SnO_2 电极具有更好的稳定性和较长的使用寿命却是肯定的。故 PbO_2 电极具有更为实际的工业应用前景。

5.2.1.2　阴极材料

在电化学氧化处理废水过程中，有机污染物主要靠·OH 等强氧化性基团氧化降解。除了阳极电催化氧化能产生大量·OH 外，阴极材料同样可以通过电化学反应过程产生·OH 来降解废水中的有机污染物。

目前主要的阴极材料为气体扩散电极。电化学催化还原水中的氧生成 H_2O_2，H_2O_2 自身有一定的氧化能力，但在实际应用中多是与 Fe^{2+} 组合构成电芬顿反应生成大量·OH 降解有机污染物。气体扩散阴极电极性能的优劣直接决定着电芬顿降解有机废水效率的高低。

气体扩散电极就是由"气孔""液孔"和"固相"三者组成的多孔电极，因为主要是空气中的氧在电极上发生还原反应，所以又被称为空气电极或氧电极。气体扩散电极通过发达的"气孔"，保证反应气体容易传递到电极上；并利用附着在电极表面的薄液层的"液孔"与电极外面的电解质溶液连通，使液相反应物和产物能够及时地迁移。较高的孔隙率是保证气体扩散电极具有高效催化性能的重要指标，为了使电极表面形成尽可能多的薄液膜，需在电极中加入憎水剂，即采用憎水型气体扩散电极。氟碳化合物的出现，使这种高孔隙率电极的制备成为现实。电极同时要保证较好的导电性，降低能耗，所以多数气体扩散电极都是采用聚四氟乙烯作为黏结剂，采用活性炭、石墨及碳纳米管为催化电极主体材料压制而成。另外，在电极制备过程中选择合适的造孔剂也是提高电极性能的关键。随着电极制备及改性技术的提高，气体扩散电极的电催化性能也在不断提高。

5.2.1.3 三维电极材料

由于上述二维电极面积很小，传质问题不能很好地解决，导致单位时空产率较小。在工业生产中，要求有高的电极反应速率，这就需要提高反应器单位体积的有效反应面积，从而提高传质效果和电流效率，尤其是对于低浓度体系更是如此，因此，三维电极便应运而生。

三维电极的概念是在 20 世纪 60 年代末期由 Backhurst 等提出的，三维电极也叫粒子电极或床电极，即通过在传统二维电解槽的平板电极之间装填粒状工作电极材料，并使粒子电极表面带电构成新一极（第三极）的一种新型电化学反应电极。三维电极与二维电极最大的不同在于其填充的粒子电极，表面带电后可使电化学反应在粒子电极上独立完成。三维电极比二维平面型电极具有更大的比表面积，电解槽的面体比也相应增加，从而以较低电流密度提供较大的电流强度。粒子电极的填充使三维电极之间的间距缩小，传质速度加快且时空效率提高，保证了三维电极具有更高的电流效率和更好的废水处理效果。

三维电极按极性不同可分为单极性和复极性。单极性三维电极填充的材料是阻抗较小的粒子，当主电极与导电粒子或者粒子之间相接触时，这时粒子表面带电并与主电极表现出相同的极性作为电极运动，最终在粒子的表面引起电化学反应，通常单极性三维电极的两主电极间存在有隔膜将其隔开（图 5-4）。复极性三维电极则是在主电极之间装填接触电阻较大的导电粒子（如活性炭、铁碳），主电极之间无须隔膜分隔（图 5-5），主电极与粒子之间及粒子与粒子之间并不会导电，整个电路也不会发生短路现象，当在主电极上施加高压时，通过静电感应会使粒子的一边带正电荷成为阳极，另一边带负电荷成为阴极，从而在每个粒子电极上就会发生一系列的电化学反应。当使用电阻较小的粒子颗粒时（如金属），为了消除短路电流则需要在金属颗粒表面涂上绝缘层或者在电解槽中插入绝缘棒，如果能够减少溶液在粒子电极上的停留时间，则可以大大减少旁路电流。

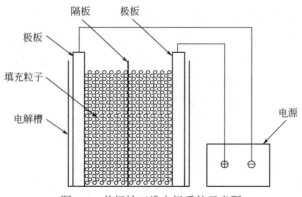

图 5-4 单极性三维电极系统示意图

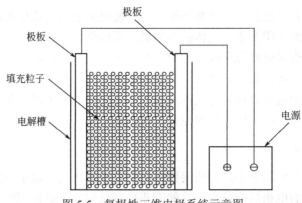

图 5-5　复极性三维电极系统示意图

粒子材料填充方式直接影响三维电极的工程应用效果，因而也被用作三维电极的分类方法，根据粒子电极填充方式大致分为流动式和固定式两种。流动式填充的三维粒子电极在床体中可以发生相对位移，处于流动状态，废水处理效果较好，但粒子电极磨损较大，以流化床为代表；固定式填充的粒子电极在床体中不发生位移，处于相对稳定状态，且处理过程容易操作，电极损失较少，但效果稍差，以填充床为代表。另外，还可以按三维电极的不同构型分为矩形、圆柱体、棒状、环状以及网状等；按照电解过程中电流与液流方向关系分为垂直型与平行型三维电极。

三维电极的反应其实是一个动态的吸附、电解和脱附过程，作为三维粒子的电极比表面积非常大，其吸附能力极强，同时又是良好的电导体。在外加电压的作用下（直流电场中），因为感应作用而带电荷的粒子两端呈正、负两极，每个粒子的周围都形成了一个电场，这样便形成了一个个微小的电解槽，从而大大提高了电解的效率与反应速率。三维电极在处理有机废水时，其反应器中的粒子电极在电场的作用下形成无数个这样的微电解槽，废水中的有机污染物质被吸附并且沉积在粒子电极上而进行电解反应。当外界所施加的电压达到了污染物质的分解电压时，电解反应便发生了，污染物质因为被分解而从粒子电极上脱附，这样粒子电极也得以再生而重复利用。三维电极就是通过不断地重复这种吸附、电解、脱附的过程来降解废水的有机污染物，最终达到去除污染物的目的。

5.2.1.4　催化电极的组成及结构

催化剂之所以能改变电极反应的速率，是由于催化剂与反应物之间存在的某种相互作用改变了反应进行的途径，降低了反应的超电势和活化能。在电化学催化过程中，催化反应是发生在催化电极/电解液的界面，即反应物分子必须与电化学催化电极发生相互作用，而相互作用的强弱则主要决定于催化电极表面的结构和组成。

（1）表面材料　目前已知的电化学催化电极表面材料主要涉及过渡金属和半导体化合物。由于过渡金属的原子结构中都含有空余的 d 轨道和未成对的 d 电子，通过含过渡金属的催化剂与反应物接触，催化剂空余 d 轨道上将形成各种特征的吸附键实现分子活化的目的，从而降低了复杂反应的活化能，达到电催化目的。催化剂的催化活性不仅依赖于其电子因素，即 d 电子轨道特征，还依赖于几何因素，如吸附位置、类型等。这类电催化电极材料主要含有 Ti、Ir、Pt、Ni、Ru、Rn 等金属或合金及其氧化物，如 RuO_2/Ti 电极、Ru-Rn/Ti 电极、RuO_2-TiO_2/Ti 电极、Pt/Ti 电极、碳载铂纳米薄膜电极（Pt/GC 电极）等。一些元素如 Sn、Pb 等，虽然不是过渡金属，没有未成对 d 电子，但其氧化物却具有半导体的性质。由于半导体的特殊能带结构，其电极/溶液界面具有一些不同于金属电极的特殊性质，因此，在电催化电极的研究中，半导体化合物占有特殊重要位置。另外，稀土元素内层 f 层电子由 0～14 逐个填满，因此它们不但有空余 d 轨道，更有空余的 f 轨道和未成对的 f 电子，这使它们在光学、磁学、电学性能上具有很多特殊的优异性质，因此，某些稀土元素也被用作电化学催化电极表面材料。

（2）基础电极　　所谓基础电极，也叫电极基质，是指具有一定强度、能够承载催化层的一类材料，一般采用贵金属（如 Pt、Ti）或碳材料（如石墨、玻碳等）。基础电极无电催化活性，只承担着作为电子载体的功能，因此高的机械强度和良好的导电性是对基础电极最基本的要求。

（3）载体　　基础电极与电催化涂层有时亲和力不够，致使电催化涂层易脱落，严重影响电极寿命。电催化电极的载体就是一类起到将催化物质固定在电极表面且维持一定强度的物质，其对电极的催化性能有很大影响。载体必须具备良好的导电性和抗电解液腐蚀的性能，其作用分为两种：支持和催化，相应地可将载体分为支持性载体和催化性载体。

① 支持性载体　　支持性载体仅作为一种惰性支撑物，只参与导电过程，对催化过程没有任何贡献，催化物质负载条件不同只会引起活性组分分散度的变化。

② 催化性载体　　催化性载体与负载物质存在某种相互作用，这种相互作用的存在修饰了负载物质的电子状态，其结果可能会显著改变负载物质的活性和选择性。也就是说，载体与负载物质共同构成活性组分而起催化作用。一个典型的例子就是 $Pt-WO_3$ 电极，Pt 对甲醇氧化有一定的催化活性，但活性不高，而 WO_3 并不具有氧化甲醇的活性，但是共沉积得到的 $Pt-WO_3$ 电极却对甲醇的氧化呈现出非常高的电催化活性，这说明二者之间存在着协同效应。更为重要的是：无论载体属于哪种情况，其与负载物之间的结合程度都是影响电化学催化电极性能的重要因素，因为这种结合程度的好坏影响电极的机械强度和稳定性，从而也影响到电极的寿命。在某些情况下，可以通过在载体与活性成分之间加入中间层的方法，来增强附着力。例如 Ti 基 PbO_2 涂层电极，当加入 SnO_2 中间层后，一方面 SnO_2 层具有调节气体析出电位的作用（提高了析氧电位）；另一方面，SnO_2 层可有效防止氧向 Ti 基的扩散而生成 TiO_2 绝缘层，从而避免电极失活。更重要的是：单一 PbO_2 涂层由于活性层与基底晶型结构及膨胀系数不同，二者结合力较弱，而 SnO_2、TiO_2、PbO_2 同属金红石结构，可形成固熔体，这样基底、中间层和活性层结合紧密，防止了表面脱落现象，提高了电极寿命。

（4）电极表面结构　　电化学催化电极的表面微观结构和状态也是影响电化学催化性能的重要因素之一。而电极的制备方法直接影响到电极的表面结构。目前电化学催化电极的主要制备方法有热解喷涂法、浸渍法（或涂刷法）、物理气相沉积法（PVD）、化学气相沉积法（CVD）、电沉积法、电化学阳极氧化法，以及溶胶-凝胶法等。由于实验条件及参数设置各不相同，很难同时对各种制备技术的优劣做出公正的评价。不同的制备工艺可能对应着不同的晶粒尺寸和晶面取向。例如在制备 Pt/Ti 电极时，若在电沉积过程中采用超声波振荡技术，能够改善 Pt 镀层与 Ti 基底的结合力，并且电极表面粗糙度明显不同，由此导致了双电层及电极活性的差异。此外，在制备 Pt/GC 电极时，高温处理可使玻碳表面高分散 Pt 层而发生重结晶，具有一定的择优取向，增加（100）晶面对称结构表面位的比例，并且晶粒尺寸变大，与玻碳基底结合增强，从而具有更好的稳定性和催化活性。另外，为了增大单位体积的有效反应面积，改善传质，用于三维电极的各种新材料相继问世，如碳-气凝胶电极、金属碳复合电极、碳泡沫复合电极、网状玻碳材料等，其共同点是都具有相当大的比表面积。总之，无论是提高催化活性还是提高孔积率，改善传质，改进电极表面微观结构都是一个重要手段，因而电极的制备工艺绝对是非常关键的一个环节。

5.2.2 电化学氧化的支持电解质

如前所述，电化学氧化技术的主要应用领域是有机废水的处理，而有机物本身电离程度很小，可以认为有机废水的导电性相当差，尤其是低浓度废水更是如此。因而，在有机废水的电化学处理体系中，通常需要加入一定量的电解质盐，以增强溶液导电性，使有机物的降解反应得以顺利发生，这类电解质称为支持电解质。对支持电解质，有以下基本要求：

① 当量电导率要大，离子淌度要大，这样才有足够数量且在外电场作用下能够快速移动的电荷载体，以保证溶液能为电化学反应提供不引起严重电压降的电子通道，即降低电阻，从而在相同的电流密度下降低电极间的电位差，减少能耗。

② 加入的电解质在有机物发生降解的电位范围内不参与电化学氧化还原反应，也不与有机物反应，性质稳定，避免因发生副反应而损耗能量，降低电流效率。

③ 加入的这种电解质应为无毒无害物质，并且在后续处理中易于除去。此外，支持电解质电离产生的离子应不会在电极表面发生特性吸附，从而避免降低电极的有效反应面积。

5.2.3 电化学氧化的膜材料

在电化学反应器中，阴极与阳极的反应产物之间有时可能会发生一些不希望的副反应，或者当为了减小体积、降低传质阻力而减小电极之间距离时，有可能造成局部短路，无论以上哪种情况，都会造成电流效率的下降，有时甚至会引发严重的事故。为了避免上述情况发生，在电化学研究的大部分场合都要采取隔膜将阴极区与阳极区分隔开来。目前，主要使用的隔膜有离子交换膜和多孔膜。

（1）离子交换膜 离子交换膜（或称离子选择性膜，IEM）是在高聚物上"嵌入"一些离子中心，而这些带一定电荷的离子中心能够在膜的一侧与相反电荷的离子（称为平衡离子）结合，从而能够有选择性地使离子在电场作用下移动，并能使其在膜的另一侧与平衡离子分开，这种性质就称为选择性透过。离子交换膜可以分为阳离子交换膜（CEM）和阴离子交换膜（AEM）。无论是 CEM 还是 AEM，都是由高聚物链（如聚苯乙烯氟碳高聚物）和以共价键与之结合的带正电或负电的基团所组成，这些带电基团就是离子交换中心。阳离子交换基团包括 $-SO_3^-$、$-COO^-$、$-PO_3^{2-}$、$-SO_2R$ 等；阴离子交换基团包括 $-NR_3^+$、$-NH_3^+$、$-NH_2R^+$、$-PR_3^+$ 等。乙酸纤维素和聚丙烯腈也常被用作膜材料。

当膜太干时（不易水合）会造成电阻过大，因而膜的水化是很重要的。但是膜太湿又会发生溶胀，使不应透过的物质透过。每个离子化基团所吸附的水分子数目随着基团浓度上升而呈指数下降。此外，膜溶胀的程度还与交联程度有关。一般而言，离子交换膜应：①对所需要的离子有良好的选择性；②在电场作用下能迅速离子化，并且不发生电子转移过程，即不发生反应；③低电阻；④具有良好的稳定性，包括机械强度、热稳定、化学性质稳定以及电化学性质稳定等。

以上这些性质取决于聚合物交联链的本性与结构、固定的离子基团的本性与浓度、平衡离子的本性与浓度、膜的水化与溶胀的程度等。为了改善膜的性能，人们把不同材料组合起来，从而得到了结合有多重性质的隔膜，典型的例子便是双层膜。双层膜是由一层以羧基为离子交换中心的膜再加上一层磺酸基为离子交换中心的膜所组成，前者具有低的亲水性和高的电离度，后者具有低的电阻和高的化学稳定性，二者的结合意味着以上这些优良性质的结合，因而较单层膜具有更好的品质。

在电化学反应器中，阴极 H_2 的析出和阳极 O_2 的析出常常是电解过程中的主要竞争副反应，而采用双极性膜（或称覆极性膜）则可使这种副反应的发生概率降低，从而避免大量的电能耗费。双极性膜，顾名思义，就是把阳离子交换膜与阴离子交换膜结合在一起，从而既不让阳离子透过，也不让阴离子透过。它的作用在于：在外加电势差的作用下，将扩散到阴、阳离子交换膜界面的水分子解离成 H^+、OH^-（若在阴离子交换膜一侧有固定在其上的季铵基，则还可对这种解离起到一定的催化作用）。有时也可在两层膜之间再加一个中间层，而中间层上具有高浓度的上述具催化作用的基团，从而增强解离效果。双极性膜的另一个优点就是电极反应与膜渗透过程无关，即电极不与电解物质直接接触，从而避免了电解液中酸性物质对电极的腐蚀。

离子交换膜的电阻与膜中可移动离子的数目成正比，因而与固定带电基团的浓度和解离度有关。通常其浓度在 $1\sim2mg/g$，其电阻率在 $50\sim100\Omega\cdot cm$。此外，离子交换或扩散而透过的电阻还随温度上升而下降。

由于所需膜的性质不同，离子交换膜的制备也可采用不同的技术，但总的来说，其基本的制备步骤包括：①聚合物单体的制备；②单体的聚合与交联；③嵌入所需的离子化基团；④膜的成形，包括铸模、拉压、层压等；⑤膜的表面修饰，如增加选择性、减小阻塞、添加催化物质等。

（2）多孔膜　多孔膜可分为大孔膜与微孔膜。大孔膜的主要作用是避免电极之间的接触，提供支撑体以及增大扰动以提高传质系数。大孔膜主要包括网状高聚物和刚性塑料开孔板等。微孔膜的孔应该足够大，能够让一定的电解质通过，同时又要足够小，以避免大量溶液由于对流或扩散而透过。常用的微孔膜材料主要有石棉板、多孔聚合物、多孔陶瓷以及烧结的金属等。在膜的使用过程中，或多或少总会引起一定的电压降，这主要与孔的尺寸及曲折度有关。

除了上述两种主要类型的膜以外，还有固体高聚物电解质膜、质子交换膜以及混合离子、电子传递膜等，在此不一一赘述。

5.2.4　电化学氧化的供电电源

电是电化学氧化降解有机物的能量来源，控制整个反应的启动和停止。在电化学氧化废水处理中，通常都采用直流电源，其中，传统的直流电源供电和新型脉冲直流电源供电是运用较多的两种供电方式。

以阳极 Fe 电极为例，传统的直流电源供电，电解一段时间后，阳极溶解受到抑制，导致电解产生的 Fe^{2+} 不能快速有效扩散，其浓度均匀性无法保持，导致不能有效地与污染物混合，降低了絮凝效果。甚至阳极极板会发生钝化现象，电极表面形成一层氧化钝化膜，阳极溶出停止，电解槽只有氧化、还原和上浮作用，电凝聚作用消失，液面浮着大量泡沫，电流效率降低，从而极大延缓电解进程。而新型高频脉冲直流电源在处理废水过程中，电解不断地重复"供电-断电-供电"的工作模式，供电时，电极迅速电解，Fe^{2+} 浓度迅速增大，而断电时，电极表面的 Fe^{2+} 浓度迅速有效地扩散到溶液中，Fe^{2+} 浓度均匀，有效地与污染物混合，提高絮凝效果，电解效率得到大幅度提高。此外，脉冲电流能有效减缓或避免阳极板钝化，阳极

溶解出的 Fe^{2+} 更加均匀，电流效率较高。因此与传统直流电源相比，新型的高频脉冲直流电源的电流效率和电解效率更高，Fe 的溶解和消耗率更低，电耗也更低，具有明显的节能降耗的优势。

5.2.5　电化学氧化的反应器

对于一个电化学氧化水处理体系而言，要想获得好的处理效果，一方面要研制高电化学催化活性的电极材料，另一方面，有效的反应器设计是提高电流密度、降低成本的一个重要途径。电化学氧化反应是在电解池中进行的，电解池的结构对水处理的效果有很大影响。在发生直接电化学氧化时，污染物只有传质到电极的表面才能得到降解；而间接电化学氧化时，高效率的处理只有在污染物与电化学产生的强氧化剂充分混合下才能实现。因此用电化学氧化处理废水，必须提高污染物的传质过程，加速污染物与氧化剂的混合，这就需要有高效的反应器。针对所用电极的种类，电化学氧化反应器大致可分为两类，即二维反应器和三维反应器。表 5-2 列出了两类反应器的一些电极形式。

表 5-2　常见电化学氧化反应器的电极类型

电极	二维反应器		三维反应器	
固定电极	平板电极	容器（板式）	多孔电极	网式
		压滤式		布式
		堆积式		泡沫式
	同心圆筒电极	容器（柱式）	固定床	糊状/片状
		流通式		纤维/金属毛
移动电极	平板电极	互给式	活性流动床电极	球状
		振动式		棒状
	旋转电极	旋转圆筒式	移动床电极	浆状
		旋转圆盘式		倾斜床
		旋转棒		滚动床
				旋转颗粒床

5.2.5.1　二维反应器

依据工作电极和移动电极的形式，二维反应器可分为平板式、圆筒式、圆盘式等。

（1）平板式　这是最简单的电化学反应器，在一个固定体积容器内阳极和阴极平行放置，为强化传质过程，常常向反应器内鼓入空气，提供必要的搅拌。在这种结构中，调整阳极、阴极的表面积，可使阴极、阳极面积相差最高达 15 倍，且阴极、阳极之间常选择一些膜材料相隔。这类结构的电化学反应器广泛用于氯碱、硫酸、有机电合成等工业领域，也可应用于环境污染物的去除、重金属的回收等。

（2）圆筒式　这种反应器内电极均是圆柱状，一般中间较小的圆柱作为阳极，外部较大的柱体作为阴极，阳极、阴极之间常用离子交换膜分开，这种反应器提供了较大的阳极表面积。实际应用中一系列圆筒式电极结构集中安装在普通的电解槽内，同时，在适当的位置注入空气，以增强电解质的流动。

（3）旋转圆盘式　这类电化学反应器多用于小规模回收、精制重金属，如感光行业回收银，通常反应器阳极采用石墨、钛基镀铂等惰性电极。

5.2.5.2　三维反应器

三维电化学反应器是针对实用三维电极而言的，其主要由床体、主电极（电极阳极和电极阴极）、粒子电极（第三极）、布气板、布水板、直流稳压电源等构成。目前，三维反应器还没有形成统一的形式和样式，常用的三维反应器有填充床、固定床、移动床和流化床等多种类型，其中又以填充床和流化床最为典型，研究也最为广泛。

（1）填充床　为了保持较高的面体比，同时又使外加的电势及电流尽可能均匀地分布于床体，固定床最初的设计采用的是碳纤维或者网状玻碳来作为填充材料，这种床又称为接触床，其比较典型的代表就是复极性固定床，是 1973 年由 Fleischmann 等依据三维电极理论研制出来的。三维电极的基本原理如图 5-6 所示，填充在电解槽内的粒子在高梯度的电场作用下，感应而复极化为复极性粒子，即在粒子的一端发生阳极反应，另一端发生阴极反应，整个粒子成了一个立体的电极，粒子之间构成一个微电解池，整个电解槽就由这样一些微电解池组成。

在三维电极系统中，电流是一个重要参数，工作电流分为三部分：①反应电流，电解液中流动的电荷从粒子的一端经过粒子内流到另一端然后再回到电解液中；②旁路电流，仅通过主电极，不通过粒子电极的电流；③短路电流，粒子与粒子相连，电流直接流过粒子的那部分电流。当导电粒子上的电压小于分解电压时，可以认为无反应电流流过，只有旁路电流和短路电流产生，为了提高电流效率，尽可能降低旁路电流和短路电流，如在部分导电粒子表面涂绝缘层或加入部分绝缘粒子，降低导电粒子与导电粒子的接触概率，减少短路电流，三维电极反应器内电流模式如图 5-7 所示。

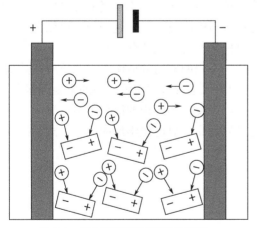
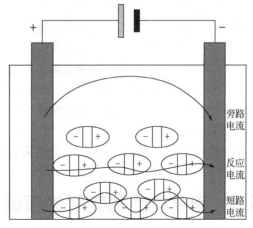

图 5-6　固定床反应器原理示意图　　　　图 5-7　三维电极反应器内电流模式

填充床反应器的结构是在床体两边放置主电极。对于单极性填充床，如果处理的是重金属废水，则将隔膜安放在阳极一边，隔膜与阴极之间装填粒子材料；如果是处理有机废水，则将隔膜安放在阴极一边，隔膜与阳极之间装填粒子材料。由于粒子电极在填充床中彼此之间是紧密接触的，其各个粒子的相电位是处于等电位的状态，因此电流与电势是均匀地分布于床体中，而且填充床传质好、比表面积大，所以电流效率也高。尽管填充床有很多优点，但是当其运行一定时间后，污染物质以及因电解而转化的中间产物往往会被吸附或者堆积在电极的表面上，这样就会引发电极的堵塞，为此必须定期对电极进行清洗或者将阴电极、阳电极的极性相互改变一下。如果所处理的废水含大量的固体悬浮物，则在电解之前必须对废水先进行预处理以去除固体悬浮物。

可以看出填充床其实存在着许多的问题，对于这些问题研究者进行了诸多改进，例如采用交流式电源或者采用脉冲式电源。针对交流式电源的特性，通电后阴、阳两电极上可以产生气体从而达到了清洗电极的目的，另外因为交流电可以使电极的极性交替的变换从而有利于粒子电极上污染物质的脱附，达到清洗粒子电极的目的。除此之外，还可以通过控制废水的循环流速来提高废水的处理效果，在通电前相应地提高循环的流速，就可以使粒子电极悬浮于水中但同时又不至于流出槽外，达到清洗粒子电极的目的；当通电后则降低循环流速，从而使填充的粒子电极彼此之间紧密接触成为填充床，以达到较高处理效果。

（2）流化床 流化床反应器由 Baekhurst 等于 1969 年提出，它的床体分为两个区：阳极区和阴极区。单极性流化床的阴主电极、阳主电极被一层隔膜隔离，而复极性流化床的主电极在床体的两边，中间没有隔膜，粒子电极材料填充于中间。与填充床一样，当采用复极性流化床来处理金属废水时，将隔膜安装在阳极一边，在隔膜与阴极之间填充粒子电极；而处理有机废水时则相反，所发生的电化学反应在粒子电极表面以及主电极附近。流化床床体内的粒子电极一直是处于流化状态，当反应器工作一段时间后，部分粒子材料会沉落在反应器底部而被排出，并将其进行体外清洗，另一部分则运动到上部并且由上部的入口处进入阳极区或者阴极区，进而形成粒子电极的循环利用。当有效电流密度很小时，流化床的这种结构则可以允许通过很大的电流，从而获得较高的电流效率和时空效率。此外，电极粒子流动时彼此之间会相互冲击，这样有效防止了电极堵塞，避免了电流效率的降低。

但同时流化床反应器也存在着缺点，如床体内粒子电极之间并不是紧密接触的，其电流和电势的分布都不均匀，主电极以及隔膜很容易积累污染物质。针对这一问题可以在槽体内安装多个主电极来解决，也可以采用膨胀金属网电极来改善电流的分布不均匀。

综上所述，电化学反应器种类繁多、结构复杂，不同的应用领域所采用的反应器结构和形式均不完全一样，而反应器结构及电极形式是影响电化学反应中电流效率的重要因素之一，随着电化学应用领域的扩展，电化学理论不断发展，对反应器结构的研究也不断深入，电化学反应器已发展成一个相对独立的学科体系。这里只是简单对电化学反应器的形式和结构进行简单的介绍。有兴趣的读者请阅览相关书籍。

5.3 电化学氧化效率的表征

电化学氧化去除有机污染物是电氧化与化学氧化的结合，因而对其降解效率除应用已有的废水降解指标外，尚需考虑电化学氧化效率，因而具有一些独特的表征方法。

5.3.1 转化率

转化率是指反应物在电化学反应中转化为产物的比率，也可看成为降解效率和去除率，表达方式为：

$$\theta_A = \frac{C_0 - C_t}{C_0} = 1 - \frac{C_t}{C_0} \qquad (5\text{-}33)$$

式中，C_0 为反应开始时，反应物的浓度；C_t 为反应结束时，反应物的浓度。

在工程应用上都希望提高转化率，转化率越高处理效果越好。转化率是由停留时间和体积电流密度决定的，由于电化学反应是发生在电极与电解液界面上的异相反应，因此转化率和单位体积反应器的电极面积有密切关系。

5.3.2 电流效率

电流效率（η_{CE}）指实际生成的物质的质量与按法拉第定律计算应生成的物质的质量之比，也可表述为生成一定量物质的理论电量与实际消耗的总电量之比。

$$\eta_{CE} = \frac{KG}{Q} \qquad (5\text{-}34)$$

式中，G 为产物的质量，kg；K 为产物的理论耗电量，A·s/kg；Q 为实际通过的电量，A·s。

电流效率与反应器的工作模式、原料调整、反应过程中副反应、物料损失等有关。

有机污染物的氧化降解通常需要较高的氧化电位，因此阳极氧气的析出成为此过程中的主要竞争副反应。为了表征主副反应之间的竞争程度，引出了瞬时电流效率（ICE）的概念。

$$ICE = \frac{V_{O_2} - V_{O_2,org}}{V_{O_2}} \qquad (5\text{-}35)$$

式中，V_{O_2} 为不存在有机物时 O_2 析出的流率；$V_{O_2,org}$ 为存在有机物时 O_2 析出的流率。

如果在电化学氧化反应过程中，所有的电流均用于氧化有机物，那么没有析出 O_2，即 $V_{O_2,org} = 0$，则 ICE = 1，如果反应产物都在电解液中，那么 ICE 值也可由反应前后的化学需氧量（COD）之差来计算：

$$ICE = \frac{COD_t - COD_{t+\Delta t}}{8I\Delta t} \times F \times V_s \qquad (5\text{-}36)$$

式中，COD_t 为反应前 t 时刻的 COD 值，g/L；$COD_{t+\Delta t}$ 为反应后 [$(t+\Delta t)$ 时刻] 的 COD 值，g/L；F 为法拉第常数；V_s 为溶液体积，L；I 为电流强度，A。

5.3.3 电化学氧化指数

如果把 ICE 表示为时间 t 的函数，并绘制成曲线，在 $0 \sim \tau$ 时段内对曲线下的面积积分，再除以 τ，就得到电化学氧化指数（EOI）：

$$EOI = \frac{\int_0^\tau ICE\,dt}{\tau} \qquad (5\text{-}37)$$

式中，τ 为 ICE→0 时所需的反应时间；EOI 为电化学氧化反应的平均电流效率以及在给定条件下有机物发生电化学氧化的程度，EOI 越大，表示电化学氧化的电流效率越高，有机物氧化分解越彻底。

图 5-8 显示了对甲基磺化苯胺在 Pt 电极表面发生电化学氧化反应时的 ICE-t 图。表 5-3 列出了一些芳香族化合物的 EOI 值。

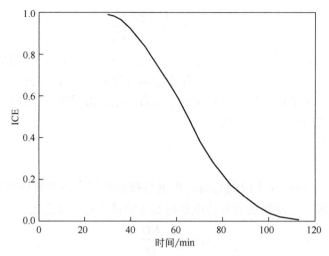

图 5-8　对甲基磺化苯胺在 Pt 电极表面发生电化学氧化反应时的 ICE-t 曲线

表 5-3　一些芳香族化合物的 EOI 值

物质种类	EOI 值	物质种类	EOI 值
NH₂（苯胺）	0.56	COOH（苯甲酸）	<0.05
SO₃H（苯磺酸）	<0.05	COOH, NH₂（邻氨基苯甲酸）	0.55
NH₂, SO₃H, CH₃	0.58	OH（苯酚）	0.2
NO₂, SO₃H, CH₃	0.1		

从表 5-3 可以看出：当化合物中存在吸电子基团（如—SO_3H、—$COOH$）时，由于可供氧化反应的电子云密度较低，导致 EOI 值也较小；而当化合物中存在给电子基团（如—NH_2）时，由于其电子云密度较高，发生氧化反应的概率增大，因而 EOI 值较大；当两种基团（如对甲基磺化苯胺）同时存在时，给电子基团的诱导效应占据优势，使 EOI 值上升。

事实上，EOI 与哈米特常数 θ 之间存在着一定关系：

$$lgEOI = \rho\theta + C \tag{5-38}$$

式中，C 为无量纲常数；ρ 为电极参数。

对于苯环上单取代基的化合物，式（5-38）变为：

$$lgEOI = -2\theta - 1.3 \tag{5-39}$$

θ 的值取决于取代基的性质及其取代位置。我们知道 θ_{NH_2} 远远小于 θ_{NO_2}，而式（5-39）斜率为负值，说明氧化反应能否发生取决于氧化剂的亲电性。

5.3.4 电化学需氧量

电化学需氧量（EOD）表示使每克有机物被电化学氧化所需的电量，相当于电解水时这些电量所能产生的氧气克数。

利用 EOI 可以导出 EOD：

$$EOD = \frac{W_{O_2}}{W_{org}} = 8 \times \frac{I\tau}{FW_{org}} \times EOI \tag{5-40}$$

式中，W_{org} 为转化的有机物质量，如果设：

$$COD^* = \frac{COD}{C_{org}} \tag{5-41}$$

式中，COD 为溶液中有机物完全氧化为 CO_2 时的化学需氧量，g/L；C_{org} 为溶液中有机物的初始浓度，g/L。

那么，有机物的电化学氧化程度 x 即可表示为：

$$x = \frac{EOD}{COD^*} \tag{5-42}$$

x 越趋于 1 时，表示有机物被氧化得越彻底。

需要指出的是：有时为了节约能量，降低消耗，从经济角度出发，并不需要将有机物彻底氧化为 CO_2（此过程可称为电化学燃烧），而只需要将生物难降解有机污染物或生物毒性污染物转化为可以进行生物降解的物质（称为电化学转化过程），然后再进行生物处理将其彻底降解为 CO_2。

5.3.5 电压效率

电压效率（η_V）是电解反应的理论分压与反应器工作电压之比，即：

$$\eta_V = \frac{E}{V} \tag{5-43}$$

式中，E 为理论分解电压，V；V 为工作电压，V。

反应器在工作时由于电极极化和各种电阻产生的欧姆压降，工作电压将偏离理论分解电压或电动势。工作电压与电极的平衡电位、过电位、欧姆压降有关。

5.3.6 能量消耗效率

能量消耗效率（η_W）是生成一定量产物所需的理论能耗与实际能耗之比，即：

$$\eta_W = \frac{W_{理论}}{W} = \frac{E}{V} \times \eta_I = \eta_V \eta_I \tag{5-44}$$

式中，$W_{理论}$ 为生成一定量产物所需的理论能耗；W 为生成一定量产物所需的实际能耗；η_I 为电流效率。

可见，能量消耗效率取决于电流效率和电压效率。

5.3.7 时空产率

时空产率（Y_{st}）指单位体积电化学反应器在单位时间内的产量，即：

$$Y_{st} = \frac{G}{tV_R}$$ (5-45)

式中，Y_{st} 为时空产率，kg/（$m^3 \cdot s$）；G 为产量，kg；t 为反应时间，s；V_R 为反应器体积，m^3。

时空产率与反应器的运行方式、反应器体积及产量有关，是反应器设计和运行时的重要参数。

5.4 电化学氧化效率的主要影响因素

电化学氧化技术用于处理废水中有机物时，有众多影响因素，在实际应用和研究过程里，以下影响因素一般都需考虑。

5.4.1 电极材料的影响

在电化学氧化过程中，电极材料至关重要，它可以直接在阳极表面催化氧化有机污染物，也可以在电解过程中传导电流间接氧化有机污染物。电极材料大致可分为两类：活性材料和惰性材料，无论活性材料还是惰性材料，在氧化降解有机物时，阳极表面都会有一些副产物的生成。对于活性电极材料，其表面物质直接参加电极反应，生成金属氧化剂进入溶液，电极材料本身的成分会发生很大的变化。惰性电极一般具有电化学催化的特性，电解过程中电极只是作为电子的接收体，本身的成分并不会发生变化。对于 DSA 电极，在电解过程中阳极表面会进行析氧反应，阳极表面析出氧气的过程与有机物的氧化过程存在着竞争关系。阳极的氧化电位越低，其表面的物质越容易被氧化。DSA 类电极的析氧电位高，氧气很难在阳极表面析出，相对地，溶液中有机物则容易在阳极氧化降解，所以阳极的析氧电位是制约电化学氧化过程是否高效的一个重要影响因素。此外，电极材料不仅需要较高的析氧电位，而且也应具有较好的催化作用。电极的电化学催化过程是异相催化过程，只需在电极表面添加一层薄的催化材料就能具有很强的催化作用。因此，在对电极材料选择时应综合考虑电极材料的过氧电位和本身的催化性能。

5.4.2 电极表面积的影响

电化学反应的电流效率会受到电极表面积的影响。在直接电化学反应过程中，有机污染物迁移到电极表面发生电子转移，从而被氧化降解。所以电极表面积越大，与有机污染物的接触面积就越大，使反应概率增大，电流效率提高。但是表面积不能无限制的增大，增加电极面积会增加材料费用的投入，所以电极面积应在一个合理的范围内。

5.4.3 极板间距的影响

电极的间距和化学过程的电容和场强有直接的关系，较小的极板间距在同样的外部条件下，极板间的电阻小，电极能够提供的反应电子数更多。但过小的电极间距容易导致极板间发生放电现象而损害电极；而且过小的极板间距使得极板间溶液的停留时间短暂，易造成电极快速升温而对电极不利；同样，较小的电极间距对装置的设计增加了难度。

5.4.4　外加电压的影响

外加电压是电化学反应的驱动力。当外加电压较小时，反应中会产生无用电流，即没有反应电流的存在，这是因为电极板电位和粒子电极电位与它们各自周围溶液的电位差小于有机污染物的分解电压；当外加电压增加到某一值时，才会有反应电流产生，此时，有机污染物的分解电压将小于电极板电位和粒子电极电位与其各自周围溶液的电位差，但是电压过大，会使副反应增加，并且能耗随之增大，电流效率会降低。所以对于具体的废水应该选择最优的外加电压。

5.4.5　电流密度的影响

电流密度是影响电化学氧化效果的主要因素之一，电流密度的大小决定着电化学过程中输入能量的多少。相对来说，体系中电流密度越大，对污染物的处理效果也越好，相对地需要的能耗就越多。但是电流密度过大，会使漏电电流增大，导致无电电流产生，则电流效率降低。此外，因为过高的电流密度致使一大部分能量产生了热效应，使废水的温度升高，同时若温度过高，将会影响电极本身的使用寿命。由于待处理的废水存在差异性，就会造成电化学氧化过程中所需电流密度和电流时间的差异性，因此，在实际应用中应该对电流密度进行参数优选。合适的电流密度能够使电化学氧化时间和能耗处于平衡状态，进而达到最佳的去除效果。

5.4.6　pH 值的影响

废水的 pH 值对电化学氧化降解污染物的影响很大，因为溶液中的 pH 值会影响·OH 等自由基的产生量。pH 值会影响污染物被电化学氧化的途径和方式，当溶液中的 pH 值较高时，废水里有足够的 OH⁻使之产生大量的·OH，这时主要以间接氧化为主；当溶液中的 pH 值较低时，电极氧化过程则可能主要以直接氧化过程为主。

5.4.7　氯离子浓度的影响

溶液中的 Cl⁻可以在电化学氧化过程中生成 HClO，HClO 能增强电极的间接氧化作用，促进溶液中有机物的去除。在反应体系中，Cl⁻可以取代 O^{2-} 吸附在阳极表面，这样能减小电极氧化的副反应程度；在电化学氧化过程中，Cl⁻可被转化为 ClO⁻进而提高了溶液的导电能力，降低其能耗。

5.4.8　反应器构型的影响

反应器的构型可以影响电化学反应的处理能力和效率，改变反应器的构型在一定程度上可以增大电极的比表面积，可以提高电极的析氢电位、析氧电位，增加电极的活性点。

5.5　电化学氧化技术存在的问题及发展方向

虽然国内外对电化学氧化处理有机废水已有较多研究，但仍存在诸多问题，例如，对于高效的催化电极的研制和开发缺乏理论指导，对电极结构和反应器的合理设计以及操作条件的优化缺乏系统研究；对电化学氧化机理没有形成统一的认识，微观上机理研究多为假设、推测，缺乏可靠的实验结果支持；对电化学氧化处理效果大多通过宏观上的 COD、BOD 及污染物浓度的变化来评价，而对于其中产生的·OH 缺乏必要的跟踪监测手段。另外，两个问题也一直在制约着电化学氧化技术的发展：一个是废水处理时间的问题，另一个是电极寿命问题。从解决这两个实际问题出发，开展电化学氧化技术的基础理论研究、电极材料研制、电化学反应器的开发以及电化学氧化工艺的研究是今后的发展趋势，具体而言：

① 深入研究有机污染物电化学氧化机理，包含有机化合物分子在电极表面的电子转移，或高电位下产生的强氧化性物种与有机物分子的作用，以及电化学催化体系中产生强氧化性物种的种类和方式等。

② 研发高效的催化电极材料，制备和优化电极，提高电极的电化学催化活性和选择性、电极的寿命等。

③ 研发电解槽结构和高效电解反应器，即根据所研制的电极和已明确的氧化机理，对电极结构和反应器的合理设计以及操作条件的优化进行系统研究。

④ 对一定条件下的电化学氧化系统进行应用研究，根据电化学氧化处理废水实验，系统地考察电流密度、pH 值、电解质浓度、废水浓度、传质方式和速度、电解时间等因素的影响，得到最佳的工艺参数，设计出最佳工艺路线。

参考文献

[1] 孙德智，于秀娟，冯玉杰. 环境工程中的高级氧化技术[M]. 北京：化学工业出版社，2006.

[2] 李红娜. 电化学氧化处理有机污染物与消毒机理研究[M]. 北京：环境科学出版社，2020.

[3] 胡筱敏，李亮，赵研，等. 污水电化学处理技术[M]. 北京：化学工业出版社，2020.

[4] Anglada Á，Urtiaga A，Ortiz I. Contributions of electrochemical oxidation to waste-water treatment: fundamentals and review of applications[J]. Journal of Chemical Technology and Biotechnology，2009，84（12）：1747-1755.

[5] Feng L，van Hullebusch E D，Rodrigo M A，et al. Removal of residual anti-inflammatory and analgesic pharmaceuticals from aqueous systems by electrochemical advanced oxidation processes. a review[J]. Chemical Engineering Journal，2013，228：944-964.

[6] Chaplin，B P. Critical review of electrochemical advanced oxidation processes for water treatment applications[J]. Environmental Science-Processes & Impacts，2014，16（6）：1182-1203.

[7] Sires I，Brillas E，Oturan M A，et al. Electrochemical advanced oxidation processes: today and tomorrow. a review[J]. Environmental Science and Pollution Research，2014，21（14）：8336-8367.

[8] Oturan M A，Aaron J J. Advanced oxidation processes in water/wastewater treatment: principles and applications. a review[J]. Critical Reviews in Environmental Science & Technology，2014，44（23）：2577-2641.

[9] Bergmann M E H，Koparal A S，Iourtchouk T. Electrochemical advanced oxidation processes，formation of halogenate and perhalogenate species: a critical review[J]. Critical Reviews in Environmental Science & Technology，2014，44（4）：348-390.

[10] Moreira F C，Boaventura R A R，Brillas E，et al. Electrochemical advanced oxidation processes: a review on their application to synthetic and real wastewaters[J]. Applied Catalysis B: Environmental，2017，202：217-261.

[11] Garcia-Segura S，Ocon J D，Chong M N. Electrochemical oxidation remediation of real wastewater effluents—a review[J]. Process Safety and Environmental Protection，2018，113：48-67.

[12] 韦震，康轩齐，徐尚元，等. 电化学氧化有机污染物的研究进展[J]. 化工时刊，2020，34（8）：29-34.

[13] 衷从强. 电化学氧化处理三唑类杀菌剂模拟废水的机理研究[D]. 南京：南京理工大学，2014.

[14] 王辉. 含苯酚废水电化学氧化降解研究[D]. 兰州：西北师范大学，2005.

[15] 顾坤. 电化学氧化法处理高盐分医药中间体废水的研究[D]. 南京：南京理工大学，2007.

[16] 程迪，赵馨，邱峰，等. 电化学氧化处理难降解废水的研究进展[J]. 化学与生物工程，2011，28（4）：1-5.

[17] 李慧婷. 电化学氧化法在工业废水处理中的应用研究[D]. 长春：吉林大学，2011.

[18] 魏琳. 工业难降解有机污染物的电化学氧化处理方法研究[D]. 武汉：武汉大学，2011.

[19] 刘俐媛. 电化学氧化工艺处理焦化废水研究[D]. 北京：中国矿业大学，2012.

[20] 周家中. 电化学氧化降解甲硝唑和肉桂酸的研究[D]. 杭州：浙江工业大学，2015.

[21] Mandal P，Dubey B K，Gupta A K. Review on landfill leachate treatment by electrochemical oxidation：drawbacks，challenges and future scope[J]. Waste Management，2017，69：250-273.

[22] 田军朝. 电化学氧化法处理垃圾渗滤液膜滤浓缩液的试验研究[D]. 重庆：重庆大学，2015.

[23] 盛怡，李光明，胡惠康，等. 有机废水电化学氧化阳极材料的研究进展[J]. 工业水处理，2006，26（3）：4-7.

[24] 朱旭. 钛基形稳电极的制备及电化学氧化苯胺废水性能与机理[D]. 北京：中国地质大学，2020.

[25] 沙净. 不同电极电化学氧化模拟有机废水实验研究[D]. 兰州：西北师范大学，2009.

[26] 李建伟. 硼掺杂金刚石膜电极电氧化降解对氯苯酚废水[D]. 杭州：浙江工业大学，2010.

[27] 何亚鹏. 钛基体增强掺硼金刚石电极电催化过程动力学研究[D]. 长春：吉林大学，2017.

[28] 卢红叶. 掺硼金刚石电极阳极电催化氧化苯酚废水的研究[D]. 秦皇岛：燕山大学，2018.

[29] 徐静. 阴阳极协同电化学氧化处理反渗透浓水的研究[D]. 大连：大连工业大学，2018.

[30] 毕强. 电化学处理有机废水电极材料的制备与性能研究[D]. 西安：西安建筑科技大学，2014.

[31] 夏巧巧. 难降解有机污染物的电催化氧化机制及应用研究[D]. 南京：南京大学，2013.

[32] 张运帷. 电催化氧化法对硝基苯废水的处理研究[D]. 南京：南京理工大学，2008.

[33] 景长勇. 电催化氧化技术研究进展[J]. 工业安全与环保，2008，34（3）：1-2.

[34] 应传友. 电催化氧化技术的研究进展[J]. 化学工程与装备，2010，8：140-142.

[35] 许文林，王雅琼. 固定床电化学反应器研究进展[J]. 化工冶金，1995，16（3）：263-270.

[36] 张忠林，郝晓刚，于秋硕，等. 流化床电化学反应器研究进展[J]. 现代化工，2007，27（1）：18-22.

[37] 罗劼. 三维电极体系工作原理初探[D]. 武汉：武汉工程大学，2011.

[38] 薛松宇. 三维电极反应器处理染料废水的研究[D]. 天津：天津大学，2005.

[39] 曹志斌. 三维电极反应器的设计及应用研究[D]. 南京：南京航空航天大学，2009.

[40] 魏琛. 三维电极反应器降解水中微量有机氯农药的研究[D]. 贵阳：贵州大学，2019.

[41] 周漫静. 三维电极反应器处理聚酯纤维废水的试验研究[D]. 南京：南京农业大学，2017.

[42] 赵敏. 三维电极法深度处理制药废水的研究[D]. 郑州：郑州大学，2012.

[43] 苏静. 有机污染物电化学氧化反应器的流体动力学和传质性能研究[D]. 长春：吉林大学，2011.

[44] 魏新，钱大益. 有机废水处理电化学氧化耦合工艺研究进展[J]. 工业水处理，2013，33（11）：8-12.

[45] 陈裕武. 电化学氧化法与生物流化床技术组合工艺处理酚醛树脂废水的研究[D]. 南京：南京理工大学，2008.

[46] 王村. 电化学氧化与纳滤法耦合处理染料废水[D]. 天津：天津大学，2009.

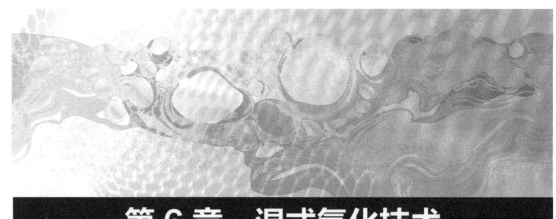

第6章 湿式氧化技术

湿式氧化（wet air oxidation，WAO）技术最早由美国人 Zimmermann 于 1944 年研究提出，并获得了多项专利，故也称为齐默尔曼法。1958 年 Zimmermann 首次将其应用于纸浆废液的处理，使黑液中的有机物氧化降解，COD 去除率达 90%以上。20 世纪 60 年代之前，WAO 的研究内容主要是探索该方法的适用性和最佳工艺条件，且 WAO 在处理造纸黑液及城市污泥方面得到了商业化的发展。Zimpro 公司建立了几个完全氧化城市污泥的 WAO 处理厂，并在此基础上，开发了用 WAO 处理污泥以改善污泥脱水和沉降性能、再生活性炭等的新用途。进入 20 世纪 70 年代以后，WAO 工艺得到迅速发展，应用范围从回收有用物质和能量进一步扩展到有毒有害废水的处理以及石油化工、宇航等行业的各种废物的处理。由于具有适用范围广、处理效率高、二次污染少、可回收能量及有用物料等特点，因此受到世界各国研究者的广泛关注。到目前为止，世界上已有几百套WAO 装置用于石化碱液、烯烃生产洗涤液、丙烯腈生产废水、农药生产废水等工业废水的处理。

国内对 WAO 技术的研究起步始于 20 世纪 70 年代，先后对造纸黑液、含硫废水、含磷废水、含酚废水、煤制气废水及农药废水等进行了大量的研究。20 世纪 90 年代后，国家投入资金进行 WAO 重点攻关研究，研究内容也从适用性和反应条件的优选深入到反应机制及动力学的考察，但是大部分研究仍处于试验阶段。

WAO 技术虽然处理效率高，但是它在实际推广应用方面仍存在着一定局限性。WAO 技术需要高温、高压的操作条件，并产生以有机酸为主的中间产物，因此对设备要求耐高温、高压，并耐腐蚀，因此设备费用高，这已成为制约 WAO 进一步发展的关键问题。另外，对于某些特定的结构稳定的化合物（如多氯联苯等），WAO 的去除率并不理想，而且还可能会产生有毒中间产物的问题。为了缓和反应条件，20 世纪 70 年代以来，世界上发达国家十分重视开发新型的技术，以提高处理效率和降低处理费用，出现了在传统的 WAO 的基础上发展起来的一系列新技术，包括使用高效、稳定催化剂的催化湿式氧化（catalytic wet air oxidation，CWAO）、加入强氧化剂（如 H_2O_2 等）的湿式氧化和利用超临界水的良好特性来加速反应进程的超临界水氧化（supercritical water oxidation，SCWO）以及通过催化剂强化 SCWO 的催化 SCWO（catalytic supercritical water oxidation，CSCWO），这些新技术大大地改善了传统 WAO 的工作条件和降解效率。本章围绕这些技术，论述其反应原理、反应动力学模型、主要工艺与设备、影响因素、存在的问题及发展方向。

6.1　传统湿式氧化

6.1.1　传统湿式氧化的反应机理

传统 WAO 是在高温（125～350℃）、高压（0.5～20MPa）条件下，以空气中的氧气为氧化剂，在液相中将有机污染物氧化为 CO_2 和 H_2O 等无机物或小分子有机物的化学过程。

传统 WAO 反应比较复杂，主要包括传质和化学反应两个过程。目前的研究结果普遍认为传统 WAO 反应属于自由基反应，通常可分为三个阶段，即链的引发、链的发展或传递、链的终止。

（1）链的引发　传统 WAO 过程中链的引发是指由反应物生成自由基的过程。在这个过程中，氧通过热反应产生 H_2O_2，反应如下：

$$RH + O_2 \longrightarrow \cdot R + HOO \cdot （RH 为有机物） \tag{6-1}$$

$$2RH + O_2 \longrightarrow 2 \cdot R + H_2O_2 \tag{6-2}$$

$$H_2O_2 + M \longrightarrow 2 \cdot OH （M 为催化剂） \tag{6-3}$$

（2）链的发展或传递　链的发展或传递是自由基与分子相互交替作用过程，使自由基数量迅速增加。

$$RH + \cdot OH \longrightarrow \cdot R + H_2O \tag{6-4}$$

$$\cdot R + O_2 \longrightarrow \cdot ROO \tag{6-5}$$

$$\cdot ROO + RH \longrightarrow \cdot R + ROOH \tag{6-6}$$

（3）链的终止　若自由基之间相互碰撞生成稳定的分子，则链的增长过程将中断。

$$\cdot R + \cdot R \longrightarrow R—R \tag{6-7}$$

$$\cdot ROO + \cdot R \longrightarrow ROOR \tag{6-8}$$

$$2 \cdot ROO \longrightarrow RO + R^1COR^2 + O_2 \tag{6-9}$$

有人认为，有机物的 WAO 过程是按下列的自由基生成反应进行的：

$$O_2 \longrightarrow 2 \cdot O \tag{6-10}$$

$$\cdot O + H_2O \longrightarrow 2 \cdot OH \tag{6-11}$$

$$RH + \cdot OH \longrightarrow \cdot R + H_2O \tag{6-12}$$

$$\cdot R + O_2 \longrightarrow \cdot ROO \tag{6-13}$$

$$\cdot ROO + RH \longrightarrow ROOH + \cdot R \tag{6-14}$$

从式（6-10）和式（6-14）可以看出：有机物的传统 WAO 过程首先生成·O，·O 与水反应生成·OH，然后与有机物 RH 反应生成低级酸 ROOH，ROOH 进一步氧化成为 CO_2 和 H_2O。尽管式（6-2）～式（6-9）中·OH 的作用不明显，但研究显示式（6-12）反应是存在的，并证实·OH 的形成促进了·R 的形成。另外，有人也证实了通过式（6-15）反应可以生成·OH：

$$RH+H_2O_2 \longrightarrow RH_2O+\cdot OH \tag{6-15}$$

有人用试验证实$\cdot R$与WAO中氧分压成正比，但随氧分压的升高$\cdot R$的浓度升高到一定数值后基本保持不变。当氧分压较低时，水中溶解氧分压也低，式（6-5）和式（6-6）变慢，导致$[\cdot R] \gg [\cdot ROO]$，促进式（6-7）发生。因此，式（6-3）成为反应的控速步骤。同样的，氧化速率随氧气浓度的增加而升高，当溶解氧浓度比较高时，式（6-5）变快，$[\cdot R] \ll [\cdot ROO]$，促进式（6-8）的进行，此时，氧化反应的速率不依赖于氧气的浓度。在这种情况下，反应速率受到式（6-6）的控制。

从以上的分析可知：氧化反应的速度受制于自由基的浓度，初始自由基形成的速率及浓度决定了氧化反应"自动"进行的速度。由此可以看出：若是在反应初期加入H_2O_2或一些C—H键薄弱的化合物（如偶氮化合物）作为启动剂，则氧化反应可以进行。例如，在传统WAO条件下，H_2O_2的加入，增加了体系中的$\cdot OH$，从而缩短了链反应传递，加快了氧化速度。当链反应终止后，自由基被消耗并达到某一平衡浓度，反应速率也将恢复到初始的浓度。

在传统的WAO反应中，尽管氧化反应是主要的，但是在高温、高压体系下，水解、热解、脱水、聚合等反应也同时发生。因此，在传统的WAO中不仅发生高分子化合物α-C位的C—H键断裂成低分子化合物这一自由基反应，而且也发生β-C位和γ-C位C—C断裂的现象。而在自由基反应中所形成的诸多中间产物本身也以各种途径参与了链反应。

6.1.2 传统湿式氧化的反应动力学模型

传统的WAO过程的反应动力学模型归纳起来可分为理论模型和半经验模型两大类。

（1）理论模型 近年来提出的传统WAO过程的理论模型的基本形式为：

$$-\frac{d[C]}{dt}=k_0\exp\left(\frac{E_a}{RT}\right)[C]^m\left(\frac{p_{O_2}}{H}\right)^n \tag{6-16}$$

式中，k_0为指前因子，单位取决于m和n；E_a为反应活化能，kJ/mol；T为反应温度，K；R为气体常数，8.314J/(mol·K)；$[C]$为有机物浓度，mol/L；p_{O_2}为氧气分压，MPa；H为亨利系数；t为反应时间，s；m、n为反应级数。

根据此模型，对多种废水的氧化反应动力学参数等进行了求解，结果如表6-1所示。

表6-1 根据理论模型求解的几种废水WAO氧化反应动力学参数

废水种类	氧化剂	动力学参数				温度/K	压力/MPa	浓度/(g/L)
		E_a/(kJ/mol)	m	n	k_0			
活性炭再生	O_2	35.1	1	—	—	453~460	3~10	15
造纸黑水	O_2	135	0	0.38	9.08×10^8	550~590	2~20	125
含氰废水	O_2	52.1	1		2.43×10^5	433~513	7~15	—
葡萄糖水	O_2	130	0.5	1	—	450~533	10.9	15
含酚废水	O_2	107	1	1	1.96×10^9	453~483	3.5	1.9~3.8

（2）半经验模型 Jean-Noel等提出了传统WAO半经验模型，认为传统WAO过程为一级反应，其反应动力学模型为：

$$-\frac{d[C]}{dt}=k_C[C]^m[O]^n \tag{6-17}$$

式中，k_C 为反应速率常数，单位取决于 m 和 n；［C］为有机物浓度，mol/L；［O］为氧化剂浓度，mol/L；t 为反应时间，s；m、n 为反应级数。

表 6-2 列出了近年来文献报道的几种有机废水在传统 WAO 过程的反应动力学半经验表达式。

表 6-2　几种 WAO 反应动力学半经验表达式

化合物	反应速率表达式	备注
活性污泥	$r=k_C[C][O]$	当氧的浓度过高时，反应速率与氧无关
丁酸	$r=k_C[C]^4[O]^{0.45}$	—
氰化物	$r=k_C[C]$	废水来源于碳化厂
	$r=k_C[C][O]$	pH 值对 r 有影响
酚	$r=k_C[C]$	诱导期
	$r=k_C[C][O]^{0.5}$	快速反应期
丙酸	$r=k_C[C]^{1.42}[O]^{0.41}$	—

反应动力学研究对设计 WAO 工艺是很有必要的。由于 WAO 涉及反应形式复杂，参数多，中间产物多，要根据基元反应推导精准反应速率方程尚不可能，习惯上常用可测的综合水质指标（如 COD）来表征有机物的含量，并假设反应是一级反应，从表 6-2 可以看出：对于同一种有机物，其反应级数却存在差异，且并不都是一级反应。一般认为，废水中不同成分的组成以及反应条件会影响 WAO 动力学半经验公式，而且 WAO 反应过程实际上是以氧化反应为主的各种反应的综合，过程多样且复杂，这也许是出现众多 WAO 半经验公式的缘由。

6.1.3　传统湿式氧化的主要工艺及设备

WAO 技术自 1958 年被首次应用于纸浆废液的处理以来，经过几十年发展和改进，对于处理不同的有机物，涌现出多种不同的 WAO 工艺，下面对其中的几种典型 WAO 工艺进行介绍。

6.1.3.1　Zimpro 工艺

Zimpro 工艺是目前市场上应用最为广泛的 WAO 技术，最初由 Zimmermann 于 20 世纪 50 年代研究并实现了工业化应用。截至 2000 年，已经建立了 200 多座 Zimpro 工艺装置，其中有一半是用于污泥处理，20 余座用于活性炭再生，50 多座用于工业污水的处理。

Zimpro 装置为一个并流鼓泡塔式反应器，料液进行轴向及径向混合，可用挡板调节混合情况。该过程的总氧化效率较低，一般作为生化过程的预处理步骤。根据所处理的废弃物及氧化程度的要求不同，反应的操作温度通常设置为 420～598K，压力为 2.0～12.0MPa，如污泥脱水时温度可采用 420～473K，活性炭再生或将难降解有机物氧化分解为易降解有机物时，温度范围为 473～523K。Zimpro 工艺处理要求越高，反应所设定的温度也越高，通常 Zimpro 工艺的停留时间为 60min，应用过程中也可根据需要进行调节。

Zimpro 工艺的典型流程如图 6-1 所示。废水与压缩空气混合后首先经过进料交换器，与反应后的高温氧化液体换热。然后再通过热交换器，达到一定温度后，从下而上经反应器，废水中的有机物与氧发生放热反应，在较高温度下将废水中的有机物氧化成 CO_2 和 H_2O，或低级有机酸等中间产物。经进料交换器冷却后的溶液经过压力释放阀降低压力后在气液分离器中分离为气液两相。

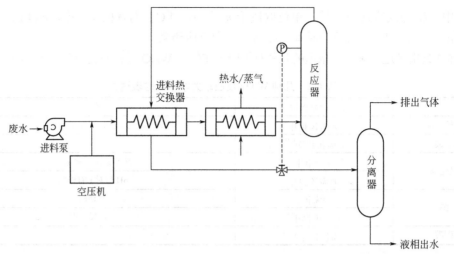

图 6-1　Zimpro 工艺流程

6.1.3.2　Wetox 工艺

Wetox 工艺由 Fasell 和 Bridge 开发于 20 世纪 70 年代，可完全氧化处理有机物，亦可作为生化过程的预处理步骤，其工艺流程如图 6-2 所示。Wetox 工艺的水平高压反应釜分为 4～6 个部分，每部分均有机械搅拌和氧补给装置，实际是一系列连续搅拌罐反应，由此可提高料液有效停留时间，减少废液体积，提高换热效率。Wetox 工艺设有热能回收装置，但机械搅拌操作使其能耗和操作要求较高，且需配备高压容器盖，此外，水平反应器占地面积大。

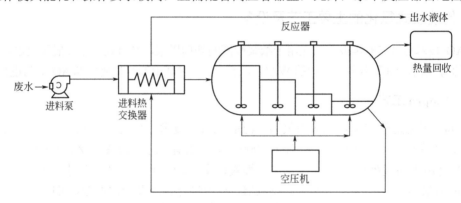

图 6-2　Wetox 工艺流程

Wetox 反应器通常的操作温度为 480～520K，由于放热反应，温度在各部分持续升高。操作压力约为 4.0MPa，典型的液体停留时间为 30～60min。

6.1.3.3　VerTech 工艺

VerTech 工艺于 1993 年实现工业化应用，其工艺流程如图 6-3 所示，该工艺最初设计主要用于污泥的处理，反应器悬挂于混凝土深井内。从图 6-3 中可以看出：VerTech 反应器由上升管及下降管两个同心管组成，沿中轴垂直安于 120～1500m 深处，用热交换系统封住同心管的两端出口。当进水沿下降管下降时可产生 WAO 反应所需高压，保证换热效率，大大降低了能耗，且占地面积相对较小。料液和氧气以活塞流形式向下流过反应器，在下降管内呈湍流流动，可保证传质和换热效果。但该反应器易生锈，需定期用硝酸清洗，且地下反应器在处理有毒物质时需要采取更多安全防护措施。

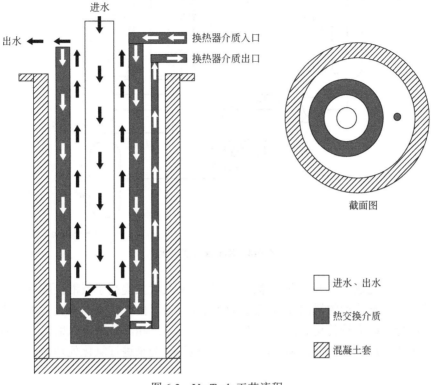

图 6-3 VerTech 工艺流程

VerTech 工艺中反应器压力取决于其高度和流体密度，而流体密度又随温度和气体含量而变化。通常反应器的高度为 500～1200m，此时反应器底部的气压可达 8.5～11MPa，反应器的热交换系统可保证底部的温度达到 550K，反应器的停留时间约为 1h，其中反应区的停留时间为 30～40min。

6.1.3.4 Kenox 工艺

加拿大 Kenox 公司于 1986 年生产了第 1 台商业化的 Kenox 工艺装置。该工艺采用再循环反应器，能直接分解乙酸并提高 COD 去除率，且设备投资明显降低。如图 6-4 所示，反应器由 2 个同心圆筒组成，料液和空气从内筒流入，从内外筒的间隙流出，反应器底部的泵叶用于循环料液和空气，上部的超声波发生器有利于溶解悬浮物及加速反应，内筒的静态混合器有助于气液接触，还可附着非均相催化剂。Kenox 工艺过程用泵进行循环，因而其能耗和操作要求较高，且需配备高压器盖。

该工艺的典型操作温度为 473～513K，压强为 4.1～4.7MPa。对于大多数应用来说，其停留时间约为 40min。另外，在进入反应器 A 之前，需用酸调节 pH 值至 4 左右。

6.1.3.5 Oxyjet 工艺

Oxyjet 工艺由西班牙的 Universidad Palitechica de Catahmya 公司与加拿大的 Universite de Sherbrooke 公司共同开发，其工艺如图 6-5 所示。该系统主要由喷射流混合器和管式反应器

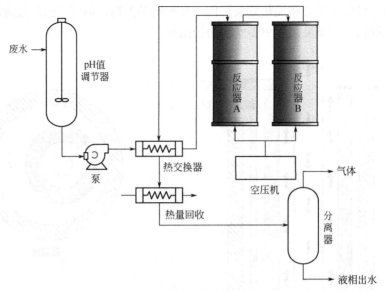

图 6-4　Kenox 工艺流程

组成，料液与氧气先进入喷射流混合器，混合后的雾气大大提高了气液接触面积，从而促进了氧的传输，然后雾化后的料液和氧气进入管状反应器。由于传质的阻力大大减小，所以管状反应器内的停留时间较传统鼓泡塔工艺小很多，此后二相流体均进入射流反应器，液体被再次雾化。另外，还可添加催化剂或同时加入其他氧化剂来进行氧化处理。

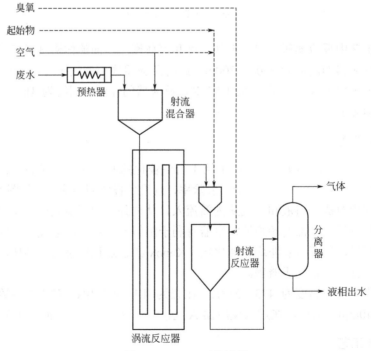

图 6-5　Oxyjet 工艺流程

6.1.3.6 传统湿式氧化的主要设备

从以上传统 WAO 主要工艺的介绍可以看出：不同应用领域的 WAO 工艺虽然有所不同，但基本流程极为相似。基本包括以下几步。

① 将废水用高压排液泵送入系统中，空气（或纯氧）与废水混合后，进入热交换器，换热后的液体经预热器预热后送入反应器内。

② 氧化反应是在氧化反应器内进行的，反应器也是 WAO 的核心设备。随着反应器内氧化反应的进行，释放出来的反应热使混合物的温度升高，达到氧化所需的最高温度。

③ 氧化后的反应混合物经过控制阀减压后送入换热器，与进水换热后进入冷凝器。液体在分离器内分离后，分别排放。

完成上述传统 WAO 过程的主要设备如下。

（1）反应器　反应器是 WAO 工艺中的核心设备。WAO 的工作条件是在高温、高压下进行，而且所处理的废水通常有一定的腐蚀性，因此反应器的材质要求较高，需有良好的抗压强度，且内部的材质必须耐腐蚀，如不锈钢、镍钢、钛钢等。

（2）热交换器　废水进入反应器之前，需要通过热交换器与出水的液体进行热交换，因此要求热交换器有较高的传热系数、较大的传热面积和较好的耐腐蚀性，且必须有良好的保温能力。对于含悬浮物多的物料常采用立式逆流管套式热交换器，对于含悬浮物少的有机废水常采用多管式热交换器。

（3）气液分离器　气液分离器是一个压力容器。当氧化后的液体经过热交换器后温度降低，使液相中的氧气、二氧化碳和易挥发的有机物从液相进入气相而分离。分离器内的液体，再经过生物处理或直接排放。

（4）空气压缩机　WAO 中为了减少费用，常采用空气作为氧化剂，当空气进入高温、高压的反应器之前，需要使空气通过热交换器升温和通过压缩机提高空气的压力，以达到需要的温度和压力。通常使用往复式压缩机，根据压力要求来选定段数，一般选用 3～4 段。

6.1.4 传统湿式氧化的主要影响因素

6.1.4.1 操作条件的影响

传统 WAO 过程的操作条件主要有温度、压力、停留时间、空气量以及搅拌强度等，它们对 WAO 降解有机物的效果均有不同程度的影响。

（1）温度　温度是 WAO 过程中非常重要的一个操作参数，很多研究表明：反应温度对 WAO 系统的处理效果起到决定性作用。反应速率常数与温度关系服从阿伦尼乌斯公式。如果反应温度过低，即使延长反应时间，反应物的去除率也不会显著提高。

表 6-3 列出了水和氧气在不同温度下的一些物理性质。由表 6-3 可知：当温度<100℃时，氧的溶解度随着温度的升高而降低；当温度>150℃时，氧的溶解度随着温度的升高而增大，氧在水中的传质系数也随着温度的升高而增大，同时，温度升高使液体的黏度减小，因此温度升高有利于氧在液体中的传质和有机物的氧化。大量的研究表明：温度越高，有机物的氧化越完全，但是当温度升高，总压力也增大，动力消耗越大，且对反应器的要求越高。因此，从经济的角度考虑，应通过试验选择合适的氧化温度，既要满足氧化的效率，又要考虑能耗。

表 6-3 不同温度下水和氧的一些物理性质

物质	性质	温度/℃							
		25	100	150	200	250	300	320	325
水	蒸气压/MPa	0.003	0.103	0.485	1.586	4.056	8.762	11.511	14.005
	动力黏度/(10^{-3}Pa·s)	0.922	0.281	0.181	0.137	0.116	0.106	0.104	0.103
	密度/(10^3kg/m³)	0.944	0.991	0.955	0.934	0.908	0.870	0.848	0.828
氧气 (0.5MPa, 25℃)	扩散系数/(10^5cm²/s)	2.24	9.18	16.2	23.9	31.1	37.3	39.3	40.1
	亨利常数/(10^3Pa/mol)	4.38	7.04	5.85	3.94	2.38	1.36	1.08	0.90
	溶解度/(mg/L)	190	145	195	320	565	1040	1325	1585

（2）压力 系统压力的主要作用是保持反应系统内液相的存在，对氧化反应的影响并不显著。如果压力过低，大量的反应热就会消耗在水的蒸发上，这样不但反应温度得不到保证，而且反应器有蒸干的危险。在一定温度下，总压不应低于该温度下水的饱和蒸气压。

氧分压代表了在一定条件中反应系统内氧气的含量，因而氧分压在一定的范围内对氧化速率有直接的影响。氧分压不仅提供了反应所需的氧气，而且推动氧气向液相传输。氧分压影响的强弱与温度有关，温度越高影响越不明显。当氧分压增加到一定值时，其对 WAO 反应速率和有机物的降解效果起不到任何作用。通常，传统 WAO 的操作压力一般在 5.0～12.0MPa，反应温度与反应压力之间有一定的关系，表 6-4 给出了 WAO 装置内反应温度与反应压力（包括水的饱和蒸气压和所压入的空气的压力）之间的经验关系。

表 6-4 湿式氧化装置内反应温度与反应压力的经验关系

反应温度/℃	230	250	280	300	320
反应压力/MPa	4.5～6.0	7.0～8.5	10.5～12.0	14～16	20～21

（3）停留时间 研究表明：在传统的 WAO 处理装置中起决定作用的是反应温度，而停留时间是较次要的因素。传统的 WAO 过程一般分为前期的快速氧化分解过程和后期的慢速氧化分解过程。停留时间是指两个过程完成所需反应时间。WAO 达到处理效果所需要的时间随反应温度的升高而缩短；去除率越高，所需的反应温度越高或反应的时间越长；氧分压越高，所需的温度越低或反应时间越短。根据污染物被氧化的难易程度以及处理的要求，可确定最佳的反应时间，一般而言，传统的 WAO 处理装置的停留时间在 0.1～2h。

（4）空气量 WAO 过程中需要消耗空气，所需空气量可由废水降解的 COD 值计算获得，见式（6-18）。实际需氧量由于受氧的利用率的影响，通常比理论计算值高出 20% 左右。

$$Q_{air}=4.3COD \tag{6-18}$$

式中，Q_{air} 为空气量，g/L。

（5）搅拌强度 在高压反应釜内进行反应时，氧气从气相向液相中的传质与搅拌强度有关。搅拌强度影响传质速率，搅拌强度越大，液体的湍流程度越大，氧气在液相中的停留时间越长，传质速率就越大。当搅拌强度增大到一定时，搅拌强度对传质速率的影响很小。

6.1.4.2 废水性质的影响

废水的性质，如废水中有机物结构、废水浓度、进水 pH 值等也会影响 WAO 的处理效果。

（1）废水中有机物的结构　众多研究表明：有机物氧化与物质的电荷特性和空间结构有很大关系，不同的废水有不同的表观活化能，其氧化反应经历也不一样，WAO 难易程度也是不同的。有研究发现：氧在有机物中所占的比例越少，其氧化性越大；碳在有机物中所占的比例越大，其氧化性越大。实验还发现异构体与氧化性也有关，例如异构体醇的分解顺序为：叔＞异＞正。有人对有毒有害废物的 WAO 研究表明：无机和有机氰化物易氧化；脂肪族和卤代脂肪族化合物易氧化；芳香族和含非卤代烃的芳香族化合物（如五氯酚）易氧化；不含其他基团的卤代芳香族化合物（如氯苯和多氯联苯等）难以氧化。有人在研究酚及其衍生物的 WAO 动力学时，证实酚氧化反应为亲电子反应，芳香基与氧反应为慢反应，其氧化反应速率由大到小顺序如下：对甲氧基苯酚＞邻甲氧基苯酚＞邻乙基苯酚＞2,6-二甲基苯酚＞邻甲基苯酚＞间甲基苯酚＞对氯苯酚＞邻氯苯酚＞苯酚＞间氯苯酚。造成氧化反应速率差异的原因可能是：苯酚和氯酚自由基反应存在诱导期，而甲氧基苯酚不存在诱导期，因为甲基使苯环中的电子云密度增加，反应加快。实际废水处理与纯化合物的试验结果比较一致，表明吸电子基团，如氯、硝基对芳环具有稳定作用，难以进行 WAO 处理；而供电子基团，如羟基、氨基、甲基使芳环上电子云密度增高，易于进行 WAO 处理。

尽管废水中有机物千差万别，但都必须经过若干中间小分子化合物（如最常见的乙酸）才能完全被氧化。一般情况下有机物的 WAO 过程中大多有大分子分解成小分子的快速反应期和继续氧化小分子中间产物的慢速反应期两个过程，这一点是共同的。研究指出：中间产物苯甲酸和乙酸对进一步 WAO 有抑制作用；乙酸具有最高的氧化值，很难再被 WAO，因此是最常见的累积中间产物。由此 WAO 处理废水的完全氧化去除效率很大程度上取决于乙酸被氧化的程度。

（2）废水浓度　在相同实验条件下，在保证足够多的氧气时，进水 COD 的浓度对于去除率影响不大。大量的试验均表明：WAO 中有机物的快速氧化分解过程一般为一级反应关系。当然废水进水浓度不是没有限制的，有人在研究 WAO 及其在石油化工废水处理的应用时发现：当反应器的操作压力为 10.29MPa、温度为 289℃时，为了保证反应器内有液态水存在，废水 COD 值须低于 104g/L，否则全部水将以蒸汽状态存在。此外，为了使 WAO 顺利进行，水在气相与液相的分布比例不大于 85∶15 为好，因此，进水 COD 浓度不应超过 90g/L。

（3）进水 pH 值　WAO 过程中，由于不断有物质被氧化和新的中间产物生成，使反应体系的 pH 值不断变化，规律是先变小（中间体小分子羧酸的积累）后略有回升（中间体的进一步氧化），温度越高，物质的转化越快，pH 值的变化越剧烈。废水的 pH 值对 WAO 影响主要有三种情况：

① 对于有些废水，pH 值越低，氧化效果越好。有人在研究传统 WAO 处理农药废水实验中发现有机磷水解速率在酸性的条件下大大加强，并且 COD 去除率随着初始的 pH 值的降低而增大。

② 有些废水在 WAO 过程中，pH 值对 COD 去除率的影响存在极值点。有人采用传统 WAO 处理含酚废水，pH 值为 3.5～4.0 时，COD 的去除率最大。

③ 对有些废水，pH 值越高处理效果越好。有人用传统 WAO 处理橄榄油和酒厂废水时发现 COD 去除率随着初始 pH 值升高而增大。

因此，废水的 pH 值不同可以影响 WAO 降解效率，调节废水到适宜的 pH 值，有利于加快反应的速率和有机物的降解，但是从工程的角度来看，低的 pH 值对反应设备的腐蚀增加，对反应设备（如反应器、热交换器、分离器等）的材质的要求高，需要选择价格昂贵的不锈钢、钛钢等材料，使费用增加。

6.1.5 传统湿式氧化存在的问题及发展方向

传统的 WAO 技术适用于处理废水浓度对于燃烧处理而言太低，对于生物降解处理而言又太高，或具有较大毒性的有机工业废水。与常规的水处理方法相比，它具有应用范围广、反应快、处理效率高、二次污染少等优点。但由于该技术要求在高温、高压的条件下进行，对设备的材质要求比较高，投资也很大，因而开发高效稳定的催化剂以减少 WAO 的设备投资及运行费用是 WAO 技术今后发展的主要方向。

6.2 催化湿式氧化

CWAO 技术出现于 20 世纪 70 年代，它是在传统的 WAO 工艺中加入适宜的催化剂，通过改变反应历程来实现反应温度和压力的降低。目前，CWAO 技术已成为 WAO 技术的主要发展方向之一。传统的 WAO 技术一般要求在高温、高压下进行，尤其是对某些难氧化的有机物所需的条件就更为苛刻。催化剂的加入一方面可以使反应在更温和的条件下进行，从而使设备投资和操作费用极大地降低；另一方面加快了反应速率并促进了难降解有机物的转化。CWAO 还有另一个优点就是它避免了有毒有害物质的产生，例如含氮化合物中的氮几乎完全转化为氮气。综上所述，高效、稳定、廉价的催化剂的研制是 CWAO 技术的关键，它对 CWAO 技术的推广应用具有非常高的实用价值。因此，近几十年来催化剂的研究已经成为 CWAO 技术的研究热点之一，每年都有大量关于催化剂的专利发表。目前报道的各种各样的催化剂按其活性成分来分，主要有金属及其氧化物、复合氧化物、金属盐三大类。根据催化剂使用状态可分为均相催化剂和非均相催化剂。

6.2.1 均相催化湿式氧化

（1）均相催化湿式氧化的反应机制　CWAO 技术早期的研究集中在均相 CWAO 上，它是通过向反应液中加入可溶性的催化剂，以分子或离子水平对反应过程起催化作用。因此，均相 CWAO 的反应较温和，反应性能好，有特定的选择性。所报道的均相催化剂都是可溶性的过渡金属盐。秋常研二采用 CWAO 技术处理丙烯腈生产废水，研究了 Zn^{2+}、Cu^{2+}、Fe^{2+}、Ni^{2+}、Co^{2+}、Mo^{2+} 等的催化活性，结果如表 6-5 所示。

表 6-5　几种过渡金属离子催化剂对丙烯腈废水的催化作用

催化剂	浓度/（mg/L）	温度/℃	时间/h	COD_{Cr} 去除率/%
无	—	250	2	72
无	—	250	2	64
ZnO	Zn: 1000	250	2	86
Zn	Zn: 400	250	1	76
ZnO-CuO	Zn: 500; Cu: 500	250	2	98
$CuSO_4$	Cu: 1000	250	2	98
	Cu: 200	250	1	88
	Cu: 400	250	1	85
Fe_2O_3	Fe: 1000	250	2	74
Fe_2O_3-Cr_2O_3	Fe: 500; Cr: 5000	250	2	85
Ni_2O_3	Ni: 1000	250	2	81
Co_2O_3	Co: 1000	230	2	80
MoO-Co_2O_3	Mo: 500; Co: 500	230	1	68

由表 6-5 可知：Cu^{2+} 的催化活性较为明显，这是由于在结构上，Cu^{2+} 外层具有 d^9 电子结构，轨道的能级和形状都使其具有显著形成络合物倾向，容易与有机物和分子氧的电子结合形成络合物，并通过电子的转移使有机物和分子氧的反应活性提高。

对于 Cu 的 CWAO 机理，有人通过催化氧化苯酚，提出了如下自由基反应机理：

① 链的引发

$$HO-R-H + Cu-Cat \longrightarrow O=R \cdot-H + \cdot H-Cu-Cat \tag{6-19}$$

② 链的传播

$$O=R \cdot-H + O_2 \longrightarrow O=RH-OO \cdot \tag{6-20}$$

$$O=RH-OO \cdot + HO-RH \longrightarrow HO-R-OOH + O=R \cdot-H \tag{6-21}$$

③ 过氧化氢物分解

$$HO-R-OOH + 2Cu-Cat \longrightarrow Cu-Cat \cdots R（OH）-O \cdot + \cdot OH \cdots Cu-Cat \tag{6-22}$$

④ 链的终止

$$Cu-Cat \cdots R（OH）-O \cdot + R（OH）-H \longrightarrow R（OH）-O+O=R \cdot-H + Cu-Cat \tag{6-23}$$

$$\cdot OH \cdots Cu-Cat + R（OH）-H \longrightarrow R（OH）\quad -O=R \cdot-H + Cu-Cat + H_2O \tag{6-24}$$

式中，$HO-R-H$、$O=R \cdot-H$、$O=RH-OO \cdot$ 分表代表酚、酚氧基、过氧基，过氧基 $-OO \cdot$ 处于邻位和对位，酚氧基可通过脱去一个电子或氢形成。实验中发现酚盐离子不起作用，自由基主要通过脱氢形成。因此认为：Cu^{2+} 的加入主要是通过形成中间络合产物脱氢以引发氧化反应自由基链。

（2）均相催化湿式氧化的工艺　目前，代表性的均相 CWAO 系统有 WPO 工艺、Giba-Geigy 工艺、Bayer Loprox 工艺和 IT Enviroscience 催化工艺。

① WPO 工艺　WPO 工艺采用液态 H_2O_2 替代气态 O_2 作为氧化剂，从而消除了传质障碍。该工艺方法是对传统的芬顿试剂法的改进，其不同之处在于反应条件采用高温、高压（373K、0.5MPa）。将 H_2O_2 与金属盐结合可以更加有效地提高 TOC 的去除率。Falcon 等在采用 H_2O_2 结合 Fe^{2+}、Cu^{2+} 和 Mn^{2+}（质量比 23∶50∶27）催化氧化工艺处理醋酸、草酸、琥珀酸和丙二酸的混合液，在 373K 条件下反应 60min，其 TOC 去除可达 89%。

② Giba-Geigy 工艺　Giba-Geigy 工艺是 20 世纪 90 年代发展起来的均相 CWAO 技术，与 Zimpro 工艺类似，主要用来处理生活或工业污泥及高浓度难降解工业废水，反应温度 250~320℃，反应压力 5~13MPa，处理 COD 浓度为 20~120g/L 的废水，去除率 70%~99.5%，反应中产生的热量可以用于产热水或蒸汽。该工艺的催化剂为 Cu^{2+}，以硫酸铜形式回收并流回反应器内，H_2O_2、O_3 等可作为辅助催化剂。Giba-Geigy 技术已由瑞士 Granit 公司实现业化，2004 年，Granit 公司在法国 Thonon 建立了 1 套处理造纸废水的 Giba-Geigy 装置，另外，在瑞士 Orbe 和 Monthey 各建有 1 套 Giba-Geigy 装置，分别处理城市生活污泥和化工污水。2009 年，Granit 与法国 Sogin 和 Ansaldo Nuclear 达成协议，采用该工艺处理核电废水中的树脂。

③ Bayer Loprox 工艺　Bayer Loprox 工艺过程是由 Bayer AG 公司开发的低压均相 CWAO 过程，适宜作为生化过程的预处理步骤，已有多个装置投入运行。反应器为多段鼓泡塔，有机物和氧气一般在酸性条件下进行反应，反应温度和压力相对较温和，通常以 Fe^{2+} 与生成时的中间产物（H_2O_2）相结合作催化剂。

Bayer Loprox 工艺如图 6-6 所示。废水首先流经热交换器，由反应器中回流的反应液进行预热以回收热量，然后废水流入一级或多级鼓泡塔反应器，反应器中通入纯氧将有机物氧化。反应器流出的反应液在热交换器中进行冷却，冷却后的溶液经过压力释放阀降低压力后在气液分离器中分离为气液两相。当温度小于433K时，设备内材质可选用聚四氟乙烯（PTFE）或玻璃，更高的温度则需采用钛或钛合金。

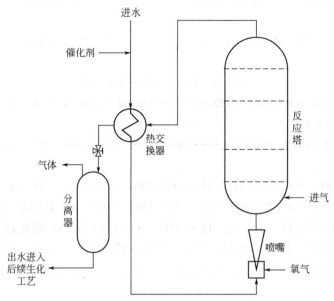

图6-6 Bayer Loprox 工艺的示意图

④ IT Enviroscience 催化工艺　IT Enviroscience 工艺采用水溶性辅助组合催化剂，该催化剂由酸性溶液中的溴化物和硝酸盐组成，于1972年由 Dow 化学公司申请专利。随后又开发出了催化性能更佳的由酸性溶液中的溴化物、硝酸盐和锰盐组成的催化剂，并于1981年申请专利。催化剂组分与有机物的反应可以加快氧气的气液传质过程，溴离子可以夺取有机物分子内的氢元素并加速其分解。

（3）均相催化湿式氧化的优点和不足　均相催化虽然具有活性高、反应速率快的优点，但是它存在一个最大的缺点就是催化剂溶于废水中，为了避免催化剂流失所造成的经济损失和对环境的二次污染，需要进行后续处理以便从出水中回收催化剂，这样就使工艺流程变得复杂，提高了废水的处理成本。因此，人们开始研究催化剂的固定问题，即非均相 CWAO 技术。

6.2.2　非均相催化湿式氧化

非均相 CWAO 是指氧化反应是在固体催化剂表面上进行一类 WAO 过程，也就是说，非均相 CWAO 是一种异相催化反应，催化剂与废水的分离简便，而且催化剂具有活性高、易分离、稳定性好等优点，因此，从20世纪70年代以后，CWAO 的研究转移到高效的非均相 CWAO 上，且催化剂的研制与开发成为重点，受到了普遍的关注。

6.2.2.1　非均相催化湿式氧化催化剂

（1）非均相催化剂的种类　非均相 CWAO 催化剂的活性成分主要是金属和金属氧化物，其中 Cu、Co、Mn、Cr、V、Ti、Bi、Zn、Ru、Rh、Pd 等的氧化物以及稀土金属被广泛研究。

一般来说，贵金属催化剂比金属氧化物催化剂活性更高，但是它们价格昂贵，而且容易中毒而失活。根据活性成分来分，目前发展的非均相催化剂主要有贵金属系列、过渡金属系列和稀土系列三大类。

① 贵金属系列催化剂　贵金属催化剂的活性组分主要有 Ru、Rh、Pd、Ir、Pt、Au、Tu 等，载体一般为 TiO_2、γ-Al_2O_3、活性炭等，尤其以 TiO_2 较多。大量的研究表明：在非均相催化氧化反应中，贵金属系列催化剂的活性和稳定性都很高，但是它们对含硫、磷、卤素原子的化合物极其敏感，极易被毒化而失去活性。这种敏感性可以通过选择合适的金属氧化物载体来降低，例如碱金属和碱土金属氧化物正是这样的一种载体。贵金属催化剂还可能由于在 CWAO 条件下被氧化以及过程中形成聚合物沉积在其表面而失活。

为了使贵金属具有较好的分散性并减少其用量，贵金属系列催化剂常采用浸渍法制备。将贵金属负载于高比表面积的载体上，如γ-Al_2O_3、SiO_2、TiO_2、ZrO_2、NaY、活性炭等。虽然贵金属催化剂活性高、稳定性好，但是价格昂贵、在实际使用中易中毒，所以应用受到限制。

② 过渡金属系列催化剂　与贵金属系列催化剂相比，过渡金属催化剂具有经济实用的优点。过渡金属催化剂的活性组分主要是 Cu、Fe、Mn、Co、V、Mo、Ni、Sn 等。因为过渡金属具有易转移的电子，因此很容易发生电子的传递过程，这类元素的单质、氧化物、硫化物、卤化物及其配合物都具有较好的氧化还原的催化性能。其中铜系催化剂显示出了卓越的催化性能，目前发展的非均相铜催化剂主要有 CuO、铜盐、CuO 与其他金属氧化物的混合氧化物三种类型。它们可以直接使用，也可以负载在载体上使用，常用的载体主要有γ-Al_2O_3、SiO_2 和活性炭。

从文献报道来看，非均相过渡金属催化剂对多种有机物的 CWAO 均显示出了非常好的催化性能，但是它们在使用过程中存在着严重的过渡金属溶出现象，这种过渡金属溶出将造成催化剂流失、活性下降，同时流失还会造成二次污染。

③ 稀土系列催化剂　稀土元素在化学性质上呈现强碱性，表现出特殊的氧化还原性，而且稀土元素离子半径大，可以形成特殊结构的复合氧化物。因为贵金属系列催化剂价格昂贵，过渡金属催化剂又始终存在溶出问题，所以人们对以 CeO_2 为代表的稀土氧化物催化剂进行了较多的研究，CeO_2 可以提高贵金属的表面分散度，其出色的储氧能力可起到稳定晶型结构和阻止体积收缩的作用。另外，CeO_2 能改变催化剂的电子结构和表面性质，从而提高了催化剂的活性和稳定性。我国的稀土资源非常丰富，而稀土又是良好的载体，在 WAO 苛刻的反应条件下非常稳定。因此稀土系列催化剂具有很好的研究价值和工业应用前景。

（2）非均相催化剂的制备　催化剂的制备与预处理过程对于催化剂的性质起着非常关键的作用，制备过程应选择适宜的条件和参数。对非均相 CWAO 催化剂，常用的制备方法有沉淀法、浸渍法、离子交换法、机械混合法、熔融法、金属有机络合物法和冷冻干燥法等。另外，材料科学的许多制备方法，如溶胶凝胶法、共沉淀法、高温溶胶分解等，经一定的改进均可成为制备 CWAO 催化剂的方法，共沉淀法和浸渍法是最常用的两种制备 CWAO 催化剂的方法。

① 沉淀法　沉淀法借助于沉淀反应，用沉淀剂将可溶的催化剂组分转化成难溶的化合物，经过过滤、洗涤、干燥、焙烧成型等工艺，制得成品催化剂。沉淀法是经典且广泛应用的一种制备非均相催化剂的方法，几乎所有的固体催化剂至少有一部分是由沉淀法制备的。例如，用浸渍法制备负载型催化剂时，其中载体就是由沉淀法制备而来的。沉淀法可使催化

剂各组分均匀混合，易于控制孔径大小和分布而不受载体形态的限制。

沉淀法中最常用的沉淀剂是氨水和$(NH_4)_2CO_3$，这是因为NH_4^+盐在洗涤和热处理时易于去除，而用 KOH 和 NaOH 做沉淀剂常常会遗留下 K^+ 和 Na^+ 于沉淀中，且 KOH 的价格也很贵。

② 浸渍法　制备金属或金属氧化物催化剂时，最简单且常用的方法是浸渍法。浸渍法是将固体载体浸泡到含有活性成分的溶液中，当多孔载体与溶液接触时，由于表面张力的作用而产生的毛细管压力使溶液进入毛细管内部，然后溶液中的活性组分再在毛细孔内表面上吸附。达到平衡后将剩余液体除去（或将溶液全部浸入固体），再经干燥、焙烧、活化等步骤得到成品催化剂。浸渍法广泛应用于负载型催化剂的制备，尤其是低含量的贵金属负载型催化剂。该法省去了过滤、成型等工序，还可选择适宜的催化剂载体为催化剂提供所要求的物理结构（如比表面积、孔径分布、机械强度等）。此外，该法制备催化剂可以使金属活性组分以尽可能细的形式铺展在载体表面，从而提高了金属活性组分的利用率，降低了金属的用量，减少了制备成本。

浸渍法分为过量浸渍法和等体积浸渍法。前者有利于活性组分在载体上的均匀分布，而后者则有利于控制活性组分在载体上的负载量，尤其适用于低含量、贵金属负载型催化剂的制备。

催化剂浸渍的时间、pH 值、干燥和焙烧时间、涂层的先后顺序对催化剂性能都有影响。以 Pt/Al_2O_3 为例，在 Al_2O_3 上浸 H_2PtCl_4 水溶液，H_2PtCl_4 水溶液的 pH 值不同对 Pt 的吸附量有影响，pH>4，Pt 吸附量降低；pH=7～9 时，Pt 吸附降低到 0；pH<4，Al_2O_3 会溶解；pH=4 时，Pt 在 Al_2O_3 上吸附达到最大。

6.2.2.2　非均相催化湿式氧化工艺

非均相 CWAO 工艺主要有 Nippon Shokubai Kagaku 工艺和 Osaka Gas 工艺。

（1）Nippon Shokubai Kagaku 工艺　该过程由 Nippon Shokubai Kagaku 有限公司开发，至 2000 年已生产 10 余套设备，其为气液单层结构反应器，球状或蜂窝状催化剂主要成分为 Pt-Pd，TiO_2，ZrO_2 为载体。气液二相在垂直单层管内均呈活塞流形式流动，明显促进传质效果，还能防止固体沉积。管道壁面和气体间的液膜可保证高传质速率及催化剂颗粒的湿润。典型反应条件下酚、甲醛、乙酸、葡萄糖等氧化效率可达到或超过 99%；若无催化剂，去除率只有 5%～50%。

（2）Osaka Gas 工艺　Osaka Gas 工艺与 Zimpro 类似，使用蜂窝状或球状非均相催化剂，催化剂为 Fe、Ni、Ru、Pd、Pt、Cu、Au、W 等金属，TiO_2 和 ZrO_2 为载体。2003 年，日本建立了第 1 套 Osaka Gas 工艺处理化工污水，处理量为 220 m^3/d。该工艺可处理焦煤炉洗气废水、硝酸铵废水、药厂废渣、活性污泥等，催化剂可将含氮化合物中有机氮转化为氮气。

6.2.3　催化湿式氧化反应的动力学模型

由于动力学模型的研究相对于机理的研究要容易得多，因此动力学模型的研究是当今的一个研究热点。动力学模型可以帮助解释机理和指导工程设计。目前提出的 CWAO 动力学模型主要有机理模型、经验模型和半经验模型三大类。

（1）机理模型　CWAO 反应过程较复杂，根据基元反应导出动力学模型非常困难。Harmsen 等研究了在连续流淤浆式搅拌反应器中用 Pt/C 催化剂 CWAO 降解甲酸的动力学，提出了 9 个基元反应，建立了用氧浓度、甲酸浓度、温度和溶液 pH 值作为参数的甲酸反应速率模型，用单一响应的非线性回归方程对反应参数进行了模拟。Rivas 等以 CWAO 降解苯酚中可能发生的 44 个自由基反应为基础，通过一系列的假设提出了 CWAO 降解苯酚的动力学模型，将动力学模型与实验数据相结合进行模拟，计算了苯酚与一些自由基反应的活化能和指前因子，并结合模型研究了温度、O_2 浓度、溶液 pH 值和 H_2O_2 等因素对苯酚降解反应的影响，推导出苯酚 CWAO 降解过程中起主要作用的自由基是 HO· 和 PhOO·，而 HO_2· 起的作用很小。

（2）经验模型　大多数文献都用式（6-16）所示的指数型经验模型来表达 CWAO 的过程。但因该类模型受处理物种、反应温度、反应压力、催化剂类型和加入量以及反应器类型的影响很大，因而得出的拟合方程差别也较大；同时它过于简单化，并不能概括 CWAO 的本质特征，所以它的应用也受到很大的限制。

（3）半经验模型　利用可测的中间产物浓度和一些综合水质指标来表征反应物的转化规律，采用简化反应网络的方式来推导的动力学模型一般称为半经验模型。

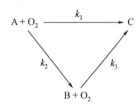

有人将废水中的有机物分成 A、B、C 三类：A 为原水中的有机物和不稳定的中间产物；B 为难氧化的中间产物；C 为氧化终端产物，如 CO_2 和 H_2O。三类物质构成的转化关系可见图 6-7。

图 6-7　废水中有机物的转化关系

假如反应速率对 A、B 是一级，氧是 n 级，反应在恒温、理想的良好搅拌的间歇反应器或在具有恒流的活塞反应器中进行，则由前述反应式可知 A、B 的反应速率表达式为：

$$-\frac{d[A]}{dt}=k_{0,1}\exp\left(\frac{E_{a,1}}{RT}\right)[A][O]^{n_1}+k_{0,2}\exp\left(\frac{E_{a,2}}{RT}\right)[A][O]^{n_2} \tag{6-25}$$

$$-\frac{d[B]}{dt}=k_{0,3}\exp\left(\frac{E_{a,3}}{RT}\right)[B][O]^{n_3}-k_{0,2}\exp\left(\frac{E_{a,2}}{RT}\right)[A][O]^{n_2} \tag{6-26}$$

将式（6-25）和式（6-26）进行简化得：

$$-\frac{d[A]}{dt}=(K_1+K_2)[A] \tag{6-27}$$

$$-\frac{d[B]}{dt}=K_3[B]-K_2[A] \tag{6-28}$$

式中，$K_1=k_{0,1}\exp\left(\frac{E_{a,1}}{RT}\right)[O]^{n_1}$；$K_2=k_{0,2}\exp\left(\frac{E_{a,2}}{RT}\right)[O]^{n_2}$；$K_3=k_{0,3}\exp\left(\frac{E_{a,3}}{RT}\right)[O]^{n_3}$。假如反应中氧气过量，则在一定的反应温度下，$K_1$、$K_2$、$K_3$ 均为常数。

在 $t=0$ 时，$[A]=[A]_0$，$[B]=[B]_0$，式（6-27）和式（6-28）的解为：

$$[A]=[A]_0\exp\left[-(K_1+K_2)t\right] \tag{6-29}$$

$$[B]=[B]_0\exp(-K_3t)+\frac{K_2[A]}{K_1+K_2-K_3}\left\{\exp(-K_3t)-\exp\left[-(K_1+K_2)t\right]\right\} \tag{6-30}$$

联立式（6-29）和式（6-30），并假设 $[B]=0$，则得：

$$\frac{[A]+[B]}{[A]_0+[B]_0}=\frac{K_2}{K_1+K_2-K_3}\exp(-K_3t)+\frac{K_1-K_3}{K_1+K_2-K_3}\exp\left[-(K_1+K_2)t\right] \qquad (6\text{-}31)$$

式中，[A]、[B]分别为任意时刻 A 和 B 的浓度；$[A]_0$、$[B]_0$ 分别为任意初始时刻 A 和 B 的浓度；$k_{0,1}$、$k_{0,2}$、$k_{0,3}$ 为反应速率常数。

式（6-31）为通用 WAO 动力学公式。式中，动力学参数 K_1 和 K_2 可由初速度数据决定；K_3 可直接采用文献报道的结果。

该模型是一个经典的三集总模型，然而该模型没有考虑实际过程中有机物在催化剂上的吸附。后人在三集总模型的基础上引入了吸附态物质，并考虑了积碳，对三集总模型进行了扩充，认为扩充后的动力学模型更符合 CWAO 的实际情形。

Eftaxias 等采用 $CuO/\gamma\text{-}Al_2O_3$ 催化剂，在滴滤床反应器上用 CWAO 处理苯酚废水，并且根据反应过程中监测到的中间产物提出苯酚 CWAO 降解的网络反应。在这个网络反应基础上，利用简单能量原理和 L-H 公式建立了反应模型：

$$r_i=k_{\mathrm{ap},i}\frac{k_ic_i}{1+\sum k_jc_j} \qquad (6\text{-}32)$$

$$k_{\mathrm{ap}}=k_0''\exp\left(-\frac{E_\mathrm{a}}{RT}\right)w_{\mathrm{O}_2}^{\Omega} \qquad (6\text{-}33)$$

$$K_j=K_{0,j}\exp\left(-\frac{\Delta H_j}{RT}\right) \qquad (6\text{-}34)$$

式中，r_i 为 i 物种的反应速率；$k_{\mathrm{ap},i}$ 为 i 物种的表观速率常数；k_i、k_j 分别为 i 物种和 j 物种的吸附速率常数；c_i、c_j 分别为 i 物种和 j 物种的浓度；k_{ap} 为表观速率常数；k_0''、K_j、$K_{0,j}$ 为指前因子；w_{O_2} 为氧气的质量分数；Ω 为氧气的反应级数；ΔH_j 为吸附热。

Eftaxias 等利用在不同反应温度（120～160℃）和反应压力（0.6～1.2MPa）获得的实验数据，采用模拟退火法求解出了模型参数。该模型在考虑简单能量原理基础上加进了 L-H 机理，因此能够较精确地描述实验中各生成物的浓度，计算结果的平均偏差不高于 8%，而且所有的参数都有物理意义，所获得的活化能数值也与文献报道的数值接近。

6.2.4 催化湿式氧化存在的问题及发展方向

CWAO 技术使反应条件降低，提高了有机物降解效率，在处理高浓度有机污染物时有显著效果，目前 CWAO 多用于模拟废水的处理。但是对于成分复杂的实际废水还有待进一步研究，为了更快实现 CWAO 在其他复杂难降解有机废水处理中的工业化应用，下面一些问题亟待解决：

① 对 CWAO 中催化剂的选择及应用方面尚未进行系统的研究，反应过程中催化剂寿命较短，容易失活的现象也成为 CWAO 推广发展的一个瓶颈。如何根据不同的工业有机废水来选择合适的催化剂，并制备出经济、高效、寿命长的催化剂，提高污染物的去除效率，降低反应的温度、压力以及时间，是 CWAO 能否处理高浓度有毒有害工业有机废水的一个关键。

② 如何妥善解决 CWAO 工艺设备的腐蚀问题，采用哪种材质来防止高浓度有毒有害有机废水腐蚀仪器并且可以承受 CWAO 中的温度、压力、催化剂等条件，还需要通过实验来检验。

③ 高浓度有机废水在 CWAO 过程中会生成大量的热和中间产物，对于这些热和中间产物需要给出一个妥善的去向。

6.3　超临界水氧化

SCWO 是在温度超过水的临界温度（374.3℃）、压力超过水的临界压力（22.1MPa）条件下，以氧气（或空气中的氧）作为氧化剂，以超临界水作为反应介质，使水中的有机物与氧化剂在均一相（超临界流体相）中发生强烈的湿式氧化反应的过程。在高温、高压和富氧条件下，氧化反应完全、彻底，有机物有很高的分解效率，有机物被转化成 CO_2 和 H_2O，有机物中的 N 转变成 N_2 和 N_2O，S 和卤素等则生成硫酸根离子和卤素根离子的无机盐沉淀析出。

6.3.1　超临界水的性质及其氧化机制

（1）超临界水的性质　在通常条件下，水以蒸汽、液态水和冰这三种常见的状态之一存在，且是极性溶剂，可以溶解包括盐类在内的大多数电解质，对气体和大多数有机物则微溶或不溶，水的密度几乎不随压力而改变。但是如果将水的温度和压力升高到临界点（T=374.3℃，P=22.05MPa）以上，则会处于一种既不同于气态也不同于液态和固态的新的流体态——临界态，该状态的水称为超临界水，水的存在状态如图 6-8 所示。

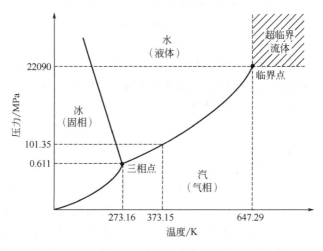

图 6-8　水的存在状态图

由于水的临界点是相图上气液共存曲线的终点，是所谓的二级相变为一，这决定了任何水的状态方程的比偏微分都要在临界点发散到正的或负的无穷大。所以在临界超临界条件下与常温、常压下水的性质相比有了很大变化：

① 超临界水的密度在临界点约为常温下的 1/3，并且随着压力的升高，超临界水的密度呈增加的趋势，随着温度的升高，超临界水的密度呈降低的趋势。

② 超临界区水仍旧有氢键存在。

③ 与密度和溶解特性有关的重要因子——介电常数的值，在超临界区稳定下降，在通常水的条件下大约为 80，而温度在 500℃的超临界状态下，水的介电常数急剧下降到 2 左右。

④ 在超临界水中，动力黏度的变化受温度的影响较大，有一局部最小值。

⑤ 超临界水显示出非极性物质的性质，成为对非极性有机物质具有良好溶解能力的溶剂，相反，它对于离子型化合物和极性化合物的溶解度急剧下降，离子的水合作用减少，导致原来溶解在水中的无机物从水中析出。而氧气等气体在通常状态下在水中的溶解度较低，但在超临界水中氧气、氮气等气体的溶解度空前提高，以至于可以任意比例与超临界水混合，而成为单一相。

气体、有机物、无机物在超临界水与普通水中的溶解度的差异见表6-6。

表6-6　超临界水与普通水的溶解性能对比

溶质	溶剂	
	普通水	超临界水
气体	大部分微溶或不溶	易容
无机物	大部分易溶	不溶或微溶
有机物	大部分微溶或不溶	易容

（2）超临界水氧化的机制

① 超临界水的氧化反应　SCWO 的过程实际上是超临界水中有机物热力燃烧的过程。Roberto 等曾建成了容积为 4000mL 的 SCWO 反应器，为使反应器内达到超临界状态，反应器外层包裹有电加热套筒，用宝石制成观察孔观察 SCWO 反应过程中热力火焰的形成过程，并观察超临界流体的相变化过程。试验中使用 2%浓度的有机废水（2-丙醇），进入 SCWO 反应器进行氧化反应，所选用的氧化剂为空气。在 100℃、350℃时，进入反应器的水流柱可以清楚地看到，当反应器内温度、压力分别达到 374℃、25MPa 时，反应器中的水成为超临界状态，水流柱中的有机物进入初始燃烧阶段，水柱变成黑色（有未燃尽的碳化合物），出现热力火焰燃烧现象。随着反应器内温度的升高，有机物燃烧更加剧烈、更加彻底，水又变得完全透明。当温度超过 400℃，就不能分离出可视的相态了，有机物充分溶解到超临界流体中，成为超临界流体相，流体中的有机物被彻底氧化分解。

一般 SCWO 反应过程中，氧气的含量往往超过理论需求量，通常用过剩系数 α 来表示。氧气浓度为理论需求量的 1.1 倍，其过剩系数 $\alpha=1.1$。有研究发现：在 SCWO 反应过程中，反应器中的空气过剩系数从 1.1 上升到 2.4 时，热力火焰有不同变化。当空气过剩系数为 1.1 时，可以观察到较弱的稳定的蓝色火焰，随着空气含量的逐渐升高，这些较弱的火焰变得越来越强烈；当过剩系数超过 1.8 时，可以清晰地观察到明亮的红色火焰，在产生稳定的蓝色火焰或零星的火焰以及红色火焰的这些操作中，有机碳去除率大于 99.9%；当过剩系数为 2.0 时，SCWO 热力火焰更加强烈；当过剩系数达到 2.4 时，热力火焰变成灼热白色火焰，其热效率必然提高。

SCWO 的氧化剂通常为氧气或空气中。近年来，也有用 H_2O_2 作为 SCWO 的氧化剂。H_2O_2 水溶液与含有机物水溶液混合进入反应器，H_2O_2 热分解产生的氧气作为氧化剂，在温度、压力超过水的临界点（$T \geq 374.3℃$、$P \geq 22.1MPa$）下发生氧化反应。使用 H_2O_2 作为氧化剂可以省去高压供气设备，减少工程投资，但氧化效率会受到影响，运行费用较高。

在 SCWO 过程中，由于超临界水可与有机物和氧气以任意比例互溶，气液两相界面消失成为各相均一的单相体系，使本来发生的多相反应转化为单相反应，反应不会因相间转移而受到限制，加快了反应速率、氧化分解彻底。一般只需几秒至几分钟即可将废水中的有机物彻底氧化分解，去除率可达 99%以上。从理论上讲，SCWO 技术适用于处理任何含有机污染物的废物，如高浓度的有机废液、有机蒸气、有机固体、有机废水、污泥、悬浮有机溶液或吸附了有机物的无机物等，废水中的有机物和氧化剂（O_2、H_2O_2）在单一相中反应生成 CO_2 和 H_2O。出现在有机物中的杂原子氯、硫和磷分别被转化为盐酸、硫酸和磷酸，有机氮主要形成 N_2 和少量 N_2O。因此，SCWO 过程无须尾气处理，不会造成二次污染。另外，当废水中的有机物浓度大于 2%时，可利用反应放出的热维持过程的热平衡，从而实现自热反应。有机废物在超临界水中进行的氧化反应，可以概括地用以下化学方程式表示：

$$\text{有机化合物+氧化剂（}O_2\text{、}H_2O_2\text{）} \longrightarrow CO_2 + H_2O \tag{6-35}$$

$$\text{有机化合物中的杂原子} \xrightarrow{\text{[O]}} \text{酸、盐、氧化物} \tag{6-36}$$

$$\text{酸+NaOH} \longrightarrow \text{无机盐} \tag{6-37}$$

② 超临界水氧化的反应机制　早期的研究中一般很少涉及 SCWO 的反应机制，直到后来才逐渐被人们所关注。比较典型的 SCWO 反应机制是 Li 等在 WAO、气相氧化的基础上提出的自由基反应机理，他们认为在没有引发物的情况下，自由基由氧气攻击最弱的 C—H 键而产生，反应过程如下：

$$RH + O_2 \longrightarrow \cdot R + HO_2 \cdot \tag{6-38}$$

$$RH + HO_2 \cdot \longrightarrow \cdot R + H_2O_2 \tag{6-39}$$

$HO_2\cdot$ 是一种强烈的氧化媒介，所有含氢化合物基本都可以与 $HO_2\cdot$ 反应。而 H_2O_2 进一步被分解成·OH：

$$H_2O_2 + M \longrightarrow 2\cdot OH \tag{6-40}$$

$$RH + \cdot OH \longrightarrow \cdot R + H_2O \tag{6-41}$$

M 可以是均质或非均质界面。在反应条件下，H_2O_2 也能热解为·OH。R·与氧气发生氧化反应，生成 ROO·，可以与氢原子生成过氧化物。

$$R\cdot + O_2 \longrightarrow ROO\cdot \tag{6-42}$$

$$ROO\cdot + RH \longrightarrow ROOH + \cdot R \tag{6-43}$$

过氧化物通常分解生成分子量较小的化合物，这种断裂迅速进行至生成甲酸或乙酸为止。甲酸或乙酸最终也转化为 CO_2 和 H_2O。值得一提的是：不同的氧化剂（如 O_2 或 H_2O_2）的自由基引发过程是不同的。但一般认为自由基获取氢原子的过程，即式（6-39）或式（6-41）为速度控制步骤。

实验表明：Li 等所提出的有机物氧化反应路径及机理对简单有机物的 SCWO 和 WAO 是适用的，但不能解释所有芳香烃等复杂有机物的 SCWO 过程。这可能是由于目前尚未清楚超临界水的结构和超临界水的一系列特殊性质影响了反应所引起的。

6.3.2　超临界水氧化的反应动力学模型

SCWO 反应动力学研究是 SCWO 技术的一个重要组成部分。动力学不仅可以用来认识 SCWO 本身的反应机理，而且也是进行工程设计、过程控制和技术经济评价的基本依据。国内外已有不少学者对 SCWO 的动力学进行了专门的研究和述评，其中研究对象有苯酚、甲烷和乙酸等。

目前，SCWO 的动力学研究主要集中在宏观动力学。当然也有人开始利用基元反应来帮助解释所得宏观动力学结果。在宏观动力学的研究中也有两种不同的方法来描述反应规律，一是幂指数方程法，二是反应网络法。

（1）幂指数方程法　幂指数方程法在动力学方程中不涉及中间产物，即：

$$-\frac{\mathrm{d}[C]}{\mathrm{d}t}=k_0\exp\left(-\frac{E_a}{RT}\right)[C]^m[O]^n[H_2O]^p \qquad (6\text{-}44)$$

式中，k_0 为指前因子，单位取决于 m 和 n；E_a 为反应活化能，kJ/mol；T 为反应温度，K；R 为气体常数，8.314J/(mol·K)；[C]、[O]、[H₂O] 分别为反应物、氧化剂和超临界水的浓度，mol/L；m、n、p 为反应级数。

对于式（6-44），大部分研究者报道，反应物的反应级数，$m=1$，$n=0$。但也有不少持异议者认为 $m\neq1$，$n\neq0$；他们认为还需做更多、更精确的实验，有了更多、更正确的实验结果，才能对反应级数加以论证。而对式中 $[H_2O]^p$ 一项，由于在反应系统中有大量水存在，尽管水是参加反应的，但其浓度变化很小，故常可将 $[H_2O]^p$ 合并到 k_0 中去。这样 $[H_2O]^p$ 就不再在式（6-44）中出现。因此，可将式（6-44）改写为：

$$-\frac{\mathrm{d}[C]}{\mathrm{d}t}=k[C]^m[O]^n \qquad (6\text{-}45)$$

$$k=k_0\exp\left(-\frac{E_a}{RT}\right) \qquad (6\text{-}46)$$

式中，k 为反应速率常数。

关于反应动力学的研究，国内外多选用处理难度大、难降解或剧毒有机化合物作为模型污染物进行反应动力学的研究。幂指数方程法是目前应用最为频繁的一种方法，其动力学参数是研究的重点。表 6-7 列出文献报道的部分有机化合物在 SCWO 反应中的动力学参数。

表 6-7　部分有机化合物在 SCWO 降解反应中的动力学参数

有机物	氧化剂	温度/℃	压力/MPa	有机物反应级数	氧化剂反应级数	活化能/(10^4J/mol)	指前因子/s⁻¹
乙醇	O_2	475~550	22~30	1.0	0	35.1	7.74×10^{21}
乙酸	O_2	380~420	24~30	1.28	0.4	14.48	5.09×10^{10}
苯酚	H_2O_2	400~520	30	2.15	0	17.17	2.99×10^{11}
苯酚	O_2	300~600	25~35	1.0	0	—	—
苯胺	O_2	400~470	25	1.554	0	2.96	6.69×10^3
ε-酸	O_2	300~460	22.1~26.1	1.06	0.165	8.38	9.75×10^4
葡萄糖	O_2	350~430	22~28	1.03	0.067	3.0	24.2
吡啶	O_2	426~525	22~28	1.0	0.2	2.095	1.26×10^{13}
氧乐果	O_2	350~440	20.1~26.1	0.9	-0.38	2.25	1.60
甲胺磷	O_2	350~440	20.1~26.1	1.09	-0.38	9.61	8.69×10^5

从表 6-7 中可以看出：有机物的 SCWO 反应多为一级反应，而氧气的影响比较弱。

（2）反应网络法　反应网络法的基础是一个简化了的反应网络，其中包括中间控制产物的生成和分解步骤。初始反应物一般经过三种途径进行转换，即直接氧化为最终产物；先生成不稳定的中间产物；先生成相对稳定的中间产物。从中间产物到最终产物的过程可以包括众多的平行反应、连串反应等。

在此法的研究中，较为重要的一点是确定中间产物。通过 SCWO 和 WAO 的研究结果，对比不同有机反应的动力学参数等措施，学者们提出了不同反应系统的中间控制产物。例如在亚临界条件下，挥发性有机酸的氧化活化能要高于其他氧含量较低的化合物，乙酸的氧化活化能高达 167.7kJ/mol，故将其作为 WAO 中难氧化的中间控制产物。

Li 等在其自由基反应机理的基础上提出了几类具有代表性有机物（烃类化合物、含氮化合物和含氯化合物）在 SCWO 的简化模型。在 SCWO 反应中，有机物的反应途径如图 6-7 所示，与 WAO 类似。

① 碳氢化合物　把乙酸看作中间控制产物，反应途径为：

$$C_mH_nO_r + pO_2 \xrightarrow{k_1} mCO_2 + \frac{n}{2}H_2O \tag{6-47}$$

$$\searrow^{k_2} \quad qCH_3COOH + qO_2 \quad \nearrow^{k_3}$$

式中，$C_mH_nO_r$ 既可为初始反应物，也可为不稳定中间产物；CO_2 和 H_2O 则是氧化最终产物。

② 含氮化合物　实验已证实：N_2 是 SCWO 反应中主要的最终氧化产物。NH_3 通常是含氮有机物的水解产物，N_2O 是 NH_3 继续氧化的产物。在较高的温度下，560～670℃时生成 N_2O 比 NH_3 更为有利，在 400℃以下，则以生成 NH_3 或 NH_4^+ 的形式为主。NH_3 的活化能为 156.8kJ/mol；N_2O 的氧化活化能未见报道。在低温下，可能由 NH_3 的生成和分解速率来决定 N 元素的转化率；在高温下，反应中间产物更多，尚有待进一步研究。低温下含氮有机物的 SCWO 途径为：

$$\nearrow^{k_5} sNH_3 + lO_2 \searrow^{k_4}$$
$$C_mN_qH_nO_r + pO_2 \xrightarrow{k_1} yN_2 + mCO_2 + xH_2 \tag{6-48}$$
$$\searrow^{k_2} qCH_3COOH + qO_2 \nearrow^{k_3}$$

式中，$C_mN_qH_nO_r$ 既可为初始反应物，也可为不稳定中间产物。

③ 含氯化合物　在短链氯化物中，把氯仿看作中间控制产物。因此，可类似地写出其 SCWO 反应途径为：

$$\nearrow^{k_6} rCHCl_3 + rO_2 \searrow^{k_7}$$
$$C_mCl_uH_nO_r + pO_2 \xrightarrow{k_1} mCO_2 + xH_2O + yHCl \tag{6-49}$$
$$\searrow^{k_2} qCH_3COOH + qO_2 \nearrow^{k_3}$$

氧化的最终产物为 H_2O、CO_2 和 HCl。在 WAO 的实验中发现：在大量水存在的条件下，氯化物水解成甲醇和乙醇的速度加快，因此中间控制产物中还可能有甲醇和乙醇。

迄今为止，对有机物的 SCWO 反应机理的研究一般集中在较简单的有机物氧化反应模型的建立上，这是因为复杂有机物的氧化总是经过反应中间产物氧化成最终产物的。显然，对常见的一些反应中间产物的氧化进行模拟，将为复杂有机物的氧化提供重要信息。早期的氧化反应模型一般是以实验为基础，应用已有的燃烧反应机制，加上压力修正、超临界流体性质的修正而建立的，但这种 SCWO 反应模型对实验的预测性较差。此外，有研究用集总方法模拟了乙醇、乙酸的 SCWO 反应，他们把基元自由基反应根据反应类型进行分类（如氢吸附、异构化等），其中可调整的参数依赖于动力学数据。从某种意义上说，这是一个半经验半模拟的模型。因 SCWO 工业化装置所处理的废水是极其复杂的，多种反应同时进行，每种反应的机理又不一定相同，几种方法运用于这样的反应可能具有更大的优越性。

综上所述，有机物的 SCWO 反应机理研究还有待加强，建立符合实际情况的机理模型还需对超临界水的微观组成、微观结构做进一步了解。这种模型的建立将对控制反应中间产物的生成、选择最优反应条件及减少中试实验有着重要意义。

6.3.3 超临界水氧化的工艺流程及主要设备

自 1985 年美国 Modar 公司建成世界上第一套 SCWO 处理有机废水的工艺，全球已有数百套正在运行的 SCWO 工艺，但基本上大同小异，主要包括反应器、加热器（换热器）、分离器、高压泵、（氧或空气）压缩机、缓冲器等设备。

（1）SCWO 的工艺流程　Modar 公司首先提出的 SCWO 技术的工艺流程，如图 6-9 所示。该工艺首先用高压泵将废水打入预热器中进行预热，预热后与氧化剂（空气、氧气、双氧水等）混合后进入 SCWO 反应器，在反应器内继续加压、升温，在预定反应温度和压力条件下快速完成反应。反应完成后的物料进入热交换器与反应废物流进行热交换，一方面可以起到冷却降温的作用，一方面又可以对预处理废水进行预热，实现废热利用的目的，剩余的废热可以回收。经冷却后的出水经过减压阀减压后进入气液分离器，经气液分离后气相产物通过气体计放空，而液相产物由气液分离器底部流出后进行测量流量和取样分析。

根据此原理已设计了各种规模的反应系统，但无论哪一种工艺，一般均可分为七个步骤：①进料制备及加压；②预热；③反应；④盐的形成和分离；⑤淬冷、冷却和能量（热）循环；⑥减压和相分离；⑦流出水的清洁处理（可选）。

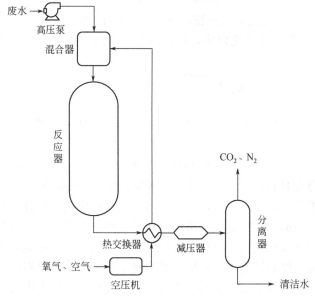

图 6-9　超临界水氧化工艺流程

（2）超临界水氧化工艺设计需要考虑的问题　对于 SCWO 工艺而言，除需考虑反应达到设计要求之外，还需考虑如下三方面问题。

① 腐蚀问题　SCWO 反应接触的对象是各种各样的污水，所含成分复杂，许多在常温条件下能够耐腐蚀的金属在高温、高压条件下非常容易受到腐蚀，高浓度的溶解氧、偏低的 pH 值以及某些种类的无机离子均可使腐蚀速度加快。腐蚀会造成设备的安全隐患，降低设备的使用寿命。在 300℃ 水溶液中，由于水的介电常数和无机盐的溶解度均较大，主要以电化学腐蚀为主；在 400℃ 超临界水状态下，水的介电常数和盐的溶解度迅速下降，金属腐蚀以化学腐蚀为主，要解决腐蚀问题，首先须解决反应器内胆材质的耐腐蚀性能。

② 盐和无机物的沉积　在 SCWO 过程中，往往在进料中加入碱调节 pH 值，氯等杂原子在 SCWO 反应过程中生成的无机质以及水溶液中所带的颗粒物，这些在超临界水中几乎不溶，反应过程会有盐的沉淀。这些盐的黏度很大，完全可能造成管道或设备内的堵塞。除通过反应器构造的优化和适当的操作方式进行部分改善外，在设备设计过程中还必须考虑防堵问题，并适当考虑 SCWO 前的预处理措施。

③ 热量传递　因为 SCWO 反应处理前后，水的物理、化学性质变化很大，在 SCWO 过程中也必须考虑临界点附近的热量传递问题。水在超临界状态下，其运动黏度很低，温度升高时对流增强，因此反应器中主要以对流传热为主，若有良好的传热条件，可促进反应的进行，提高反应的效率。

（3）超临界水氧化的反应器　在 SCWO 工艺中，最重要和最关键的设备是反应器，反应器的结构有多种形式，下面介绍几种比较常见的 SCWO 反应器。

① 三区式反应器　图 6-10 为一个典型的三区式 SCWO 反应器，整个反应器分为反应区、沉降区、沉淀区三个部分。反应区中间由蛭石（水云母）隔开，上部为绝热反应区。反应物和水、空气从喷嘴垂直注入反应器之后，迅速发生高温氧化反应。由于温度高的液体密度低，反应后的流体因此向上流动，同时把热量传递给刚进入的废水。而无机盐由于在超临界条件下不溶导致向下沉淀。在底部漏斗有冷的盐水注入，把沉淀的无机盐料带走。

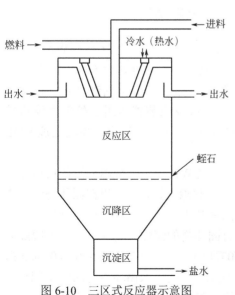

图 6-10　三区式反应器示意图

在反应器顶部还分别有一根燃料注入管和八根冷/热水注管。在装置启动时，分别注入空气、燃料（如燃油、易燃有机物）和热水（400℃ 左右），发生放热反应，然后注入被处理废水，利用提供的热量带动下一步反应继续进行。当需要设备停车时，则由冷/热水注入管注入冷水，降低反应器内温度，从而逐步停止反应。

设计中需要注意的是反应器内部从热氧化反应区到冷溶解区，轴向温度、密度梯度的变化。在反应器壁温与轴向距离的相对关系中，以水的临界温度处为零点，正方向表示温度超过 374℃，负方向表示温度低于 374℃。在大约 200mm 的短距离内，流体从超临界反应态转变到亚临界态。这样，反应器中高度的变化可使处理对象的氧化以及盐的沉淀、再溶解在同一个容器中完成。另有文献表明：反应器内中心线处的转换率在同一水平面上是最低的,而在从喷嘴到反应器底的大约80%垂直距离上就能实现所希望的99%的有机物去除率。

② 压力平衡式反应器 压力平衡式反应器将压力容器与反应筒分开,在间隙中将高压空气从下部向上流动,并从上部通入反应筒。这样反应筒的内外壁所受的压力基本一样,因此可减少内胆反应筒的壁厚,节约高价的内胆合金材料,并可定期更换反应筒,见图6-11。废水与空(氧)气、中和剂(NaOH)从上部进入反应筒,当反应由燃料点燃运转后,超临界水才进入反应筒。反应筒在反应中的温度升至600℃,反应后的产物从反应器上部排出。同时,无机盐在亚临界区作为固体物析出。将冷水从反应筒下部进入,形成100℃以下的亚临界温度区,随超临界区中无机盐固体物不断向下落入亚临界区,而溶于流体水中,然后连续排出反应器。该反应器已经在美国建立了2t/d处理能力的中试装置,反应器内反应筒内径250mm,高1300mm。运转表明该反应器运转稳定,且能连续分离无机盐类。

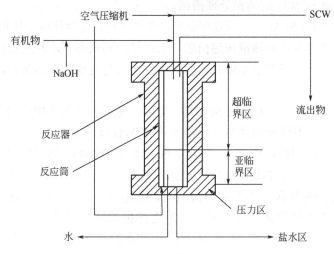

图6-11 压力平衡和双区超临界水氧化反应器示意图

③ 深井反应器 1983年6月在美国的科罗拉多州建成了一套深井SCWO/WAO反应装置,如图6-12所示。深井反应器长1520m,以空气作氧化剂,每日处理5600kg有机物。由于废水中COD_{Cr}从1000mg/L增加到3600mg/L,后又增加了3倍空气进气量。该井可进行亚临界的WAO处理,也可以进行SCWO处理。该种反应装置适用于处理大流量的废水,处理量为$0.4\sim4.0m^3/min$。由于是利用地热加热,可节省加热费用,并能处理COD值较低的废水。

④ 固气分离式反应器 该反应器为一种固体-气体(SCWO流体)分离同用的反应器,如图6-13所示。为了连续或半连续除盐,需加设一固体物脱除支管,可附设在固体物沉降塔或旋风分离器的下部。来自反应器的超临界水(含有固体盐类)从入口进入旋风分离器,经旋风分离出固体物后,主要流体由出口排出。同时带有固体物的流体向上经出口进入脱除固体物支管。此支管的上部温度为超临界温度,一般为450℃以上,同时夹带水的密度为$0.1g/cm^3$,而在支管底部,将温度降至100℃以上,水的密度约$1g/cm^3$。利用水循环冷却法沿支管长度进行冷却,或将支管暴露于通风的环境中,或在支管周围缠绕冷却蛇管(注入冷却液)等。

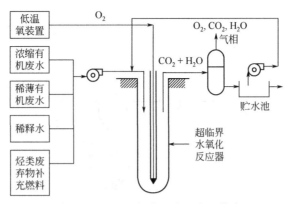

图 6-12　Vertox 超临界水反应器模式

（超临界水氧化反应器深度 3045～3658m，反应器直径 15.8cm，流量 379～1859L/min，
超临界反应区压力 21.8～30.6MPa，温度 399～510℃，停留时间 0.1～2.0min）

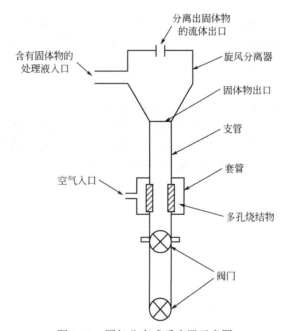

图 6-13　固气分离式反应器示意图

通过入口可将加压空气送到夹套内，并通过多孔烧结物涌入支管中，这样支管内空气会有所增加。通过阀门，可间断除掉盐类。通过固体物夹带的或液体中溶解的气体组分的膨胀过程，可加速盐类从支管内排出。然后通过控制阀门，重复此操作。

　　日本 Organo 公司设计了一种与旋风分离器联用的固体接收器装置，如图 6-14 所示。在冷却器 2 和压力调节阀 3 之间的处理液管 1 上装设一台旋风分离器 4，其液入口和液出口分别与处理液管 1 的上流侧和下流侧相连，固体物出口是经开关阀 6 而与固体物接收器 5 相连接。开关阀 6 为球阀，固体物能顺利通过，且能防止在此阀内堆积。固体物接收器 5 是立式密闭容器，用来收集经旋风分离器分离后的产物，上部装有一排气阀 7，接收器下部装有排出阀 8。试验证明：该装置适用于流体中含有微量固体物的固液分离，该种形式可较好地保护调节阀 3 不受损伤。

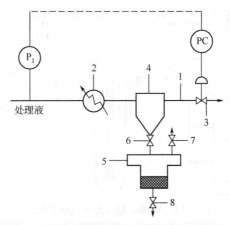

图 6-14　与固体接收器联用的超临界水氧化装置示意图

1—处理液管；2—冷却器；3—压力调节阀；4—旋风分离器；5—固体物接收器；6—开关阀；7—排气阀；8—排出阀

⑤ 多级温差反应器　为解决反应器和二重管内部结垢及使用大量管壁较厚的材料等问题，日本日立装置建设公司开发了一种使用不同温度、有多个热介质槽控温的 SCWO 反应装置，如图 6-15 所示。该装置由反应器、多个热介质槽及后处理装置组成。反应器为 U 形管，由进料管、弯曲部和回路所组成，形成连续通路。浓缩污泥或污水经加压泵以 25MPa 压力送入进料口。浓缩污泥经 SCWO 所得处理液由出料口排出。多个热介质槽在常压下存留温度不同的热介质，按其温度顺序串联配置成组合介质槽，介质温度从左至右依次为 100℃、200℃、300℃、400℃ 和 500℃。前两个热介质槽最好用难热劣化的矿物油作为热介质，其余三个则用熔融盐作为热介质。SCWO 装置开始运转时需用加热设备启动。存留最高温度热介质的热介质槽（最右边一个）可使浓缩污泥中水呈超临界状态，当其温度为 500℃

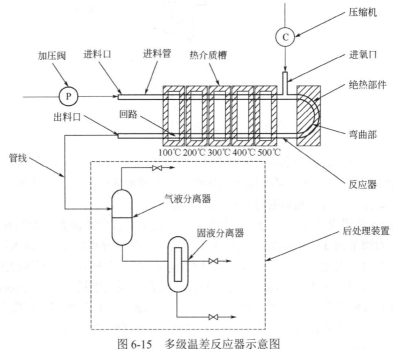

图 6-15　多级温差反应器示意图

时，弯曲部因氧化放热而温度达到 600℃。经压缩机并由进氧口供给氧气。后处理装置包括气液分离器和液固分离器。处理液和灰分分别经两条管线排出。由此可见，该反应器加热、冷却装置的结构简单，而且热介质槽在常压下运行，所需板材不必壁厚，材料费和热能成本均较低。

⑥ 波纹管式反应器　中国科学院地球化学研究所设计了带波纹管的 SCWO 反应器，并获得实用新型专利，该反应器如图 6-16 所示，内置喷嘴结构如图 6-17 所示。

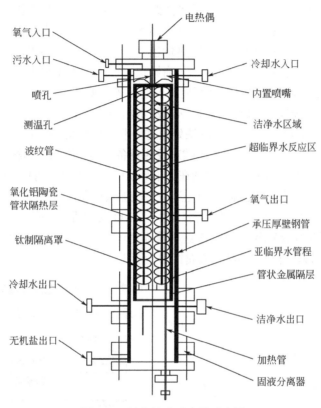

图 6-16　波纹管式反应器示意图

经过反应器外部第一级加热至接近临界温度，而在临界温度以下的高温、高压污水和高压氧分别通过设在超临界反应器上端的污水入口和氧气入口同时进入设置在反应器上端的内置式喷嘴，并通过喷嘴内部下端设置的喷孔形成喷射，射流设计有一定的角度，使污水和氧气互相碰撞雾化并通过喷嘴底部形成的喷雾区，正好落入下设波纹管的超临界水反应区中。喷嘴内部设有一测温孔，用于插入热电偶以测定反应器内部的温度。此时从反应器下端的加热管的冷凝段将反应器外部的能量传至波纹管外部的洁净水区域，此区域的水在加热管的加热下重新成为超临界水，

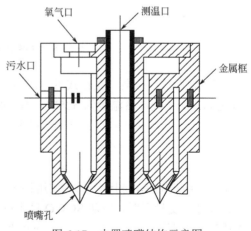

图 6-17　内置喷嘴结构示意图

利用超临界水良好的传热性质，将加热管传来的能量和波纹管内的废水、氧气的混合物进行强化换热，使污水和氧气在临界温度以上进行反应。反应产物经亚临界区管程，在冷却水的热交换作用下，温度降至临界温度以下，水变为液态，一同进入反应器中的固、液、气分离区，在这里通过剩余氧出口，将氧气分离出来供循环使用。反应后的高温、高压、高热焓值的水通过洁净水出口流出，而反应后沉降的无机盐从无机盐排出口排出。在反应器外壳和波纹管之间设有一 Al_2O_3 陶瓷管状隔热层，在陶瓷管内壁设有一钛制隔离罩，并在 Al_2O_3 陶瓷管外壁和外层承层厚壁钢管间，设备有适当间距以流通冷却水。与高压污水同样压力的冷却水在污水和高压氧进入反应器的同时也通过冷却水入口进入冷却水，通过一管状金属隔层和反应出水进行一定的热交换，同时反应区热量也有少部分传至冷却水，使其成为一种超临界态，由于超临界水具有较高的定压比热容（临界点附近趋近于无穷大），是一种极好的热载体和热缓冲介质，可保证承压钢管温度恒定，不超出等级要求，直到外壳承压钢管温度恒定，保证设备的安全，随后带走一部分热量，从冷却水出口流出。

⑦ 中和容器式反应器　在用 SCWO 法处理过程中，被处理的物料往往含有氯、硫、磷、氮等，在反应过程中副产物盐酸、硫酸和硝酸对反应设备有强烈腐蚀。为解决设备腐蚀，往往用 NaOH 等碱中和，但产生的 NaCl 等无机盐在超临界水中几乎不溶，而且沉积在反应设备和管线内表面，甚至发生堵塞。日本 Organo 公司通过改善碱加入点和损伤条件解决了 SCWO 过程中反应系统的酸腐蚀和盐沉积问题。图 6-18 为容器型 SCWO 反应器。反应器处理液经排出管排出，处理液经冷却、减压和气液分离后，其 1/3 经管线而循环回到反应器，在排出管适当位置（TC-6、TC-7）添加中和剂溶液，这样就能防止酸腐蚀和盐沉积。

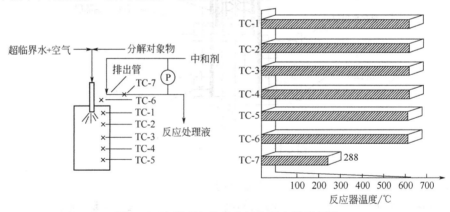

图 6-18　容器型超临界水氧化反应器示意图

⑧ 盘管式反应器　盘管式 SCWO 反应器如图 6-19 所示，中和剂溶液添加位置在 T4～T5 之间，此处处理液温度为 525℃，添加时中和剂溶液温度为 20℃，由反应器温度分布结果可见：当加入中和剂溶液后，500℃以上的处理液温度迅速降低到 300℃左右。试验结果表明三氯乙烯分解率为 9.999%以上，且无酸腐蚀和盐沉积。

（4）超临界水氧化的换热器　目前，化工设备中应用最广的是列管式换热器，它的传热面积大，结构简单，制造容易，实用性强，尤其适应 SCWO 情况下的高温、高压流体。在选用或设计热交换器时，应从 SCWO 技术处理对象、承受的最大压力、流体的最高温度、处理水量等多方面因素进行考虑。列管换热器是最常用的一类换热器。列管换热器的种类很多，按照承受压力及温度差别来分，主要有下面几种。

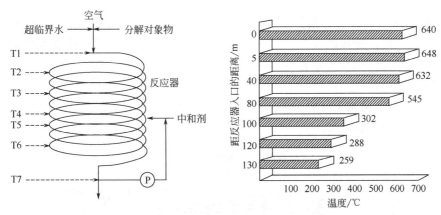

图 6-19　盘管式超临界水氧反应器示意图

① 固定管板式热交换器　固定管板式热交换器分为有补偿圈和无补偿圈两种，如图 6-20 所示。图 6-20（a）为无补偿圈的固定管板式热交换器，管束焊接在管板上，管板分别固定在外壳的两端，并在两端固定有封头顶盖，封头顶盖和壳体上开有流体进、出口接管。沿着管长方向常常固定一系列垂直于管束的挡板。这种热交换器结构简单、紧凑、造价相对低廉，但管外不能机械清洗。同时，管体管板和外壳的连接都是刚性的，而管内、管外是温度不同的两种流体，当管壁和壳壁温度相差较大时，由于两者的热膨胀不同两者之间产生了很大幅度的应力差，以致将管体弯曲或使管体与管板连接松动，毁坏整个换热器。为了克服温差应力造成的破坏，必须有温度补偿装置。当管壁与壳壁之间温差大于 50℃时，为安全和保护设备起见，应有温差补偿装置，图 6-20（b）为具有补偿圈（或称膨胀节）的固定管板式热交换器。依靠膨胀节的弹性变形来减少应力差。但这种装置只能用在壳壁与管壁温差低于 60～70℃和壳程流体压强不高的情况，一般壳程压力超过 0.6MPa 时，由于补偿圈过厚，难以伸缩，失去温度补偿的作用，就应考虑采用其他结构。

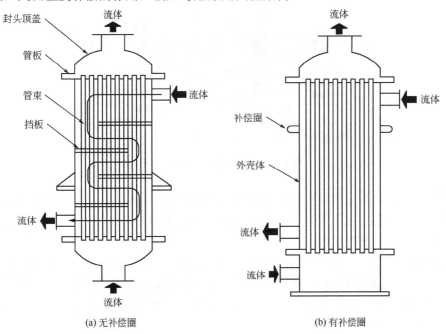

(a) 无补偿圈　　　　　　　　　　　　(b) 有补偿圈

图 6-20　固定管板式热交换器示意图

② U 形管热交换器 U 形管热交换器结构如图 6-21 所示，管体弯成 U 形，两部分壳体通过法兰连接，管体两头都固定在同一块管板上，当管体受热或受冷时可以自由伸缩。这种结构比较简单，质量较轻。使用一定时间后，清理管内外污垢时，管束可以拉出，对管外进行清洗。

U 形管热交换器适用于高温、高压的流体使用，但管外流体必须是清洁的，适用于通过清洁水或 SCWO 处理后的水。

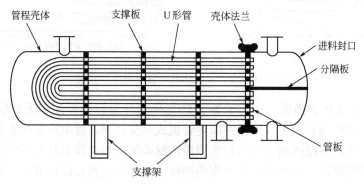

图 6-21 U 形管热交换器示意图

③ 浮头式热交换器 将一块管板与数个管束连接，管板可与外壳焊死，另一端管板不与外壳相连，以便于管体受热或冷却时可以自由伸缩，但在这块管板上连接一个弧形顶盖，称为"浮头"，所以这种热交换器称为浮头式热交换器。浮头式热交换器分为内浮头和外浮头两种。浮头在壳体内部的称为内浮头热交换器，如图 6-22 所示，浮头在壳体外部的称为外浮头热交换器，如图 6-23 所示。

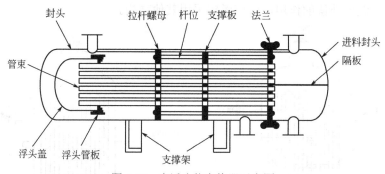

图 6-22 内浮头热交换器示意图

外浮头与壳体之间是用填料函密封的，所以也称为垫塞式浮头。由于填料函易坏，因此，垫塞式热交换器一般适合于压强小于 2.0MPa 以及温度低于 350℃ 的流体。但管程内不能用于易燃、易爆、有毒、易挥发的流体。

浮头式热交换器可以将管束从壳体中拉出，而且封头及浮头盖板可以拆卸，便于管内和管外清洗，该换热器具有良好的热补偿性能，适合于高温、高压、大温差流体通过。在这两种形式的热交换器中，内浮头式更适应于 SCWO 操作。该换热器结构较为复杂，造价比固定管板式热交换器高 20% 左右。

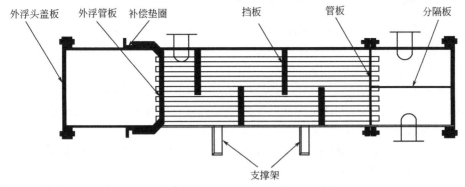

图 6-23　外浮头热交换器示意图

6.3.4　超临界水氧化的主要影响因素

有机污染物的 SCWO 降解受反应温度、反应压力、停留时间、氧化剂、反应介质、pH 值等因素的影响。

（1）温度的影响　研究发现：在其他条件不变的情况下，升高温度，反应速率常数以指数形式增大，加快了反应速率；但升温的同时又降低了反应物的密度，因此也降低了反应物的浓度和反应速率。在不同的温度、压力区域内，这两种效应对反应速率的影响程度是不同的。在远离临界点的区域，升温造成的速率常数的增大导致的反应速率增大比反应物密度减少所引起的反应速率减少的程度大，升温可加快有机物氧化的反应速率；但在临界点附近，情形刚好相反，升温不利于有机物的氧化。

（2）压力和水密度的影响　压力变化和水密度的变化是密切相关的。水密度随着压力的变化而变化，这将引起反应物浓度的变化，从而影响反应速率。早期的研究者所得到的压力对反应速率的影响实际上是压力和水密度对反应速率影响的耦合，在这些研究中发现：①当反应速率方程中反应物的反应级数为正数时，由于升高压力导致水密度的增加，使反应物浓度升高，从而加快了反应速率，但水的反应级数较难确定，这是因为在大多数动力学研究中，水约占反应混合物的 99%以上，所以难以在其他条件不变的情况下改变水密度；②水分子可在溶质分子周围形成溶剂簇，降低溶质分子在溶剂中的扩散速率，当水浓度较高、该效应较大时，可能产生某些特定的反应机制。

（3）停留时间的影响　在其他条件不变的情况下，停留时间增加，有机物的转化率升高，中间产物的含量降低，最终产物的生成率增大。而当时间足够长时，随着反应的进行，反应物的浓度逐渐降低，使得反应速率降低，有机物的转化率随停留时间的增加也将变得缓慢。另外，停留时间还可能会影响反应进行的完全程度。

（4）氧化剂浓度的影响　大多数 SCWO 反应是采用氧气或空气作为氧化剂。也有采用 H_2O_2、高锰酸钾或混合氧化剂的。氧化剂在有机物氧化反应速率方程中的反应级数一般为正值，所以增大氧化剂浓度，有机物的转化率增大。但对不同的有机物其影响是不同的。在多数情况下，增大氧化剂的浓度，有机物的转化率提高，但并非氧化剂的量越大越好。当氧化剂过量至一定程度时，继续增加氧化剂的量对有机物转化率的提高作用就很小了，同时也增加了压缩机或高压泵的能耗，增加了氧化剂的消耗和后续处理的负担。所以从节约能耗和经济方面考虑，选择合适的氧化剂进料量对工业应用是很重要的。

6.3.5 超临界水氧化存在的问题及发展方向

与传统的 WAO 和焚烧法等方法相比，SCWO 反应具有以下特点：

① 适用范围广。SCWO 几乎能有效地处理各类高浓度有机废水，特别适合于毒性大、难以用常规方法处理的农药废水、染料废水、制药废水、煤气洗涤废水、造纸废水、合成纤维废水及其他危险性废物的处理。SCWO 对进水有机物浓度的适用范围也相当宽，几乎没有限制。但从技术经济上考虑，COD 范围在几千到十几万毫克每升为宜。此种浓度的废水，用生化处理浓度过高或毒性太大，用焚烧法处理浓度偏低。

② 处理效率高。选择适当的温度、压力和催化剂，SCWO 可降解 99%以上的有机物，废水经 SCWO 处理后可直接排放。

③ 氧化速度快，装置小。SCWO 反应速率视有机物的种类、浓度及操作条件而定。大多数 WAO 反应在 30～60min 内完成，而 SCWO 反应在数秒至几分钟内完成。与生化法相比，废水停留时间短得多。

④ 二次污染低。SCWO 排出的废气主要是反应后的 CO_2、N_2、H_2O 和 O_2（过量时）及少量挥发性有机物和 CO，不会产生 NO_x 和 SO_2。通常不需要复杂的尾气净化系统。因而在现有的有机废水处理工艺中 SCWO 对大气造成的污染最低。

⑤ 可回收能量与有用物质。当废水中的有机物浓度大于 2%时，就可以依靠反应过程中的氧化热来维持反应所需的温度，使系统维持热量自给，进水浓度越高，产生的热量越多。热量可以超临界水的形式存在，作为高温过程的热源。通过湿式热裂解，可将有机废料降解为有用的化工原料。

综上所述，SCWO 技术具有许多优势，在过去的十几年里，人们已投入了大量精力进行研究以期尽快实现工业化。但研究结果表明：SCWO 技术还存在一些目前技术还无法彻底解决的严重缺陷，阻碍着 SCWO 技术工业化进程的步伐。影响 SCWO 技术工业化的原因有：严重的腐蚀问题、无机盐和金属氧化物沉淀造成的设备及管道堵塞问题、缺乏必要的基础数据导致工程放大困难问题及运行成本高等问题。但随着 SCWO 反应机理的深入研究，耐压、耐腐蚀材料的研制成功，新型反应器技术的日臻成熟，SCWO 技术走向工业化为期不远。

6.4 催化超临界水氧化

6.4.1 催化超临界水氧化概况

尽管 SCWO 技术是一项具有广阔应用前景的高级氧化水处理技术，但其高温、高压的反应条件对金属具有较强的腐蚀性，对设备材质的要求较高；另外，对某些化学性质稳定的化合物，所需的反应时间较长，对反应条件有较高的要求。因此，为了加快反应速率、减少反应时间、降低反应温度、优化反应网络，使 SCWO 能充分发挥出自身的优势，许多研究者将催化剂引入 SCWO，开发了 CSCWO 技术。目前，对 CSCWO 处理废水的研究正日益兴起，已成为 SCWO 的一个重要方向。

CSCWO 是指在 SCWO 反应体系中加入催化剂，通过催化剂的作用来提高反应速率，缩短反应时间，降低反应过程中的温度和压力等。引入催化剂的目的就是改变反应历程，实现反应过程能力的提高，减小反应器体积，降低反应器及整个反应系统的成本，达到节能与高效的目的。

与 SCWO 相比较，CSCWO 研究和应用的范围更广。有研究报道：在加入催化剂、反应温度为 400℃、停留时间为 5min 的条件下，乙酸去除率能够从不到 40% 提高到 95% 以上。一个成功的 CSCWO 过程依赖于催化剂（催化剂组成、制造过程、催化剂形态）、反应物、过程参数以及反应器形状等的优化组合，CSCWO 技术的影响因素及其相互作用如图 6-24 所示。可见，影响 CSCWO 的因素较多，相互之间的关系复杂。

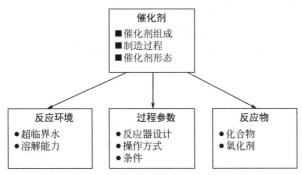

图 6-24　催化超临界水氧化技术影响因素及其相互作用

某些有机物在超临界水中催化和非催化氧化反应效率的比较见表 6-8。由表 6-8 可知：在 SCWO 反应过程中应用催化剂能加快反应速率，其机理主要从两个方面来解释，一是降低了反应的活化能；二是改变了有机物氧化分解反应历程。因此 CSCWO 研究的一个重要目标是针对不同的有机化合物，对催化剂进行筛选评价，找到在超临界水中既稳定又具有活性的催化剂。

表 6-8　某些有机物在超临界水中催化和非催化氧化反应效率的比较

处理方法	有机物	停留时间/min	温度/℃	初始 COD_{Cr}/（mg/L）	去除率/%
超临界水氧化	乙酸	5	395	1000	14
	氨	0.1	680	100	10
	苯酚	1	380	480	99
催化超临界水氧化	乙酸	5	395	1000	97
	氨	0.1	450	1000	20~50
	苯酚	0.1	400	1000	99.9

6.4.2　催化超临界水氧化的反应类型

CSCWO 反应按照催化剂在反应器中的存在状态，分为均相 CSCWO 和非均相 CSCWO 两类。

（1）均相催化反应　催化剂与超临界水为同一相，一般以金属离子充当催化剂，其特点为均相催化的反应温度较低，反应性能专一，有较强的选择性。在均相催化氧化系统中，催化剂混溶于水溶液中，为避免催化剂流失所造成的经济损失以及对环境的二次污染，需进行后续处理以便从出水中回收催化剂。该流程较为复杂，提高了废水处理的成本。

（2）非均相催化反应　催化剂与超临界水为不同相。使用非均相催化剂时，催化剂多为固相，催化剂与水溶液的分离比较简便，可使处理流程大大简化。从 20 世纪 70 年代后期以来，研究人员便将注意力转移到高效、稳定的非均相催化剂上。固体催化剂的研究，主要集中在贵金属、过渡金属和稀土材料上，前面已论述，不再赘述。

6.4.3　催化超临界水氧化的反应动力学模型

超临界状态下难降解毒性化合物的催化氧化反应动力学的研究方法是以化学工程中常用的质量、动量和能量守恒方程为基础，加上边界条件和初始条件，再进行适当的假设、简化和变换，运用多元非线性回归方法即可求解得到 CSCWO 的动力学参数和反应级数。

假设反应器内的流动为活塞流（层流）、等温、稳定状态条件下进行，一维质量守恒方程可表示如下：

$$-U\frac{dC_f}{dz}+r_f\rho=0 \tag{6-50}$$

反应速率方程为：

$$-r_f=kC_f^m C_{O_2}^n \tag{6-51}$$

根据阿伦尼乌斯方程有：

$$k=A\exp\left(-E_a/RT\right) \tag{6-52}$$

将式（6-52）和式（6-51）代入式（6-50）进行积分，并假设氧气是过量的（在实际 CSCWO 反应中氧气需要过量），于是可得：

$$C_f^n=\left[C_{f,0}^{1-m}-\left(1-m\right)A\exp\left(-\frac{E_a}{RT}\right)C_{O_2}^n z\rho U^{-1}\right]^{\frac{1}{1-m}} \tag{6-53}$$

当 $m=1$ 时：

$$C_f=C_{f,0}\exp\left[-A\exp\left(-\frac{E_a}{RT}\right)C_{O_2}^n z\rho U^{-1}\right] \tag{6-54}$$

而转化率 X 的定义式为：

$$X=\frac{Q_{f,0}-Q_f}{Q_{f,0}} \tag{6-55}$$

则式（6-53）和式（6-54）用转化率表示：

当 $m\ne 1$ 时：

$$X=1-\left[1-\left(1-m\right)A\exp\left(-\frac{E_a}{RT}\right)C_{O_2}^n C_{f,0}^{m-1}WV^{-1}\right]^{\frac{1}{1-m}} \tag{6-56}$$

当 $m=1$ 时：

$$X=1-\exp\left[-A\exp\left(-\frac{E_a}{RT}\right)C_{O_2}^n WV^{-1}\right] \tag{6-57}$$

通过最小二乘法使误差的平方和最小，即：

$$\min\sum_{i=1}^{n}\left[X_{exp}-X_{cal}\right]^2 \tag{6-58}$$

式中，X_{exp} 为实验值；X_{cal} 为计算值，从而可以求得动力学参数 A 和 E_a 以及反应级数 m 和 n。

式（6-50）～式（6-58）中有关符号说明如下：A 为指前因子，mol/（g·s）；C_f 为反应物浓度，mol/mL；$C_{f,0}$ 为反应物起始浓度，mol/mL；C_{O_2} 为氧浓度，mol/mL；E_a 为活化能，kJ/mol；k 为速率常数，mol/（g·s）；m、n 为反应物的反应级数，无量纲；P 为压力，MPa；Q_f 为摩尔流量，mol/s；$Q_{f,0}$ 为起始摩尔流量，mol/s；T 为温度，K；U 为表观流速，cm/s；V 为体积流量，cm³/s；W 为催化剂重量，kg；X 为转化率，无量纲；z 为反应器长度，m；ρ 为密度，kg/m³。

6.4.4　催化超临界水氧化的主要影响因素

在 CSCWO 中，除了 SCWO 所谈到的因素对催化效果有影响外，催化剂活性、催化剂稳定性、制备方法和催化剂的积碳和中毒等因素也会影响 CSCWO 去除有机物的效果。

（1）催化剂活性的影响　过渡金属氧化物和贵金属被广泛地用作催化氧化反应中的活性成分。对不同的气相氧化过程，V、Cr、Mn、Fe、Co、Ni 和 Cu 的氧化物是最活泼的单金属氧化物催化剂。这些金属氧化物和一些贵金属单质被用作 CSCWO 过程的催化剂。研究发现：V、Cr、Mn、Ni、Cu、Zn、Zr、Ti、Al 的氧化物和贵金属 Pt 在 CSCWO 中表现出较好的催化活性。但是，其中的很大一部分氧化物在 24h 以内其固体表面就发生了改变而使活性下降。利用分散在支持介质上的贵金属催化剂时，也观察到了明显的失活。因此，催化剂的化学和物理稳定性是催化剂在 CSCWO 中应用的重要问题。

（2）催化剂稳定性的影响　氧化催化剂，如经离子交换的沸石、分布在支持介质上的活泼金属、过渡金属氧化物已被广泛地研究。在超临界水中和 SCWO 环境中，沸石和分布在支持介质上的活泼金属催化剂表现出不适应。例如，当以 Pt 为催化剂时，Pt 一般被分布在一些氧化物的支持介质上，如 Al₂O₃、TiO₂ 和 ZrO₂ 等。当 Pt 均匀地分布在介质表面时，表现出较强的催化活性。但在 SCWO 环境中，这种分散的 Pt 变得较易流动并易于聚集，导致表面积的急剧减少而失活。而 Ni/Al₂O₃ 在超临界水中的失活是由于其物理强度不足发生了软化和膨胀。

对金属氧化物催化剂存在不同的情况。在使用如 V₂O₅/Al₂O₃ 和 Cr₂O₃/Al₂O₃ 等金属氧化物作为催化剂时，会由于其中氧化物发生水解反应而失活，在反应流出液中可以检测到较高浓度的金属离子。而其他一些金属，如 Mn、Zn、Ce 等的氧化物表现出较高的稳定性。在 SCWO 中，金属氧化物的稳定性是与它们的物化性质紧密相关的。

① 金属氧化物的物理稳定性　金属氧化物的物理稳定性主要取决于熔点。当金属氧化物被用作催化剂的活性成分或支持介质、结构增强剂时，必须具有较高的熔点以防止其流失或烧结。因 Ag、Cs、Pt、Re、Se 的氧化物熔点太低，不适合用作 SCWO 中的催化剂。Fe、Mn、Ti、Zn、Ce、Co 的氧化物具有较高的熔点。Mo、V、Sb、Bi、Pb 相应的氧化物具有中等范围的熔点，可根据过程条件加以选择。

② 金属氧化物的化学稳定性　当金属氧化物处于 SCWO 环境中时，若金属氧化物与水反应生成了金属氢氧化物，则会导致催化剂的失活，并且在反应流出液中会出现重金属污染物。例如，在超临界水中，Cr 的稳定形式是 CrOOH，Cr 这种形式的氢氧化物易于流动，在

反应流出液中可检测到高浓度的铬化合物。与 Cr 相似，Y、In、Mg、La 等金属的氧化物在 SCWO 中都可形成稳定的氢氧化物，因而也不能用于 SCWO。

另外，像 Mn 等一些过渡态金属具有多个氧化态，在不同的条件下具有不同的氧化态，而不同的氧化态又具有不同的催化活性。例如，MnO_2 和 Mn_2O_3 之间的转化依赖于温度和氧浓度，如果 MnO_2 比 Mn_2O_3 更具催化活性，那么过程条件就应控制在有利于保持 MnO_2 的范围内，这样才能达到最好的催化效果。

（3）催化剂制备方法的影响　除了催化剂活性成分本身的稳定性以外，在 SCWO 中有效的催化剂必须要有足够的强度以承受压力的急剧变化，并且要有足够的表面积以维持其活性。催化剂的制备方法对此有重要的影响。目前，这方面的工作正逐渐开展。研究表明：传统的制备气相氧化催化剂的方法对应用于 SCWO 的催化剂是不适合的。因为过渡金属氧化物也是具有较高物理强度的陶瓷的主要成分，因此，一些陶瓷的制备方法，如溶胶-凝胶法、共沉淀法、聚合海绵法和高温气溶胶沉积法等已被用于制备 SCWO 中的催化剂。所不同的是：陶瓷工业中，获得高密度和高强度是其主要目的，而制备催化剂时，重要的是获得高的比表面积。研究表明：温度、压力、pH 值、陈化时间、溶剂、干燥方法等因素对催化剂的结构和性能均有影响。通过优化制备程序，可以开发出用于 SCWO 的催化剂。

（4）催化剂积碳和中毒的影响　在 SCWO 中的催化反应有一优点可以防止催化剂表面的积碳。由于超临界水对有机物有很强的溶解能力并且具有很好的流动性，因此与气相催化氧化相比，超临界水中的反应在催化剂表面的积碳非常少。催化剂中毒是由于杂质在催化剂活性位点的物理吸附和化学吸附造成的。在实验研究中，使用高纯度的反应物来避免杂质使催化剂中毒。这时，催化剂的失活主要是由于其物化性质的不稳定所造成的。但当用于实际体系时，体系中所含杂质引起催化剂中毒失活的影响是必须考虑的，这方面应进行进一步的研究。

6.4.5　催化超临界水氧化存在的问题及发展方向

已有的 CSCWO 研究表明：使用催化剂可以加快反应速率、减少反应时间，降低反应温度，优化反应路径，对于把 SCWO 这项新兴的高效废物处理技术更好地投入实际应用具有重要的意义。但 CSCWO 苛刻的反应条件对催化剂的性质提出了较高的要求。进一步研究超临界水的特性及其对催化剂性能的各种影响，研制出更多适合 CSCWO 条件的催化剂，对更广泛的体系尤其是实际废水体系进行研究，在实验室研究的基础上进行中试放大研究等方面应是下一步工作的重点。目前的 CSCWO 技术还远未成熟，发展的潜力还很大，发达国家，尤其是美国对这项技术非常重视，投入了很大的力量。鉴于可持续发展战略的实施和该技术自身具有的独特优势，我国应该加速和扩大这方面的研究工作。

参考文献

[1] 雷乐成，汪大翚. 水处理高级氧化技术[M]. 北京：化学工业出版社，2001.
[2] 马承愚，彭英利. 高浓度难降解有机废水的治理与控制[M]. 北京：化学工业出版社，2006.
[3] 孙德智，于秀娟，冯玉杰. 环境工程中的高级氧化技术[M]. 北京：化学工业出版社，2006.
[4] 张光明，张盼月，张信芳. 水处理高级氧化技术[M]. 哈尔滨：哈尔滨工业大学出版社，2007.

[5] 廖传华，朱廷风. 超临界流体与环境治理 [M]. 北京：中国石化出版社，2007.

[6] 刘玥，彭赵旭，闫怡新，等. 水处理高级氧化技术及工程应用[M]. 郑州：郑州大学出版社，2014.

[7] Gil A，Luis A V，Miguel Á V. Applications of advanced oxidation processes (AOPs) in drinking water treatment[M]. The Handbook of Environmental Chemistry，Switzerland：Springer International Publishing AG，2019.

[8] Zimmermann F J. Wet air oxidation of hazardous organic in wastewater[P]. U.S. Patent. 2665249，1950.

[9] Zimmermann F J. New waste disposal process[J]. Chemical Engineering，1958，65（8）：117-121.

[10] Mishra V S，Mahajani V V，Joshi J B. Wet air oxidation[J]. Industrial & Engineering Chemistry Research，1995，34（1）：2-48.

[11] Luck F. Wet air oxidation：past present and future[J]. Catalysis Today，1999，53（1）：81-91.

[12] Falcon M，Fajerwerg K，Foussard J N. Wet oxidation of carboxylic acids with hydrogen peroxide. Wet peroxide oxidation process. Optimal ratios and role of Fe：Cu：Mn metals[J]. Environmental Technology，1995，16（6）：501-513.

[13] Kolaczkowski S T，Plucinski P，Beltran F J，et al. Wet air oxidation：a review of process technologies and aspects in reactor design[J]. Chemical Engineering Journal，1999，73（2）：73-79.

[14] Patterson D A，Metcalfe I S，Xiong F，et al. Biodegradability of linear alkylbenzene sulfonates subjected to wet air oxidation[J]. Industrial & Engineering Chemistry Research，2001，40（23）：5507-5516.

[15] 村上幸夫. 合成有机化合物废水的湿式酸化处理的研究[J]. 水处理技术，1978，19（10）：901-909.

[16] 秋常研二. 湿式触媒酸化法[J]. 化协会月报，2000，29（9）：9-17.

[17] 王怡中. 有机磷农药生产废水湿式空气氧化预处理的研究[J]. 环境化学，1993，12（5）：408-413.

[18] 杨少霞，冯玉杰，万家峰，等. 湿式氧化技术的研究与发展概况[J]. 哈尔滨工业大学学报，2002，34（4）：540-544.

[19] 万家峰，冯玉杰，蔡伟民，等. 湿式氧化技术研究进展[J]. 重庆环境科学，2003，25（11）：170-173.

[20] 苏晓娟，陆雍森，Laurent Bromet. 湿式氧化技术的应用现状与发展[J]. 能源环境保护，2005，19（6）：1-4.

[21] 宋卫林，汪国军. 湿式氧化处理高浓度难降解有机污水的研究进展[J]. 化学工业与工程技术，2010，31（5）：37-41.

[22] 张权，国洁，薛骁，等. 湿式氧化技术处理高浓度有机废水的研究进展[J]. 煤炭与化工，2018，14（5）：139-143.

[23] 蔡明初. 湿式空气氧化及其在石油化工废水处理的应用[J]. 化学通报，1975，2：18-25.

[24] Debellefontaine H，Chakchouk M，Foussard J N，et al. Treatment of organic aqueous wastes：wet air oxidation and wet peroxide oxidation[J]. Environmental Pollution，1996，92（2）：155-164.

[25] Harmsen J M A，Jelemensky L，Van Andel-Scheffer P J M，et al. Kinetic modeling for wet air oxidation of formic acid on a carbon supported platinum catalyst[J]. Applied Catalysis A：General，1997，165（1-2）：499-509.

[26] Rivas F J，Kolaczkowski S T，Beltran F J，et al. Development of a model for the wet air oxidation of phenol based on a free radical mechanism[J]. Chemical Engineering Science，1998，53（14）：2575-2586.

[27] Li L X，Chen P S，Gloyna E F. Generalized kinetic model for wet oxidation of organic compounds[J]. AIChE Journal，1999，37（11）：1678-1697.

[28] Eftaxias A，Font J，Fortuny A，et al. Kinetic modelling of catalytic wet air oxidation of phenol by simulated annealing[J]. Applied Catalysis B：Environmental，2001，33（2）：175-190.

[29] Zhang Q，Chuang K T. Wet oxidation of bleach plant effluents：effect of pH on the oxidation with or without

a Pd/Al$_2$O$_3$ catalyst[J]. Canadian Journal of Chemical Engineering，1999，77（4）：399-405.

[30] Pintar A，Batista J，Gallezot P. Catalytic wet air oxidation of Kraft bleach plant effluents in a trickle-bed reactor over a Ru/TiO$_2$ catalyst[J]. Applied Catalysis B：Environmental，2001，31（4）：275-290.

[31] Pintar A，Batista J，Tisler T. Catalytic wet-air oxidation of aqueous solutions of formic acid，acetic acid and phenol in a continuous-flow trickle-bed reactor over Ru/TiO$_2$ catalysts[J]. Applied Catalysis B：Environmental，2008，84（1-2）：30-41.

[32] Kim K H，Ihm S K，Heterogeneous catalytic wet air oxidation of refractory organic pollutants in industrial wastewaters：a review[J]. 2011，186：16-34.

[33] Dhale A D，Mahajani V V. Reactive dye house wastewater treatment. Use of hybrid technology：membrane，sonication followed by wet oxidation[J]. Industrial & Engineering Chemistry Research，1999，38（5）：2058-2064.

[34] 张仲燕，施利毅，周春晓. [Cu-γ-Al$_2$O$_3$]催化剂处理染料废水工艺条件研究[J]. 上海环境科学，1999，18（12）：561-563.

[35] 杨民，王贤高，杜鸿章，等. 催化湿式氧化处理农药废水的研究[J]. 工业水处理，2002，22（4）：35-36.

[36] 杨琦，赵建夫，汪立忠，等. 催化湿式氧化处理香料废水[J]. 中国环境科学，1998，18（2）：170-172.

[37] 陈拥军，窦和瑞，杨民，等. 催化湿式氧化法在苯酚废水预处理中的应用研究[J]. 工业水处理，2002，22（6）：19-22.

[38] 刘春英，袁存光，张超. 载铜活性炭催化氧化深度降解石油污水中的COD[J]. 工业水处理，2001，21（4）：19-22.

[39] 杨民，杜书，王贤高，等. 催化湿式氧化处理碱渣废水的研究[J]. 环境工程，2001，19（1）：13-15.

[40] 卢义程，赵建夫，陈玲. 高浓度乳化废水处理中铜系催化剂催化活性比较[J]. 上海环境科学，2002，21（4）：199-201.

[41] Carla de L，Daniele G，Alessandra P，et al. Wet oxidation of acetic acid catalyzed by doped ceria[J]. Applied Catalysis B：Environmental，1996，11（1）：29-35.

[42] Alec A. K，Ramon L.C，Martin A. A. Catalytic wet oxidation of aceticacid using platinumon alumina monolith catalyst[J]. Catalysis Today，1998，40（1）：59-71.

[43] Miró C，Alejanre A，Fortuny A，et al. Aqueous phase catalytic of phenol in a trickle bed reaction：effect of the pH[J]. Water Research，1999，33（4）：1005-1013.

[44] Fonuny A，Bengoa C，Font J，et al. Water pollution abatement by catalytic wet air oxidation in a trickle bed reactor[J]. Catalysis Today，1999，53（1）：107-114.

[45] Robert R，Barbati S，Ricq N，et al. Intermediates in wet oxidation of cellulose：identification of hydroxyl radical and characterization of hydrogen peroxide[J]. Water research，2002，36（19）：4821-4829.

[46] Lin S S，Chen C L，Chang D J，et al. Catalytic wet oxidation of phenol by various CeO$_2$ catalyst[J]. Water Research，2002，36：3009-3014.

[47] Chang L Z，Chen I P，Lin S S. An assessment of the suitable operating conditions for the CeO$_2$/γ-Al$_2$O$_3$ catalyzed wet air oxidation of phenol[J]. Chemosphere，2005，58（4）：485-492.

[48] Suresh K B，James T，Jaidev P，et al. Wet oxidation and catalytic wet oxidation[J]. Industrial & Engineering Chemistry Research，2006，45（4）：1221-1258.

[49] Masende Z P G，Kuster B F M，Ptasinski K J，et al. Platinum catalysed wet oxidation of phenol in a stirred slurry reactor：a practical operation window[J]. Applied Catalysis B：Environmental，2003，41（3）：247-267.

[50] Yang S X，Feng Y J，Cai W M，et al. Activity and stability of RuO$_2$/γ-Al$_2$O$_3$ catalyst in wet air oxidation[J]. Journal of Chemical Industry and Engineering，2003，54（9）：1240-1245.

[51] Hung C M，Lou J C，Lin C H. Removal of ammonia solutions used in catalytic wet oxidation processes[J]. Chemosphere，2003，52（6）：989-995.

[52] Silva A M T，Castelo-Branco I M，Quinta-Ferreira R M，et al. Catalytic studies in wet oxidation of effluents from formaldehyde industry[J]. Chemical Engineering Science，2003，58（3-6）：963-970.

[53] 宾月景，祝万鹏，蒋展鹏，等. 催化湿式催化剂及处理技术研究[J]. 环境科学，1999，20（2）：42-44.

[54] 谭亚军，蒋展鹏，祝万鹏，等. 有机污染物湿式催化氧化降解中 Cu 系催化剂的稳定性[J]. 环境科学，2000，21（7）：82-85.

[55] 蒋展鹏，杨宏伟，谭亚军，等. 催化湿式氧化技术处理 Vc 制药废水的实验研究[J]. 给水排水，2004，30（3）：41-44.

[56] 蔡建国，李爱民，张全兴. 湿式催化氧化技术的研究进展[J]. 河北大学学报（自然科学版），2004，24（3）：326-331.

[57] 杨爽，江洁，张雁秋. 湿式氧化技术的应用研究进展[J]. 环境科学与管理，2005，30（4）：88-98.

[58] 王承智，石荣，祁国恕，等. 催化湿式氧化技术中催化剂应用研究的新进展[J]. 环境保护科学，2005，31：4-7.

[59] 芮玉兰，孙晓然，梁英华，等. 丙烯腈生产废水的催化湿式氧化[J]. 环境科学与技术，2006，29（8）：99-100.

[60] 王建兵，杨少霞，祝万鹏，等. 催化湿式氧化法处理废水的研究进展[J]. 化工环保，2007，27（4）：295-300.

[61] 钱仁渊，钱俊峰，云志. 催化湿式氧化高浓度 SDBS 废水的研究[J]. 水资源保护，2007，23（6）：48-51.

[62] 赵彬侠，刘林学，李亚红，等. 催化湿式氧化吡虫啉农药废水催化剂的研究[J]. 环境工程学报，2008，2（3）：340-343.

[63] 李宁，李光明，赵建夫，等. 催化湿式氧化处理高质量浓度苯酚废水[J]. 江苏大学学报，2008，29（4）：344-347.

[64] 曾经，彭青林. 催化湿式氧化处理高浓度有机废水催化剂研究[J]. 环境污染与防治，2009，31（8）：37-45.

[65] 宋敬伏，于超英，赵培庆，等. 湿式催化氧化技术研究进展[J]. 分子催化，2010，24（5）：474-482.

[66] 陈伟林，邱文杰，陈伟丽，等. 催化湿式氧化法处理垃圾渗滤液[J]. 化工进展，2010，29（9）：1775-1780.

[67] 丁凯扬，周瑜. 催化湿式氧化技术研究进展[J]. 广东化工，2013，40（12）：107-109.

[68] 朱自强. 超临界流体技术——原理和应用[M]. 北京：化学工业出版社，1998.

[69] 张丽莉，陈丽，赵雪峰，等. 超临界水的特性及应用[J]. 化学工业与工程，2003，20（1）：33-54.

[70] Holgate H R，Tester J W. Fundamental kinetics and mechanisms of hydrogen oxidation in supercritical water[J]. Combustion Science and Technology，1993，88（5-6）：369-377.

[71] Roberto M S，Serikawaa T U，Tatuya N，et al.，Hydrothermal flames in supercritical water oxidation：investigation in a pilot scale continuous reactor[J]. Fuel，2002，81：1147-1159.

[72] 王涛，刘崇义，沈忠耀. 超临界水氧化法去除废水 COD 的动力学研究[J]. 环境科学研究，1997，10（4）：32-35.

[73] 戴航，黄卫红，钱晓良，等. 超临界水氧化法处理技术进展[J]. 化工环保，2001，21（2）：79-83.

[74] 韦朝海. 废水处理催化超临界水氧化法影响因素及动力学分析[J]. 重庆环境科学，2002，22（5）：44-47.

[75] 张平，王景昌，张晓冬. 超临界水氧化法进行废水处理的研究进展[J]. 环境保护科学，2003，29（5）：15-17.

[76]　王毓，江成发. 超临界水氧化反应机理的研究进展及其应用[J]. 四川轻化工学院学报，2003，16（4）：47-51.

[77]　马承愚，姜安玺，彭英利，等. 超临界水氧化法中试装置的建立和思考[J]. 化工进展，2003，22（10）：1102-1104.

[78]　葛红光. 超临界水氧化高浓度含氮有机废水研究[D]. 西安：西安建筑科技大学，2004.

[79]　钱胜华，张敏华，董秀芹，等. 影响超临界水氧化技术工业化的原因及对策[J]. 化学工业与工程，2008，25（5）：465-470.

[80]　向波涛，王涛，杨基础，等. 催化超临界水氧化反应研究进展[J]. 化工进展，1999，6：19-22.

第7章 超声波氧化技术

利用超声波（US）降解水中的化学污染物，尤其是难降解的有机污染物，是近年来发展起来的一项新型高级氧化技术。该技术操作条件温和，降解速率快，适用范围广，可以单独或与其他水处理技术联合使用，是一种很有发展潜力和应用前景的技术。本章主要阐述 US氧化技术的概况、氧化机制、反应器、主要影响因素以及存在的问题及其联用技术。

7.1 超声波氧化技术概况

7.1.1 超声波的概述

US 通常是指频率超过 20kHz（人的听阈为 16kHz）的声波，它是物理介质中的一种弹性机械波，US 和电、磁、光等同样是一种物理能量形式。与普通声波相比，由于频率高、波长短，US 在传播过程中具有如下一些特性：

① 方向性好。由于 US 的功率高，其波长较同样介质中的声波波长短得多，衍射现象不明显，所以 US 的传播方向好。

② 能量大。US 在介质中传播时，当振幅相同时，振动频率越高能量越大，因此，它比普通声波具有大得多的能量。

③ 穿透能力强。US 虽然在气体中衰减很强，但在固体和液体中衰减较弱，在不透明的固体中，能够穿透几十米的厚度，所以 US 在固体和液体中应用较广。

④ 引起空化作用。在液体中传播时，US 与声波一样是一种疏密的振动波，液体时而受拉时而逐级压，产生近于真空或含少量气体的空穴，在声波压缩阶段，空穴被压缩直至崩溃，在空穴崩溃时产生放电和发光现象，这种现象称为空化作用。

早在 1927 年美国学者 Richards 和 Loomis 首次报道了超声辐照化学效应，但并未引起重视。1934 年，Mariguchi 发现 US 可以增强水的电解，从此 US 技术逐渐得到研究与应用。20世纪 60 年代，人们开始认识到 US 的传播可用于消除水中的有机污染物。20 世纪 80 年代，在英国学者 Mason 等的大力倡导下，声化学（也称为 US 化学）作为一门边缘学科逐渐兴起。

1986 年 4 月第一届国际声化学学术讨论会在英国华威大学召开，标志着声化学已经成为一门新的学科领域。1990 年欧洲声化学协会成立，并进行了首次学术交流活动，研究热点逐渐从声化学处理器的实验室研究转为实际应用领域。现在的 US 技术已经从应用于医疗诊断、清洗、探伤、加工、无损检测等领域的检测超声，发展到加速化学反应、提高化学产率的功率超声。检测超声与功率超声的主要区别是介质微粒的振动幅度不同。检测超声介质微粒振动幅度很小，对介质没有破坏，主要用于无损探测，如超声医学检测、建筑测量流量计、测距（声呐）等；功率超声中的介质微粒振动幅度大，可利用能量来改变材料的某些状态，需要比较大的功率，废水处理多采用功率超声。

7.1.2 功率超声的产生

在功率超声领域，声能的产生主要通过三种不同的方法：流体动力法、压电效应法和磁致伸缩效应法。

（1）流体动力法　流体动力型超声发生器包括气流声源和流体（液体）动力发生器声源两种。气流声源是一种机械式声频或超声频振动发声器，它依靠气流的动能作为振动能量的来源，分低压声源与高压声源两种。低压声源也称为哨，如通常的哨子及旋涡哨等；高压声源包括哈特曼哨及其各种变异体等。低压气流声源的效率较高，可达 30%左右，但声功率不大，通常不超过数瓦。因此，低压气流声源主要应用于控制以及测量设备中，如声控开关等。尽管高压声源的效率较低，但此类声源可获得较大的声功率，因而至今仍有一定市场。流体（液体）动力发生器是将液态流体中的涡流能量转换成声波辐射的一种声波换能器。它的工作原理是利用由喷嘴出来的射流与一定几何形状的障碍物相互作用，或者利用周期性地强迫射流中断的方法，使液体媒质发生扰动，从而产生某种形式的速度场与压力场。液体声波发生器也称为哨，如簧片哨等。此类流体动力发声器能在相当宽的频带内工作，在 0.3～35kHz 频带内可以辐射 1.5～2.5W/cm^2 的声强。另外，流体（液体）动力发生器声源的优点是可以廉价地获得声能，结构简单。液体流一方面是产生振动的动力源和振动体，另一方面又是传播声波的载体，因此易于与声匹配。利用流体动力法产生超声的装置主要包括用于气体中的葛尔登哨、哈特曼哨及旋笛，用于液体中的簧片哨，以及可同时用于气体和液体中的旋涡哨等。流体动力型超声发生器的共同特点是以流体作为动力源，利用高速流体产生超声，其转换效率一般比较低，大概在 10%，其主要应用包括气体超声除尘、空气中尘埃的凝聚、气体和重油的阻燃、加速热交换、超声干燥、超声除泡沫以及液体中的油水乳化、加速晶体化过程等。

（2）压电效应法　基于压电效应原理工作的换能器称为压电换能器。在功率超声领域，应用最广的是夹心式压电换能器（又称为复合棒换能器或郎之万换能器）。除了传统的等效电路法和波动方程法以外，一些近似的分析方法，如等效弹性法以及有限元法等，在大尺寸功率超声换能器的分析中得到了广泛的应用。除了常用的纵向振动模式换能器，为适应功率超声新技术的需要，发展了扭转振动模式、弯曲振动模式、纵-扭以及纵-弯复合振动模式功率超声换能器，换能器的分析理论也从一维发展到了三维。一些大型的数值分析软件，不仅可以分析换能器的振动模式和共振频率，而且可以给出换能器任意位置及任意时刻的应力和应变状态以及位移分布，非常适用于换能器的优化设计。目前，功率超声换能器的工作频率也从常用的较低频率（20kHz）发展到了较高频率（几百千赫甚至兆赫兹数量级），另外，换能器的工作频率也从单一工作频率发展到了多个工作频率，如用于超声清洗中的复频换能器和宽频换能器，以及用于超声焊接中的双振动系统双工作频率超声振动系统等。单个换能器的功率容量也从几十瓦发展到几百瓦，甚至几千瓦。

（3）磁致伸缩效应法　磁致伸缩换能器是基于某些铁磁材料及陶瓷材料所具有的磁致伸缩效应而制成的一种机声转换发声器件。传统的磁致伸缩材料包括镍、铝铁合金、铁钴合金、铁钴钒合金以及铁氧体材料等。与压电超声换能器相比，由传统的磁致伸缩材料制成的磁致伸缩换能器的应用范围很小，造成这种情况的原因在于磁致伸缩换能器的机电转换效率较低，而且其激励电路复杂。然而，随着材料科学技术的发展以及稀土超磁致伸缩材料的研制成功，磁致伸缩换能器又受到了一定的重视。

7.1.3　超声波的作用原理

一般小振幅 US 在媒质中传播时，声波与媒质的相互作用可导致声波的相位与振幅等发生变化，而媒质本身并不发生任何明显变化，或者说声波不会对媒质产生任何明显效应。但当声强增大后情况则不同，声波传播将会对媒质产生一定的影响或效应，诸如使媒质的状态、组分、功能或结构等发生变化，这类变化统称为超声效应。

US 既是一种物理过程，又是一种化学过程。因此，人们可从物理观点来解释和讨论产生超声效应的相互作用机制。通常把超声与媒质的相互作用归纳为热机制与非热机制两种。在非热机制中又可分为机械（力学）机制与空化机制。

（1）热机制　US 在媒质中传播时，大振幅声波会形成锯齿形波面的周期性激波，在波面处造成很大的压强梯度。振动能量不断被媒质吸收转化为热量而使媒质温度升高，吸收的能量可升高媒质的整体温度和边界外的局部温度。当强度为 I 的平面 US 在声压吸收系数为 ψ 的媒质中传播时，单位体积媒质中 US 作用 t 秒产生的热量为：

$$Q = 2\psi I t \tag{7-1}$$

可见，US 产生的热量与媒质的吸收系数、超声强度及辐照时间成比例。

（2）非热机制　在某些情况下，超声效应的产生并不伴随发生明显的热量，如当频率较低、吸收系数较小、超声作用时间短时，US 并不能产生大量的热，因此不能把超声效应的原因都归结为热机制。

① 机械机制　US 是机械能量的传递形式，与波动过程有关，会产生线性的交变振动作用，与波动过程有关的力学量，如原点位移、振动速度、加速度以及声压参数均可以表现超声效应。US 在液体中传播时，其质点位移振幅虽然很小，但 US 引起的质点加速度却非常大。当 20kHz、1W/m² 的 US 在水中传播时，其产生的压力在 $-173 \sim 173$kPa 之间，最大质点加速度可达 14.4km/s²，因此，US 作用于液体时会产生激烈而快速变化的机械运动。

② 空化机制　超声效应的主要作用之一是超声空化。超声空化是指液体中的微小气核在 US 的作用下被激活，它表现在泡核的振荡、生长、收缩、崩溃等一系列动力学过程，如图 7-1 所示。附着在固体杂质、微尘或容器表面上及细缝中的微气泡或蒸汽泡以及因结构不均匀造成液体内抗张强度减弱的微小区域中析出的溶解气体等都可以构成这种微小气核。

早在 1894 年，人们在研究通过局部细窄管道中的水流时，就观察到空化现象。英国海军建造出的第一艘驱逐舰在初期试验时就发现螺旋桨推进器在水中会引起剧烈振动。Thomyeroft 与

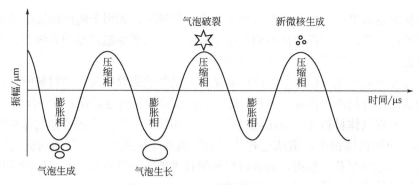

图 7-1 超声空化作用的形成过程

Bany 认为：这种振动是由于螺旋桨旋转产生了大气泡（空穴），而这些大气泡在水的压力下迅速发生内爆（崩溃）而产生剧烈振动。其后，Rayleigh 对这一现象做了深入的研究，并于1917 年发表了题为《液体中球形空穴崩溃时产生的压力》的著名论文，为其空化理论研究奠定了基础。

US 作为一种机械波进入液体媒质中，在媒质中传播时引起的媒质分子在其平衡位置为中心的振动，这种周期性的波动对液体介质形成压缩稀疏作用，从而在液体内部形成过压位相和负压位相，达到一定程度时会使液体形态破坏。在声波压缩相时间内，分子间平均距离减小；而在稀疏相内，分子间距离增大。也就是说，对于强度为 I 的声波，其作用于液体内部除静压（P_h）外还附加产生了一个声压（P_a），其中 $P_a=P_A\sin\omega t$（P_A 为声压振幅，ω 为声波角频率），且 I 与 P_A 关系为：

$$I = P_A^2/2\rho c \tag{7-2}$$

式中，ρ、c 分别为媒质的质量密度与声速。

声压大于静压时，液体内部产生负压（$P_c=P_a-P_h$）。当负压足够大时，即当声波的能量大到足以使分子间距超过分子保持液态所必需的临界距离时，液体结构的完整性遭到破坏，导致在液体介质内部出现空腔或空穴，空穴一旦形成，它将一直增长至负声压达到极大值，在相继而来的声波正压相内，这些空穴又将被压缩，结果是一些空化泡将进入持续振荡，而另外一些空化泡将完全崩溃。

空化效应发生时可以听到小的炸裂声，于暗室外可以看到发光现象。在空化泡崩溃的极短时间内，会在其周围的极小空间范围内产生 1900～5200K 的高温和超过 50MPa 的高压，温度变化率高达 10K/s，并伴有强烈的冲击波和时速高达 400km/h 的射流。这些条件足以打开结合力强的化学键，并促进水相燃烧、高温分解或自由基反应。水分子中 O—H 键的键能为 119.5kcal/mol（1cal=4.18J），在 US 作用下，水分子中 O—H 键断裂会产生氧化性很强的·OH，它可以有效地分解难降解有机污染物。

空化有两种类型：稳态空化和瞬态空化。稳态空化主要是指那些内含气体与蒸汽的空化泡的动力学行为。这种空化过程可在较低声强下发生。在声波作用下稳态空化常常表现为非线性振荡，而且振荡可以延续许多个周期，稳态空化泡存在时间较长，因此可通过气泡与液体的界面，除有液体蒸发及蒸汽凝聚之外，还可以发生气体质量扩散。此外，由于声波膨胀相内气泡在振荡过程中增大，这种现象称为定向扩散。定向扩散伴随气泡表面张力减小，则有可能使气泡转为瞬态空化过程，继而发生崩溃。但是于泡内气体的缓冲作用，其崩溃的剧烈程度要比纯蒸汽空化泡的崩溃缓和。当然，在声波连续作用下，气泡也可能继续增长，直到浮上液面而逸出。就稳态空化泡而言，只有当空化泡的共振频率与声波频率相等时，才发生最大的能量耦合，产生明显的空化效应。如果前者大于后者，气泡将做复杂的连续振荡；反之，即可能发生崩溃。

瞬态空化只能在较大声强作用下才可发生，而且它只能存在一个或至多几个周期时间。在声波负压作用下空化泡迅速增大，一般其半径可增大到原来的 2 倍以上，而且在随之而来的声波正压作用下迅速收缩直至崩溃。崩溃时伴随形成许多微空泡，构成新的空化核。有的微泡则会因其半径过小而使表面张力过大，从而溶进液体中。一般认为在瞬态空泡存在的时间内，不发生气体通过空化泡壁的质量转移，但在泡壁界面上液体的蒸发与蒸汽的凝聚却自由地进行。

7.1.4　超声空化现象的理论

对于超声空化现象的解释，各国学者进行了大量研究，提出了三种理论：放电理论、热点理论和声致自由基理论。

（1）放电理论　放电理论最早提出于 20 世纪 30 年代，该理论认为超声空化现象使液体中空化气泡内产生一定量的电荷，这些电荷在一定条件下可通过微放电而发光，同时产生·OH 等自由基，这些自由基有利于化学反应的进行。尽管放电理论能够很好地解释声致发光现象，但其本身仍存在一定的局限性。

（2）热点理论　随着人们认识的深入，放电理论已逐渐被热点理论所取代。热点理论认为辐射液体时产生超声空化现象，超声空化现象使液体中存在许多由于被绝热压缩而具有高温、高压、寿命极短的小气泡（即热点）。这些小气泡可看成具有极端物化环境的微反应器，为在一般条件下难以实现或不可能实现的化学反应提供了一种新的、非常特殊的物理化学环境。而热点周围的高温、高压以及伴生的机械剪切力，可产生类似于化学反应中加温、增压的效果，以提高分子活性，从而加快化学反应速率。同时进入空化泡内的有机物也可能发生类似燃烧的热分解反应，这就为一般条件下难以实现的化学反应、分子键的断裂、重组提供了一条新的路径。

（3）声致自由基理论　声致自由基理论进一步认为空化泡绝热崩溃时产生的高温、高压可把热点周围的物质分子裂解成自由基，同时也可使热点附近的水分子裂解成·OH、·H 等自由基，自由基最大的特点就是它含有未配对电子，化学活性极强，很容易进一步反应生成稳定分子。

水溶液中发生超声空化时，物系可划分为空化泡崩溃时内部气相区、空化泡的气液界面区及液相本体三个区域，反应位置如图 7-2 所示。

① 空化泡崩溃时内部气相区　空化气泡由空化气体、水蒸气及易挥发的溶质蒸气组成，处于空化时的极端状态。当空化气体为 O_2 时，在空化气泡崩溃的极短时间内，气泡内的水蒸气和 O_2 可发生一系列热分解反应，产生具有很强氧化能力的·OH、·H 等自由基和 H_2O_2，这些物质可进一步扩散到气泡外，从而可在空化气泡、空化气泡表面层和液相本体这三个区域内使常规条件下难以降解的有机污染物发生氧化降解。一般而言，在一定频率和强度的超声连续作用下，超声空化不断发生，这些氧化剂在溶液中的浓度保持相对的稳定。易挥发物质也会在空化气泡内发生类似燃烧的热分解反应。

② 空化泡的气液界面区　该区域为高温、高压的空化泡气相与常温、常压的本体溶液之

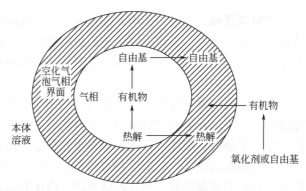

图 7-2　溶液中声化学反应的位置

间的过渡区域。该区域可能存在瞬态超临界水，将发生超临界水的氧化反应。超临界水具有低介电常数、高扩散性及高传输能力等特性，是一种理想的反应介质，有利于大多数化学反应速率的增加。尽管该区域较空化泡气相的温度低，但仍存在局部的高温（2100℃左右），且存在着高浓度的·OH。据估计，·OH 的浓度可达 4×10^{-3} mol/L，因此该区域仍可能发生热解反应和自由基的反应。极性、难挥发物质一般在该区域被·OH 等自由基氧化降解，最终降解为无毒的小分子化合物。

③　液相本体区　液相本体基本处于环境条件，前两个区域中未被消耗掉的少量自由基如·OH、·H 以及由液壳区的·OH 之间结合生成并向外扩散的 H_2O_2 等会在该区域内继续与污染物反应，但通常反应量很小。

因此，有机污染物可经·OH 氧化、气泡内燃烧分解、超临界水氧化等途径进行降解。降解途径与污染物的物化性质有关，反应区域主要在空化气泡及其表面层。一般而言，非极性、憎水性、易挥发有机物多通过在空化气泡内的热分解进行降解，而极性、亲水性、难挥发有机物则多通过在空化气泡表面层或液相本体的·OH 氧化进行降解。

7.2　超声波氧化的机制

US 主要是通过以下几个方面来强化化学反应的进行，即声致自由基、超临界水氧化以及其他辅助作用。

7.2.1　声致自由基

在空化泡的内部，水分子由于热解生成了气相·OH 和·H，底物可以与·OH 反应，也可以发生热解反应。在相界面发生的反应与空化泡内的反应过程相似，除此之外，两个·OH 还可重新结合生成 H_2O_2。在溶液本体中存在少量来自空化泡或气液界面的自由基，其反应主要以溶液中的底物与·OH 或 H_2O_2 之间的反应为主。溶解在水中的空气（O_2、N_2）或其他气体可以发生热解反应而产生·N 和·O。同时，空化泡崩溃时产生的冲击波和射流，使·OH 和其他自由基进入整个溶液，这些自由基会进一步引发有机分子的断裂、自由基转移和氧化还原反应。溶解在水中的有机物也可能通过扩散作用进入空化泡内，空化的瞬间发生高温、高压下的化学键断裂，从而引发系列反应。

水离解过程为：

$$H_2O \xrightarrow{\text{超声空化}} \cdot OH + \cdot H \tag{7-3}$$

$$\cdot H + \cdot H \longrightarrow H_2 \tag{7-4}$$

$$\cdot H + O_2 \longrightarrow HO_2 \cdot \tag{7-5}$$

$$HO_2 \cdot + HO_2 \cdot \longrightarrow H_2O_2 + O_2 \tag{7-6}$$

$$\cdot OH + \cdot OH \longrightarrow H_2O_2 \tag{7-7}$$

$$\cdot H + H_2O_2 \longrightarrow \cdot OH + H_2O \tag{7-8}$$

$$\cdot H + H_2O_2 \longrightarrow HO_2 \cdot + H_2 \tag{7-9}$$

$$\cdot OH + H_2O_2 \longrightarrow HO_2 \cdot + H_2O \tag{7-10}$$

$$\cdot OH + H_2 \longrightarrow \cdot H + H_2O \tag{7-11}$$

有机物存在时：

$$R + \cdot OH、\cdot H、HO_2 \cdot \longrightarrow 产物 \tag{7-12}$$

可见，US 降解有机物本质上与光催化一样也属于自由基氧化机理。实验发现：在降解过程中，会产生一系列复杂的中间化合物，这与溶液中存在着众多的自由基种类有关。在仅由 N_2、O_2 和 H_2O 组成的体系中发生的自由基反应就多达 20 多个，产生大量、复杂的自由基中间体。只要降解条件合适，反应时间足够长，US 降解的最终产物都应该为热力学稳定的单质或矿化物。有研究采用 530kHz、$1.06W/cm^2$ 的 US 辐射被空气饱和的五氯苯酚水溶液，50～100min 后五氯酚浓度可由 10^{-4}mol/L 降到 5×10^{-6}mol/L，降解产物主要为 CO_2 和 H_2O。

7.2.2 超临界水氧化

空化产生的高温、高压足以使空化泡表层的水分子超过临界点而成为超临界水，超临界水是有机物的优良溶剂，气体可以任一比例溶解在其中，同时它具有介电常数低、扩散性好的特点，因而使传质和反应均大大增快，特别有利于常规条件下难溶解、大分子有机物的降解。

7.2.3 其他辅助作用

一般认为自由基和超临界水氧化是 US 降解有机物的两种主要作用机理，但 US 在处理水中有机物时还会产生其他一些不可忽视的作用，这包括：

（1）机械剪切作用　机械剪切作用是一种机械能量的传播形式，能产生线性交变的振动作用。由于空化泡崩溃时会使介质质点产生很大的瞬时速度和加速度，引起剧烈的振动，这种剧烈的振动在宏观上呈现出强大的液体力学剪切力，会使大分子主链上碳键产生断裂，从而起到降解高分子的作用。

（2）热作用　US 在介质中传播时，其振动能量不断被介质吸收转变为热能而使自身温度升高。在 US 降解反应过程中，如果不对反应体系进行控温，可明显检测到反应介质温度的升高。当超声能量被吸收后引起介质中的整体加热、边界外的局部加热和空化形成激波时波前处的局部加热效应，有助于降解反应的活化能，从而有助于反应物的降解反应。

（3）絮凝作用　US 对混凝具有促进作用，因为当 US 通过有微小絮体颗粒的液体介质，其中的悬浮粒子开始与介质一起振动，但由于大小不同的粒子具有不同的振动速度，颗粒将相互碰撞、黏合，体积增大，最后沉淀下来。在产生上述几种作用的同时，产生的冲击波也会对整个溶液起到充分的搅拌混合作用，有助于污染物的絮凝。

7.3　超声波反应器

反应器是指参与并在其作用下进行反应的容器或系统，它是实现反应的场所。目前用于水处理的 US 反应器可归纳为两大类：一类是液哨式，它利用机械方法产生；另一类是利用机电效应来产生，目前常用的包括清洗槽式、变幅杆式、杯式、平行板式、管式和正交式。

7.3.1　液哨式反应器

液哨式反应器被认为是最早在工业上应用的声化学反应器，其突出特点是依靠簧片哨受到机械喷射流的冲击而持续机械振动来产生 US，不需要外部超声换能器将电能转化产生 US 并引入媒质，如图 7-3 所示。该反应器主要被用于非均相液体介质的乳化均化处理中，产生尽量均匀的乳状液是其最主要的作用。用于处理连续流动媒质是液哨反应器最为突出的特点，它已成功应用于在线生产中。液哨式反应器进行超声乳化具有效率高、成本低等优点，早在 20 世纪 50 年代，液哨式声化学反应器的工业应用就已经得到迅速的发展。

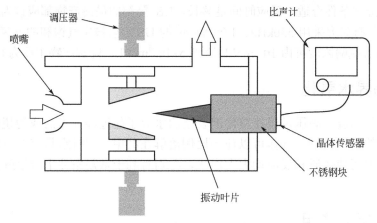

图 7-3　液哨式反应器示意图

7.3.2　清洗槽式反应器

清洗槽式反应器价格便宜，应用普遍，结构简单。它的最基本构成是超声换能器和盛取耦合液并粘贴换能器的容器（图 7-4）。使用该类反应器时，首先在槽内注入耦合液，把反应容器（装有反应溶液）直接放到耦合液中接受超声辐射，操作简单，但为了能保证在 US 穿过反应器底壁并在反应液内引发空化效应，常要求 US 强度要足够大。目前实验室中大部分的声化学反应研究都是从该类反应器开始的，该类反应器存在两个比较明显的缺点：一方面 US 在反应容器外壁的反射极为严重，以水为耦合液并以圆底烧瓶作为反应容器时，声波反射率高达 70%，由此看来，大部分 US 能量被反射浪费掉而没能产生有效的声能量；另一方面清洗槽式反应器的效率与反应容器的材质、外体形状以及容器在耦合液中放置的空间位置关系密切，上述参数稍微改变将导致反应器的作用效率发生很大的变化，而且整体反应过程中温度变化难以控制，该些缺点都将导致相关实验的重现性降低。

鉴于清洗槽式反应器以上特点，在实际的应用中，必须根据实际需要选择合适频率、合适尺寸的反应器。

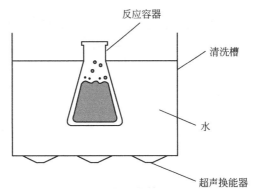

图 7-4　清洗槽式反应器示意图

7.3.3　变幅杆式反应器

变幅杆能使能量集中在较小的辐射面上，在超声辐射端面上可以获得数百瓦每平方厘米的声强，且探头发射功率一般是连续可调的（图 7-5）。这种反应器具有以下两个优点：一是声能利用率高，且由于变幅杆的聚能作用，声能密度大大提高；二是可以连续改变功率以优化反应条件，并能根据声能密度的大小精确设计反应器。为了解决一些反应器只能间歇运行的缺点，有人设计出了变幅杆浸入式流动槽反应器，这种反应器可以连续运行。但研究发现：变幅杆浸入式流动槽反应器因为发射的探头直径较小（一般为 10～30mm），声波辐照表面积小，能量效率较低，其实际应用局限在地下水的处理方面。

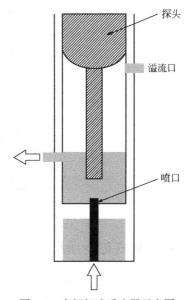

图 7-5　变幅杆式反应器示意图

7.3.4　杯式反应器

杯式反应器是将变幅杆式反应器与清洗槽式反应器结合所得到的，如图 7-6 所示。与超声清洗槽相比，杯式反应器有以下优点：①能量密度较高，且能调节；②频率固定，可以更好地进行定量实验和重复性实验；③温度控制比较精确。与变幅杆式 US 反应器相比，杯式反应器有一个重要的优势在于探头表面被空化腐蚀掉的微小颗粒不会污染反应液。

与清洗槽式反应器相似，杯式反应器内的声强也较小，且装盛反应液的容器大小也会受到限制，因此，不宜用于大型的水处理设施中。目前，这种反应器主要用于实验室中的水处理研究。

7.3.5　平行板近场型反应器

为了提高 US 反应器的声强和声化效率，英国 Lewi 公司开发了平行板近场声处理器。平行板近场声处理器系统（图 7-7）由一个矩形空间构成，矩形空间上下两块平行金属板都镶嵌有磁致伸缩换能器，分别由两个超声发射源提供，分别产生 16kHz 和 20kHz 两种频率的 US。使用双超声频率可以消除单超声频率产生的驻波，防止由驻波而引起空化泡的减少。被处理

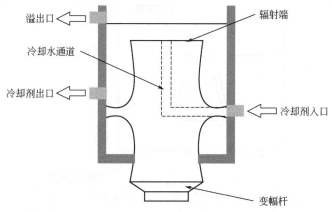

图 7-6　杯式 US 反应器示意图

液体从矩形空间的一端流入、另一端流出，当液体流经上下两块金属板构成的声场时，即会受到辐照双超声频率产生的 US 作用，其声强是单一频率声强的 2 倍以上，这样该矩形空间便构成了一个超声混响场。平行板近场声处理器的开发为超声降解水中有机污染物技术从实验室研究走向实际应用奠定了技术基础。

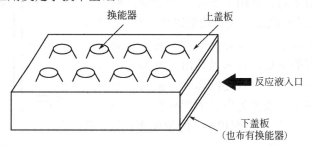

图 7-7　平行板近场声处理器示意图

7.3.6　管式磁声场反应器

所有循环流动系统都要求使用泵，但泵对高黏度和含有重粒子的液体不大合适。一个解决方案是采用具有任何几何截面的管道，US 通过管壁振动而引入反应液体内。这类系统可以对高流速及黏度较大的液体进行处理，且完全排除了换能器振动表面受腐蚀的问题。

2002 年，南京大学的祁强利用声场与磁场的协同作用，发明了一种管式磁声场废水处理器，如图 7-8 所示。该处理器利用水流流过管道中的喷嘴时带动谐振板发生谐振产生 US，可大大节约能源，且由于利用了磁场与声场的协同作用，其处理效果较单一的超声辐照要好。

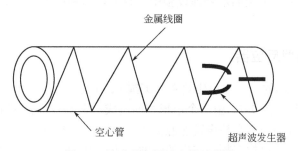

图 7-8　管式磁声场反应器示意图

7.3.7　正交式反应器

两种不同频率的超声同时作用时会产生不同于其中任一频率单独作用的效果，基于此原理的正交式反应器已在比利时开发出来。在正交式反应器中两个超声场彼此垂直成直角，其中一个超声换能器工作频率在兆赫兹范围，产生的传质效果良好；另一个换能器工作频率在千赫兹范围，产生机械效应和强大的超声空化效应。同时兆赫兹频率超声产生的声场可以提高千赫兹频率超声的机械效应和空化效应。

7.4　超声波氧化的主要影响因素

US 之所以能够应用于促进和激发在没有 US 存在情况下不可能发生的化学反应，提高反应产率，缩短反应时间，究其原因是多种多样的，但主要的原因不外乎有热学作用、力学作用和电学作用，或者以其中一个因素为主，或者为其中两个或多个因素的综合结果。然而，热学作用、力学作用和电学作用与空化作用密切相关。因此，虽然现在还不能完全肯定超声化学效应的实质就是空化作用，但有一点是可以肯定的，那就是空化作用在超声化学中起着决定性的作用。空化过程一般由成核、微泡长大和空化气泡的溃陷三个阶段组成，它可分为均相的液体介质内的空化作用和非均相的液液、气液、固液界面上的空化作用，由于空化作用与介质、压力、温度和频率等有关，因此，这些因素也必然会对超声效应产生影响。所以，在进行超声研究和应用时必须考虑 US 频率和强度、反应温度、外加压力、气体种类及其含量、液体的性质和反应器等因素的影响。

7.4.1　超声频率的影响

大量实验结果表明：US 的频率增加，液体介质中的空化气泡减少，空化作用强度下降，超声化学效应也相应地下降。当频率很高时，膨胀和压缩循环的时间则非常短，由于膨胀循环的时间太短，以致不能等到微泡长到足够大引起液体介质的破裂、形成空化气泡，即使在膨胀过程中产了空化气泡，这些空化气泡溃陷所需的时间比压缩半循环所要的时间要长得多。因此，当 US 的强度一定时，其频率越高，空化作用越小。而最近的研究显示：高频有助于提高超声降解速率，这被认为是由于·OH 的产率随声源频率的增加而增加。事实上，在超声降解过程中，超声强度和频率之间可能有一个最佳匹配问题，而且频率的选择与被降解有机物的结构、性质以及降解历程有关，并不是在所有情况下高频都是有利于降解的。例如，900kHz 的 US 对 CS_2 没有明显的分解作用，20kHz 的 US 能将它分解为碳和单晶硫，因为该降解反应的机理为空化气泡内的高温裂解，降解速率与·OH 的产率无关。另外，随着频率的升高，功率强度也下降，从而降低 US 降解的速率。作为高级氧化技术，US 降解可以通过调整频率和饱和溶解气体来达到最佳效果。为了优化工艺参数，一些学者研究了 US 频率对降解过程的影响。Petrier 等研究了 20kHz、200kHz、500kHz 和 800kHz 下 US 降解水中亲水性难挥发物苯酚和憎水性易挥发物 CCl_4，结果表明：CCl_4 的降解速率随频率升高而增大，但增大效果不明显，且在任何频率下其降解速率都比苯酚的降解速率大，其原因可能是：对难挥发物，其降解场所主要是在空化气泡及其表面层，当频率较高时，空化气泡半径较小，空化气泡内的·OH 不至于在气泡内又重新与·H 结合而形成 H_2O，而易于扩散到气泡表面层，从而有利于污染物的降解，但当频率过高时，空化气泡内能量较小而不利于 H_2O 分解释放·OH 和·H，故频率有一优化值；对易挥发物，其降解途径主要是在空化气泡的热分解，当频率升高时，空化气泡数目增多，从而利于降解。

7.4.2 超声强度的影响

声能强度是影响 US 降解的另一个重要因素。一般来说，当 US 频率一定时，US 的强度增加，超声化学效应也增强，超声降解反应的速率也相应地增加。一些学者发现：有机物的降解速率随声强的增大呈线性增大关系，由于膨胀循环的时间较短，在较高频率作用下，当 US 的强度较低（即小于空化阈声压 p）时，US 较难产生空化作用，但 US 的强度增加到一定的程度，即到达或超过空化阈声压时，就很容易产生空化气泡，而且空气泡的溃陷也更为猛烈。需要说明的是：并不一定是 US 强度越大越好，这是因为液体介质中空化气泡的最大半径 R_{max} 与压力振幅 R 有关：

$$\frac{p}{p_0}=1+\left(\frac{R}{3\frac{R}{R_{max}}}\right)\left[\left(\frac{R_{max}}{R}\right)^3-4\right]-\left[\frac{R^4}{3\left(\frac{R}{R_{max}}\right)^4}\right]\left[\left(\frac{R_{max}}{R}\right)^3-1\right] \tag{7-13}$$

从式（7-13）可见：随着压力振幅的增大，膨胀时空化气泡可以长得很大，以致没有足够的时间溃陷。例如，使用频率为 20kHz、压力振幅为 $2\times10^5N/m^2$ 的 US 处理水时，其空化气泡的最大半径 R_{max} 为 $1.27\times10^{-4}m$，除了计算空化气泡的最大半径外，还可以推导出溃陷时间的数学表达式为：

$$\tau=0.915R_{max}(\rho/P_0)^{0.5} \tag{7-14}$$

式中，ρ 为液体介质的密度；P_0 为大气压力。当 $P_m=P_A+P_h$（P_m 为空化气泡溃陷的瞬时溶液压强；P_A 为振荡声压幅度；P_h 为溶液的静压）时，可以计算出溃陷时间 τ 为 6.6ps。可见溃陷时间 τ 比 1/5 循环时间（10μs）还要短，如果将压力振幅增大到 $3\times10^5N/m^2$ 时，R_{max} 为 $1.27\times10^{-4}m$，则 τ 为 10.5μs，这时溃陷时间则比 1/5 循环时间还要长。也就是说，在后一种情况下，即 US 的强度较大时，所产生的空化气泡没有足够的时间溃陷，因而这时的超声化学效应要比前一情况下的超声化学效应小得多。所以，并不是 US 的强度越大就越有利于促进化学反应，一般只要求 US 的强度能够在液体介质中引起足够强的空化作用即可。例如，US 降解农药甲胺磷水溶液时最适宜的声强为 $80W/cm^2$，随着声强的增加，空化程度增加，甲胺磷的降解率增大，但声能太大，空化泡会在声波的负相长得很大而形成声屏蔽，使系统可利用的声场能量反而降低，降解速率反而下降。基于这些实验现象，有些学者认为有机物的降解速率随声强的增大存在一极大值，当声强超过极值时，降解速率随声强的增大而减小，其原因可能是：当声强增大到一定程度时，溶液与产生声波的振动面之间会产生退耦现象，从而降低能量利用率，此外，声强过高时，会在振动表面处产生气泡屏，从而导致声波衰减。

7.4.3 温度的影响

溶液温度也是影响超声降解的一个因素。温度升高会导致气体溶解度减小、表面张力降低和饱和蒸气压增大，降低了空化强度，从而影响反应速率。一般声化学效率随温度的升高呈指数下降，因此为了更有效地利用 US，超声化学实验一般都尽可能地在较低的温度下（<20℃）

进行。这一点与通常的化学反应有显著不同，因为对于通常的在没有 US 条件下的化学反应，升高温度能够提高化学反应速率。

7.4.4　空化气体的影响

空化气体是指为提高空化效应而溶解于溶液中的气体。溶液中是否含有气体、含什么类型的气体以及所含气体的量等，对空化作用及超声化学的影响也较大。一般地，体系中气体越多，越容易产生空化气泡。

溶解气体对 US 降解速率和降解程度的影响主要有两方面的原因：一是溶解气体对空化气泡的性质和空化强度有重要的影响；二是溶解气体（如 N_2、O_2 等）产生的自由基也参与降解反应过程，因此影响反应机理和降解反应的热力学行为和动力学行为。超声空化产生的温度和压力总是随绝热指数 r（$r=C_p/C_v$，C_p 和 C_v 分别为恒压比热容和恒容比热容）的增大而升高。对单原子气体，r 为 1.666，而多原子气体（如泡腔内的空气、水蒸气或有机物蒸气）的绝热指数总是小于单原子气体，可见，在 US 降解过程中，使用单原子稀有气体总能提高降解的速率和程度。例如，用 20kHz 的 US 降解溶解 Kr、Ar、He、O_2 四种气体水溶液时，由于溶解气体的不同，H_2O_2 和·OH 的生成速度变化约为一个数量级。然而，一些学者在研究 US 降解水体中的酚类时发现：O_2 对酚类降解有较大促进作用，其原因被认为是 O_2 有利于产生·OH；另有学者则发现空气与 Ar 的混合气体对酚类的降解效果较好。另一方面，超声化学作用的程度还取决于气体的热传导，一般来说，气体的热导率越大，更多的热量（即空化气泡在溃陷过程中所释放出来的热量）就会传给周围的液体介质使得空化温度降低，超声化学效应被削弱。总之，气体对超声化学反应的影响比较复杂，在实际应用中，根据具体情况具体分析。

7.4.5　溶液性质的影响

溶液的性质如溶液黏度、表面张力、pH 值以及盐效应都会影响溶液的超声空化效果。

溶液黏度对空化效应的影响主要表现在两个方面：一方面它能影响空化阈值；另一方面它能吸收声能。当溶液黏度增加时，声能在溶液中的黏滞损耗和声能衰减加剧，辐射入溶液中的有效声能减少，致使空化值显著提高，溶液发生空化现象变得困难，空化强度减弱，因此，黏度太高不利于 US 降解。随着表面张力的增加，空化核生成困难，但它爆炸时产生的极限温度和压力升高，有利于 US 降解。当溶液中有少量的表面活性剂存在时，溶液的表面张力会迅速下降，在该作用下有大量泡沫产生，但气泡爆破时产生的威力很小，因此，不利于 US 降解。

溶液 pH 值对溶液的物化性质有较大影响，进而会影响 US 降解的速率。许多学者发现 US 降解速率随溶液的 pH 值增大而减小，另有学者得到了不同结果，认为碱性溶液更利于 US 降解，还有学者认为溶液 pH 值不影响降解速率。这可能与溶液的性质有关。对于有机酸或碱性物质的 US 降解，溶液的 pH 值具有较大影响。US 降解发生在空化核内或空化气泡的气液界面处，因此，溶液的 pH 值调节应尽量有利于有机物以中性分子的形态存在并易于挥发进入气泡核内部。例如，对于有机酸和有机碱的 US 降解，应尽量在酸性和碱性条件下进行，这样更有利于有机物分子以更大的比例分布在气相中；反之，有机物分子以盐的形式存在，水溶性增加，挥发度降低，使得空化气泡内部和气液界面处的有机物浓度较低，不利于 US 降解。例如，对十二烷基苯磺酸钠溶液的 US 降解，维持低 pH 值是有利的，而溶液的 pH

值对氯苯溶液的 US 降解过程没有影响。除了要考虑有机物分子本身的酸碱性之外，溶液最佳 pH 值的确定还需要考虑 US 降解机理。例如，氧化过程是以 H_2O_2 还是以·OH 的氧化反应为主，因为 H_2O_2 与·OH 在最大产生速率时对应的 pH 值是不同的。例如，三氯乙烯水溶液在被氩气饱和的碱性溶液中分解速度最快。

在溶液中加入盐，能改变有机物的活度性质，因此改变有机物在气液界面相与本体液相之间浓度的分配，从而影响 US 降解速率。实验表明：在 20kHz 的 US 反应器中加入氯化钠，氯苯、对乙基苯酚以及苯酚的降解速率可以分别提高约 60%、70%和 30%，而且反应速率的提高与污染物在乙醚水中的分配系数呈正比，这是因为加盐后水相中离子强度增加，更多的有机物被驱赶到气液界面。

无论从优化工艺条件还是从研究反应动力学角度出发，研究溶液初始浓度对 US 降解反应影响都很有必要。目前所研究的浓度范围集中在 $10^{-7} \sim 10^{-3}$ mol/L，许多学者发现降解速率（或速率常数）随溶液初始浓度的升高而下降，其原因被认为是：对非极性易挥发溶质，当溶液浓度升高时，空化气泡内溶质蒸气含量增加，导致空化气泡温度降低，进而影响反应速率；对极性难挥发溶质，空化点随着溶液浓度升高而趋于饱和，从而降低反应速率。另有学者发现降解速率随溶液初始浓度的升高而增大，还有学者研究表明溶液的初始浓度对反应速率影响不大。

7.4.6　超声波反应器结构的影响

由于声的传播和产生空化效应的强弱与反应器的结构密切相关，故良好的反应器设计是降低处理成本的一个有效途径。反应器设计的目的就是在恒定输出功率条件下尽可能提高混响场强度，增强空化效果。反应器可以是间歇的或连续的工作方式，发生元件可以置于反应器的内部或外部，可以是相同频率的或不同频率的组合。

7.5　超声波氧化技术存在的问题及其联用技术与发展方向

7.5.1　超声波氧化技术存在的问题

通过 US 降解水体中一系列有毒有机物的研究表明：氧化降解在技术上可行，但要使其走向工业化，仍存以下几个方面的问题：

（1）适用性问题　目前已尝试用 US 氧化技术降解水中污染物有几十种之多，但多为单组分模拟体系，而实际污水中通常含有多种污染物，在此条件下，US 氧化技术能否有效，有待于进一步研究。

（2）工程性问题　目前有关超声辐射降解水中污染物的研究报道大多处于实验室研究阶段。由于声化学反应过程固有的复杂性及降解中间产物难以确定，故在降解机理、物质平衡、反应动力学、反应器设计等方面的研究开展得很不充分，缺少定量化放大准则，近期难以实现工程化。

（3）经济性问题　尽管目前在实验室小型探头式间歇声化学反应器内 US 降解水体中的化学污染物，尤其是易挥发有机污染物已在技术上取得了较满意的效果，但从经济上考虑，由于其能量利用率低，与其他水处理技术相比，仍存在着处理率低、费用高的问题。

为此，最近的研究热点纷纷转向 US 氧化技术与其他水处理技术联用的方向上来，以产生高浓度的·OH 来加速有机污染物的分解反应。

7.5.2 超声波氧化技术与其他技术联用

（1）US/O₃ 联用技术　在与其他水处理技术相组合的联用技术中，US/O₃ 联用技术是研究最多且最早的技术之一。臭氧作为一种强氧化剂用于水处理的关键是臭氧能够很好地溶解、分散在水中，引入 US，则可使臭氧充分分散与溶解，提高臭氧氧化能力，节约电能，减少臭氧的投加量。

1976 年，Dahi 就已经发现 US 能够强化臭氧过程处理废水，他利用 20kHz US 强化臭氧氧化处理生物污水处理厂的出水，结果发现 US/O₃ 联用技术可减少 50%的臭氧投加量。尽管 20kHz 的 US 对若丹明 B 脱色没有效果，但可加快臭氧对若丹明 B 脱色速率（其速率常数提高 55%），在 US 作用下，臭氧分解产生的自由基是真正的氧化剂和杀菌剂，而臭氧分子本身只是起到产生自由基的作用。1998 年，Linda 等系统地研究了 US/O₃ 联用技术，并指出尽管 US 能够加快臭氧在液体中的传质速率，但 US 强化臭氧过程的主要原因是 US 分解臭氧产生·OH，·OH 进一步氧化有机物。2001 年 Nilsun 等以 C.I.活性黑 5 染料为唯一底物，采用 520kHz 的 US 和臭氧氧化作用对其降解，结果发现：US/O₃ 联用技术对 C.I.活性黑 5 染料的脱色和降解过程都存在着协同效应。单独 US 作用对 C.I.活性黑 5 染料的脱色和降解过程无明显效果，而在相同试验条件下，US/O₃ 联用对 C.I.活性黑 5 染料的脱色率是臭氧脱色率的 2 倍，US/O₃ 联用对 C.I.活性黑 5 染料的降解率比单独臭氧氧化的降解率提高 26%。由此可见：US 对臭氧氧化能力具有良好的强化作用，这种强化作用不止是两者简单的加和，而是发生质的飞跃。US/O₃ 的协同效应主要是由于 US 的空化机械效应增加了臭氧的传质和分解过程，从而提高了直接反应速率和中间产物的·OH 氧化过程。

US 强化臭氧氧化作用主要表现在两个方面：①促进了臭氧的分解，在 US 作用下，臭氧分解产生其他具有更高活性的自由基；②传质速率常数的增大。US 一方面可将臭氧气泡转变为"微气泡"，提高臭氧与水的接触面积，Weavers 等研究表明：US 可将直径为 0.5mm～1.0cm 的含臭氧气泡粉碎成直径为 0.2～0.3μm 的"微气泡"，总表面积比臭氧气泡增大 10^3～10^4 倍，使臭氧与水的接触面积增大；另一方面，通过增加水的混合程度和波动强度，降低液膜厚度，减少阻力，增大传质系数，从而提高臭氧的传质速率。在 US 作用下，不管空化泡内的气体组成如何，臭氧均会迅速分解，释放出·O，臭氧在 US 作用下可产生 H_2O_2 和·OH，如式（7-15）和式（7-16）所示。H_2O_2 在液相中的累积量可间接地表明·OH 在空化泡气相及其气液界面处的生成量。

$$O_3 \longrightarrow O_2 + O(^3P) \tag{7-15}$$

$$O(^3P) + H_2O \longrightarrow 2 \cdot OH \tag{7-16}$$

（2）US/UV/O₃ 联用技术　在 US/O₃ 体系中引入 UV 辐照，可提高有机污染物的降解效果。Sierka 等用 US/UV/O₃ 降解废水中的腐殖酸，结果发现：US/UV/O₃ 的降解效果好于单独的 US、UV 或 O₃ 的降解效果。2000 年，Naffrechoux 等为了提高芳香族化合物的声降解速率，探讨了 US 与 UV/O₃ 组合工艺对芳香族化合物的降解影响，结果发现：苯酚的降解率有很大的提高，这可能是由于发生了三种不同的氧化过程，即光化学氧化、高频声化学氧化和 O₃ 氧化，有效地降低了有机废水中的 COD。

（3）US/H_2O_2联用技术　在 US 氧化过程中，US 起到反应物与催化剂的双重作用。作为反应物，US 可使有机分子降解；作为催化剂，US 使 H_2O_2 分解生成有效的氧化自由基，如 HO·和 HOO·，从而导致有机物发生一系列的氧化降解反应。H_2O_2 在反应中，既是·OH 的来源，又是·OH 的清除剂，因此 H_2O_2 的量必须保持最佳值。Lin 等在 US 反应器中加入 H_2O_2 后发现其可提高 2-氯酚的降解速率。陈伟等研究了 US 及 US/H_2O_2 联合技术降解 4-氯酚的效果，结果表明：US/H_2O_2 联合技术对水中 4-氯酚的降解率和 TOC 的去除率均比单独采用 US 处理效果好。Chemat 等使用高强度（＞10W/cm^2）的 US 与 H_2O_2 联合技术对天然腐殖质与合成的腐殖质进行降解，反应 60min 后，TOC 去除率 50%，腐殖质全部降解。

（4）US/光化学联用技术　Shirgaonkar 等采用频率为 22kHz、15W 的紫外灯作光源，TiO_2 作催化剂，对 2,4,6-三氯酚进行声光化学降解，结果表明：2,4,6-三氯酚的声光化学降解与声强、反应温度和超声装置有关，而与 UV 的传输方式、污染物的浓度无关。声强、温度越高，2,4,6-三氯酚的降解率就越大。Davydov 等选用 4 种不同的 TiO_2 作催化剂，考察 US/UV 对水杨酸降解的影响，与 UV 降解相比，声光化学法降解水杨酸显示出更快的降解速率和更高的降解效率。

超声辐射的催化机制与紫外辐射有许多不同之处，由于 US 发生源的技术所限，US 的频率达不到 UV 的高频，两者的传播介质与能量水平也有许多不同。这表明两者间具有互补协同性，UV、催化剂再配上 US 的空化作用所创造的物理环境与多样作用，两种辐射相辅相成，可以大大增强氧化剂的分解能力，缩短反应时间，减少氧化剂用量，提高 COD 的去除率和有机物的矿化度。由此可见：声光协同催化氧化技术是在 US 氧化技术上发展起来的，其基本原理主要包括空化作用及自由基反应机制，在空化过程中产生局部的高温、高压，从而引起有机物的热解，同时使水分子裂解产生自由基，自由基可以在空化泡周围界面重新组合，或者与气相中挥发性溶质反应，或者在气泡界面区甚至在本体溶液与可溶性溶质反应，形成最终产物。同时催化剂在受激光源的照射下，产生高活性的空穴-电子对，空穴具有强氧化性，能与 H_2O 作用产生·OH。将声化学与光化学结合，可使此二者互相补充，发挥优点，增加·OH 的产率，促进有机物的降解，提高反应速率。但是，目前其具体机制还有待进一步探讨。

（5）US/电化学联用技术　大多数有机污染物在阳极氧化时可降解为 CO_2 和 H_2O。然而，在电解法处理有机废水时，有机物在电极上被氧化或还原，会在电极表面生成一层聚合物膜，从而改变电极表面性质，导致电极活性下降和电耗增加等。利用 US 的空化效应可使电极复活，强化反应物从液相主体向电极表面的传质过程，消除浓差极化。有人借助电化学方法考察了 US 反应器中的传质过程，这种方法可用于确定反应器中的活性区域。实验采用频率为 20kHz 的 US，在 NaCl 溶液中对苯酚进行声电化学氧化 10min 后，苯酚的降解率为 75%，但生成对苯醌有毒中间产物；在同样时间里，采用频率为 500kHz 的 US 进行声电化学降解，苯酚的降解率为 95%，最终降解产物为乙酸和氯乙酸。陈卫国等采用自制的声电联用装置，选择苯酚、十二烷基苯磺酸钠和邻苯二甲酸氢钾三种有机物为对象，研究了声电联用装置去除有机污染物的机理，指出声电联用装置降解有机物主要是基于在电化学催化过程中生成 H_2O_2 迅速生产·OH 的强氧化作用。用声电联用装置处理有机污染物比单独电化学的去除率提高 10%～20%，降解产物分析结果表明：有机物首先被氧化成小分子有机碎片，最终可被矿化为 CO_2 和 H_2O。De Lima Leite 等利用频率分别为 20kHz 和 500kHz 的 US，选用 Pt 电极对 2,4-二羟基安息香酸（2,4-DHBA）进行降解，结果发现：在高频时，US 产生的·OH

直接氧化有机污染物；而在低频时，US 可显著提高电活化粒质从本体溶液到电极表面的传质速率。对于质量浓度为 300mg/L 的 2,4-DHBA 溶液，US 的频率为 20kHz，电流密度为 300A/m^2，通过电流量为 1.5A·h 时，溶液的 TOC 下降 47%；而在高频时，发生的电氧化或声电氧化降解，在电流量为 3.5A·h 时，溶液的 TOC 仅下降 32%，这可能是由于空化现象有利于电极表面的清洗，提高活性电极的表面积。实验结果也显示：声电降解的中间产物与电氧化降解的中间产物相同，在低频超声辐照时，为芳香族化合物的中间产物更少，感应电流增加，有效利用了电化学能，但实验中总的能耗仍然很高（>200kW/kg）。

目前利用 US/电化学联用技术降解水中有毒污染物的主要研究工作集中在电极与反应器的设计、优化超声能量分布与降低能耗上。

（6）US/微电场联用技术　US/微电场联用技术是超声/电化学联用技术的另一种形式。Huang 等研究了 US/微电场联用技术降解水中的 CCl$_4$，实验发现：US 和微电场具有耦合作用。卞华松等研究了 US/微电场中硝基苯的降解过程，并探讨了降解机理及反应历程。结果表明：硝基苯的降解符合一级反应，US 与微电场的耦合作用大大提高了硝基苯的降解效率，在槽电压 10V 条件下，协同作用的降解速率比简单加和作用的速率高 1 倍以上，经过 30min 协同处理后可以获得 93.8%的去除率，而溶液中饱和气体种类等对降解也产生一定的影响。

（7）US/湿法氧化联用技术　由于 US 降解不完全，而湿法氧化技术又难以处理某些大分子有机物，故通过 US 与湿法氧化联合先在常温下用 US 将大分子有机物降解成小分子，再用湿法氧化处理，该法具有互补作用。Dhale 等研究了 US/湿法氧化联用技术对十二烷基苯磺酸钠的降解影响，结果表明：在 483K 以上，US 提高了湿法氧化的速率和 COD 的去除率，CuSO$_4$ 溶液也能提高 COD 的去除率，湿法氧化十二烷基苯磺酸钠时，生成了苯酚、对苯二酚、马来酸、草酸、丙酸和乙酸。

7.5.3　超声波与其他技术联用的发展方向

上述联用技术能有效地降解化学污染物，而且只要条件合适，有机物可以被彻底矿化为 CO$_2$、H$_2$O 和无机离子，是一种环境友好的处理技术，具有良好的拓展和应用前景。但 US 联用技术降解水体中有机污染物的研究目前主要集中在实验室中某一种有机污染物，对含有多种有机污染物的混合水样处理的研究相对较少，而且降解有机污染物的机理尚不清楚，实现工业化应用仍需做大量的研究。今后 US 联用技术在以下方面还有待深入研究：

① 根据各种废水处理技术的特点，优势互补，开发性能优良的、廉价的、与超声联用的复合废水处理技术。

② 继续研究其机理并依据其进一步提高超声降解的效率。

③ 在现有的研究工作基础上总结规律，进一步扩大研究范围，采用实际水样进行连续处理，结合化学工程理论进一步研究过程的优化设计和操作规律。

参考文献

[1] 孙德智，于秀娟，冯玉杰. 环境工程中的高级氧化技术[M]. 北京：化学工业出版社，2006.
[2] 马承愚，彭英利. 高浓度难降解有机废水的治理与控制[M]. 北京：化学工业出版社，2006.
[3] 张光明，张盼月，张信芳. 水处理高级氧化技术[M]. 哈尔滨：哈尔滨工业大学出版社，2007.
[4] 刘玥，彭赵旭，闫怡新，等. 水处理高级氧化技术及工程应用[M]. 郑州：郑州大学出版社，2014.
[5] 席细平，马重芳，王伟. 超声波技术应用现状[J]. 山西化工，2007，27（1）：25-29.

[6] 林书玉. 功率超声技术的研究现状及其最新进展[J]. 陕西师范大学学报（自然科学版），2001，29（1）：101-106.

[7] Leong T，Ashokkumar M，Kentish S. The fundamentals of power ultrasound—a review[J]. Acoustics Australia，2011，39（2）：54-63.

[8] Gibson J H，Yong D H N，Farnood R R，et al. A literature review of ultrasound technology and its application in wastewater disinfection[J]. Water Quality Research Journal of Canada，2008，43（1）：23-35.

[9] Mahamuni N N，Adewuyi Y G. Advanced oxidation processes (AOPs) involving ultrasound for waste water treatment: a review with emphasis on cost estimation[J]. Ultrasonics Sonochemistry，2010，17（6）：990-1003.

[10] Oturan M A.，Aaron J J. Advanced oxidation processes in water/wastewater treatment: principles and applications. A review[J]. Critical Reviews in Environmental Science & Technology，2014，44（23）：2577-2641.

[11] 张占梅. 基于超声辐射的高级氧化技术处理偶氮染料酸性绿 B 的试验研究[D]. 重庆：重庆大学，2009.

[12] 李春喜，王京刚，王子镐，等. 超声波技术在污水处理中的应用与研究进展[J]. 环境污染治理技术与设备，2001，2（2）：64-69.

[13] 钟丽琼. 超声波在水处理中的应用研究进展[J]. 广东化工，2010，37（7）：202-208.

[14] 刘春阳，刘柳. 超声波技术在废水处理中的应用研究[J]. 污染防治技术，2009，22（6）：62-66.

[15] 丁元娜，高颖. 超声技术及其在水处理中的应用[J]. 辽宁化工，2014，43（2）：184-186.

[16] 董殿波. 超声降解染料废水研究进展[J]. 染料与染色，2016，53（5）：57-61.

[17] 丁字娟，周景辉. 超声空化技术在造纸废水处理上的应用[J]. 造纸科学与技术，2009，28（5）：62-65.

[18] 魏瑞霞，陈菊香. 超声技术处理难降解有机物的影响因素[J]. 环境科技，2009，22（1）：64-66.

[19] 郭照冰，郑正，袁守军. 超声与其他技术联合在废水处理中的应用[J]. 工业水处理，2003，23（7）：8-12.

[20] 朱洁莲. 超声和多种技术联用在废水处理中的应用[J]. 广州化工，2014，42（23）：40-41.

[21] 徐成建，贺文智，李光明，等. 超声-高级氧化联用技术在废水处理中的应用研究进展[J]. 环境工程，2017，35（10）：1-4.

[22] Dhale A D，Mahajani V V. Subcritical mineralization of sodium salt of dodecyl benzene sulfonate using sonication—wet oxidation (SONIWO) technique[J]. Water Research，2001，35（9）：2300-2306.

[23] Linda K W，Hoffmann M R. Sonolytic degradation of ozone in aqueous solution: mass transfer effects[J]. Environmental Science & Technology，1998，32（24）：3941-3947.

[24] Nilsun H I，Gokce T. Reactive dyestuff degradation by combined sonolysis and ozonation[J]. Dyes and Pigments，2001，49（3）：145-153.

[25] Dahi E. Physicochemical aspects of disinfection of water by means of ultrasound and ozone[J]. Water Research，1976，10（8）：667-684.

[26] 郭文娟. 超声波强化臭氧氧化去除滤后水中有机物研究[D]. 哈尔滨：哈尔滨工业大学，2008.

[27] Naffrechoux E，Chanoux S，Petrier C，et al. Sonochemical and photo-chemical oxidation of organic matter[J]. Ultrasonics Sonochemistry，2000，7（4）：255-259.

[28] Lin J G，Ma Y S. Magnitude of effect of reaction parameters on 2-chlorophenol decomposition by ultrasonic process[J]. Journal of Hazardous Materials，1999，66（3）：291-305.

[29] Chemat F，Teunissen P G M，Chemat S，et al. Sono-oxidation treatment of humic substances in drinking water[J]. Ultrasonics Sonochemistry，2001，8（3）：247-250.

[30] Shirgaonkar I Z，Pandit A B. Sonophotochemical destruction of aqueous solution of 2，4，6-trichlorophenol[J]. Ultrasonics Sonochemistry，1998，5（2）：53-61.

[31] Davydov L，Reddy E P，France P，et al. Sonophotocatalytic destruction of organic contaminants in aqueous systems on TiO_2 powders[J]. Applied Catalyst B：Environmental，2001，32（1-2）：95-105.

[32] Petrier C，Francony A. Incidence of wave-frequency on the reaction rates during ultrasonic wastewater

treatment[J]. Water Science & Technogloy，1997，35（4）：295-300.

[33] Sierka R A，Amy G L. Study on the degradation of humus by US/O$_3$[J]. Ozone Science & Engineering，1985，7：47-62.

[34] 陈伟，范瑾初. 超声-过氧化氢技术降解水中 4-氯酚[J]. 中国给水排水，2000，16（2）：1-4.

[35] Alex D V，Herman V L. Sonochemistry of organic compounds in homogeneous aqueous oxidizing systems[J]. Ultrasonics Sonochemistry，1998，5：87-92.

[36] Ingale M N，Mahajani V V. A novel way to treat refractorywaste：sonication followed by wet oxidation（SONIWO）[J]. Chemical Technology and Biotechnology，1995，64（1）：80-86.

[37] Wu C D，Liu X H，Wei D B，et al. Photosonochemical degradation of phenol in water[J]. Water Research，2001，35（16）：3927-3933.

[38] Trabelst F，Ait-Lyazidi H，Rastsimba B，et al. Oxidation of phenol in wastewater by sonoelectrochemistry[J]. Chemical Engineering Science，1996，51（10）：1857-1865.

[39] Weavers L K，Hoffmann M R. Sonolytic decomposition of ozone in aqueous solution: mass transfer effects[J]. Environmental Science & Technology，1998，32（24）：3941-3947.

[40] Leite R H D，Congnet P，Wilhelm A M，et al. Anodic oxidation of 2，4-dihydroxybenzoic acid for wastewater treatment：study of ultrasound activation[J]. Chemical Engineering Science，2002，57：767-778.

[41] 陈卫国，熊亚，彭玉凡，等. 声电催化氧化降解有机污染物的基础研究[J].水处理技术，2001，27（3）：152-155.

[42] 卞华松，张大年，赵一先，等. 水溶液中硝基苯的超声微电场降解[J]. 环境化学，2002，21（3）：264-270.

[43] Huang H，Hoffmann M R. Kinetics and mechanism of the enchanced reductive degradation of CCl$_4$ by elemental iron in the presence of ultrasound[J]. Environmental Science & Technology，1998，32（19）：3011-3016.

[44] Patidar R，Srivastava V C. Ultrasound-assisted enhanced electroxidation for mineralization of persistent organic pollutants：a review of electrodes，reactor configurations and kinetics[J]. Critical Reviews in Environmental Science and Technology，2021，51（15）：1667-1701.

[45] Eren Z. Ultrasound as a basic and auxiliary process for dye remediation：a review[J]. Journal of Environmental Management，2012，104：127-141.

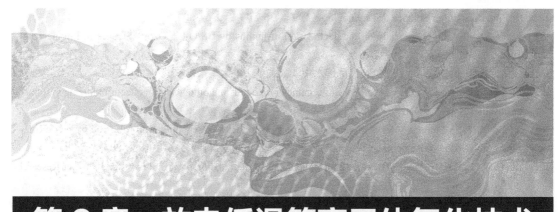

第 8 章　放电低温等离子体氧化技术

低温等离子体技术在化学合成、微电子、超导技术、表面科学、材料科学、生物及生命科学等诸多领域都有广泛的应用。早在 20 世纪 60 年代，等离子体技术已经在微电子、光电子技术、仪器分析等方面得到广泛应用，如等离子体蚀刻技术用于微电子加工，等离子化学气相沉积技术用于生长各种晶体光学薄膜，电感耦合等离子体用在各种分析仪器中等。放电低温等离子体作为一种新型的高级氧化水处理技术则兴起于 20 世纪 80 年代末 90 年代初，该技术兼具高能电子辐射、臭氧氧化和光化学催化氧化等多种效应于一体，因其处理效率高、操作简便、与环境兼容性好等优点引起了研究者的广泛关注，尤其在难降解有机废水的处理中，其先进性和优越性更为突出，被认为是 21 世纪环境污染物处理领域中最具有发展前途的新技术之一。本章通过概述等离子体，围绕放电低温等离子的产生方式和作用原理，主要阐述几种不同形式的放电低温等离子体氧化技术，并对其能量效率评价方法、影响因素和存在的问题及发展方向进行介绍。

8.1　等离子体的概述

8.1.1　等离子体的概念

等离子体的英文为 plasma。1839 年，捷克生物学家 Purkynie 在描述生物学名词"原生质"（proto plasma）时最早用到，它表示一种在其内部散布许多粒子的胶状物质。1927 年，Langmuir 在研究水银蒸气的离子化状态时，发现在电离气体中存在着荷电粒子特有的周期性振荡，喻之为生命的脉动而称其为 plasma。1929 年，Tonks 和 Langmuir 首次给等离子体赋予"电离气体"的含义，用来描述由部分电子被剥夺后的原子及原子被电离后产生的正负电子组成的离子化气态物质。等离子体是在特定条件下使气体部分电离而产生的非凝聚体系，它是由大量的自由电子、离子、原子、分子或自由基等粒子组成的集合体，其中正负电荷的总数大致相等，总体上呈电中性。简言之，等离子体就是电离气体，电离度可由 100%（完全电离气体）到很低值（如 $10^{-6}\sim10^{-4}$，部分电离气体）。需要说明的是：并非任何电离气体都是等离子体，只有当电离度大到一定程度，使带电粒子密度达到所产生的空间电荷足以限制其自身运动时，体系的性质才会从量变到质变，这样的"电离气体"才算转变成等离子体，否则，体系中虽有少数粒子电离，仍不过是互不相关的各部分的简单加和，而不具备等离子体的典型性质和特征，仍属于气态。等离子体在组成上与普通气体明显不同，后者是由电中性的分子或原子组成的，前者则是带电粒子和中性粒子组成的集合体。更重要的是在性质上这种电离气体与普通气体有本质区别，首先，它是一种导电流体，而又能在与气体体积相比拟的宏观尺度内维持电中性；其次，普通气体分子间并不存在静电磁力，而电离气体中的带电粒子间存在库仑力，由此导致带电粒子群的种种集体运动；再者，作为一个带电粒子体系，其运动行为会受到磁场的影响和支配。因此，这种电离气体是有别于普通气体的一种物质的新聚集态，按聚集态的顺序列为物质的第四态，从化学的角度看，等离子体空间富集的离子、电子、激发态的原子、分子及自由基，这些恰恰是极活泼的反应物种。

8.1.2　等离子体的分类与产生

（1）等离子体的分类　等离子体分类方法有多种，一般分为自然等离子体和实验室等离子体（人工产生的等离子体）。自然等离子体广泛存在于宇宙中，如太阳、恒星系、星云、地球的电离层及其附近闪电、极光等；实验室等离子体诸如日光灯、霓虹灯中的放电，高速飞行器尾迹，火箭发动机喷射中的燃气，等离子炬中的电弧，气体激光，激波管中电离气体等，均属于人工等离子体。按电离程度的大小可将等离子体分为完全电离状态、部分电离状态和弱电离状态的等离子体。

通常所说的等离子体大都是按温度划分，将等离子体分为高温等离子体和低温等离子体两大类（图 8-1）。高温等离子体的气体温度高，气体中所有分子和原子完全离解和电离，即电离度接近于 1，各种粒子的温度几乎相同（带电粒子的温度在 $0.1\sim10\text{keV}$，1eV 相当于 7729K），并且体系处于热力学平衡状态。低温等离子体的气体温度相对较低，气体仅部分电离，电子的温度（T_e）远高于离子温度（T_i）和中性粒子温度（T_n），带电粒子的温度在 $0\sim10\text{eV}$。在实际应用时，根据电子和其他粒子温度的相对大小，又把低温等离子体分为热等离子体和冷等离子体。热等离子体体系中，重粒子（仅包括分子、离子和原子等）密度较大，电子的自由行程较短，电子和重粒子之间频繁碰撞，电子从电场获得的动能较快地传递给重粒子，各种粒子（电子、正离子、原子和分子）的热运动动能趋于相近，整个体系接近或达到热力学平衡状态，这种等离子体也叫平衡等离子体，其特点是具有很高的能量密度，电子温度基本等于重粒子的温度（$10^4\sim2\times10^4\text{K}$），粒子具有很高的反应活性。在冷等离子体体系中，电子密度较低，电子和重粒子碰撞机会少，电子从电场得到的电能不易与重粒子交换，它们之间的动能相差较大，整个体系处于热力学非平衡状态，又称为非平衡等离子体，其特点是具有较低的能量密度，粒子有很高的反应活性，重粒子温度较低（一般小于 10^3K，甚至接近常温），电子温度却很高（$10^3\sim10^4\text{K}$），整个系统的宏观温度不高，整体呈现低温状态。工业中最常使用的还是低温等离子体，特别是冷等离子体，它处于热力学非平衡状态。低温等离子体的这种非平衡性一方面使电子有足够高的能量激发、离解和电离反应物分子；另一方面又让反应体系保持低温乃至接近室温。这样一来不仅设备投资少、省能源，而且所进行的反应具有非平衡态的特色。

（2）等离子体的产生　一般来说，人们对等离子体比较陌生，这是因为在地球表面通常

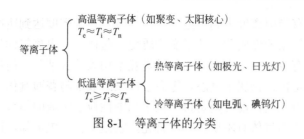

图 8-1 等离子体的分类

不具备等离子体产生的条件。只有在特定条件下才能看到自然界的等离子体现象，如闪电、极光等。与地球上的情况截然不同，在宇宙中 99% 以上的物质都呈等离子态。太阳是一个灼热的等离子体火球，恒星、星际空间和地球上空的电离层也都是等离子体。因此，就整个宇宙而言，等离子体是物质存在的普遍形态。

等离子体的产生关键就是要提供能量，一个能够让原子中的外层电子克服原子核的束缚的能量。当能量高于气体原子的电离电势时，电子与原子的非弹性碰撞将导致电离而产生离子与电子，当气体的电离率足够大时，中性气体粒子的物理性质开始退居次要地位，整个系统受带电粒子的支配，此时电离气体即成为等离子体。气体原子、分子的电离可以通过光、X 射线、γ 射线照射，即电磁波的吸收加速电子、离子或高能中性粒子的碰撞等方式发生。这种电离除受单一激发过程引起之外，也可通过几种激发过程的累积引起。电离生成的电子、正离子一般在短时间内又会再结合，回到中性原子或分子状态。此时，电子、正离子所具有的一部分能量就以电磁波、再结合粒子的动能或者分子的离解能的形式被消耗。分子离解时往往生成自由基，而一部分电子与中性原子、分子接触，又生成负离子。常见的等离子体产生方法有：

① 气体放电法　在电场作用下获得加速动能的带电粒子与气体分子碰撞，加上阴极二次电子发射等机制的作用，导致气体击穿放电而形成等离子体。

② 光电离法和激光辐射电离法　光电离是借入射光量子来使分子电离，只要光量子大于或等于该分子的第一电离能，可形成等离子体。激光辐射不仅有单光子，还有多光子和级联电离机制，这种方式可获得高温、高密度的等离子体。

③ 射线辐照法　用各种射线（包括 α、β、γ 和 X 射线）或粒子束（电子束、离子束等）对气体辐照也可产生等离子体。

④ 燃烧法　借助热运动动能使气体中足够大的原子、分子相互碰撞引起电离。这种方法产生的等离子体称火焰等离子体。

⑤ 冲击波法　当冲击波在气体中通过时，气体受绝热压缩产生的高温来获得等离子体。这种又称为激波等离子体。

⑥ 微波诱导法　微波辐射可以加剧分子运动，提高分子平均能量，利用微波可以诱导产生等离子体。

⑦ 液中放电法　液中放电法是利用液体中放电产生等离子体，是常压下产生等离子体的主要方法，该方法较易在实验室及工业中实现，产生等离子体的能耗也较低。

⑧ 碱金属蒸气与高温金属板接触法　当气体接触到具有比电离能大的功函数的金属时则发生电离。碱金属蒸气的电离能小，当碱金属蒸气与高温金属板接触容易发生电离产生等离子体。

8.1.3　等离子体的判据与诊断

8.1.3.1　等离子体的判据

　　通常的等离子体为一次电离气体，具有相同数量的正负粒子数，并且这些正负粒子的密度又是相同的，其整体呈现电中性的特点。等离子体的这种电中性是有条件的，即所谓的等离子体判据，也就是只有在一定的时间尺度和空间尺度下，等离子体的电中性才成立。由于种种因素（外界磁场、本身电磁辐射）影响，使得在等离子体内部某处呈现出一定的电性，即存在净电荷的积累。由于静电相互作用（库仑作用），该电荷吸引异性电荷，排斥同性电荷，于是在该电荷周围就形成一个异性电荷的屏蔽层，削弱了净电荷对远处电荷的静电作用，即所谓的德拜屏蔽（也叫静电屏蔽），用德拜长度 λ_D 来度量。如果考察点到积累净电荷的距离小于 λ_D，库仑作用虽被削弱但仍存在，即电中性不成立；但当考察点在德拜球外时，库仑作用就可以忽略，即德拜长度 λ_D 是库仑作用的屏蔽半径，是衡量等离子体保持电中性的最小空间尺度。由理论计算可以得到德拜长度 λ_D，即：

$$\lambda_D = \sqrt{\frac{\varepsilon_0 k T_e}{n e^2}} \tag{8-1}$$

　　式中，ε_0 为真空中介电常数；k 为玻耳兹曼常数；T_e 为电子激发温度；n 为平衡状态下带电粒子的密度；e 为元电荷所带电量。

　　式（8-1）表明电离气体中带电粒子密度越大，德拜长度越小，即非电中性的区域被限制在更小的范围内。

　　时间长度 τ 是等离子体存在的另一衡量标准，其定义是带电粒子运动一个德拜长度所需要的时间，为等离子体存在的最小时间长度，即时间长度下限。由于存在等离子体振荡，在任何小于时间长度 τ 的时间间隔内，体系内部的正、负粒子总是分离的，电中性是不成立的。只有时间长度远大于 τ，体系在宏观上的平均效果才是电中性的，由理论计算可得到时间长度 τ 为：

$$\tau = \sqrt{\frac{\lambda_D}{k T_e m_e}} \tag{8-2}$$

　　时间长度 τ 也可以用等离子体振荡频率来表示。由于某种原因，一旦等离子体内部出现电荷分离，就会产生强电场，使分离电荷受恢复力作用，使其具有恢复电中性的强烈趋势。但当电荷运动到平衡位置时速度不为零，由于惯性，电荷就会越过平衡位置而引起相反方向的电荷分离，如此往复，电荷就在其平衡位置附近来回振荡，其运动就像弹簧振子一样。由于等离子体振荡最早是由 Langmuir 发现的，因此也称为 Langmuir（朗缪尔）振荡。根据弹簧振子的运动规律，可以得到等离子体中电子和正离子的振荡频率分别为：

$$\omega_{pe} = \sqrt{\frac{n_e e^2}{\varepsilon_0 m_e}} \tag{8-3}$$

$$\omega_{pi} = \sqrt{\frac{n_i e^2}{\varepsilon_0 m_i}} \tag{8-4}$$

　　式中，ω_{pe} 为电子的振荡频率；ω_{pi} 为离子的振荡频率；n_e 为电子密度；n_i 为离子密度；m_e 为电子质量；m_i 为离子质量。

而等离子体的振荡频率 $\omega_p = \sqrt{\omega_{pe}^2 + \omega_{pi}^2}$ ，相对应的振荡周期 $\tau = 1/\omega_p$。这是时间长度的另一种表达形式。结合振荡频率可以得到形成等离子体必须满足的条件，即 $t\omega_p \gg 1$。由于德拜长度 λ_D 和时间长度 τ 都与粒子密度有关，因此其实质是确定了带电粒子密度的限度，设德拜球内的带电粒子数为 N，则 $N = 4/3 n\pi \lambda_D^3$。

综上所述，等离子体作为物质的一种存在状态，必须满足：

① 空间尺度远大于德拜长度，即 $L \gg \lambda_D$；

② 等离子体的特征时间与振荡频率之积 $\tau\omega_p \gg 1$；

③ 德拜球内的带电粒子数 $N \gg 1$。

8.1.3.2　等离子体的诊断

等离子体的诊断方法分为接触法和非接触法两大类。接触法包括朗缪尔探针法、阻抗测量法等，一般用来对大范围、均匀分布等离子体参数进行诊断；非接触法有微波透射法、光谱诊断法、汤姆森散射法、激光诊断法、顺磁共振分析法等，其特点是不对等离子体产生扰动，一般用来对小范围或非均匀等离子体进行精确诊断。

（1）接触法

① 朗缪尔探针法　朗缪尔探针是一个较为传统的测量方法,其结构特征是传感器为一个插入等离子体中"面积小得可忽略"的导电电极（通常是一条线或一个盘），其电位相对于等离子体可变，其末端有一个暴露在外的小区域，用以收集来自等离子体的电子或离子，收集到的是电子还是离子取决于探针相对于等离子体的电势。

如果在插入等离子体中的金属丝的末端连接上简单的电路（图 8-2）便构成了朗缪尔探针。调节电位器可使探针（即金属丝）的电位由–45V 变到+45V。假设在调节探针电位的过程中，等离子体的状态保持稳定，对应探针电位由负变到正的每一个电位值，记录下电流表所指示的相应的每一个流过探针的电流值。据此即可得探针 I-V 特性曲线，如图 8-3 所示。

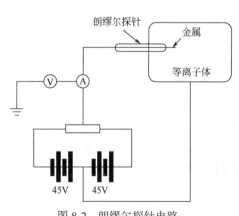

图 8-2　朗缪尔探针电路

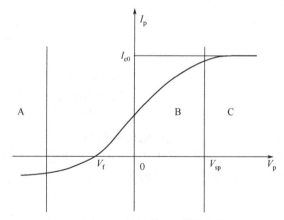

图 8-3　探针的 I-V 特性曲线

图 8-3 中将探针 I-V 特性曲线分为 A、B、C 三个区域，A 区为饱和离子电流区，B 区为过渡区，C 区为饱和电子电流区。过渡区探针电流 I_p 具有指数函数的形状，朗缪尔探针的 I-V 特性函数携带了电子能量分布函数的信息以及等离子体性质的其他信息。设探针电位为 V_p，等离子体空间电位为 V_{sp}。当 $V_p \geq V_{sp}$ 时，探针电流到达电子饱和电流；而当 $V_p < V_{sp}$ 时，探

针电流按指数函数衰减。故在 $I\text{-}V$ 曲线上会出现一拐点，此拐点对应的横坐标即为等离子体空间电位 V_{sp}，$I\text{-}V$ 特性曲线与横坐标的交点即为悬浮电位 V_f。在过渡区，探针电流 I_p 与鞘层电场（V_p-V_{sp}）之间是指数函数关系，得 $\ln I_p = f(V_p)$，则在过渡区内，$\ln I_p$ 与 V 应呈线性关系，该直线的斜率即为等离子体的电子温度（T_e）的倒数：

$$T_e = \frac{e\left(V_{p1} - V_{p2}\right)}{\ln I_{p1} - \ln I_{p2}} \tag{8-5}$$

对应等离子体空间电位 V_{sp} 的纵坐标即为电子饱和电流 I_{e0}，即可求得离子密度：

$$I_{e0} = 0.25 e n_{e0} A_p \overline{V_e} = 2.7 \times 10^{-9} n_{e0} A_p \sqrt{T_e} \tag{8-6}$$

式中，A_p 为探针的表面积，cm^2；I_{e0} 为初始电流，mA；T_e 为电子温度，eV；n_{e0} 为初始离子密度。

由等离子体的电中性可知：$n_i = n_{e0}$，故可求得离子密度 n_i，n_{e0} 与 n_i 的单位是 cm^{-3}。

② 阻抗测量法　阻抗测量法以网络分析理论为基础，对射频放电电压、电流及相位角进行精确测量，结合等效电路模型得到等离子体阻抗的实部和虚部，再结合射频放电模型得到等离子体的电子密度。一个线圈就可以组成一个简便的电流探头，用来测量与电流成正比的磁场强度 H，电压探头用来测量与电压成正比的电场强度 E，但要想完全屏蔽电场对电流探头的干扰是很困难的，因此仪表得到的电流示值为射频电压 U 和电流 I 共同叠加的结果，用 S_I 表示：

$$S_I = a_{11}I + a_{12}U \tag{8-7}$$

同样，由于电流形成的磁场的耦合，使得仪表得到的电压示值为射频电压 U 和电流 I 共同叠加的结果，用 S_U 表示：

$$S_U = a_{21}I + a_{22}U \tag{8-8}$$

综合式（8-7）和式（8-8）得到：

$$\begin{bmatrix} I \\ U \end{bmatrix} = \begin{bmatrix} a_{11} & a_{12} \\ a_{21} & a_{22} \end{bmatrix}^{-1} \begin{bmatrix} S_I \\ S_U \end{bmatrix} \tag{8-9}$$

通过对传感器的校正得到系数 a_{**}，即可精确的测量射频电压 U 和电流 I，进而得到放电管的阻抗 Z，在此基础上测出无射频放电时阻抗 $Z_0 = (j\omega C_0)^{-1}$（ω 表示角速度），算出 C_0。电极间的电容 C_{p0} 可以由公式 $C_{p0} = \varepsilon_0 \varepsilon_r A/d$ 计算得出（A 为电极的面积，d 为电极间的距离，ε_0、ε_r 分别为空气和电容的介电常数），则分布电容 $C_s = C_0 - C_{p0}$。调整电极间距离使放电区域只有鞘层和负辉区，考虑到分布电容存在，射频放电管等效电路如图 8-4 所示。

I_p 为通过等离子体的电流，I_s 为通过分布电容的电流，C_s 为分布电容，R_p 为负辉区电阻，C_p 为鞘层电容，Z 为放电总阻抗，I 为射频电流。设 A 为电极面积，$\overline{d}$ 为电极鞘层时间平均厚度，$\overline{d} = 2d$，求出等离子体阻抗 Z_p，进而求出等离子体放电电压 U，最后可求出电子密度：

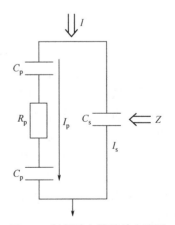

图 8-4　射频放电管等效电路图

$$n_e = \frac{\varepsilon_0}{2ed^2}\sqrt{U^2 - \left(I_p R_p\right)^2} \tag{8-10}$$

式中，U 值为测量值，$I_p = U/Z_p$，Z_p 和 R_p 可由等效电路图求出，此法测得的是电子的平均密度。

（2）非接触法

① 微波透射法　微波透射法诊断原理是当微波进入等离子体中时，会引起那些谐振频率与微波一致的粒子的共振，共振将改变微波的传播，通过测量传播变化的信号，可以诊断出等离子体中粒子的分布。作为一种发展完善的、非扰动的诊断方法，微波干涉测量法在测量直流和射频辉光放电等离子体的电子数密度中得到了广泛应用。微波透射法的关键是：当微波信号穿过等离子体传播时，采用微波网络分析器同时测量该微波信号的衰减和相移。由于衰减和相移与等离子体折射系数相关，而等离子体折射系数又是一个由阿普尔顿等式确定的复合值，因此可以从测定的衰减和相移中求解出电子数密度和碰撞频率。

② 光谱诊断法　光谱诊断法得到的等离子体参数是最丰富的，采用多道探测器、窄带宽可调频激光、红外傅里叶变换以及其他高频设备，可以揭示离子动力学、电子自由碰撞激发的机理，特别适合于等离子体原位诊断。它的优点也是不插入等离子体，不会产生干扰，而且还能得到等离子体参数的时间和空间分辨的信息，其中发射光谱最容易实现，能提供粒子浓度的定性数据。

气体放电中的光发射谱线是与等离子体的电子温度有关，因此，对等离子体的发射光谱强度进行绝对的或相对的测量，可以用来确定它的电子温度。假设在局域热动平衡条件下，能级分布遵循玻尔兹曼关系，因此同一元素的两条谱线的强度比可以用式（8-11）表示：

$$\frac{I_1}{I_2} = \frac{A_1 g_1 \lambda_1}{A_2 g_2 \lambda_2}\exp\left|\frac{E_1 - E_2}{kT_e}\right| \tag{8-11}$$

式中，g_1、A_1 分别为 E_1 能级的统计权重与跃迁概率；g_2、A_2 分别为 E_2 能级的统计权重与跃迁概率；λ_1、λ_2 分别为谱线 1 与谱线 2 的波长；k 为玻耳兹曼常数；T_e 为电子温度。

对式（8-11）取自然对数可得：

$$T_e\left[\ln\left(\frac{I_1 \lambda_1}{A_1 g_1}\right) - \ln\left(\frac{I_2 \lambda_2}{A_{12} g_{21}}\right)\right] = \frac{1}{k}\left|E_1 - E_2\right| \tag{8-12}$$

由式（8-12）可知：当测得常压等离子体谱线强度后，可以作出其最小二乘拟合直线，该直线的斜率就是电子温度 T_e。

③ 汤姆森散射法　汤姆森散射是一种主动而无干扰的对等离子体进行诊断的方法。它能够以较高的时空分辨率测量等离子体的参数，如电子与离子温度、密度以及等离子体的膨胀速度、电离程度、热流等参数，其基本原理为：入射电磁波照射到等离子体上，带电粒子就会受到电磁场的作用而被加速，加速运动的带电粒子向各个方向辐射电磁波，这就是汤姆森散射。在激光等离子体中，一束探针光束通过等离子体时被等离子体中的波散射，散射光的功率谱由不同的电子散射电场干涉叠加而成，其分布可由等离子体中电子的偶极辐射近似获得：

$$\frac{d^2 P}{d\omega d\Omega} = \frac{\gamma_e^2 I_0}{2\pi}\left|\mathbf{s}\times\left(\mathbf{s}\times\mathbf{E}_0\right)\right|^2 n_e S(\mathbf{k}, \omega) \tag{8-13}$$

式中，P 为散射光功率；ω 为散射角频率；Ω 为接受立体角；γ_e 为电子的经典半径；I_0 为入射光强；s 为散射方向的单位矢量；E_0 为探针光偏振方向的单位矢量；n_e 为电子数密度；k 为方向矢量。

$\gamma_e{}^2|s\times(s\times E_0)|^2$ 表示汤姆森散射截面，光谱的形状由动力学形状因子 $S(k, \omega)$ 决定，它与等离子体的状态密切相关。

散射波在探针光频率附近处发生共振现象，这个范围的散射光谱集中了等离子体的大量信息，通常用来研究散射过程中出现的丰富多彩的现象和特征。

④ 激光诊断法　激光诊断法是利用激光在较低能态和激发电子态之间的激光共振激发，它的优点是有极高的灵敏度（可探测到 10^8cm^{-3} 的粒子密度）和选择性（通常不会探测到其他干扰信号），此外还可以提供时间和三维空间的分辨，缺点是由于缺乏能量接近于可调染料激光的激发态和束缚态，而使很多粒子无法探测到，只能适用于那些从基态到束缚激发电子态具有光学允许跃迁的样品。

⑤ 顺磁共振分析法　顺磁共振分析是通过调整外磁场的幅值，使具有磁矩的原子和分子的量子态发生改变，利用原子或分子的磁矩与变化的外磁场的相互作用，调谐原子或分子能级与固定的微波频率共振，在此情况下，发生固定频率辐射吸收时的磁场确定了某一原子或分子的谱，反过来这种谱可为研究者确定某一反应粒子是否存在，继而得到作为空间位置或时间函数的这类粒子的浓度。此法适用于检测低浓度的原子、离子和基团。

8.2　放电低温等离子体的产生方式与作用原理

8.2.1　放电低温等离子体的产生方式

除宇宙天体及地球上层大气的电离属于自然界产生的等离子体外，低温等离子体主要是由气体放电产生的，所谓气体放电是指通过某种机制使一个或几个电子从气体原子或分子中电离出来，形成的气体媒质称为电离气体，如果电离气体由外电场产生并形成传导电流，这种现象称为气体放电。发生气体放电的要素之一在于通过增大反应体系中的外加电压，直到将电极之间的气体电离，产生大量的电子和活性粒子；另一要素在于维持体系内的持续放电，引发化学反应。体系中的能量传递过程主要表现为：外加电压使电子获得能量后，轰击其他的分子或原子，使其被激发或电离，产生激发态原子及其他的活性基团，这些活性基团、分子和原子互相碰撞后产生稳定的产物和热。低温等离子体中含有电子、游离基、离子、UV 和许多不同激活粒子，视不同气体介质而定，其生成反应式如下所示：

$$\text{电子} + \text{电场} \longrightarrow \text{高能电子} \tag{8-14}$$

$$\text{高能电子} + \text{分子（原子）} \longrightarrow \left.\begin{array}{l} \text{受激分子} \\ \text{受激原子} \\ \text{游离基离子} \end{array}\right\} \text{活性基团} \tag{8-15}$$

$$\text{活性基团} + \text{分子或原子} \longrightarrow \text{反应生成物} + \text{反应热} \tag{8-16}$$

$$\text{活性基团} + \text{活性基团} \longrightarrow \text{反应生成物} + \text{反应热} \tag{8-17}$$

依据不同的击穿原理和不同的放电方式，产生放电低温等离子体的方法有很多，在废水处理中，目前常用的方式主要有电晕放电、介质阻挡放电、滑动弧放电和辉光放电等。

8.2.2　放电低温等离子体的作用原理

利用放电低温等离子体降解水中有机物的基本原理是通过在电极上施加高压电场加速电场中的电子，形成放电等离子体通道，使高能电子轰击水分子和污染物分子，产生一系列基元反应和大量的活性自由基和活性粒子，对水中污染物进行降解。放电低温等离子体氧化技术结合了光催化氧化技术和电化学技术，它是一个十分复杂的过程，兼具高能电子轰击、强氧化性自由基氧化、臭氧氧化、UV 分解等多种物理化学效应。

（1）高能电子的作用　低温等离子体在放电过程中能够产生大量的高能电子，它们与废水中分子（原子）发生非弹性碰撞，将能量转化为基态分子的内能，发生激发、离解和电离等一系列过程，使水分子处于活化状态。一方面可以打开废水分子键，生成一些单质原子或离子；另一方面产生大量的游离氧、自由基和臭氧等活性基团。由这些单质原子、离子、游离氧、自由基和臭氧等组成的活性粒子所引起的化学反应最终将废水中的复杂大分子污染物变为小分子有机物。因此，高能电子在其中有着非常重要的作用，它能够使系统产生大量的氧化性粒子，反应式如下：

$$3H_2O + e_{aq}^- \text{（高能电子）} \longrightarrow \cdot OH + 3 \cdot H + H_2O_2 + e^- \tag{8-18}$$

$$e_{aq}^- + O_2 \longrightarrow 2 \cdot O + e^- \tag{8-19}$$

$$e_{aq}^- + H^+ \longrightarrow \cdot H \tag{8-20}$$

$$e_{aq}^- + \cdot OH \longrightarrow OH^- \tag{8-21}$$

$$e_{aq}^- + H_2O_2 \longrightarrow \cdot OH + OH^- \tag{8-22}$$

（2）臭氧的作用　臭氧可以使水中污染物氧化、分解，降低水中 BOD 和 COD 值。臭氧氧化有机物的机理与臭氧在水中的分解机理和溶液的酸碱性有关。

臭氧在酸性介质中：

$$O_3 \longrightarrow \cdot O + O_2 \tag{8-23}$$

$$\cdot O + H_2O \longrightarrow 2 \cdot OH \tag{8-24}$$

在碱性介质中：

$$O_3 + OH^- \longrightarrow HO_2 \cdot + O_2^- \tag{8-25}$$

$$O_3 + HO_2 \cdot \longrightarrow \cdot OH + 2O_2 \tag{8-26}$$

因此，臭氧在水中的氧化途径可由臭氧直接氧化某些有机物，也可以由其分解产生其他高活性物种氧化有机物。

（3）UV 的作用　放电低温等离子体中产生的 UV 可分解有毒物质，其基本原理是反应物分子吸收光子后进入激发态，激发态分子通过化学反应消耗能量时返回基态，此时吸收的能量使得有毒物质分子键断裂，生成相应的游离基或离子，这些游离基或离子易生成新的物质而被除去。因此有机物分子可否被光解取决于有机物分子的键能和光子的能量。对于大部分有机物来说，光分解的有效波长应小于 300nm，因此 UV 照射分解有机物具有局限性；另一方面，臭氧与 UV 的协同作用远远优于两者单一作用之和，臭氧在 UV 作用下可以与水产生反应得到具有氧化作用的 H_2O_2，H_2O_2 可进一步分解，使体系中产生大量的·OH。

8.3　放电低温等离子体氧化

目前，应用于处理有机废水的放电低温等离子体氧化方法主要有脉冲电晕放电低温等离子体氧化、介质阻挡放电低温等离子体氧化、滑动弧放电低温等离子体氧化和辉光放电低温等离子体氧化等。

8.3.1 脉冲电晕放电低温等离子体氧化

脉冲电晕放电低温等离子体水处理技术是在难降解有机废水处理反应系统中周期性地施加脉冲宽度仅几十至几百纳秒、上升时间极短的超窄高压脉冲，产生重复的脉冲电晕放电，可在常压下获得离子温度及中性粒子温度很低而电子温度很高的低温等离子体。由脉冲产生的电子在其自由行程中可以获得高能量，当该类电子与水分子碰撞时，将具有与电子辐射相似的效果，产生氧化性极强的·OH 和还原性的 e_{aq}^-，同时在水溶液中形成强烈的重复冲击波；另一方面，电子加速到一定程度后，会使 O_2 变成 O_3，电极间电晕放电改变气体分子的激发状态并产生 UV，可达到处理废水中有机物的目的。

（1）脉冲电晕放电低温等离子体氧化的装置

① 脉冲高压电源 陡前沿脉冲电源系统是实现高压脉冲放电水处理的关键技术之一，为了持续稳定地生成和维持低温等离子体，纳秒级高压脉冲必须具有脉冲前沿陡峭、脉冲宽度窄的特点，以得到强电场并达到节能的目的。目前使用的脉冲高压电源主要有两类：一类采用脉冲变压器来产生高压脉冲；另一类则采用火花隙或闸流管开关产生高压脉冲。

我国原冶金部安全环保研究院等单位联合研制成利用快速可控硅组件作为大功率开关的脉冲供电装置和利用隔离间隙作为大功率的脉冲供电装置。大连理工大学静电研究所研制的旋转火花隙脉冲电源已经用在工业实验装置中。中国工程物理研究院环保工程研究中心研发的大功率的高压脉冲电源（磁压缩开关脉冲电源）是以脉冲变压器和锐化磁开关为主要特征的脉冲电源系统。国际上，Masuda 和 Hosokawa 首先提出了以旋转火花隙作为开关的脉冲电源，其回路是在原有的直流高压电源和负载中间插入脉冲形成单元，通过旋转火花隙注入反应器，从而产生纳秒级的陡前沿脉冲。Lawless 和 Yamamoto 等对火花隙脉冲电源电路做了全面的分析，指出通过旋转火花隙可以将高压直流电以脉冲方式注入等离子体反应器中，脉冲上升前沿在几十纳秒之内。同时，对单、双火花隙脉冲电源的脉冲电压、电流和重复频率进行了分析。在气相电晕放电过程中发现：双火花隙产生的峰值电压稳定，同时单火花隙电路较难测定脉冲重复频率，然而单火花隙中的放电电流提高速率要比双火花隙的高。

目前，对大功率脉冲电源的开发已成为众多学者研究的热点。Yan 等开发的平均功率为 2.0kW 的火花隙脉冲电源，由谐振充电电路模块、传输线变压器、自触发火花隙开关组成，其单脉冲能量为 0.5～3.0J，脉冲重复率为 1～1000 次/s，电源效率可达 65%～80%。Pokryvailo 等开发的平均功率 3～5kW 的火花隙脉冲电源，单脉冲能量已达 3～5J。磁压缩开关脉冲电源开发方面的报道很多，大部分报道是中试装置电源。Mok 等开发出平均功率 10kW 磁压缩开关脉冲电源，峰值电压为 140kV，脉冲峰值电流达到 3.3kA，脉冲重复率为 200～205 次/s，自触发火花隙开关使用寿命为 $3×10^9$ 次。

上述电源的区别在于使用的脉冲形成开关不同。一般晶闸承受的最大电压为 100kV，电流 20～40kA，它必须与脉冲变压器和脉冲形成线配套使用；火花隙开关重复频率较小（100～300 次/s），触头刻蚀使其使用时间太短；而磁压缩开关特别适合大功率脉冲电源，但磁心材料和制作成本很贵。目前，国内外的研究表明：影响该技术产业化的主要问题是大功率、窄脉冲、长寿命的高压脉冲电源的研发和电源与反应器的有效匹配。

② 反应器　针-板式反应器是一种常用的电晕放电反应器（图 8-5），放电发生在针极上。Sato 等报道了单针-板式放电反应器，由于放电通道单一，等离子体中活性粒子较少，加上液相传质不良，高活性自由基（如·OH 和·O 等）寿命短，臭氧在液相中的溶解度低，导致自由基、臭氧等活性物种不易与液相中的污染物接触而降解效果较差，表 8-1 比较了典型的脉冲电晕放电反应器的优缺点。

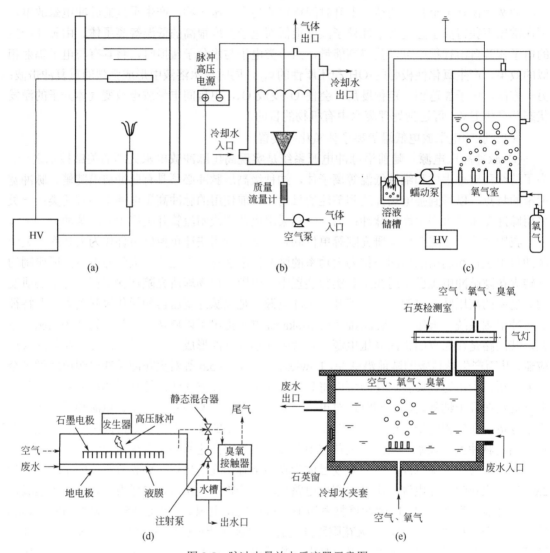

图 8-5　脉冲电晕放电反应器示意图

表 8-1　几种脉冲电晕放电反应器的优缺点比较

反应器形式	示意图	优点	缺点
单针-板式	图 8-5（a）	反应器结构简单	电极腐蚀较严重，液相传质不良，放电通道单一，电能利用率较低
单针-板式+曝气	图 8-5（b）	强化液相传质，产生更多 O_3，发生 O_3 氧化作用	电极腐蚀较严重，放电通道单一，能量利用率较低
多针-板式+曝气+气、液相循环	图 8-5（c）	强化放电通道，同时增加 O_3、H_2O_2 停留时间，提高了能量利用率	电极腐蚀较为严重，设备结构复杂

续表

反应器形式	示意图	优点	缺点
多针-板式+曝气+气、液相循环+电极上负载 TiO₂ 光催化剂	图 8-5（d）	减小液膜厚度，强化液相传质，协同光催化，提高能量利用率	设备结构复杂，动力循环设备较多，能耗较高，电极腐蚀较严重
多针-板式+曝气+电极结构改进	图 8-5（e）	提高了电极的抗腐蚀能力	O₃ 的停留时间短而未能得到充分利用

Zhang 等探究了多针-板式反应器的电极放置方式的影响，如图 8-6 所示，结果表明：针极处于液相、板极处于气相（HDAW）产生气液相混合放电的降解效果最好，处理 40min 后 4-氯酚去除率达 99.7%，60min 后 TOC 去除率达到 62.6%；针极处于气相、板极处于液相（GD）产生气相放电，对 4-氯酚降解效果最差；两个电极都处在液相中（HDBW）时，双液相放电降解效果介于 HDAW 和 GD 之间。

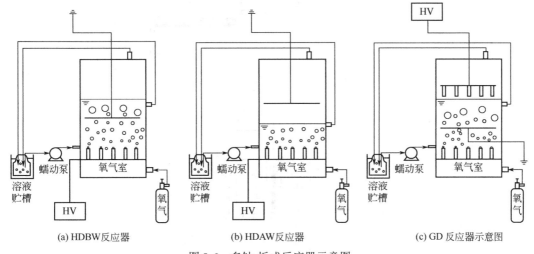

(a) HDBW反应器　　　　　　　(b) HDAW反应器　　　　　　　(c) GD 反应器示意图

图 8-6　多针-板式反应器示意图

除针-板式反应器，板-板式脉冲电晕放电反应器（图 8-7）用钛板作为电极，通过放电对钛板进行氧化，生成 TiO₂ 光催化剂，与等离子体发生协同作用。此反应器的制作更为简便，且原位生成的催化剂比负载的催化剂更牢固。实验表明：放电电压为 30kV，脉冲频率 100Hz，浓度为 60mg/L 的甲基橙，处理 6min 后降解率接近 95%。

Pokryvailo 等用如图 8-8 所示的雾化反应器，先将待处理溶液通过喷嘴雾化，再经过脉冲高压放电区使有机物与活性粒子的接触面积增加，降解效率有所提高。在能量产率为 18kW/h 时，苯酚转化率可达 99%。Njatawidjaja 等也使用静电雾化反应器，溶液的流速为 6.3mL/min，4 次循环后，10mg/L 的芝加哥天蓝几乎完全脱色。这种反应器虽然处理效果较好，但雾化耗能大，且需对废水进行预处理，使雾化溶液几乎不含固体，以防止固体颗粒堵塞雾化喷嘴，实用性较差。

随着电晕放电低温等离子体水处理技术的不断进步，又出现了将该技术与其他高级氧化法联合起来降解有机物的研究。Lukes 等将等离子体技术和 TiO₂ 光催化剂相结合，充分利用电晕放电产生的强紫外辐射，研究了电晕放电协同光催化反应体系中苯酚和氯酚的降解效果，实验表明：放电过程形成的 UV 可有效诱导 TiO₂ 的光催化效应，显著提高有机废水的降解效率。

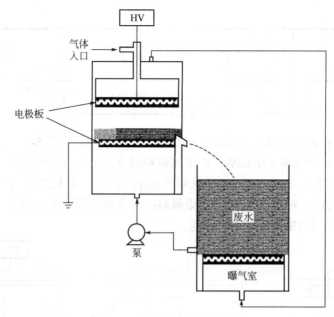

图 8-7　板-板式反应器示意图

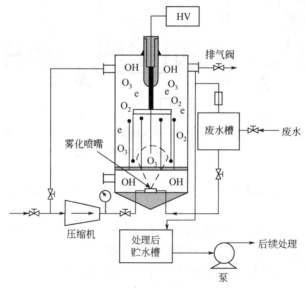

图 8-8　雾化反应器示意图

（2）脉冲电晕放电低温等离子体氧化存在的问题及发展方向　高压脉冲液相放电等离子体技术具备高温热解、光化学氧化、液电空化降解、超临界水氧化等多种高级氧化技术的协同效应，因而该技术不但对污水中存在的各类有机物的降解具有广泛的适用性，而且因其利用能源的清洁、高效使其更具有广阔的工业应用前景。然而，目前应用这一技术处理难降解有机物尚处于探索阶段，诸多方面的工作有待进一步深入研究：

① 电源回路参数和反应器特性参数是影响有机物去除的重要因素,反应器内的放电特性对有机污染物的去除率和活性物质产率均有显著影响，但关于电源与反应器之间优化耦合特性的研究还需深入考察。

② 高压脉冲液相放电过程集多因素于一体，但关于各因素在有机物降解中的作用尚没有系统的讨论，同时，在液电体系中·OH 的产率尚未进行深入的分析，不同活性物质的成因及在污染物降解过程中的贡献尚缺乏深入的研究。

③ 在液电体系中有机污染物的降解是一个复杂的过程，对大多有机污染物在该体系的降解机理尚未有详细的分析，同时，该技术实际应用的数学模型研究很少。

④ 由于脉冲电晕放电的能耗较高，为了实现该技术的工业化，需要探究该技术与其他方法的协同联合。

8.3.2　介质阻挡放电低温等离子体氧化

介质阻挡放电（DBD）是放电空间插入绝缘介质的放电，介质可覆盖在电极上，也可悬挂于放电空间。DBD 能形成富集高活性粒子的等离子体空间，对有机废水降解的机理仍是利用高压放电诱发产生的多种有强氧化性的活性物质来氧化废水中有机物，其特点是电子密度高、放电均匀稳定，在有机废水处理方面有突出的优势。

（1）DBD 低温等离子体氧化的装置　常用的 DBD 反应器结构主要有平板式、同轴式、筒板式等。平板式 DBD 是一种至少有一块绝缘板插在放电空间的放电形式，介质覆盖在电极上或悬挂在放电空间，如图 8-9 所示。双板 DBD 为放电空间中插入了两块绝缘板，而单板 DBD 以被处理废水为接地电极，放电空间中只有一块紧贴高压电极的绝缘板。外加电压后，液体上方的空气被击穿放电，形成等离子区域，与之类似的装置包括高压电极为柱状、针状、线状、网状和刀刃状等。

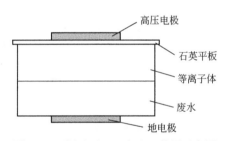

图 8-9　平板式 DBD 水处理装置示意图

同轴式 DBD 分为三种，即棒-筒型 DBD、薄膜流型 DBD 和浸没型（或沿面型）DBD，如图 8-10 所示。棒-筒型 DBD 的高压内电极置于反应装置石英玻璃管中间，地电极紧贴石英玻璃管外部，向溶液中通空气，放电发生在混有空气的溶液中。薄膜流型 DBD 的内电极为中空不锈钢管，被处理溶液在内电极的外壁上形成一层流动水膜，以外玻璃管为介质层，玻璃管上缠绕铁丝接地，放电发生在液体表面与外筒内壁之间。浸没型（或沿面型）DBD 为在废水中放置一根或多根套有石英玻璃管的金属高压电极，玻璃管内通入空气或氧气，通过石英管底部的气体扩散器将放电产生的活性物种引入水中进行处理，放电过程中产生的紫外线对废水处理起一定作用。

筒板式 DBD 反应器如图 8-11 所示，废水在重力作用下沿铝板以水膜形式向下流，套有玻璃管的高压电极离水膜一定距离处放电，该装置为薄膜流型 DBD 的改进。异位 DBD 装置将反应区与水处理区分开，类似臭氧处理装置（图 8-12）。此外，还有将溶液雾化后喷至平板电极等水处理形式。

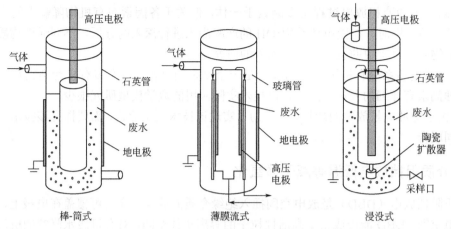

图 8-10　同轴式 DBD 水处理装置示意图

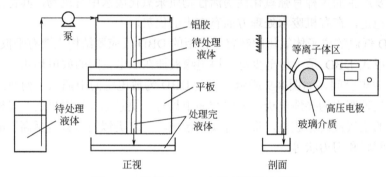

图 8-11　筒板式 DBD 水处理装置示意图

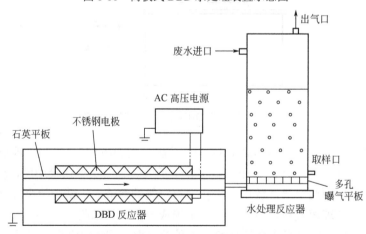

图 8-12　异位 DBD 水处理装置示意图

　　平板式、薄膜流型和筒板型反应器内阻挡介质与液面间距较小（5～15mm），溶液在电场的作用下会产生波动，放电主要发生在液相表面，液相传质阻力大，放电产生的活性物质难以到达液相主体。棒-筒型反应器中高低压电极间距小且需空气或氧气曝气装置，电源的脉冲上升时间小，对电源要求高。浸没型和异位 DBD 将放完电后的空气通入水体中，活性粒子在此过程中会发生碰撞而猝灭，雾化能增加有机物与活性粒子的接触面积，提高降解效率，但雾化增加耗能，且废水不能含有固体颗粒物。

（2）DBD 低温等离子体催化氧化　为进一步提高 DBD 低温等离子体技术处理污染物的效率，研究者通过投加催化剂增加放电中产生的活性物质或提高活性物质的利用率，进而提高能量效率和污染物的降解效率。根据投加的催化剂特征，DBD 催化技术分为均相催化和非均相催化。

① 均相催化　DBD 过程中在液相里生成 H_2O_2 和 O_3，向反应体系投加 Fe^{2+} 或 Cu^{2+} 会与 H_2O_2 反应生成·OH，投加 Mn^{2+} 可催化臭氧分解生成·OH，均相催化反应中常投加这几类催化剂。

② 非均相催化　非均相催化反应是在体系中投加吸附材料如活性炭、活性碳纤维、氧化铝、分子筛或半导体光催化剂等非均相催化剂。在体系中加入吸附材料后可吸附水中污染物，DBD 等离子体降解富集在吸附剂上的污染物；此外部分吸附剂，如活性炭可催化诱导臭氧分解产生·OH、HO_2^- 和一些稳定的活性炭基自由基等，在吸附和催化的作用下能大幅度提高污染物的降解效率。投加活性碳纤维提高污染物的降解机理为吸附和催化作用，同活性炭类似。放电过程中处于激发态的粒子寿命短暂（10^{-8}s），随即发生跃迁辐射出多种形式的电磁波，这其中就包括 UV，在反应器中投加半导体光催化材料，利用 UV 形成 DBD 与光催化联合反应体系也可以提高 DBD 的降解效率。

（3）DBD 低温等离子体氧化存在的问题及发展方向　DBD 处理有机污染废水可在常压下运行，工艺流程短，二次污染物少。将 DBD 等离子体技术与催化剂联用，提高 DBD 等离子体的能量效率，发挥 DBD 在深度废水处理及提高废水的可生物降解性方面的优势。然而，从目前国内外的研究结果来看，DBD 还存在一些问题需要解决：

① DBD 技术是一种非常复杂的物理化学过程，涉及的反应机理复杂，产生的物质种类多且存活时间短，难以进行有效的分析与研究。催化 DBD 技术可提高能量利用效率和有机物去除效率，但尚未形成统一的催化反应机理。

② DBD 过程中部分能量会以热能的形式消耗，需进一步优化反应器结构与电源匹配，减少热能消耗。

③ 在催化 DBD 技术工业化应用中需考虑非均相催化剂的回收利用或处置，减少二次污染，降低处理成本。

④ 目前 DBD 技术主要用于印染废水、农药废水及其他的一些工业有机废水的处理，多处于实验室小规模研究阶段，虽已有关于中试的报道，但大规模的工业化应用较少，如何提高能量利用效率、降低成本、将该技术推向工业化应用是今后的重点研究的方向之一。

8.3.3　滑动弧放电低温等离子体氧化

滑动弧放电是一种可在常压下产生非平衡等离子体的新型低温等离子体技术。1988 年由 Lesueur 等发明，并申请了有关专利。滑动弧放电的基本原理（图 8-13）是在一对电极间加上高压电，在电极之间最窄处击穿形成放电电弧 [图 8-13（a）]，电弧在所通入的气体推动下向上移动 [图 8-13（b）]，电弧长度随着电极间距离的增大而增加，当电弧长度达到临界值时电弧消失 [图 8-13（c）]，并在电极最窄处形成新的电弧 [图 8-13（a）]，重复上述过程形成脉冲放电。

对于滑动弧放电低温等离子降解有机废水，目前一般公认的作用机理包括：各种活性物种氧化、强电场和高压激波作用、强紫外线辐射、高能电子的轰击等。对污染物去除起主要作用的是一些活性粒子，如·OH、e_{aq}^-、H_2O_2、O_3 及 H、O 高能原子。

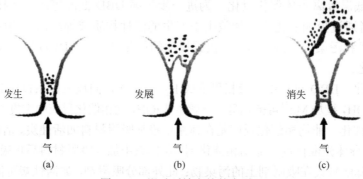

图 8-13　滑动弧放电的基本原理

（1）滑动弧放电低温等离子体氧化的装置　典型的滑动弧放电反应器（图 8-14）由绝缘罩、电极、高压电源、喷嘴和阻抗 R_0 构成。绝缘罩起着封闭反应区和绝缘的作用，两电极间加上电压时，其最小距离处空气被击穿，形成电弧，在从喷嘴喷出的高速气流推动下，电弧向上移动，形成滑动电弧柱，该反应器结构简单，成本低廉，故应用最广。

滑动弧放电过程中电能直接进入反应区域，产生一个充满活性粒子的非平衡态等离子体反应环境。反应物在反应区域内的平均滞留时间很短，使该方法的处理量较大。20 世纪 90 年代初期，Czenichovski 等将滑动弧放电等离子体成功应用于很多等离子体化学工艺，如用于硫化物和氮氧化合物的控制、天然气重整制取合成气、重油残渣重整制取合成气、甲苯和四氯化碳等挥发性有机污染物的控制、金属表面清洗等方面，使滑动弧放电等离子体成为受欢迎的等离子体技术。但滑动弧放电等离子体在有机废水的治理方面起步较晚，研究工作尚需完善。

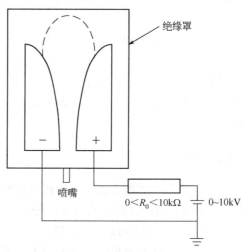

图 8-14　典型滑动弧放电示意图

滑动弧放电低温等离子体处理液相中有机污染物的装置如图 8-15 所示，与电源相连的两个电极安装在液面正上方，将滑动弧放电等离子体产生的活性粒子注入液体中，氧化分解有机物。这种装置的优点是结构简单，使用方便，适用范围广等，但缺点是等离子体与废水的接触面只限于水表面，废水处理不连续，处理时间长，处理废水浓度偏低等。

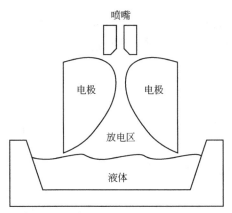

图 8-15　液相滑动弧放电处理装置示意图

　　滑动弧放电低温等离子体处理气液两相中有机污染物的处理装置如图 8-16 所示。浙江大学热能研究所在分析液电效应、液电脉冲等离子体法及滑动弧等离子体特性的基础上，提出了利用气液两相流滑动弧放电等离子体降解有机废水，其原理是在电极间加上高压电源，废液和气体载体经雾化喷嘴形成气液两相流通过特定弧状电极，并在电极间最窄处击穿形成滑动电弧，从而在常压下获得非平衡等离子体，作用于雾化气液两相流中的有机污染物。该装置的优点是废水能够雾化，放电产生的等离子体能与污染物充分接触，充分利用放电等离子区的能量，实现高浓度有机废水的连续处理，使用方便，价格低廉，缺点是废水中含有的不溶解物质如果过高，则易堵塞喷嘴，引起空烧。

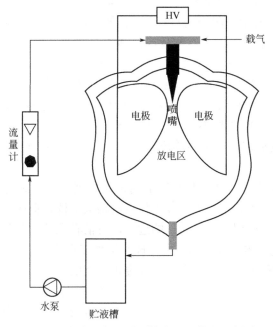

图 8-16　气液两相滑动弧放电处理装置示意图

　　（2）滑动弧放电低温等离子体氧化存在的问题及发展方向　国内外对滑动弧放电低温等离子降解有机废水的研究尽管有较多探讨，但起步较晚，大多停留在实验室研究阶段，有关其对实际工业有机废水降解的研究报道较少。目前，存在的主要问题包括：有机物降解机理和各种因素对降解效果的影响规律的研究不够系统；关于滑动弧物理化学特性的探究还比较欠缺；反应器电极容易腐蚀；能耗高等。

为了提高滑动弧放电低温等离子体技术的功效使其工业化，以下方面还需进一步深入研究：

① 继续完善滑动弧放电低温等离子反应器的结构、电极形状、电源特性等，考察各种影响因素、分析降解产物，探究其降解机理。

② 对滑动弧的基本物理化学特性，如发射光谱特性、内部流动特性、温度场分布等需要进一步的研究。

③ 研究滑动弧放电低温等离子体技术与其他方法的联合，开发其协同作用，比如与催化剂、臭氧等结合，进一步降低能耗，提高效率。

8.3.4 辉光放电低温等离子体氧化

所谓辉光放电低温等离子体水处理技术就是利用外加电场作用，在特定的电化学反应器内，当两极间的电压足够高时，阳极针状电极与周围电解液之间产生辉光、UV、冲击波，使周围溶剂迅速汽化而形成稳定的蒸汽鞘，持续产生如$\cdot H$、$\cdot OH$、H_2O+气体、H_2O_2 等高活性粒子，这些高活性粒子在普通的电化学电解反应中几乎不易得到，但在辉光放电中可源源不断地产生。它们很容易被输送到电极附近的溶液中，可使水体中的有机物彻底降解为CO_2、H_2O 和简单无机盐，特别适用于有机废水的消毒和净化。

（1）辉光放电低温等离子体氧化的装置　目前，进行辉光放电电解实验研究的装置多呈"H"形，如图 8-17 所示。阳极为直径 1mm 的铂丝，阴极为不锈钢片，阴极插入底部带有烧结玻璃的玻璃管中，阳极铂丝与反应溶液充分接触，电压控制在 450～500V，电流范围为 30～80mA。该辉光放电装置的缺点是：水膜有一定厚度，接触面积只限水膜表面，下层水处理效果较差；阳极铂丝表面温度高且产生的辉光不稳定，容易导致阳极铂丝的熔化和电极的损坏；等离子体利用率低。后经过研究和探索，对实验装置进行了改进，呈"圆筒"形，如图 8-18 所示。将阴极不锈钢改为碳棒，阳极铂丝与碳棒正对，从侧部插入，该容器的主要特点为辉光稳定，产生的等离子体多且利用率高，电极的损坏程度小，降解废水所用的时间短。

（2）辉光放电低温等离子体氧化存在的问题及发展方向　辉光放电等离子体从产生到现在已经历了约 100 年，引起了广大研究工作者的极大关注，但应用于水处理中尚处于起步阶段，要走向真正的工业应用还需要较长的过程，目前存在的主要问题如下。

① 效率不高。辉光放电等离子体工艺处理有机物废水的难点在于两个问题：一是电极寿命问题，即电极寿命如何提高；另一个是处理废水时间的问题，即如何缩短处理废水时间。对于前者，要从研制高电催化活性的电极材料、结构和制备方法入手，该材料不仅可当电极，而且也可当催化剂。对于后者，主要从研制高效、长寿命的担载型有机金属固体多相催化剂入手，将催化剂装入耐腐蚀、不导电的固定床反应器中，通过电极在催化剂上施加直流电场，使催化反应能在比较温和的条件下进行。一方面，在电极的协同作用下，催化剂的活性中心被电场激活，废水中的污染物经过筛选、吸附在催化剂表面，被有选择性地高效率催化转化；

另一方面，该催化剂也可在辉光放电电解作用下引发产生更多的·OH，使有机污染物进行无选择性的氧化降解。

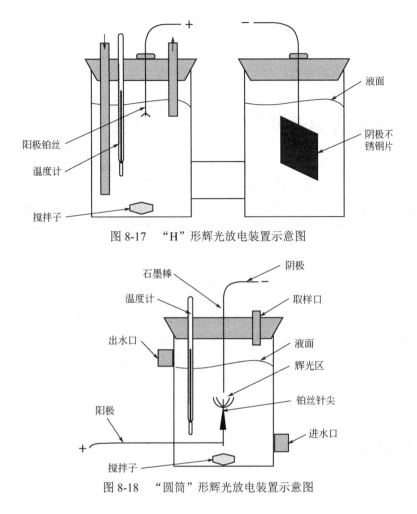

图 8-17　"H"形辉光放电装置示意图

图 8-18　"圆筒"形辉光放电装置示意图

② 反应器的设计和优化还存在问题。虽然采用同样的电压、电流、催化剂和废水，但若电极的配置方式如电极的形状、电极间距等不同，就会得到完全不同的处理效果，因此废水处理效果还与反应器设计、优化工艺条件有关。需从理论出发，合理地设计反应器，如采用多电极系统或三维立体电极系统，反应器用耐腐蚀的绝缘材料制备。良好的电极要具有良好的导电性，使整个电极在浸没于电解液中时保证得到均匀的电流分布和电位分布。要解决这个问题，就必须从理论出发，合理地设计反应器。

③ 对于电化学过程中产生的·OH 缺少必要的跟踪检测手段，而且·OH 的来源解释各有不同。另外，大多数有机污染物降解反应机理缺乏活性物种的鉴定，对污染物去除机理提出的观点多种多样，反应途径尚停留在设想、推理阶段，缺乏有效的实验基础，有待于进一步实验研究。

④ 处理废水的成本较高，亟待与其他废水处理技术（光催化、絮凝、湿式催化氧化）等联用，以提高处理效果、降低成本。

总之，辉光放电电解产生的高能等离子体是一把十分锋利的"电子剪刀"，足以切断任何难降解有机污染物分子的化学结合键，为常规难降解有机废水处理提供了一个新方法、新技术和新工艺。当前，高效催化剂、新电极材料、反应器结构、与其他处理废水技术联用等的研究和开发、降解机理的探究是辉光放电电解水处理技术的研究方向。随着对辉光放电等离子体催化剂和电极研究的不断深入、电化学理论的不断完善和实验室研究的不断加强，辉光放电电解水处理技术必将在有机废水处理中占有一席之地。

8.4　放电低温等离子氧化的能量效率评价

如前所述，放电低温等离子体水处理装置类型繁多，在实际操作过程中又受到多种影响因素的制约，如何评价某一种放电装置或者某一套体系的优劣，能耗分析显得尤为重要。目前最常见的两种衡量指标分别为能量产率（G_{50}）和降解 TOC 的能量效率（E_{TOC}）。

G_{50} 是指当目标污染物的浓度降解到其初始浓度的 50%时，单位输入能量所能降解目标污染物的量。

$$G_{50}=\frac{0.5C_0}{SED t_{50}}\qquad(8-27)$$

式中，G_{50} 为能量产率，g/（kW·h）；C_0 为反应物初始浓度，g/L；t_{50} 为反应物浓度降解到原始浓度 50%所需要的时间，h；SED 为相对能量密度，表示单位溶液所接受的能量，kW/L。

SED 随着电源种类的不同而有所变化，当反应装置采用直流电作为驱动时，SED 的计算公式如下：

$$SED=\frac{UI}{V}\qquad(8-28)$$

式中，U 为供电电源电压，V；I 为供电电流，A；V 为反应溶液体积，L。

当供电电源为脉冲电源时，SED 可用下式获得：

$$SED=\frac{CU_{max}^2 f}{2V}\qquad(8-29)$$

式中，C 为存储电能，F；U_{max} 为输入电压峰值，V；f 为频率，kHz。

G_{50} 以目标污染物的降解程度与能量输入作为衡量参数，一定程度上能够反映反应装置降解性能。但是，G_{50} 仅仅以特定目标污染物降解的程度作为能量效率的衡量标准，具有一定的局限性，不能完全反映水中全部有机物的去除情况。

前面也提到放电等离子体过程中产生大量的活性粒子，大多数的活性粒子可以无选择性地与有机物发生反应，不仅仅包括目标污染物，还包括降解目标污染物过程中产生的中间产物。因此，以 TOC 作为评价能量利用效率的指标 E_{TOC} 受到了关注。

$$E_{TOC}=\frac{\Delta C}{\Delta t SED}\qquad(8-30)$$

式中，E_{TOC} 为降解 TOC 的能量利用效率，g/（kW·h）；ΔC 为溶液处理前后 TOC 之差，g/L；Δt 为处理时间，h。

E_{TOC} 和 G_{50} 相比可以更全面地衡量系统的能量转化效率，但是其也具有一定的局限性，其往往适用于不同的反应条件降解同种同浓度污染物之间的能量利用评价，对于评价不同反应器降解不同类型不同浓度目标污染物之间的能量效率，E_{TOC} 缺乏一定的说服力。

基于以上两种评价方法的不足，有人提出了标准能量利用效率（E_T）。

$$E_T = \frac{0.5\rho_0}{t'_{50}SED} \tag{8-31}$$

式中，E_T 为单位能量所能降解的 TOC 的量，g/(kW·h)；ρ_0 为被处理液初始 TOC 浓度，g/L；t'_{50} 为初始 TOC 降解到 50% 所用的时间，h。

该评价方法以 TOC 的降解效率作为衡量基准，从本质上反映体系对有机物的降解能耗情况，基本上可以适用于不同体系之间对污染降解过程中能量效率的评价，具有一定的推广价值。

8.5　放电低温等离子体氧化的主要影响因素

放电低温等离子体技术处理废水过程中的去除效果受不同因素影响较大，反应器是该技术的核心，常见的操作参数包括放电功率、有机物浓度、pH 值、电导率以及放电气体氛围；而加入不同的添加剂则会与等离子体技术形成协同或者拮抗作用。

8.5.1　反应器的影响

反应器的几何设计决定了反应液与活性物质的接触面积和接触时间，从而影响反应体系的能量利用效率。脉冲反应器的两个电极一般为非对称结构，其中线-板式电极比针-板式放电更稳定均匀，而非对称板-板式电极比线-板式产生的活性物质更多。实际需要的电极数量取决于输入能量、废液处理量及反应器结构，同时还要综合考虑经济成本，另外电极材料和电极间距对净化效果也有一定影响，例如选用铂电极，由于自身具有催化性能可以提高有机物的去除率。减小电极间距可增大电场强度，减小放电起始电压，降低能耗；但间距太小会减小放电空间，因此在输入电压确定后应优化选择电极间距。

8.5.2　放电功率的影响

不同的放电功率对等离子体的产生量以及等离子体中的组分都有着较大的影响，放电功率控制了高能电子的产生速率和数量，而高能电子会与空气中的 O_2、N_2 发生碰撞，产生大量自由基、原子、分子等强氧化性物质。此外，放电伴随的强 UV 也能引发高活性物质的产生，增加与水中有机物反应的活性物质的数量。但是，过高的放电功率却会导致能量的浪费，使能量利用效率降低。

8.5.3　有机物浓度的影响

有机污染物的浓度是影响水中有机物降解效率的一个重要因素。实验过程中，在不改变放电功率的前提下，放电产生的等离子体中的高能电子、自由基等高活性物质的数量是一定的。当有机物的浓度较低时，单位体积的污染物分子含量相对较少，导致其与活性物质碰撞的概率相对减少，使得一部分活性分子没有机会与目标污染物反应，造成了浪费，从而使能量利用效率变低；当有机物的浓度逐渐升高时，单位体积溶液内污染物分子数目就会增多，目标污染物分子与活性物质发生碰撞的概率就会增大，从而提高了活性物质的利用效率和有机物的去除效率；然而，当有机物的浓度继续增大时，虽然目标污染物分子与活性物质碰撞的概率也增大了，但是活性物质的相对浓度降低了，且降解过程中产生的大量的中间产物会与目标污染物竞争活性物质，从而造成有机物随着其浓度的升高，去除率发生下降但绝对去除量升高的现象。

8.5.4　pH 值的影响

溶液 pH 值的变化能显著影响等离子体放电体系降解有机物的效率。大多数有机物分子在溶液中的离子化都会受到 pH 值的影响，从而影响其存在形态。此外 pH 值对放电过程中产生的活性物质的数量与状态有较大的影响。在气相或液相中形成 H_2O_2 取决于溶液的 pH 值；而对于产生的 O_3 而言，在酸性环境下的氧化还原电位为 1.25eV，而在碱性环境下的氧化还原电位为 2.07eV，因此，臭氧在 pH＞7 的溶液中具有较强的氧化性能。总之，pH 值对有机物降解过程的影响不尽相同，最佳 pH 值条件因污染物种类而异。

8.5.5　电导率的影响

工业废水中不仅含有种类繁多的有机物，同时也存在多种多样的无机离子，如 HCO_3^-、CO_3^{2-}、Cl^-、PO_4^{3-}、SO_4^{2-} 等离子以及其他金属离子，从而使溶液呈现出不同的电导率。当溶液的电导率过大时，放电所需的电压会增加，即不容易放电，在一定电压下，体系中产生的活性物种就会减少；另一方面，电导率大意味着溶液中的离子浓度过高，等离子体产生的高能电子难以进入水溶液，影响对水中有机物的降解。

8.5.6　放电气体氛围的影响

等离子体放电过程中产生的高能电子轰击气体分子以及水分子，从而经过一系列链式反应生成活性自由基和活性分子。当放电过程中的气体氛围不同时，产生的活性物质的种类和数量也不相同，常用的放电气体氛围包括空气、氧气、氮气、氩气，可以是单一气体，也可以是两种或两种以上的混合气体。氧气作为气体氛围时，纯氧环境中 O_2 受到高能电子的轰击产生氧自由基，同时 O_2、O 以及 H_2O 之间会发生反应生成臭氧，而臭氧经过气液传质作用进入液相中进一步反应生成·OH，从而实现对有机物的降解；氮气作为气体氛围时，高能电子只能与氮气反应产生大量氮自由基，通过一系列反应最终在水中形成了硝酸及亚硝酸，从而影响溶液的 pH 值；氩气作为气体氛围时，气相产生的氩原子和亚稳态粒子溶解到水中，产生了·OH、·O 和·H，而没有臭氧和氧原子的产生。

8.5.7　处理时间的影响

放电低温等离子体处理有机废水的过程中，处理时间的长短往往决定能耗的大小。在放电稳定的条件下，单位时间内产生的活性离子的数量是相对稳定的，污染物的去除效率一般随着处理时间的延长逐渐放缓。

8.5.8　添加剂的影响

在放电低温等离子体水处理过程中，加入不同类型的添加剂能显著影响目标污染物的去除效率。为了更加充分地利用放电过程中产生的 UV 及活性物质，提高能量利用效率，在反应过程中添加其他促进反应的物质成为研究的新思路。目前研究较多的是投加 Cu^{2+}、Co^{2+}、Fe^{2+}、Fe^{3+}、过硫酸盐、光催化剂等，除此之外，也可通过添加异丙醇、碳酸盐、四氯化碳等自由基捕获剂探究其对反应过程的影响。通过在反应中添加 Fe^{2+}、Fe^{3+} 均是利用体系中产生的 H_2O_2，形成芬顿或类芬顿反应，促进 H_2O_2 分解为·OH，从而达到促进有机物降解的目的。加入 Cu^{2+} 的原理与 Fe^{2+}、Fe^{3+} 类似，也是促进了 H_2O_2 的分解。由于等离子体放电的过程中存在大量的 UV 得不到充分的利用，于是研究者将等离子体与过硫酸盐或者光催化剂相结合，二者互补，充分发挥效益。

8.6　放电低温等离子体氧化技术存在的问题及发展方向

尽管国内外已有不少关于放电低温等离子体技术用于水污染防治方面的报道，但大多数的研究仍处于实验室阶段，缺乏实际应用，且实验过程中所用废水大多为实验室配置的单一成分的废水，而实际废水往往成分复杂、性质不一，影响因素较多，该方面的研究还不够。此外，等离子体的产生需要消耗大量的电能，且系统中的能量利用效率较低，与传统的生物处理法相比存在处理费用高昂的不足。

因此，对于放电低温等离子体技术用于水处理研究的重点应当集中在如何提高反应系统的能量利用效率以及寻找最佳操作参数上，将放电等离子体技术与其他技术相结合，例如与光催化剂相结合，则可利用放电过程中的 UV；同时着力于研究可实现工业化大规模应用的反应器。此外，可研究将放电等离子体技术作为预处理单元，与传统生物处理方法结合，提高难降解有机物的可生化性，为后续处理做铺垫。

参考文献

[1]　弗尔曼 B M，扎什京 И M. 低温等离子体——等离子体的产生、工艺、问题及前景[M]. 邱励俭译. 北京：科学出版社，2015.

[2]　张秀玲，底兰波. 大气压低温等离子体技术及应用[M]. 北京：科学出版社，2017.

[3]　徐学基，诸定昌. 气体放电物理[M]. 上海：复旦大学出版社，1996.

[4]　许根慧，姜恩永，盛京，等. 等离子体技术与应用[M]. 北京：化学工业出版社，2006.

[5]　刘晓东，郑晓泉，张要强，等. 低温等离子体的诊断方法[J]. 绝缘材料，2006，39（2）：43-46.

[6]　Jiang B，Zheng J T，Qiu S，et al. Review on electrical discharge plasma technology for wastewater remediation[J]. Chemical Engineering Journal，2014, 236：348-368.

[7]　Sun B，Sato M，Clements J S. Use of a pulsed high voltage discharge for removal of organic compounds in aqueous solution[J]. Journal of Physics D：Applied Physics，1999，32（15）：1908-1915.

[8]　Anpilov A M，Barkhudarov E M，Bark Y B，et al. Electric discharge in water as a source of UV radiation，ozone and hydrogen peroxide[J]. Journal of Physics D：Applied Physics，2001，34（6）：993-999.

[9]　陈银生,张新胜,袁渭康. 高压脉冲放电低温等离子体法降解废水中4-氯酚[J]. 华东理工大学学报,2002,
　　　28(3): 232-234.

[10]　吴彦,张若兵,许德玄. 利用高压脉冲放电处理废水的研究进展[J]. 环境污染治理技术与设备,2002,
　　　3(3): 51-55.

[11]　Zhang R B, Wu Y, Li G F. Enhancement of the plasma chemistry process in a three-phase discharge
　　　reactor[J]. Plasma Sources Science and Technology, 2005, 14(2): 308-313.

[12]　Grabowski L R, Van Veldhuizen E M, Pemen A J M, et al. Corona above water reactor for systematic study
　　　of aqueous phenol degradation[J]. Plasma Chemistry and Plasma Processing, 2006, 26(1): 3-17.

[13]　Yan K, Winands G J J, Nair S A, et al. Evaluation of pulsed power sources for plasma generation[J]. Journal
　　　of Advanced Oxidation Technologies, 2004, 7(2): 116-122.

[14]　Mok J T, Littler I C M, Tsoy E, et al. Soliton compression and pulse-train generation by use of microchip
　　　Q-switched pulses in Bragg gratings[J]. Optics Letters, 2005, 30(18): 2457-2459.

[15]　Sato M, Ohgiyama T, Clements J. S. Formation of chemical species and their effects on microorganisms
　　　using a pulsed high-voltage discharge in water[J]. IEEE Transactions on Industry Applications,1996,32(1):
　　　106-112.

[16]　Zhang Y, Zhou M H, Lei L C. Degradation of 4-chlorophenol in different gas-liquid electrical discharge
　　　reactors[J]. Chemical Engineering Journal, 2007, 132(1-3): 325-333.

[17]　Pokryvailo A, Wolf M, Yankelevich Y, et al. High-power pulsed corona for treatment of pollutants in
　　　heterogeneous media[J]. IEEE Transactions on Plasma Science, 2006, 34(5): 1731-1743.

[18]　Njatawidjaja E, Sugiarto A T, Ohshima T, et al. Decoloration of electrostatically atomized organic dye by the
　　　pulsed streamer corona discharge[J]. Journal of Electrostatics, 2005, 63(5): 353-359.

[19]　Lukes P, Clupek M, Sunka P, et al. Degradation of phenol by underwater pulsed corona discharge in
　　　combination with TiO$_2$ photocatalysis[J]. Research on Chemical Intermediates, 2005, 31(4-6): 285-294.

[20]　Grabowski L R, Van Veldhuizen E M, Pemen A J M, et al. Breakdown of methylene blue and methyl orange
　　　by pulsed corona discharge[J]. Plasma Sources Science and Technology, 2007, 16(2): 226-232.

[21]　Wang H J, Li J, Quan X, et al. Formation of hydrogen peroxide and degradation of phenol in synergistic
　　　system of pulsed corona discharge combined with TiO$_2$ photocatalysis[J]. Journal of Hazardous Materials,
　　　2007, 141(1): 336-343.

[22]　王方铮,李杰,吴彦,等. 高压脉冲放电等离子体溶液中苯酚的降解[J]. 高电压技术,2007,33(2):
　　　124-127.

[23]　陈瑜,许德玄,王占华,等. 低温等离子体降解染料废水[J]. 水处理技术,2008,34(9): 75-78.

[24]　张灿. 液中放电等离子体技术降解TNT废水的装置和试验研究[D]. 重庆:重庆大学,2008.

[25]　张秀玲,于淼,翟林燕. 气液等离子体技术研究进展[J]. 化工进展,2010,29(11): 2034-2638.

[26]　王占华. 介质阻挡放电耦合电晕放电低温等离子体及其对含染料废水脱色的研究[D]. 长春:东北师范
　　　大学,2009.

[27]　Feng J W, Zheng Z, Luan J F, et al. Gas-liquid hybrid discharge-induced degradation of diuron in aqueous
　　　solution[J]. Journal of Hazardous Materials, 2009, 164(2-3): 838-846.

[28]　Magureanu M, Piroi D, Mandache N B, et al. Degradation of pharmaceutical compound pentoxifylline in
　　　water by non-thermal plasma treatment[J]. Water Research, 2010, 44(11): 3445-3453.

[29]　Gerrity D, Stanford B D, Trenholm R A, et al. An evaluation of a pilot-scale nonthermal plasma advanced
　　　oxidation process for trace organic compound degradation[J]. Water Research, 2010, 44(2): 493-504.

[30]　Magureanu M, Piroi D, Mandache N B, et al. Degradation of antibiotics in water by non-thermal plasma
　　　treatment[J]. Water Research, 2011, 45(11): 3407-3416.

[31]　李善评,崔江杰,姜艳艳,等. 利用低温等离子体降解烯啶虫胺农药废水的研究[J]. 高电压技术,2011,

37（10）：2517-2522.

[32] 屈广周，李杰，梁东丽，等. 低温等离子体技术处理难降解有机废水的研究进展[J]. 化工进展，2012，31（3）：662-670.

[33] 崔江杰. 低温等离子体处理烯啶虫胺农药废水的降解机理研究[D]. 济南：山东大学，2011.

[34] 贺佳. 非平衡等离子体反应器设计及降解甲基橙模拟废水研究[J]. 雅安：四川农业大学，2012.

[35] 陈静. 低温等离子体处理腈纶废水的研究. 淮南：安徽理工大学，2012.

[36] 杨水鲛. 气体放电等离子体在模拟废水降解中的应用研究[D]. 西安：西北大学，2012.

[37] Benetoli L O D，Cadorin B M，Baldissarelli V Z，et al. Pyrite-enhanced methylene blue degradation in non-thermal plasma water treatment reactor[J]. Journal of Hazardous Materials，2012，237-238：55-62.

[38] Magureanu M，Bradu C，Piroi D，et al. Pulsed corona discharge for degradation of methylene blue in water[J]. Plasma Chemistry and Plasma Processing，2012，33（1）：51-64.

[39] Zhang R B，Zhang Y R，Fu X，et al. Enhancement of active species formation by TiO$_2$ catalysis in the bipolar pulsed discharge plasma system[J]. IEEE Transactions on Plasma Science，2013，41（12）：3268-3274.

[40] 王兆均. 脉冲介质阻挡放电等离子体处理废水的研究[D]. 上海：复旦大学，2013.

[41] Jiang B，Zheng J T，Lu X，et al. Degradation of organic dye by pulsed discharge non-thermal plasma technology assisted with modified activated carbon fibers[J]. Chemical Engineering Journal，2013，215-216：969-978.

[42] Hijosa-Valsero M，Molina R，Schikora H，et al. Removal of cyanide from water by means of plasma discharge technology[J]. Water Research，2013，47（4）：1701-1707.

[43] 王保伟，董博，刘震，等. 非平衡等离子体降解废水中有机污染物研究进展[J]. 环境工程学报，2015，9（10）：4613-4622.

[44] 孙玉. 低温等离子体处理印染废水的效能及机理研究[D]. 上海：东华大学，2016.

[45] 张其，杜胜男，米俊锋，等. 染料废水等离子体处理技术的研究进展[J]. 当代化工，2016，45（11）：2625-2627.

[46] 王旭浩，陈明功，刘静茹，等. 低温等离子体技术净化有机废水研究现状及进展[J]. 现代化工，2018，38（8）：23-29.

[47] Shin W T，Yiacoumi S，Tsouris C，et al. A pulseless corona-discharge process for the oxidation of organic compounds in water[J]. Industrial & Engineering Chemistry Research，2000，39（11）：4408-4414.

[48] 靳承铀. 介质阻挡放电反应器在水处理中的实验研究[D]. 大连：大连理工大学，2003.

[49] Zhang R B，Wu Y，Li G F，et al. Plasma induced degradation of Indigo Carmine by bipolar pulsed dielectric barrier discharge (DBD) in the water-air mixture[J]. Journal of Environmental Sciences，2004，16（5）：808-812.

[50] Chang C L，Lin T S. Decomposition of toluene and acetone in packed dielectric barrier discharge reactors[J]. Plasma Chemistry and Plasma Processing，2005，25（3）：227-243.

[51] Abdelmalek F，Ghezzar M R，Belhadj M，et al. Bleaching and degradation of textile dyes by nonthermal plasma process at atmospheric pressure[J]. Industrial & Engineering Chemistry Research，2006，45（1）：23-29.

[52] Mok Y S，Jo J O. Degradation of organic contaminant by using dielectric barrier discharge reactor immersed in wastewater[J]. IEEE Transactions on Plasma Science，2006，34（6）：2624-2629.

[53] Zhang R B，Zhang C，Cheng X X，et al. Kinetics of decolorization of azo dye by bipolar pulsed barrier discharge in a three-phase discharge plasma reactor[J]. Journal of Hazardous Materials，2007，142（1-2）：105-110.

[54] Mok Y S，Jo J O，Whitehead J C. Degradation of an azo dye Orange II using a gas phase dielectric barrier discharge reactor submerged in water[J]. Chemical Engineering Journal，2008，142（1）：56-64.

[55] Xue J，Chen L，Wang H L. Degradation mechanism of Alizarin Red in hybrid gas-liquid phase dielectric barrier discharge plasmas: experimental and theoretical examination[J]. Chemical Engineering Journal，2008，138（1-3）：120-127.

[56] 陶亮，陈砺，严宗诚，等. 介质阻挡放电等离子体技术处理难降解有机废水的研究进展[J]. 化工环保，2009，29（6）：509-513.

[57] Chen G L，Zhou M Y，Chen S H，et al. The different effects of oxygen and air DBD plasma by-products on the degradation of methyl violet 5BN[J]. Journal of Hazardous Materials，2009，172（2-3）：786-791.

[58] 余秋梅，杨长河. 介质阻挡放电技术在废水处理中的应用[J]. 江西化工，2010，3：16-20.

[59] Krause H，Schweiger B，Prinz E，et al. Degradation of persistent pharmaceuticals in aqueous solutions by a positive dielectric barrier discharge treatment[J]. Journal of Electrostatics，2011，69（4）：333-338.

[60] Marotta E，Ceriani E，Schiorlin M，et al. Comparison of the rates of phenol advanced oxidation in deionized and tap water within a dielectric barrier discharge reactor[J]. Water Research，2012，46（19）：6239-6246.

[61] Hu Y M，Bai Y H，Li X J，et al. Application of dielectric barrier discharge plasma for degradation and pathways of dimethoate in aqueous solution[J]. Separation and Purification Technology，2013，120：191-197.

[62] Kim K S，Yang C S，Mok Y S. Degradation of veterinary antibiotics by dielectric barrier discharge plasma[J]. Chemical Engineering Journal，2013，219：19-27.

[63] Tichonovas M，Krugly E，Racys V，et al. Degradation of various textile dyes as wastewater pollutants under dielectric barrier discharge plasma treatment[J]. Chemical Engineering Journal，2013，229：9-19.

[64] Reddy P M K，Raju R B，Karuppiah J，et al. Degradation and mineralization of methylene blue by dielectric barrier discharge non-thermal plasma reactor[J]. Chemical Engineering Journal，2013，217：41-47.

[65] 何俊. 介质阻挡放电等离子体-生化法处理印染废水的研究[D]. 上海：东华大学，2014.

[66] 曹小红. 介质阻挡放电低温等离子体降解水中噻虫嗪的实验研究[D]. 济南：山东大学，2014.

[67] 武海霞，陈卫刚，张微薇，等. 介质阻挡放电处理水中有机污染物研究进展[J]. 水处理技术，2018，44（11）：19-25.

[68] 付鹏睿，范淑珍，张帅. 介质阻挡放电低温等离子体技术降解废水中污染物研究现状及进展[J]. 煤炭与化工，2019，42（12）：144-147.

[69] Yan J H，Du C M，Li X D，et al. Plasma chemical degradation of phenol in solution by gas-liquid gliding arc discharge[J]. Plasma Sources Science and Technology，2005，14（4）：637-644.

[70] Yan J H，Du C M，Li X D，et al. Degradation of phenol in aqueous solutions by gas-liquid gliding arc discharges[J]. Plasma Chemistry and Plasma Processing，2006，26（1）：31-41.

[71] 杜长明. 滑动弧放电等离子体降解气液及液相中有机污染物的研究[D]. 杭州：浙江大学，2006.

[72] 刘亚纳，严建华，李晓东，等. 滑动弧等离子体在废水处理应用中的研究进展[J]. 高电压技术，2007，33（2）：159-162.

[73] Du C M，Yan J H，Cheron B G. Degradation of 4-chlorophenol using a gas-liquid gliding arc discharge plasma reactor[J]. Plasma Chemistry and Plasma Processing，2007，27（5）：635-646.

[74] 刘亚纳. 滑动弧放电等离子体-生化法降解有机废水的研究[D]. 杭州：浙江大学，2008.

[75] 刘永军. 低温放电等离子体在水处理中的应用[D]. 兰州：西北师范大学，2004.

[76] 蒲陆梅. 低温辉光放电等离子体技术在水体中酚类降解中的应用[D]. 兰州：西北师范大学，2005.

[77] 俞洁. 辉光放电等离子体降解水体中的有机污染物[D]. 兰州：西北师范大学，2005.

[78] 李岩. 低温等离子体技术在水溶液化学中的应用[D]. 兰州：西北师范大学，2006.

[79] 马东平. 等离子体在废水处理中的应用及其机理的研究[D]. 兰州：西北师范大学，2007.

[80] 陆泉芳，俞洁. 辉光放电等离子体处理有机废水研究进展[J]. 水处理技术，2007，33（1）：9-15.

[81] 巩建英. 辉光放电等离子体技术处理难降解有机污染物及机理研究[D]. 上海：上海交通大学，2008.

[82] 王风秋. 辉光放电等离子体在模拟废水降解中的应用研究[D]. 西安：西北大学，2013.

[83]　王晓艳. 水溶液中有机物降解新技术——低温辉光放电等离子体[D]. 西安：西北师范大学，2020.

[84]　孙怡，于利亮，黄浩斌，等. 高级氧化技术处理难降解有机废水的研发趋势及实用化进展[J]. 化工学报，2017，68（5）：1743-1756.

[85]　周志刚，李杰，吴彦. 低温等离子体水处理技术的应用及其反应器的研究[J]. 环境科学与技术，2004，27：92-94.

[86]　张延宗，郑经堂，陈宏刚. 非平衡等离子体水处理技术研究进展[J]. 化工进展，2007，26（7）：957-963.

[87]　陈瑜. 低温等离子体降解染料废水的实验研究[D]. 长春：东北师范大学，2008.

[88]　马可可，周律，辛怡颖，等. 低温等离子体技术用于废水处理的研究进展[J]. 应用化工，2019，48（1）：145-150.

[89]　何东. 低温等离子体协同光催化剂钼酸铋处理水中四环素的研究[D]. 南京：南京大学，2015.

[90]　汪晓艳. 低温等离子体协同絮凝剂处理印染废水研究[D]. 淮安：安徽理工大学，2010.

[91]　龚诗，孙亚兵，郑可，等.低温等离子体技术处理有机废水的研究进展与现状[J]. 山东化工，2019，48（15）：89-93.

[92]　李惠娟. 非平衡等离子体降解废水中苯酚的研究[D]. 广州：广东工业大学，2006.

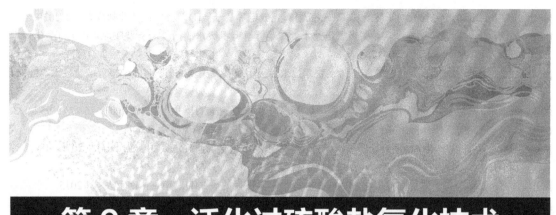

第9章 活化过硫酸盐氧化技术

随着水处理技术的不断发展,除了传统的基于·OH 的高级氧化技术在不断优化改进之外,许多新型的高级氧化技术也在不断涌现,其中基于 $SO_4^-\cdot$ 的高级氧化技术备受关注。基于 $SO_4^-\cdot$ 的高级氧化技术主要是通过活化过硫酸盐产生的 $SO_4^-\cdot$ 与有机物反应, $SO_4^-\cdot$ 的标准氧化还原电位 $E^\ominus$=2.5~3.1V,接近甚至超过·OH,理论上可降解大部分有机污染物,反应中生成的有机自由基可以继续参加 $SO_4^-\cdot$ 的链式反应,直至有机物完全矿化。与·OH 相比, $SO_4^-\cdot$ 更容易产生,且半衰期较长,与目标污染物的接触时间也相应地长。此外,用于产生 $SO_4^-\cdot$ 的过硫酸盐比用于产生·OH 的 H_2O_2 和 O_3 更稳定,因此更易于后续的推广应用。本章主要论述 $SO_4^-\cdot$ 的概况、过硫酸盐的活化方式以及活化过硫酸盐氧化的机制、主要影响因素和存在的问题及发展方向。

9.1 硫酸根自由基的概述

9.1.1 硫酸根自由基的化学特性

$SO_4^-\cdot$ 与·OH 类似,有一个孤对电子,易发生失电子的反应,具有很强的氧化性,能氧化分解大多数有机污染物。 $SO_4^-\cdot$ 比·OH 更为稳定,其半衰期约 4s,而·OH 的半衰期不到 1μs。

$SO_4^-\cdot$ 在溶液中的 pH 值适应范围较为广泛,当 pH 值在 2~7 的酸性情况下, $SO_4^-\cdot$ 能在水中较稳定地存在;在 pH>8 的碱性情况下,溶液中 $SO_4^-\cdot$ 与·OH 共同存在;当溶液在 pH>12 的强碱性条件下,大部分 $SO_4^-\cdot$ 被 OH⁻ 转化生成·OH,可见, $SO_4^-\cdot$ 能在较宽 pH 值范围内氧化分解有机物。

$$SO_4^-\cdot+H_2O \longrightarrow HSO_4^-+\cdot OH \tag{9-1}$$

$$SO_4^-\cdot+OH^- \longrightarrow SO_4^{2-}+\cdot OH \tag{9-2}$$

研究表明, $SO_4^-\cdot$ 在水溶液中与下列物质的反应顺序为:非芳香 C=C 双键有机物>含

芳环上的 π 电子物质＞含有 α-H 物质＞含非 α-H 物质。$SO_4^-\cdot$ 与 π 电子的作用能力比·OH 强，而与 α-H 的作用能力弱于·OH。当芳香族分子存在供电子基团，如氨基（—NH$_2$）、羧基（—OH）或烷氧基（—OR）时，反应速率会加快；而当芳香族分子中存在夺电子基团，如硝基（—NO$_2$）或羰基（C＝O）时，反应速率则会降低。

9.1.2　硫酸根自由基的产生与鉴定

目前，$SO_4^-\cdot$ 的产生主要是通过过一硫酸盐（HSO_5^-，PMS）和过二硫酸盐（$S_2O_8^{2-}$，PS）的活化。PMS 和 PS 均属于 H_2O_2 的衍生物，H_2O_2 中 1 个 H 被 SO_3 取代生成 PMS，2 个 H 被 SO_3 取代则生成 PS（图 9-1）。由于 SO_3 的影响，O—O 键变长，键能降低。H_2O_2、PMS 和 PS 中 O—O 键的键长分别为 1.453Å、1.460Å 和 1.497Å。PS 中 O—O 键的键能为 140kJ/mol，H_2O_2 中 O—O 键的键能为 213.3kJ/mol，PMS 中 O—O 键的键能还没有报道，据推测应该在 140～213.3kJ/mol。此外，PMS 由于只有 1 个 H 被取代，具有不对称结构。由于 SO_3 的吸电子作用，使 PMS 中的 O—O 键中电子云向 SO_3 一侧的氧原子偏移，使 H 一侧的氧原子带部分正电荷。在常温下过硫酸盐比较稳定，不能产生 $SO_4^-\cdot$，因此需要对其进行活化以激发其生成 $SO_4^-\cdot$。活化的本质是激发过硫酸根断裂 O—O 键使其生成 $SO_4^-\cdot$，与 H_2O_2 被激发生成·OH 的过程类似。

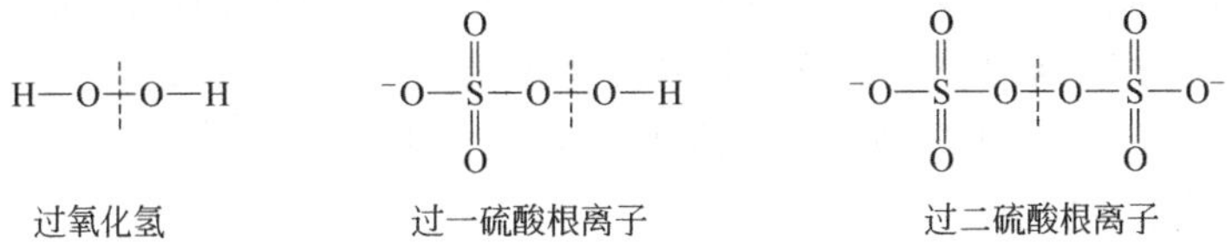

图 9-1　H_2O_2、过一硫酸根和过二硫酸根的结构式

为了证实过硫酸盐被活化后是否有 $SO_4^-\cdot$ 生成，以及 $SO_4^-\cdot$ 在降解污染物质时所发挥的作用，需要对 $SO_4^-\cdot$ 和·OH 进行鉴定。包含 α-H 的醇，如甲醇，能够快速与·OH 和 $SO_4^-\cdot$ 反应而使氧化反应终止，其中甲醇与 $SO_4^-\cdot$ 和·OH 的反应速率常数分别为 1.6×10^7～7.7×10^7L/(mol·s) 和 1.2×10^9～2.8×10^9L/(mol·s)，二者比较接近；而不包含 α-H 的醇，如叔丁醇，也是·OH 的有效终止剂，但与·OH 相比，叔丁醇与 $SO_4^-\cdot$ 的反应要相对慢得多，叔丁醇与二者的反应速率常数分别为 3.8×10^8～7.6×10^8L/(mol·s) 和 4.0×10^5～9.1×10^5L/(mol·s)，约差 1000 倍。因此，可以利用自由基与特定分子之间的反应速率差异来判断自由基存在的可能。

9.2　活化过硫酸盐氧化技术

9.2.1　过硫酸盐的活化

目前，用于活化过硫酸盐的方法有三类：第一类是通过调控反应条件进行活化；第二类是通过添加各种活化剂进行活化；第三类是在前两者的基础上发展起来的，通过多种活化方法联合使用从而规避单一活化法的缺陷的复合活化技术。

9.2.1.1 反应条件活化

（1）热活化　热活化的原理是通过热激发产生能量，使过硫酸根中 O—O 键断裂产生 $SO_4^-\cdot$，具体反应如式（9-3）所示，该反应在中性、碱性、酸性条件下活化能分别为 119～129kJ/mol、134～139kJ/mol、100～116kJ/mol。

$$S_2O_8^{2-} \xrightarrow{\triangle} 2SO_4^-\cdot \qquad (9\text{-}3)$$

热活化过硫酸盐氧化在地下水和土壤原位化学氧化修复等环境污染治理方面显示出了广阔的应用前景，但在难降解有机废水处理方面的研究还较少，主要是因为提高废水的温度需要大量的热量，与其他废水处理技术相比大大增加了处理费用。在某些特殊的领域，如高温废水的处理中有较大的应用价值，常规的废水处理技术需要降低废水的温度，浪费了大量的热能，用热活化过硫酸盐氧化既利用了高温废水的余热，又不需要降温，节省了处理成本。

（2）UV 活化　在 UV 照射下，过硫酸根中 O—O 键能够吸收光能并断裂生成 $SO_4^-\cdot$，在短波 UV（λ=245nm）照射下其量子产率达到 1.4，反应式如下：

$$S_2O_8^{2-} \xrightarrow{UV} 2SO_4^-\cdot \qquad (9\text{-}4)$$

HSO_5^- 在受 UV 照射时，分子中 O—O 键断裂并生成 $SO_4^-\cdot$ 和 $\cdot OH$，在短波 UV（λ=248nm）照射下量子产率为 0.12，反应式如下：

$$HSO_5^- \xrightarrow{UV} SO_4^-\cdot + \cdot OH \qquad (9\text{-}5)$$

UV 活化过硫酸盐高效，受 pH 值影响较小，反应条件温和，但耗能高。在日照时间长或 UV 强度大的区域利用太阳光（5% UV）活化过硫酸盐具有一定的应用潜力。此外，UV 对于水中微生物（如大肠杆菌）具有明显的灭活作用，因而 UV 活化过硫酸盐氧化可用于饮用水处理，并已应用到部分水厂。

（3）碱活化　碱活化 PS 氧化体系的 pH 条件会引起其中自由基种类、强度以及反应机理的不同。目前碱活化 PS 的机理尚无定论，可能存在以下两种活化机理。

① 碱性体系中 $S_2O_8^{2-}$ 发生碱催化，水解生成 HO_2^- 和 SO_4^{2-}，HO_2^- 与 $S_2O_8^{2-}$ 发生进一步氧化还原反应产生 $SO_4^-\cdot$、SO_4^{2-} 和 O_2^-。

$$S_2O_8^{2-} + 2H_2O \longrightarrow HO_2^- + 2SO_4^{2-} + 3H^+ \qquad (9\text{-}6)$$

$$S_2O_8^{2-} + HO_2^- \longrightarrow SO_4^-\cdot + SO_4^{2-} + \cdot O_2^- + H^+ \qquad (9\text{-}7)$$

需要指出是：在强碱溶液（pH>10）中 $SO_4^-\cdot$ 会大量转化为 $\cdot OH$，此时 $\cdot OH$ 成为反应体系中的主要活性物质，反应式如下：

$$SO_4^-\cdot + OH^- \longrightarrow SO_4^{2-} + \cdot OH \qquad (9\text{-}8)$$

② 碱性体系中 $S_2O_8^{2-}$ 发生碱催化，水解生成 H_2O_2，H_2O_2 与 OH^- 发生进一步反应产生 HO_2^-，然后 H_2O_2 与 HO_2^- 反应产生 $\cdot O_2^-$。

$$S_2O_8^{2-} + 2H_2O \longrightarrow 2HSO_4^- + H_2O_2 \qquad (9\text{-}9)$$

$$H_2O_2 + OH^- \rightleftharpoons HO_2^- + H_2O \qquad (9\text{-}10)$$

$$H_2O_2 + HO_2^- \rightleftharpoons \cdot O_2^- + \cdot OH + H_2O \qquad (9\text{-}11)$$

碱活化过硫酸盐氧化主要应用于原位化学氧化修复地下水。由于碱活化过硫酸盐反应需达到 pH>10 的条件，设备要求耐高碱，操作烦琐，还会产生二次污染，因此，实际应用具有一定的局限性。但对于特定的碱性有机废水，则无须添加额外的激活剂和能量，即可实现过硫酸盐的活化。

（4）超声波活化　超声波的空化作用已广泛应用以消除水溶液中的某些有机污染物。有研究发现：超声波也可以用来活化过硫酸盐，这是因为超声波可以通过空化作用使过硫酸盐中的 O—O 键均质化，从而产生 $SO_4^-\cdot$，并在溶液中形成局部高温（可达 5000K）和高压（10atm）。同时，超声波在水溶液中引起剧烈的湍流，从而增强了溶液中化学反应的传质过程，其活化过程如下：

$$S_2O_8^{2-} \xrightarrow{超声波} 2SO_4^-\cdot \tag{9-12}$$

超声波活化过硫酸盐对有机污染物，尤其是憎水性、易挥发的污染物有很好的去除效果，但处理成本高，因此难以在水处理中得到实际运用。

（5）微波活化　微波辐射是通过引起分子运动，产生类似摩擦作用释放的大量热能而快速有效地活化过硫酸盐，所以，微波活化是热活化的另一种方式。

$$S_2O_8^{2-} \xrightarrow{微波} 2SO_4^-\cdot \tag{9-13}$$

相对于传统的热活化方式，微波活化具有降低反应活化能、缩短反应时间和增强选择性的优点，但微波活化存在能量消耗大，处理成本高以及微波辐射面积受限且辐射不均匀等问题。

9.2.1.2　活化物质活化

（1）过渡金属及其复合物活化　过硫酸盐通过从过渡金属离子如 Fe^{2+}、Co^{2+}、Cu^{2+}、Ag^+、Mn^{2+}、Ce^{2+} 等获得 1 个电子而使其 O—O 键断开生成 $SO_4^-\cdot$，其反应式如下：

$$S_2O_8^{2-} + M^{n+} \longrightarrow SO_4^-\cdot + SO_4^{2-} + M^{(n+1)+} \tag{9-14}$$

$$HSO_5^- + M^{n+} \longrightarrow SO_4^-\cdot + \cdot OH + M^{n+1} \tag{9-15}$$

除了使用过渡金属离子，有人通过零价铁（Fe^0）直接或间接活化过硫酸盐产生 $SO_4^-\cdot$，在 Fe^0/过硫酸盐体系中，Fe^0 会与 Fe^{3+} 反应生成 Fe^{2+}，构成了铁循环，其反应式如下：

$$2S_2O_8^{2-} + Fe^0 \longrightarrow 2SO_4^-\cdot + 2SO_4^{2-} + Fe^{2+} \tag{9-16}$$

$$Fe^0 - 2e \longrightarrow Fe^{2+} \tag{9-17}$$

$$S_2O_8^{2-} + Fe^{2+} \longrightarrow SO_4^-\cdot + SO_4^{2-} + Fe^{3+} \tag{9-18}$$

$$Fe^0 + 2Fe^{3+} \longrightarrow 3Fe^{2+} \tag{9-19}$$

$$SO_4^-\cdot + Fe^{2+} \longrightarrow Fe^{3+} + SO_4^{2-} \tag{9-20}$$

除此之外，铁基双金属材料、铁矿石与铁复合材料等也可用于过硫酸盐的活化。采用过渡金属及其复合物活化过硫酸盐不需要额外能量，并可在室温条件下进行，是一种高效、体系简单、能耗低且廉价的方法。然而在实际应用中，过渡金属及其复合物过量会使局部反应迅速而难以控制，同时产生的过多 $SO_4^-\cdot$ 容易猝灭，且多余的金属会与污染物竞争 $SO_4^-\cdot$，导致过硫酸盐利用率降低；过渡金属及其复合物的活化能力常随着价态的升高而减弱，且大部分具有毒性，在后续反应中难以去除，易造成二次污染。此外，过渡金属及其复合物活化过硫酸盐体系在中性及碱性条件下反应受限，金属离子会水解沉淀。

（2）臭氧活化　臭氧的主要攻击目标是含有不饱和键的有机物或部分芳香类有机物，能够通过破坏 C=C 键使苯环打开，但是该反应对有机物的矿化度较低，并且会导致部分大分子有机物生成一些对后续工艺产生毒害作用的副产物。臭氧溶于过硫酸盐溶液后一部分会迅速自分解产生·OH，另一部分会与 PS 反应产生 $SO_4^-\cdot$，增强对有机物的降解能力，其反应式如下：

$$O_3 + OH^- \longrightarrow HO_2^- + O_2 \tag{9-21}$$

$$O_3 + HO_2^- \longrightarrow \cdot OH + \cdot O_2^- + O_2 \tag{9-22}$$

$$O_3 + \cdot O_2^- \longrightarrow \cdot O_3^- + O_2 \tag{9-23}$$

$$S_2O_8^{2-} + \cdot OH \longrightarrow HSO_4^- \cdot + SO_4^- \cdot + \frac{1}{2}O_2 \tag{9-24}$$

$$SO_4^- \cdot + \cdot OH \longrightarrow HSO_4^- \cdot + \frac{1}{2}O_2 \tag{9-25}$$

$$SO_4^- \cdot + OH^- \longrightarrow SO_4^{2-} + \cdot OH \tag{9-26}$$

臭氧产生的·OH与臭氧活化过硫酸盐产生的$SO_4^- \cdot$可同时氧化降解废水中的污染物,很大程度上提高了降解效率。

(3)碳材料活化　最近的研究发现:碳材料对过硫酸盐也表现出很好的催化活性,包括活性炭、石墨烯、纳米金刚石、生物炭和碳纳米管等。这是由于碳材料sp^2离域π电子和表面丰富的含氧官能团促进了电子在固液界面间的传递,从而促进了过硫酸盐的活化。有人开展了利用多种碳材料活化PMS降解苯酚的研究,包括碳纳米管、还原氧化石墨烯、有序介孔碳等,结果表明:以上材料均可对苯酚进行有效降解,并且通过密度泛函理论计算了不同碳材料的吸附以及O—O键断裂机理。

9.2.1.3 复合活化

(1)UV耦合过渡金属活化　UV能够活化过硫酸盐生成$SO_4^- \cdot$,同时,UV也具有还原金属离子的能力,能够有效还原Cu^{2+}等金属离子。有人采用溶胶-凝胶法制备CoMnO双金属活化剂,并耦合UV活化过硫酸盐降解AO7,CoMnO/UV/PS体系可以明显提高偶氮染料AO7的去除效果。提高PS浓度和CoMnO投加量有利于AO7的降解。

(2)电协同铁活化　在电化学体系中,如果以铁作为阳极材料,体系中就会不断产生Fe^{2+},Fe^{2+}则可活化过硫酸盐产生$SO_4^- \cdot$。电化学技术本身具有降解、矿化顽固化合物的能力,但是能耗较大,电协同铁活化过硫酸盐可高效去除有机污染物并减少电能消耗。此外,研究表明:过硫酸盐可以通过电化学再生,$S_2O_8^{2-}$可以在阴极进行活化降解反应后于阳极再生。

(3)超声波辅助热活化　有人通过超声波辅助热活化过硫酸盐的方法降解3,4-二氢嘧啶化合物取得较好结果,实验中发现:在室温下,仅有超声波存在的条件下,240min仅有20%的3,4-二氢嘧啶化合物被氧化,但在有超声波存在的70℃条件下降解化合物只需11min。

除此之外,超声波、微波、电化学等强化纳米材料复合活化过硫酸盐的研究也有报道。

9.2.2　活化过硫酸盐的氧化机制

由过硫酸盐的活法方式可知,不同的活化方法会以不同的路径氧化降解有机污染物,其降解效率、矿化程度以及所需反应条件也存在差异,相同反应体系也会对不同污染物表现出特异性,因此,人们提出了两种不同的氧化机制,即自由基途径氧化机制和非自由基途径氧化机制。

(1)自由基途径氧化机制　自由基途径氧化机制是普遍接受的一种机制。$SO_4^- \cdot$具有很强的氧化性,能氧化降解大部分的有机污染物,尤其在中性条件下,其氧化还原电位甚至可能高于·OH:

$$SO_4^- \cdot + e^- \longrightarrow SO_4^{2-} \quad E^{\ominus}=2.5\sim3.1V \tag{9-27}$$

$$\cdot OH + e^- \longrightarrow OH^- \qquad E^{\ominus}=1.8V \qquad (9-28)$$

$$\cdot OH + e^- + H^+ \longrightarrow H_2O \qquad E^{\ominus}=2.7V \qquad (9-29)$$

溶液中生成的 $SO_4^-\cdot$ 会引发一系列的自由基链反应，攻击有机污染物（M），从而达到矿化和去除有机污染物的目的。

$$SO_4^-\cdot + H_2O \longrightarrow \cdot OH + HSO_4^- \qquad (9-30)$$

$$SO_4^-\cdot + M \longrightarrow M\cdot + 产物 \qquad (9-31)$$

$$\cdot OH + M \longrightarrow M\cdot + 产物 \qquad (9-32)$$

$$S_2O_8^{2-} + M \longrightarrow 2SO_4^-\cdot + 产物 \qquad (9-33)$$

$$SO_4^-\cdot + \cdot OH \longrightarrow 链反应终止 \qquad (9-34)$$

$$SO_4^-\cdot + M\cdot \longrightarrow 链反应终止 \qquad (9-35)$$

$$SO_4^-\cdot + SO_4^-\cdot \longrightarrow 链反应终止 \qquad (9-36)$$

$$\cdot OH + M\cdot \longrightarrow 链反应终止 \qquad (9-37)$$

$$\cdot OH + \cdot OH \longrightarrow 链反应终止 \qquad (9-38)$$

$$M\cdot + M\cdot \longrightarrow 链反应终止 \qquad (9-39)$$

溶液中 $SO_4^-\cdot$ 的存在会通过不同的方式引发 $\cdot OH$ 的生成，研究表明：当体系的 pH 值不同时，$SO_4^-\cdot$ 和 $\cdot OH$ 在反应中所起到的作用以及反应机理都不一样。大多数的研究认为：$SO_4^-\cdot$ 氧化有机物的机制与 $\cdot OH$ 类似，也主要是通过电子转移、氢提取以及加成三种方式与有机物反应。Neta 等用脉冲辐射光谱的方法，测定了 $SO_4^-\cdot$ 与 21 种芳香族化合物的反应速率常数，结果表明：$SO_4^-\cdot$ 与苯甲醚的反应速率常数可达 $4.9 \times 10^9 \text{L}/(\text{mol}\cdot\text{s})$，而与硝基苯的反应速率常数小于 $10^6 \text{L}/(\text{mol}\cdot\text{s})$，进一步的研究发现：$SO_4^-\cdot$ 与不同有机物的反应速率常数与有机物自身取代基的哈米特常数 θ 线性相关，对于芳香族化合物，$SO_4^-\cdot$ 是通过电子转移的方式进行反应。Khursan 等根据过渡态原理，通过量子化学计算的方法，计算出 $SO_4^-\cdot$ 与各种烷烃、醇、醚、酯等饱和有机化合物的反应活化能，发现 C—H 键的键能与反应活化能线性相关，从而验证了 $SO_4^-\cdot$ 与这类饱和有机化合物主要是通过氢提取的方式反应。Padmaja 等通过研究 $SO_4^-\cdot$ 与烷烃、烯烃、醇、醚和胺类有机物在乙腈中的反应，发现 $SO_4^-\cdot$ 与烯烃化合物主要通过加成的方式反应，与烷烃、醇、醚是通过氢提取的方式反应，而与胺则通过电子转移的方式反应，具体反应方式如下：

① 电子转移反应

$$(9-40)$$

② 氢原子提取反应

$$SO_4^-\cdot + RH \longrightarrow HSO_3^- + R^- \qquad (9-41)$$

③ 不饱和键加成反应

$$SO_4^-\cdot + H_2C=CHR \longrightarrow {}^-OSO_2OCH_2-CHR\cdot \qquad (9-42)$$

（2）非自由基途径氧化机制　2014 年以前，对过硫酸盐活化氧化的认识主要是自由基机理，Zhang 等最早报道了过硫酸盐非自由基活化机制，他们在 CuO/PS 体系中发现了污染物的降解不依赖于自由基的产生。之后，Lee 等用多壁碳纳米管活化过硫酸盐，也发现了类似的现象。2016 年，Duan 等比较了多种碳材料对过硫酸盐的活化效果，结果显示：用碳纳米管和介孔碳活化过硫酸盐可产生自由基，用退火纳米金刚石活化同时涉及两种机理，而还原氧化石墨烯/过硫酸盐体系是完全的非自由基活化体系。虽然该研究对过硫酸盐活化的机理解释尚不完善，但为后来的研究提供了重要的参考。2019 年，Cheng 等首次在过硫酸盐/碳纳米管体系中测出单线态氧（$^1O_2$），提出碳材料表面的羰基是引发该活化机理的活性位。

非自由基途径虽不产生自由基，但存在"活化"过程，这也是其与传统化学氧化的不同之处，因此，被活化的过硫酸盐可被认为是一种活性氧化性物质。相较于自由基途径，非自由基途径具有更明显的优势，由于非自由基氧化的机理众多，在此，以被活化的 PS 为活性氧化性物质举例。首先，自由基活化需要输入能量、引入金属离子或调节 pH 值等，而非自由基活化的条件简单温和（已知的非自由基活化均可在常温常压下引发），且一般不用调节 pH 值；其次，自由基活化过程受引发条件控制，一旦能量中断或离子耗尽则活化停止，而在非自由基氧化体系中，活化强度相对较低，除非获得外部输入的电子（污染物一般作为电子供体），否则过硫酸根不会自行分解，过硫酸盐可保持较长时间的氧化能力，这对保持反应体系的氧化性、保证氧化体系对污染物的持续去除有利；更为重要的是，相比于自由基氧化，非自由基氧化对氧化剂的利用率更高，例如，Fe^{2+} 活化过硫酸盐，过硫酸盐的氧化容量在活化过程中已消耗一半（$Fe^{2+}+S_2O_8^{2-} \longrightarrow SO_4^-\cdot+SO_4^{2-}+Fe^{3+}$，1 个 $S_2O_8^{2-}$ 产生 1 个 $SO_4^-\cdot$，最终仅能从污染物中夺取 1 个电子），而非自由基途径理论上不与催化剂反应，能充分利用氧化容量（$S_2O_8^{2-}+2e^- \longrightarrow 2SO_4^{2-}$），非自由基途径比自由基途径对过硫酸盐的利用率高出 1 倍，如果考虑自由基寿命短（表现为新生成的自由基来不及与污染物反应即猝灭）、水中可能存在无机阴离子（如 Cl^-、CO_3^{2-} 可消耗自由基）等因素，非自由基途径对过硫酸盐利用率高的优势将更加显著。

目前，有关活化过硫酸盐非自由基途径的氧化机制研究报道较少，对其认识还比较肤浅，论述也不完善，有待更深入的研究与探讨。

9.2.3 活化过硫酸盐氧化的主要影响因素

活化过硫酸盐氧化的影响因素众多，不同的活化方式，其影响因素有所不同，但主要的因素有过硫酸盐的用量、活化剂投加量、pH 值、温度、共存离子等。

（1）过硫酸盐用量的影响　过硫酸盐用量的增加有助于产生更多的 $SO_4^-\cdot$，进而促进有机物的降解。扶咏梅等在研究 $UV/K_2S_2O_8$ 体系对水中四环素的降解效果时发现：$K_2S_2O_8$ 的浓度由 0.1mmol/L 增加至 0.3mmol/L 时，初始浓度为 15.0mg/L 的四环素的降解率由 75% 上升至 100%。过硫酸盐的用量并非越大越好，当过硫酸盐的量达到某个值时，继续增加过硫酸盐的用量降解率反而会降低。贾双庆等发现半合成抗生素生产废水中 COD 的去除率会随着 $Fe^{2+}/K_2S_2O_8$ 体系中 $K_2S_2O_8$ 浓度的增加先升高后降低。当 $K_2S_2O_8$ 用量过多时，会瞬间生成较多的 $SO_4^-\cdot$ 和 $\cdot OH$，高浓度的 $SO_4^-\cdot$ 会自我猝灭，无益于提高污染物的去除率，且大量使用过硫酸盐还会增加成本。

（2）活化剂投加量的影响　活化剂的投加量是决定降解效果和处理成本的关键因素。张霄等考察了 CuO@C 投加量对活化 PS 降解盐酸四环素效能的影响，研究发现：降解率随着 CuO@C 投加量的增加而大幅度增加，当 CuO@C 投加量达到 150mg/L 后，去除率的提升速度明显减缓，过多的 CuO@C 会在水中发生团聚现象，不利于降解。陈一萍等发现：当碳纳米管的投加量从 5mg/L 增加至 15mg/L 时，环丙沙星的降解从 33.5% 提高至 76.4%，但是碳纳米管的投加量继续增大，环丙沙星降解率的增加就趋于平缓，大量的碳纳米管会造成过量 $SO_4^-\cdot$ 瞬时增加，使大量的 $SO_4^-\cdot$ 未与环丙沙星反应就发生了泯灭。还有研究发现：利用 Fe^{2+} 活化过硫酸盐氧化时会出现随着 Fe^{2+} 的量增加去除率先增后减的现象，这是由于过量的 Fe^{2+} 会与 $SO_4^-\cdot$ 发生反应，造成活化剂和自由基的消耗而抑制了污染物的降解。

（3）pH 值的影响　不同的初始 pH 值在不同体系中有不同的影响。扶咏梅等利用 $UV/K_2S_2O_8$ 体系去除废水中四环素的研究中发现：当 pH 值由 3 增至 11，其去除率始终保持在 95%左右，即初始 pH 值对 $UV/K_2S_2O_8$ 体系处理效率无显著影响。何勇等研究发现：利用 UV/PS 体系降解磺胺甲基嘧啶，随着 pH 值的增加降解率相应地降低，原因可能是空气中的 CO_2 在碱性条件下更容易在溶液中矿化生成 CO_3^{2-}，而 CO_3^{2-} 是一种自由基的猝灭剂，从而导致磺胺甲基嘧啶的降解率降低。闫海军等研究发现：随着 pH 值的增加，Fe^{2+} 活化 $K_2S_2O_8$ 体系对红霉素的降解率呈下降趋势，但当 pH 值上升至 9 时，降解率突然升高，可能的原因是随着 pH 值的增加产生大量 $Fe(OH)_3$ 沉淀，使溶液中的 Fe^{2+} 浓度降低，导致体系的氧化能力减弱；而 pH 值为 9 时会产生大量·OH，故降解率会增加。

（4）温度的影响　随着温度的升高，分子进行热运动更加剧烈，分子间相互碰撞的概率升高，从而加快了对污染物的降解。较高的温度也可以克服因为活化能而产生的阻碍。何勇等发现在 30℃时磺胺甲基嘧啶在 120min 内被 UV/PS 体系完全降解，而 40℃时只需要 60min 就可完全降解，当温度达到 50℃时，磺胺甲基嘧啶可在 30min 内被完全降解。温度的升高对污染物的降解起到促进作用，大大缩短了反应时间，但也有报道指出：当体系中的反应温度过高，反而会降低污染物降解效率。Hori 发现当反应温度升至 150℃，热活化 PS 体系中含氟有机物的处理性能反而低于 80℃反应条件。温度过高会导致大量 $SO_4^-\cdot$ 在同一时间产生，如不能在短时间内与污染物分子有效反应，就会发生猝灭，消耗于传递过程中。此外，过高的温度反而会增加成本，因此，设定最适的反应温度至关重要。

（5）共存离子的影响　自然界的水体中存在着大量离子，其会对 $SO_4^-\cdot$ 氧化降解污染物起到促进或抑制作用。李晶等研究发现：溶液中的 $H_2PO_4^-$、HCO_3^-、Cl^- 会促进 Fe-Cu-400/PMS 体系降解水中四环素，而 NO_3^- 会对 Fe-Cu-400/PMS 体系降解水中四环素稍有抑制作用。张乃文等研究发现：随着 Cl^- 浓度的增高，Fe/PMS 体系对抗生素的降解率降低，这是因为水中 Cl^- 会和 $SO_4^-\cdot$ 发生氧化还原反应生成 $Cl\cdot$，导致污染物无法被降解。刘洪位等研究发现：不同浓度的 Cl^-、NO_3^-、CO_3^{2-} 均对 $SO_4^-\cdot$ 氧化降解诺酮类抗生素起到抑制作用，但由于反应原理不同，Cl^-、NO_3^-、CO_3^{2-} 对降解的抑制程度也不同。Cl^-、NO_3^- 会与 $SO_4^-\cdot$ 发生链式反应生成氧化还原电位更低的 $Cl\cdot$、$NO_3\cdot$ 和 $NO_2\cdot$，与 $SO_4^-\cdot$ 发生竞争，从而降低了降解效率；CO_3^{2-} 会与碱性环境中 $SO_4^-\cdot$ 转化生成的·OH 快速反应，造成体系中的自由基减少，因此 CO_3^{2-} 的抑制作用更加明显。

9.3　活化过硫酸盐氧化技术存在的问题及发展方向

活化过硫酸盐氧化技术在工业难降解有机废水（甚至是高盐废水）处理领域具有广阔的应用前景。活化过硫酸盐产生自由基的活化手段日新月异，整体呈现出新颖、细致的特点，许多新研制的活化剂都具备可重用性，经多次重复利用后活化效果依然显著，但多存在制备方法复杂、未进行成本评价的不足。大多数研究都停留在实验研究阶段，处理对象单一，评价指标参差不齐，许多研究的考察指标只是对目标物的去除，并未考虑降解产物是否有害或是否完全矿化，对实际应用的贡献不大；同时对氧化机理的研究虽多但不够系统，甚至常常存在截然相反的结论。因此，活化过硫酸盐高级氧化技术在未来还需在以下许多方面进行深入系统的研究。

① 开发简单易得、高效、可重复利用的活化剂以及更经济、高效的过硫酸盐活化方法，降低该技术的使用成本。

② 对活化、氧化机理进行系统性的研究，针对不同污染物种类和污染体系，给出针对性的活化、氧化理论。

③ 根据污染物分子复杂程度、抗氧化能力强弱、完全矿化的反应路径等条件确定活化剂/污染物比例的理论体系，从而指导实验研究与实际应用。

④ 研究混合体系或实际废水的处理，考察多种影响因素对活化过硫酸盐氧化的影响，开发配套处理工艺，推进活化过硫酸盐氧化技术的工业化应用。

参考文献

[1] 万金泉，王艳，马邕文. 过硫酸盐高级氧化理论与技术[M]. 北京：科学出版社，2019.

[2] Neta P，Madhavan V，Zemel H，et al. Rate constants and mechanism of reaction of sulfate radical anion with aromatic compound[J]. Journal of American Chemical Society，1977，99（1）：163-164.

[3] Padmaja S，Alfassi Z B，Neta P. Rate constants for reactions of SO_4^- • radicals in acetonitrile[J]. International Journal of Chemical Kinetics，1993，25（3）：193-198.

[4] Hori H，Yamamoto A，Hayakawa E，et al. Efficient decomposition of environmentally persistent perfluorocarboxylic acids by use of persulfate as a photochemical oxidant[J]. Environmental Science & Technology，2005，39（7）：2383-2388.

[5] Khursan S L，Semes'ko D G，Safiullin R L. Quantum-chemical modeling of the detachment of hydrogen atoms by the sulfate radical anion[J]. Russian Journal of Physical Chemistry，2006，80（3）：366-371.

[6] 杨世迎，陈友媛，胥慧真，等. 过硫酸盐活化高级氧化新技术[J]. 化工进展，2008，20（9）：1433-1438.

[7] 杨世迎，杨鑫，王萍，等. 过硫酸盐高级氧化技术的活化方法研究进展[J]. 现代化工，2009，29（4）：13-19.

[8] Liang C J，Su H W. Identification of sulfate and hydroayl radicals in thermally activated persulfate[J]. Industrial & Engineering Chemistry Research，2009，48（11）：5558-5562.

[9] 王萍. 过硫酸盐高级氧化技术活化方法研究[D]. 青岛：中国海洋大学，2010.

[10] Tsitonaki A，Petri B，Crimi M，et al. In situ chemical oxidation of contaminated soil and groundwater using persulfate：a review[J]. Critical Reviews in Environmental Science & Technology，2010，40（1）：55-91.

[11] Forman O S，Teel A L，Watts R J. Mechanism of base activation of persulfate[J]. Environmental Science & Technology，2010，44（16）：6423-6428.

[12] 王兵，李娟，莫正平，等. 基于硫酸自由基的高级氧化技术研究及应用进展[J]. 环境工程，2012，30（4）：53-57.

[13] 刘桂芳，孙亚全，陆洪宇，等. 活化过硫酸盐技术的研究进展[J]. 工业水处理，2012，32（12）：6-10.

[14] 刘小宁. 利用热活化过硫酸盐修复氯苯污染地下水的研究[D]. 上海：华东理工大学，2013.

[15] 杨照荣，崔长征，李炳智，等. 热激活过硫酸盐降解卡马西平和奥卡西平复合污染的研究[J]. 环境科学学报，2013，33（1）：98-104.

[16] 张咪. 过硫酸盐高级氧化技术降解对硝基苯酚的研究[D]. 武汉：华中科技大学，2014.

[17] 李丽，刘占孟，聂发挥. 过硫酸盐活化高级氧化技术在污水处理中的应用[J]. 华东交通大学学报，2014，

31（6）：114-118.

[18]　栾海彬. 热活化过硫酸盐对环境激素、PPCPs 等有机污染物的降解研究[D]. 扬州：扬州大学，2015.

[19]　Matzek L W，Carter K E. Actvated persulfate for organic chemical degradation：a review[J]. Chemosphere，2016，151：178-188.

[20]　Luo C，Jiang J，Ma J，et al. Oxidation of the odorous compound 2,4,6-trichloroanisole by UV activated persulfate：Kinetics，products，and pathways[J]. Water Research，2016，96：12-21.

[21]　陈轶群. 紫外/过硫酸盐除藻及对消毒副产物生成影响研究[D]. 武汉：华中科技大学，2017.

[22]　Song W，Li J，Wang Z，et al. A mini review of activated methods to persulfate—based advanced oxidation process[J]. Journal of Water and Climate Change，2018，3（79）：573-579.

[23]　徐浩，张静，张古承，等. 紫外耦合钴锰双金属催化过硫酸盐降解 AO7 动力学[J]. 工业水处理，2018，38（5）：42-45.

[24]　Pirsaheb M，Hossaini H，Janjani H. An overview on ultraviolet persulfate based advances oxidation process for removal of antibiotics from aqueous solutions：a systematic review[J]. Desalination and Water Treatment，2019，165：382-395.

[25]　Chen Y，Gao S，Liu Z，et al. Prolonged persulfate activation by UV irradiation of green rust for the degradation of organic pollutants[J]. Environmental Chemistry Letter，2019，2（17）：1017-1021.

[26]　朱杰，罗启仕，郭琳，等. 碱热活化过硫酸盐氧化水中氯苯的试验[J]. 环境化学，2013，32（12）：2256-2262.

[27]　吴楠，王三反，李乐卓，等. 碱热活化过硫酸盐降解柴油精制废水中的有机硫化合物[J]. 环境污染与防治，2019，41（4）：435-438.

[28]　李炳智. 超声/过硫酸盐联合降解 1,1,1-三氯乙烷的机理研究[J]. 安全与环境学报，2013，4：29-36.

[29]　周宁. 超声/过硫酸法去除水中卡马西平及腐殖酸的研究[D]. 武汉：华中科技大学，2015.

[30]　Peng L，Wang L，Hu X，et al. Ultrasound assisted，thermally activated persulfate oxidation of coal tar DNAPLs[J]. Journal of Hazardous Materials，2016，318：497-506.

[31]　Yang L，Xue J，He L，et al. Review on ultrasound assisted persulfate degradation of organic contaminants in wastewater：influences，mechanisms and prospective[J]. Chemical Engineering Journal，2019，378：122-146.

[32]　Yang S，Wang P，Yang X，et al. A novel advanced oxidation process to degrade organic pollutants in wastewater：microwave-activated persulfate oxidation[J]. Journal of Environmental Sciences，2009，21（9）：1175-1180.

[33]　李舒煦. 微波活化硫酸自由基及其应用研究[D]. 成都：电子科技大学，2018.

[34]　Qi C，Liu X，Lin C，et al. Degradation of sulfamethoxazole by microwave-activated persulfate：kinetics，mechanism and acute toxicity[J]. Chemical Engineering Journal，2014，249：6-14.

[35]　Zou J，Ma J，Chen L，et al. Rapid acceleration of ferrous iron/peroxymonosulfate oxidation of organic pollutants by promoting Fe(Ⅲ)/Fe(Ⅱ) cycle with hydroxylamine[J]. Environmental Science & Technology，2013，47（20）：11685-11691.

[36]　胡玉芳. 金属氧化物活化过硫酸盐处理钻井废水研究[D]. 重庆：重庆科技学院，2017.

[37]　张剑桥. Cu^{2+} 强化 Fe^{2+} 活化过硫酸盐降解苯酚的效能与机理研究[D]. 哈尔滨:哈尔滨工业大学，2016.

[38]　杨广超. 零价铁活化过硫酸钾降解对氯苯酚废水特性及机理研究[D]. 湘潭：湘潭大学，2015.

[39]　Liang C，Lai M C. Trichloroethylene degradation by zero valent iron activated persulfate oxidation[J]. Environmental Engineering Science，2008，25（7）：1071-1078.

[40]　Abu Amr S S，Aziz H A，Adlan M N，et al. Pretreatment of stabilized leachate using ozone/persulfate oxidation process[J]. Chemical Engineering Journal，2013，221：492-499.

[41]　Yang Y，Guo H G，Zhang Y L，et al. Degradation of bisphenol a using ozone/persulfate process: kinetics and mechanism[J]. Water，Air，& Soil Pollution，2016，227（2）：1-12.

[42] Yalcin G，Ilyas B，Olmez-Hanci T，et al. Treatment of textile dye bath wastewater with ozone，persulfate and peroxymonosulphate oxidation[J]. Desalination and water treatment，2018，107：296-304.

[43] 杨峰. 羰基化纳米金刚石活化过硫酸盐降解对氯苯酚的研究[D]. 哈尔滨：哈尔滨工业大学，2017.

[44] 胡云琪. Fe-Mn/AC 催化臭氧/过硫酸盐处理垃圾渗滤液生化出水实验研究[D]. 南昌：华东交通大学，2018.

[45] Xiao R，Luo Z，Wei Z，et al. Activation of peroxymonosulfate/persulfate by nanomaterials for sulfate radical-based advanced oxidation technologies[J]. Current Opinion in Chemical Engineering，2018，19：51-58.

[46] Yao C，Zhang Y，Du M，et al. Insights into the mechanism of non-radical activation of persulfate via activated carbon for the degradation of p-chloroaniline[J]. Chemical Engineering Journal，2019，362：262-268.

[47] Yang W，Jiang Z，Hu X，et al. Enhanced activation of persulfate by nitric acid/annealing modified multi-walled carbon nanotubes via non-radical process[J]. Chemosphere，2019，220：514-522.

[48] Zhou Y，Jiang J，Gao Y，et al. Activation of peroxymonosulfate by benzoquinone: a novel non-radical oxidation process[J]. Environmental Science & Technology，2015，49（21）：12941-12950.

[49] 袁蓁，隋铭皓，袁博杰，等. 基于硫酸根自由基的活化过硫酸盐新型高级氧化技术研究新进展[J]. 四川环境，2016，35（5）：142-146.

[50] 郭一舟. 基于硫酸根自由基高级氧化技术处理染料度水效能及机理研究[D]. 武汉：华中科技大学，2016.

[51] Ike I A，Linden K G，Orbell J D. Critical review of the science and sustainability of persulphate advanced oxidation processes[J]. Chemical Engineering Journal，2018，338：651-669.

[52] Zhang T，Chen Y，Wang Y，et al. Efficient peroxydisulfate activation process not relying on sulfate radical generation for water pollutant degradation[J]. Environmental Science & Technology，2014，48（10）：5868-5875.

[53] Lee Y C，Lo S L，Kuo J，et al. Promoted degradation of perfluorooctanic acid by persulfate when adding activated carbon[J]. Journal of Hazardous Material，2013，261：463-469.

[54] Lee H，Lee H J，Jeong J，et al. Activation of persulfates by carbon nanotubes: oxidation of organic compounds by nonradical mechanism[J]. Chemical Engineering Journal，2015，266：28-33.

[55] Lee H，Kim H I，Weon S，et al. Activation of persulfates by graphitized nanodiamonds for removal of organic compounds[J]. Environmental Science & Technology，2016，50（18）：10134-10142.

[56] Duan X G，Ao Z M，Zhou L，et al. Occurrence of radical and nonradical pathways from carbocatalysts for aqueous and nonaqueous catalytic oxidation[J]. Applied Catalysis B：Environmental，2016，188：98-105.

[57] Cheng X，Guo H G，Zhang Y L，et al. Insights into the mechanism of nonradical reactions of persulfate activated by carbon nanotubes: activation performance and structure-function relationship[J]. Water Research，2019，157：406-414.

[58] 扶咏梅. UV-$K_2S_2O_8$ 耦合处理抗生素废水研究[D]. 郑州：郑州大学，2016.

[59] 贾双庆，田敏慧，王俊，等. Fe^{2+}/$K_2S_2O_8$ 氧化法预处理半合成抗生素废水的研究[J]. 河南科技，2017，35（8）：1274-1279.

[60] 张霄，张静，闫春晖，等. CuO@C 催化过二硫酸盐降解盐酸四环素研究[J]. 水处理技术，2019，45（4）：17-26.

[61] 陈一萍，夏管商，郑朝洪，等. CNTs/PMS 高级氧化体系去除水中的环丙沙星[J]. 化工进展，2019，38（4）：2037-2045.

[62] 何勇，陈瑛，卢丽娟，等. 基于 UV/H_2O_2 和 UV/PS 工艺降解水体中磺胺吡啶研究[J]. 应用化工，2016，45（5）：815-819.